私たちはいつまで危険な場所に住み続けるのか

自然災害が突き付けるニッポンの超難問

木村 駿、真鍋政彦、荒川尚美

日経アーキテクチュア　日経コンストラクション

日経BP

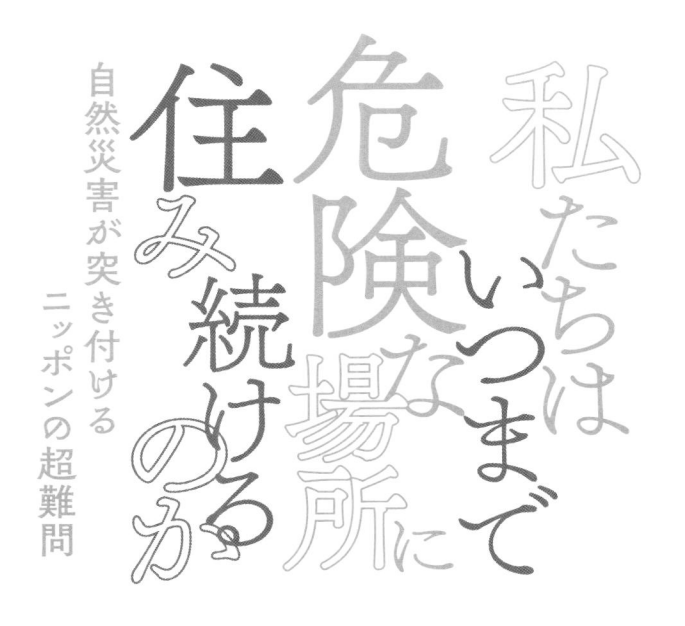

はじめに

5メートル浸水した場所で進む住宅再建

なぜ、水害や土砂災害に対して脆弱な土地に、多くの人が住み続けてしまうのか。どうすれば私たちは安全に暮らすことができるのか――。

2018年の西日本豪雨（平成30年7月豪雨）で壊滅的な浸水被害を受けた岡山県倉敷市真備町を、被災から約2年半ぶりに訪れたときのことです。井原鉄道の車窓から1級河川の小田川沿いに立つ真新しい住宅群を見つけて、心に浮かんだのが冒頭の言葉でした。被災者の生活再建が進んでいる証拠であり、復旧・復興がかたちになったという意味では喜ばしい光景なのでしょうが、なんとも複雑な心境になったことを覚えています。

西日本豪雨は、死者・行方不明者271人という平成最悪の人的被害を出した水災害となりました。被災した自治体のなかでも死者数が59人と多かったのが倉敷市です。

小田川の決壊などによって、真備町では最大5メートルも浸水し、町内のほとんどが水没する被害を受けました。それでも、同市が被災世帯へ実施したアンケート調査では、8割以上が同じ地区での居住の意志を示していました。また、市内に本社を構える不動産会社に話を聞くと、火災保険に水災補償を付けていない世帯の割合も多かったようです。あれほどの被害に遭っても元の土地に住み続ける選択をし、自力で再建を進めようという人がいるのです。

子どもの学校や職場が近隣にあるため離れられなかったか。国や県が堤防の強化などを進めていることへの安心感からか。再建を決めた理由は様々でしょう。

ただ、真備町は高梁（たかはし）川と小田川の高い堤防に挟まれた場所にあり、洪水ハザードマップを見ても明らかなように、想定浸水深が5メートルを超える「水がたまりやすい低地」です。堤防などのハード整備が進んでも、地形の特徴は変わりません。いかに対策を講じても、それを超えるような想定外の大雨が降れば、再び浸水被害に遭う恐れがあるのです。

現状では、浸水した宅地を売却してお金に換えたいという地主に対して、購入希望者の数が圧倒的に不足しており、地価は大幅に下落しています。しばらくは水害のあった地域というイメージが強いため、売買は進まないでしょう。

しかし、時間がたてば西日本豪雨を経験していない世帯が出てきます。価格の安さから、町外からの移住を決断する人もいるでしょう。実際、相場よりも格安な宅地にメリットを感じて、被災後に真備町に新居を購入する人がいるといいます。過去の災害を知らず、特に対策もせず、安いという理由だけでそこに住む人が増えてくれば、悲劇が繰り返されるかもしれません。

筆者は全国の被災地を取材で訪れてきました。大規模な自然災害が起こっても同じ土地に住み続けるケースは、真備町に限った話ではありません。悲惨な光景が広がる被災地も、月日がたてば奇麗な街に変貌し、なかには何ら対策を講じず人が暮らしているケースもあります。

日本国憲法は居住・移転の自由を保障していますから、他人がとやかく言うことではないのかもしれません。しかし、このような光景を見るたびに、なんとかこの連鎖を断ち切れないかと思うのです。

災害リスクを決める「ハザード、暴露、脆弱性」

そもそも自然災害のリスクは、「危険な自然現象（ハザード）」「ハザードの影響範囲に人や家などの資産が存在すること（暴露）」「そのような資産がハザードに耐えられないこと（脆弱性）」の３つがかけ合わさって決まると言われます。

これらをいかに低減するかが災害対策の肝となります。例えば治水の場合、これまでは国土強靭化の名の下に、主に堤防やダムの整備によって市街地を守るなどして「脆弱性」を小さくする対策が取られてきました。ところが近年、こうした従来型の治水対策が追い付かない状況が見受けられるようになりました。原因は、ほかの２つの要素にありそうです。

まずは「ハザード」について見てみましょう。水害や土砂災害をもたらす台風や豪雨は、気候変動によって激しくなる、あるいは頻度が増すことが予想されています。

気象庁によると、例えば1時間に50ミリ以上の短時間強雨の発生件数は、すでに約30年前の約1・4倍に増えており、これを気候変動の影響とみる専門家は少なくありません。19年の全国の水災害（洪水、内水、高潮、津波、土石流、地滑りなど）による被害額は約2兆1800億円。津波以外の年間の水害被害額としては、統計開始以来、最大となりました。

「気候変動などの影響が治水対策の進捗を上回る、新たなフェーズに突入した可能性がある」。

◆ 水災害の被害額の推移

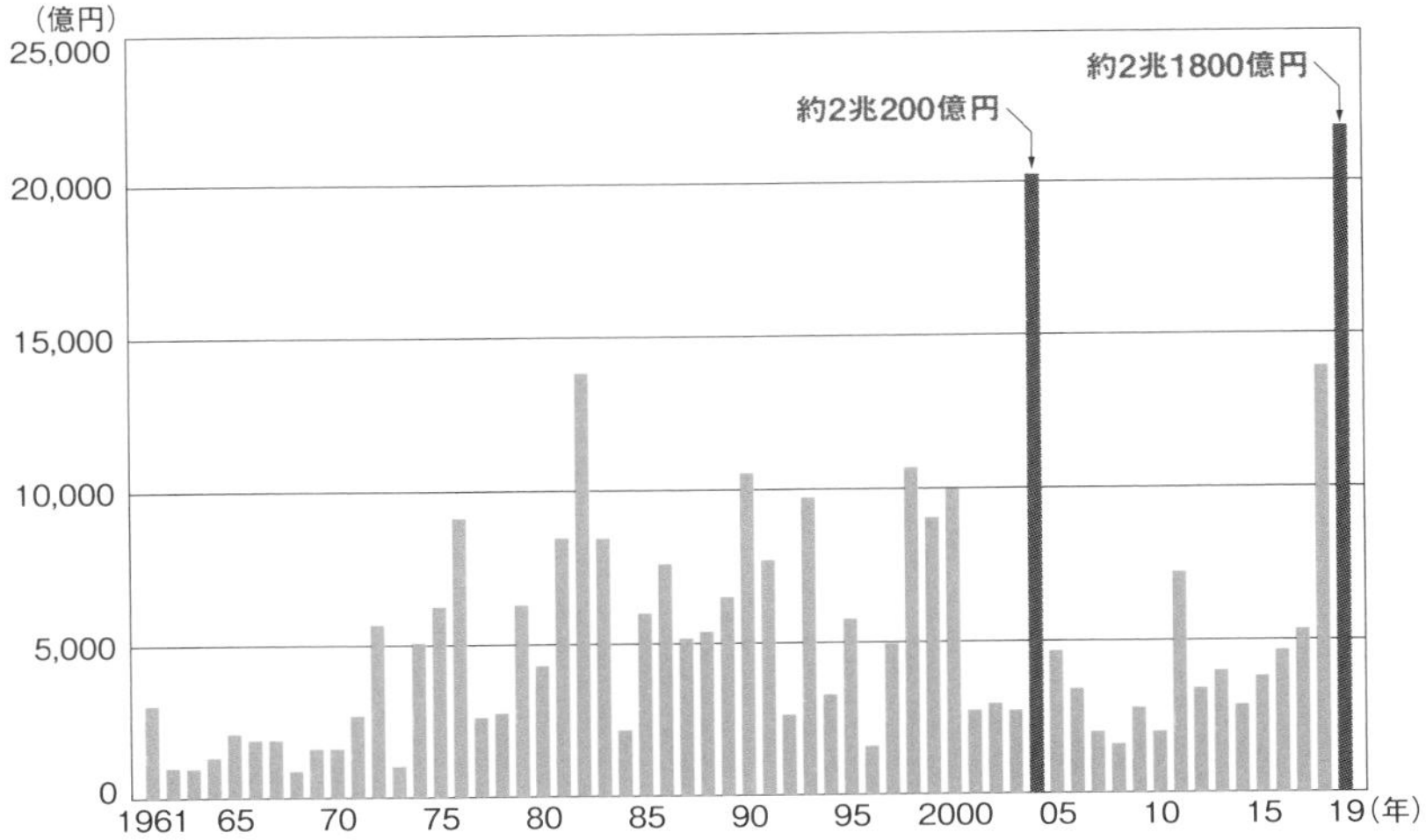

2019年に04年の記録を抜いて統計開始以来最大を更新した(資料:国土交通省)

◆ 気候変動の影響と予測

	すでに発生していること	今後予測されること
気温	世界の平均地上気温は1850〜1900年と2003〜12年を比べると0.78度上昇	21世紀末までに世界平均気温がさらに0.3〜4.8度上昇
降雨	・短時間強雨(1時間に50ミリ以上の降雨)の発生件数が約30年前の約1.4倍に増加 ・2012年以降、全国の約3割の地点で1時間当たりの降雨量が観測史上最大を更新	1時間に50ミリ以上の降雨の発生回数が2倍以上に増加
台風	・2016年8月、統計開始以来初めて北海道に3つの台風が上陸 ・13年11月、中心気圧895hPa、最大瞬間風速90m/sのスーパー台風でフィリピンに甚大な被害が発生	・日本の南海上において、猛烈な台風の出現頻度が増加 ・台風の通過経路が北上する
局所豪雨	・短時間強雨(1時間に50ミリ以上の降雨)の発生件数が約30年前の約1.4倍に増加 ・2017年7月の九州北部豪雨で福岡県朝倉市から大分県日田市北部において観測史上最大雨量を観測	短時間豪雨の発生回数と降水量がともに増加
前線	・2018年の西日本豪雨では梅雨前線が停滞し、広い範囲で記録的な大雨が発生 ・特に長時間の降水量について多くの観測地点で観測史上1位を更新	流入水蒸気量の増加で、総降雨量が増加

(資料:国土交通省の資料を基に作成)

国土交通省の検討会は19年10月、「気候変動を踏まえた治水計画のあり方」と題する提言を発表しました。

提言では国連の「気候変動に関する政府間パネル（ＩＰＣＣ）」が14年までにまとめた第５次評価報告書を踏まえ、21世紀末に平均気温が２度ほど上がる楽観シナリオでも、降雨量が全国平均で現在の約１・１倍に、河川の流量が約１・２倍に、洪水の発生頻度はなんと約２倍に上昇すると指摘しています。

18年の西日本豪雨に続き、首都圏を含む東日本を襲った19年10月の東日本台風は、まさに「気候変動の世紀」の到来を感じさせる出来事でした。先述の19年の水災害被害額のうち約86パーセントが東日本台風によるもので、単一の水災害による被害額として、西日本豪雨を上回る過去最大となったのです。

このような背景もあり、国も本腰を入れて気候変動対策に取り組み始めました。20年10月には菅義偉元首相が「50年までに、温室効果ガスの排出量を実質ゼロにして、脱炭素社会の実現を目指す」と宣言。気候変動の緩和（温室効果ガスの排出削減と吸収）によって、危険な自然現象（ハザード）の発生確率を減らす方向に持っていけるか、私たちは岐路に立っているといえるでしょう。

ハザードと同じく、自然災害のリスクを減らすうえで無視できなくなってきたのが「暴露」です。山梨大学大学院総合研究部の秦康範准教授によると、日本の人口は08年の約1億２８０８万人をピークに減少しているにもかかわらず、洪水浸水想定区域内の人口は年々増加しています。

15年時点で浸水想定区域内の人口は約3540万人に上り、20年前の1995年から4・4パーセント増加したのです。

土地が安く、災害リスクが高い郊外で開発が進んだことが一因だと考えられます。どうやら私たちは暴露を回避するどころか、むしろ災害リスクの高い土地を、好んで開発してきたようなのです。気候変動の世紀を生き抜くうえで、そんな状況を放置したままでいいはずがありません。

「流域治水」への大転換

国交省はこのような危機的状況に対して、新たな手を打ち続けています。

特に象徴的だったのが、東日本台風の翌年である2020年に表明した、治水対策の大転換。「流域治水」の推進です。

流域治水の詳しい説明は本編に譲りますが、簡単にいえば、堤防の整備や強化、川底の掘削などによる従来型の治水対策だけでなく、川の外（堤内、氾濫域）などでもあらゆる手を使って水災害対策を講じることを指す、新たな治水の概念ということになるでしょうか。

流域治水は主に、堤防や雨水貯留施設の整備などによる「氾濫をなるべく防ぎ、減らす対策」、土地の利用規制や移転の促進、金融などによる誘導で「被害対象を減少させる対策」、土地リスク情報の提供や避難体制の強化などによる「被害の軽減や早期復旧・復興のための対策」の3つから成ります。

本稿の冒頭の「問いかけ」に対する答えの1つとして、筆者が特に注目したいのが、土地利用や住まい方の工夫によって災害への暴露を回避する対策。つまり、被害対象を減らし、災害を免れようとする対策なのです。

本書ではまず、第1～3章で近年の水害や土砂災害について、被害やそのメカニズム、影響などを詳細にリポートしました。西日本豪雨や東日本台風による水害や土砂災害はもちろん、関西国際空港を水没させた18年の台風21号による高潮・高波、静岡県熱海市で発生した21年の土石流など、世間を騒がせた被災事例を取り上げつつ、自然災害に関する基礎知識についても解説しています。

そのうえで、第4章を「危険な土地からの撤退」と銘打ち、都市計画や条例で危険な場所の市街化を抑制したり、建築を規制したりと、悩みながらも大きな一歩を踏み出した先進自治体の動きなどを手厚く紹介しています。保険のように経済的な仕組みに期待される役割についても触れました。

ただ、平地が少ない国土において災害リスクを完全に回避するのは、かなりの難題です。川沿いの低地で発展した大都市をどこかに移すことは、現実的にはほぼ不可能と言っていいでしょう。大都市に限らず、中心市街地の大半が洪水浸水想定区域に位置するような街はざらにあります。ほとんどの日本人は、災害と共生しなければなりません。その際に、災害リスクをどの程度まで許容し、それに対してどのような手当てをしていくかが重要なのです。

そこで第5章では、浸水被害を受け流すような、新たな家づくり・街づくりの潮流について解説を試みました。これまで浸水対策がほぼ未着手だった住宅・建築の分野で始まった様々な挑戦についても、具体的な事例を交えて紹介しています。

第6章では、発展の目覚ましいＡＩ（人工知能）などの最新テクノロジーを取り入れて進化する災害対応の現場、あるいは調査や予測などに関する技術の最新動向を追いかけました。自然災害という社会課題の解決に商機を見いだし、参入するスタートアップ企業も増えている「防災テック」は、被害の発生や拡大を防ぐうえで大きな役割を果たすことになるでしょう。

これまで、自然災害のメカニズムや対策についての専門書、専門家による啓蒙書は多く出版されてきましたが、様々な災害について、土地が抱えるリスクやそれを踏まえた防災対策の在り方に焦点を合わせて分野横断的に解説した出版物は見当たりませんでした。

建築や住宅、土木の専門家、企業・自治体の防災担当者はもちろんのこと、住宅の購入を考えている人や、自身の住まいが抱えるリスクについて関心がある人など、一般の方にもぜひ、本書を手に取ってご一読いただければ幸いです。

安全な土地へ住まいを誘導したり、あるいは移転を促したりする施策や、災害に強い街づくりは、数年単位での実現は不可能です。

自分自身はもちろん、大切な人たち、子どもや孫を危険な目に遭わせないという覚悟で、数十年、１００年先を見据えて今から動き始める必要があります。本書がそのきっかけになればと願っています。

２０２１年10月　木村駿、真鍋政彦、荒川尚美

CONTENTS

第2章　狙われた臨海部 89

第3章　土砂災害頻発列島　123

第4章 危険な土地からの撤退

第5章 耐水都市への挑戦

第6章　防災テックに商機

※記事中の情報や肩書きは、原則として取材時点のものです。収録した主な記事は巻末に掲載しています

第1章

水害事件簿

地球温暖化による気候変動の影響で、激甚化が懸念される水害。

短時間強雨の発生件数が30年前の1.4倍になるなど、すでにその兆候は表れている。

まずは近年の水害で起こった数々の「想定外」を報告する。

1 タワマン浸水の衝撃、都市を襲う内水氾濫

「住みたい街」が水没した夜

２０１９年10月12日、台風19号（東日本台風）が接近するのに伴い、多摩川流域では四六時中、避難情報を伝える緊急速報メールの受信音が鳴り響いていた。

降り続く雨に、不安を募らせる人々。日が暮れるにつれて、事態は切迫度を増していく。国土交通省が多摩川に設けた田園調布（上）水位観測所の水位は「氾濫危険水位」（相当の家屋浸水被害などが発生する恐れのある水位）をゆうに超え、午後10時30分にはついに過去最高の10・81メートルに達した。

その数時間前のことだ。タワーマンションが林立する川崎市中原区の武蔵小杉駅周辺では、茶色く濁った水が、静かに街へと浸入を始めていた。暗闇に紛れて獲物を狩る怪物のように。泥水が狙いを定めたのは、駅前の一等地に立つ地下３階・地上47階建て、６４３戸のタワーマンションだった。

嵐の夜、「パークシティ武蔵小杉ステーションフォレストタワー」の住人は周辺の異変に気付き、力を合わせて浸水を食い止めようとした。１００人ほどが集まり、１階の玄関や地下駐車場の出

入り口に、高さ約60センチメートルの土のうを積み上げたのだ。マンションの敷地内は最大30センチメートルほどの高さまで浸水したが、土のうのおかげで出入り口から建物内に泥水が流れ込むのを防ぐことができた。

ところが、水は想定外の場所からマンション内に浸入してきた。

地下3階のさらに下に設置してあった貯水槽から、建物内にあふれ出したのだ。この貯水槽には、周辺に降った雨を一時的にためておく役割がある。浸水し始めた当初は、住人らがバケツなどを手に人力で水をかき出していたが、流入速度が予想以上だったため、安全を優先して作業を中断せざるを得なかった。

マンション内に流入した水は約9000トンに上った。浸水によって地下に設けていた電気設備の多くが故障し、停電でエレベーターや水道も使用できなくなった。流れ込んだ水は、設備を搬入するためのたて坑から大型の排水ポンプを地下に降ろし、1日半ほどかけて抜くことに。住人はやむなく周辺のホテルなどに避難し、10月17日の復旧まで不自由な生活を強いられることとなった。周辺のタワーマンションに煌々と明かりがともるなか、1棟だけが廃虚のようにいつまでも真っ暗という、異例の状態が続いたのだ。

11棟ものタワーマンションが立ち並ぶ武蔵小杉は、JR東日本と東急の2社6路線が乗り入れる、首都圏でも有数の人気住宅エリアだ。かつて広大な工業地帯だったこの地域は、1990年代から本格化した再開発によって新たな住民を呼び寄せることに成功。2021年6月1日時点の中原区の人口は約26万5000人で、00年度から約7万人も増えた。

「住みたい街ランキング」の常連となった武蔵小杉を水没させた泥水は、一体どこからやってきたのか。川崎市の調査によると、多摩川の水が下水道管を逆流して武蔵小杉の市街地にあふれ出していたことが分かった。

このエリアに降った雨水は通常、下水道管に流れ込み、「山王排水樋管」などを通じて多摩川に排出される。樋管とは、堤防を貫通させて設ける排水路のことだ。

ところが、東日本台風がもたらした大雨で多摩川の水位が上昇し、河川の水が樋管を通じて逆流してしまった。その結果、街中に泥の池が出現したのだ。さらにそこへ、市街地に降りしきる雨が行き場を失い、たまっていった。

取材班が訪れた13日朝、すでに街から水は引いていたものの、路上に残された大量の泥が、真新しい街にそぐわない悪臭を放っていた。

市の調査によると、山王排水樋管の周辺エリアの浸水面積は約60ヘクタールに及んだ。東京ドーム13個分に相当する面積だ。同様の浸水被害は多摩川沿いにある計5カ所の排水樋管周辺で発生しており、浸水面積の合計は約110ヘクタールに上った。その結果、川崎市内では東日本台風によって床上浸水が1258棟、床下浸水が411棟も発生することになった。

内水氾濫による被害は10年間で21万棟

水害には、河川堤防の決壊や越水（水があふれること）などで起こる「外水氾濫」と、大雨に

パークシティ武蔵小杉ステーションフォレストタワーの外観。奥に見えるのは多摩川
（写真：下もパークシティ武蔵小杉ステーションフォレストタワー）

浸水したタワーマンションの地下3階で住人が排水作業をする様子

よって支流や下水道の排水能力が限界に達し、堤防で守られた市街地側（堤内地）で水があふれる「内水氾濫」がある。武蔵小杉駅周辺の浸水は、後者の内水氾濫に該当する。

堤防の決壊などによる水害（外水氾濫）は、人命を左右するような甚大な被害につながりやすい。また、被災後に痕跡が多く残ることもあり、水害というと外水氾濫ばかりに目が向きがちだ。だが、実は水害による浸水棟数を比べると、内水氾濫による被害が圧倒的に多い。

国交省の「水害統計」によると、09～18年の10年間に内水氾濫で浸水した建物は全国に約21万棟もあり、浸水棟数全体の64パーセントを占める。

一方、被害額は約８０００億円で、水害による被害全体の33パーセントにすぎないのだが、これも都市部に絞ってみると様子が異なってくる。東京都では、内水氾濫による被害額が水害による被害額全体の71％に上るのだ。このように内水氾濫は、都市部に暮らす者にとって、最も身近な水害であるといえるが、その割に認知度が低く、対策も進んでいない現実がある。

ちなみに、内水氾濫にもいくつかのパターンがある。河川の水位上昇によって排水ができなくなる、あるいは逆流が生じる「湛水型」や、短時間に多く降った雨水の排水が追い付かずに発生する「氾濫型」だ。武蔵小杉駅周辺では、「湛水型」と「氾濫型」の両方が同時に発生したとみられる。

山王排水樋管と多摩川の合流地点には、水の逆流を防ぐ手動式のゲートがある。だが、東日本台風が襲来したこの日、施設を管理する市はこのゲートを閉じなかった。その理由を、市下水道部下水道管路課の小林康太課長は、「山王排水樋管の運用規定で想定しない事態が発生していた」

◆ 内水氾濫には2つのタイプ

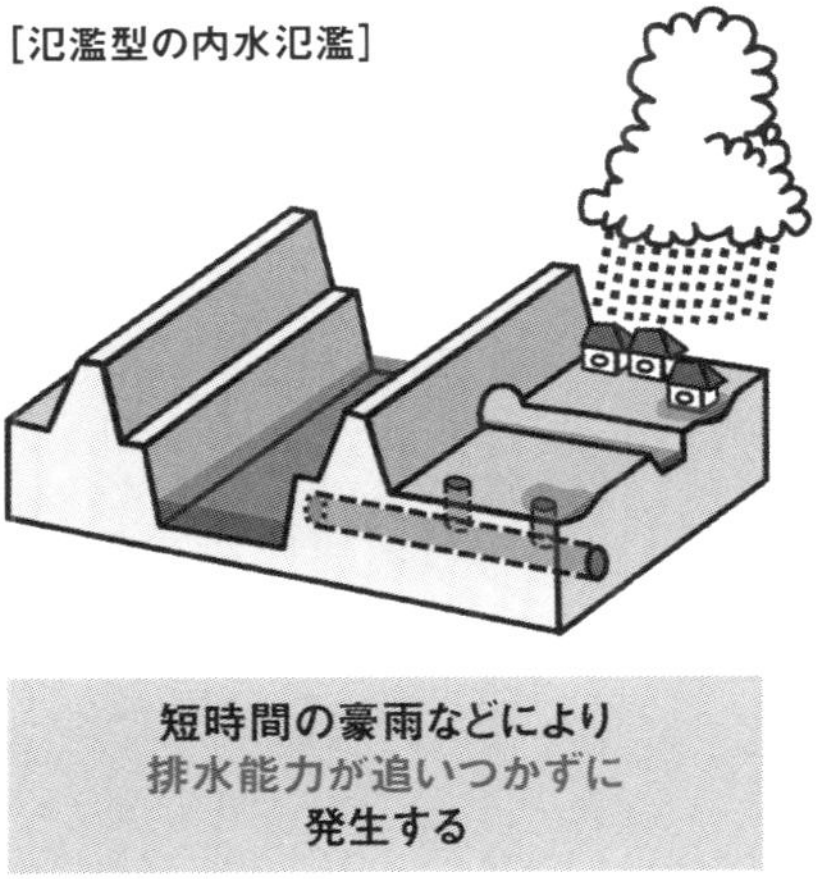

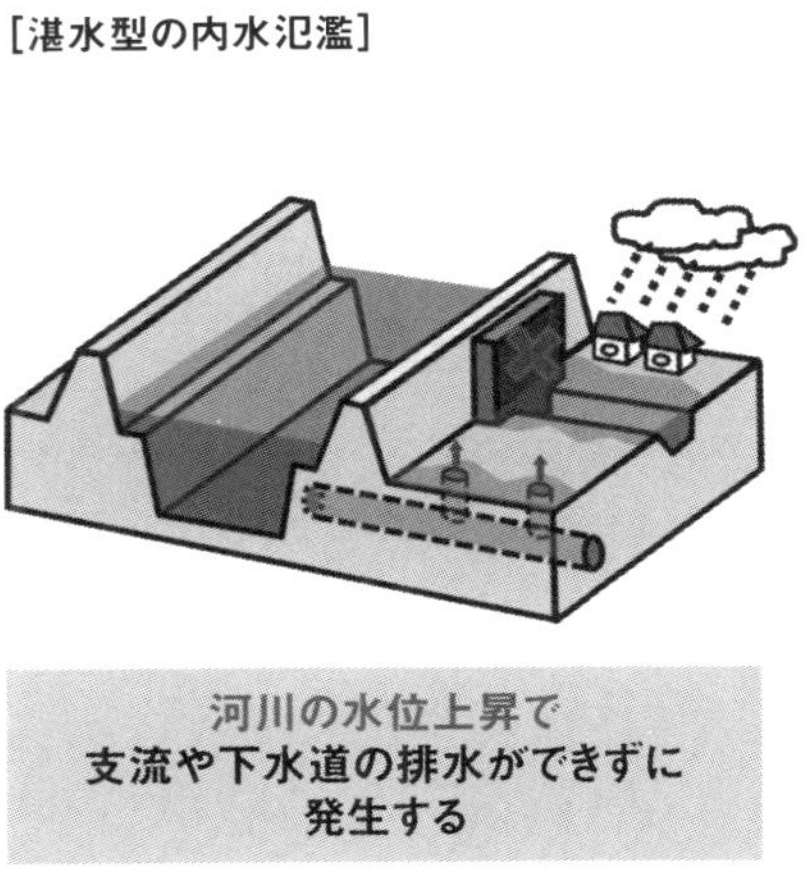

内水氾濫には、雨水の排水能力が追いつかずに発生する「氾濫型」と、河川の水位上昇で支流や下水道から排水できずに発生する「湛水型」がある（資料:気象庁の資料を基に作成）

◆ 浸水棟数の6割超は内水氾濫に起因

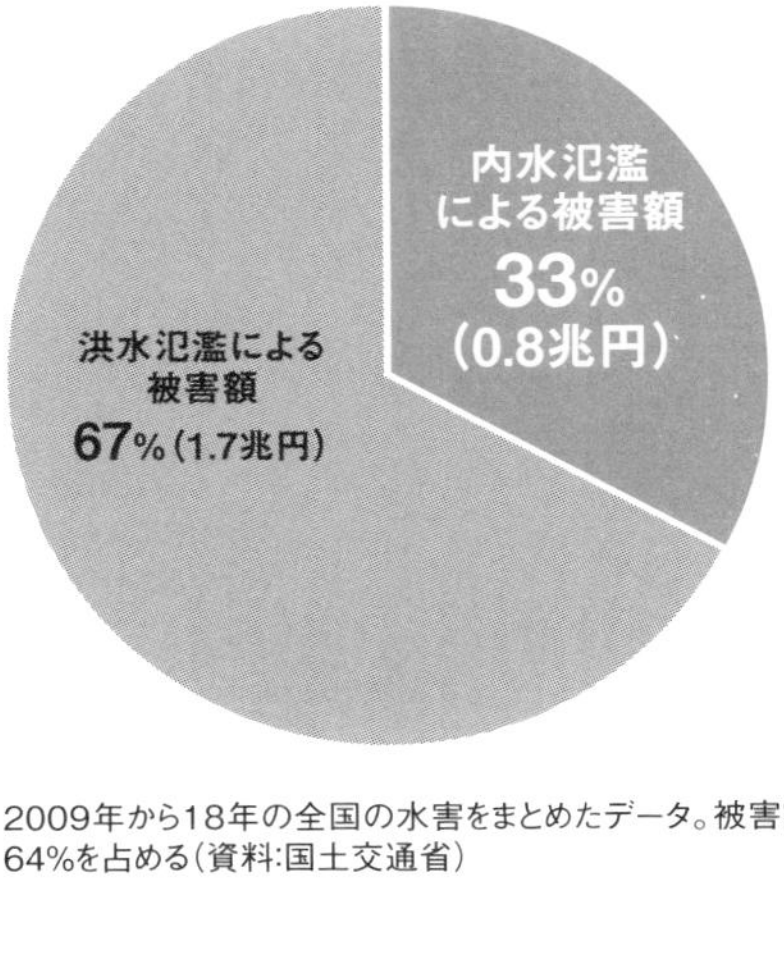

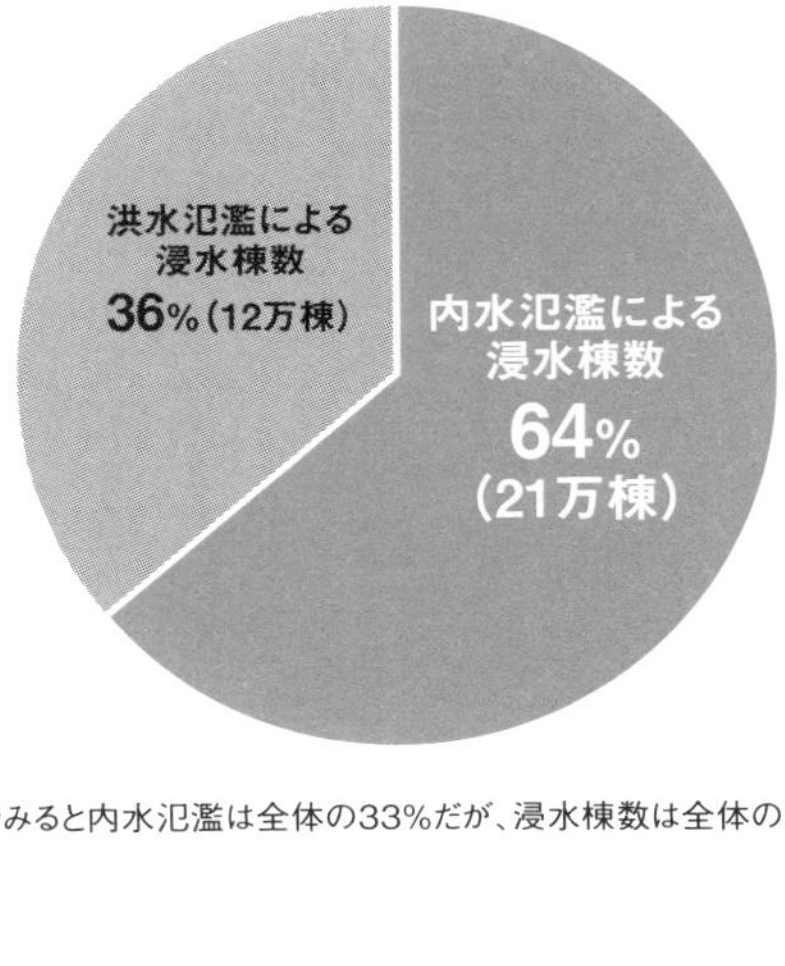

2009年から18年の全国の水害をまとめたデータ。被害額でみると内水氾濫は全体の33%だが、浸水棟数は全体の64%を占める（資料:国土交通省）

と話す。これについては、少し丁寧な説明が必要だろう。

山王排水樋管の出口から約1キロメートル上流には、冒頭に登場した田園調布（上）水位観測所がある。ここの水位が3・49メートルを超えた場合、多摩川の水が下水道管に逆流する可能性が高まるため、閉門の判断を下すことになる。

ただしこの判断には、「多摩川西岸の内陸側で、降雨やその恐れがないと確認された場合のみ」という条件が付く。多摩川の水位だけを基に下水道管の出口をさっさと塞いでしまえば、武蔵小杉駅周辺で大雨が降り続いていた場合に、雨水が行き場を失って市街地にどんどんたまってしまうからだ。

当時の手順に従えば、「大雨警報が出ている限り、市はゲートを開け続けるという判断をせざるを得ない」（小林課長）。多摩川の水位上昇と、市街地の大雨。2つの判断基準を前に、市の担当者は身動きが取れなくなっていたのだ。なお、このときのゲート操作の判断を巡っては、浸水被害を受けた中原区・高津区の住民が21年3月、市に約2億7000万円の損害賠償を求めて横浜地裁に提訴するに至っている。

住人が特定した意外な浸水経路

ではなぜ、数あるタワーマンションのうち、フォレストタワーだけが浸水し、長期の停電を余儀なくされたのだろうか。

◆ 多摩川と合流する山王排水樋管から川の水が逆流

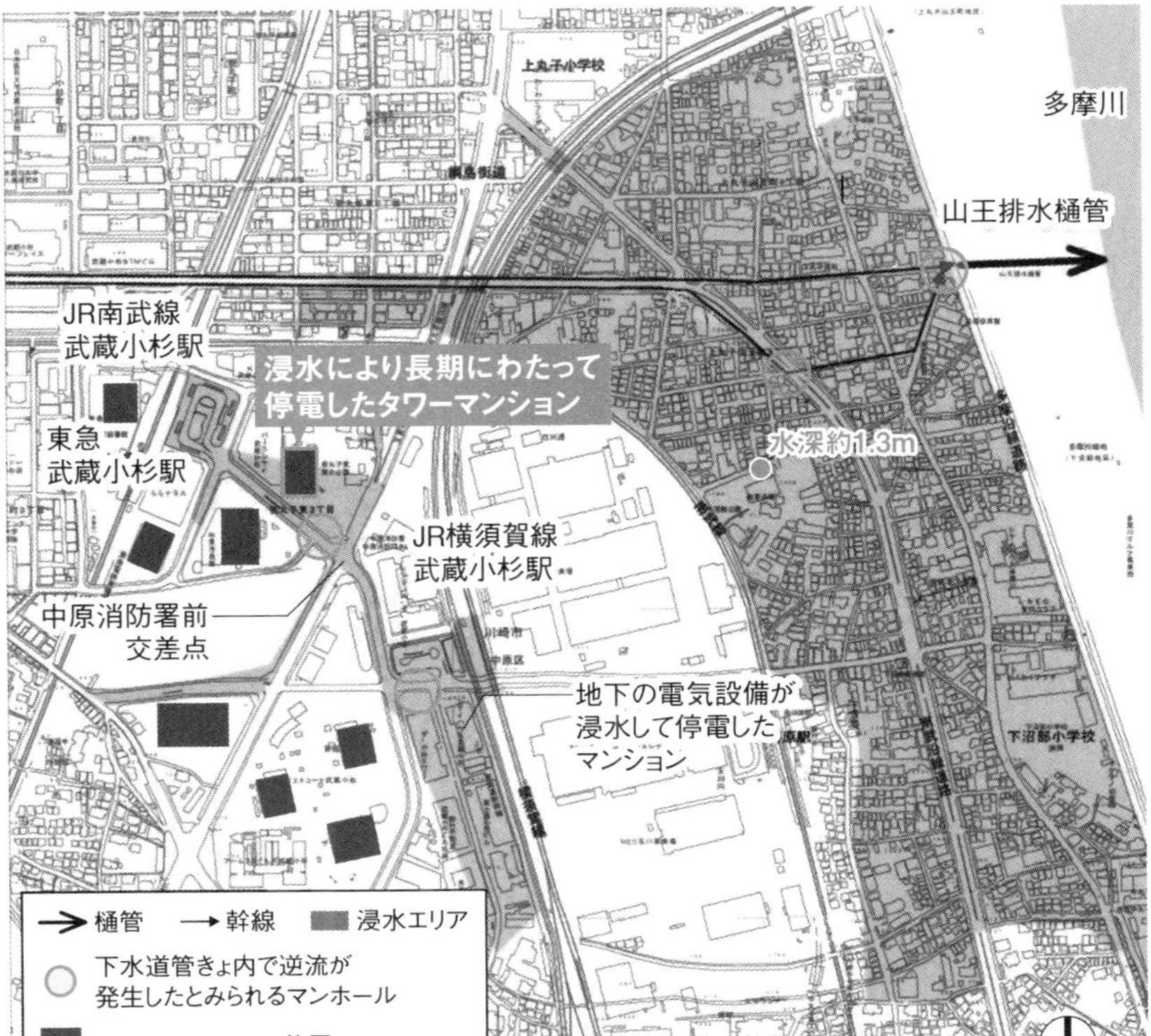

浸水エリアは被災直後に川崎市が示したもの。その後の調査でさらに広がり、約60haに及ぶことが分かった
（資料:川崎市の資料を基に日経アーキテクチュアが作成）

フォレストタワーの管理組合は被災後、タスクフォースを立ち上げて独自に調査を進め、自ら解き明かした被災原因と再発防止策の内容を20年3月2日に公表した。被災マンションの住人による取り組みがこうしたかたちで明らかになるのは極めて珍しく、貴重だ。

タスクフォースの調査によると、浸水メカニズムは次のようなものだった。

フォレストタワーでは、川崎市が01年に定めた「雨水流出抑制施設技術指針」に基づいて、マンションの周辺に降った雨水を屋外の側溝などを通じて集め、「雨水流入升」を介して建物地下の貯水槽に一時的にためている。ためた水はポンプでくみ上げて、敷地の外の下水管に流す仕組みだ。

これは、下水道や河川などに大量の水を一気に流さないようにして浸水被害を防ぐための知恵で、川崎市内では1000平方メートル以上の開発をする場合に、こうした対策を講じることになっている。

被災した日、管理組合は、普段より早く貯水槽のポンプを稼働させていた。しかし、マンション周辺が冠水していたため、雨水の流入速度がポンプの排水能力を超えてしまい、排水が追い付かなくなったとみられる。管理組合の理事長は、「当日の雨量だと、本来ならば貯水槽の能力で十分対応できた。多摩川の濁流が流れ込み、ためきれなくなった」と説明する。

タスクフォースは調査結果を踏まえ、管理会社の三井不動産レジデンシャルサービスやマンションの設計・施工者の竹中工務店などの協力を得て、再発防止策を整理。20年6月には雨水流入升から地下の貯水槽へ雨水を送る配管に「止水バルブ」を新設した。貯水槽に無制限に水が流

◆ 浸水経路に止水設備を増設

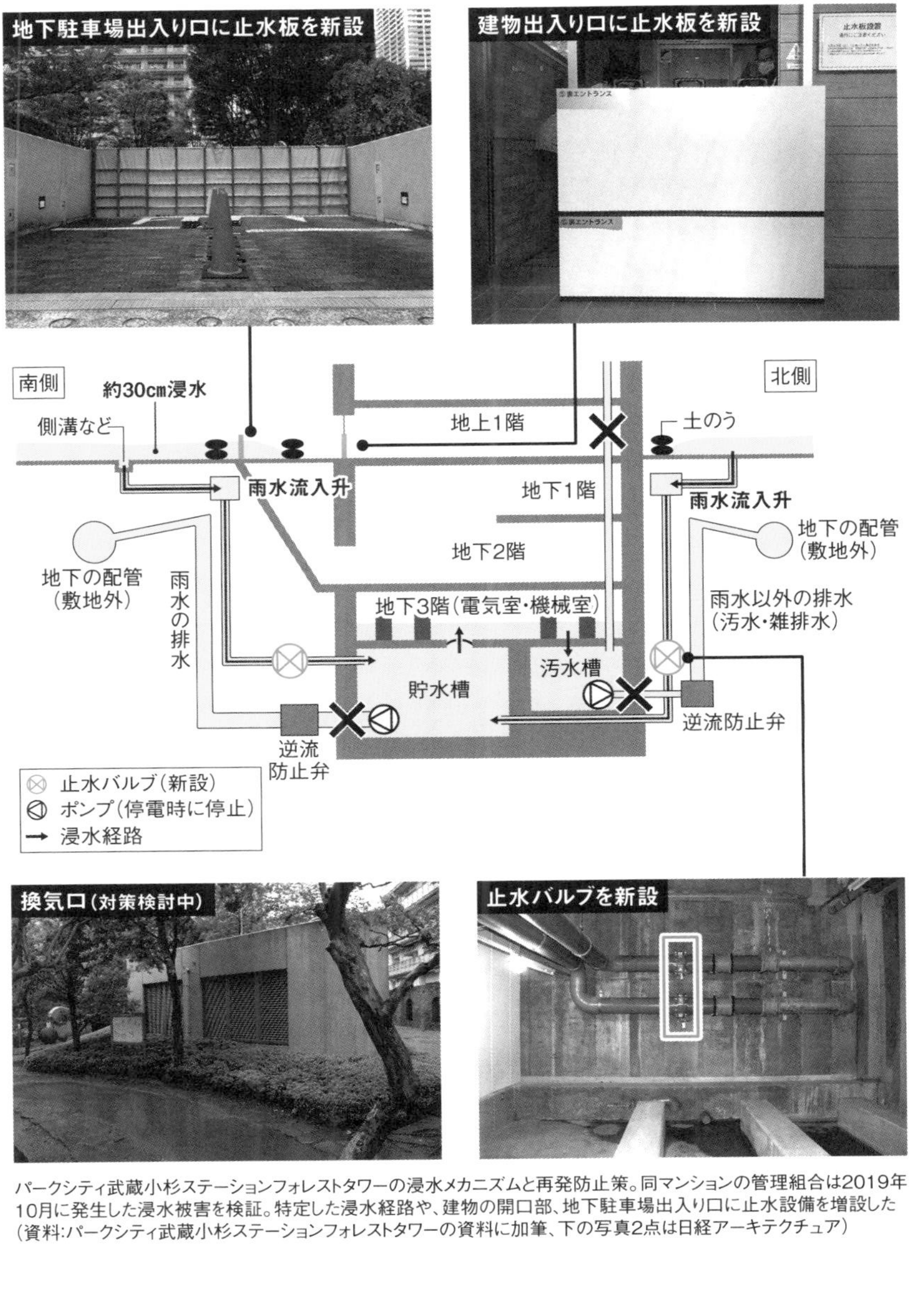

パークシティ武蔵小杉ステーションフォレストタワーの浸水メカニズムと再発防止策。同マンションの管理組合は2019年10月に発生した浸水被害を検証。特定した浸水経路や、建物の開口部、地下駐車場出入り口に止水設備を増設した（資料:パークシティ武蔵小杉ステーションフォレストタワーの資料に加筆、下の写真2点は日経アーキテクチュア）

入してあふれるのを防ぐのが目的だ。

ただし、貯水槽はすでに説明したように、雨水をためて周辺地域の浸水被害を軽減するための施設なので、止水バルブを閉じる基準については運用マニュアルを作成している。

このほか、東日本台風で住人が自ら土のうを積むことになった経験を踏まえて、災害時に迅速に対応できるよう、地下駐車場の出入り口とマンションの出入り口の計7カ所に止水板を設置した。また、外壁のガラス部分については、浸水深1メートルまでの水圧に耐えられることを確認した。

マンション管理組合の理事長は、「1メートルの浸水に耐える対策は講じた。次は多摩川が氾濫した際に想定される2メートル級の浸水対策だ」と話す。非常時に屋上の受変電設備を使えるよう、配線系統を変えるなどの対策を検討しているという。

他人事ではないマンションの水害対策

武蔵小杉駅周辺を襲った内水氾濫は、普段は水害のリスクから切り離されている(ように錯覚している)都市部の住民に対して、自然災害の危険性に無自覚なまま土地・建物を選ぶ時代が終わったことを告げる、象徴的な出来事だった。水害対策を担う行政、そして街づくりを担う建築や住宅、土木の専門家にも、重い教訓を残したといえる。

とりわけ注目したいのが、マンションという居住形態が抱えるリスクだ。ときに1000人以上の人が暮らすマンションは、それ自体が1つの街といえなくもない。それだけに、被災して住めなくなったときに、住人の生活はもちろん、周辺地域に与える影響が極めて大きい。タワーマンションの設計では、住戸面積をなるべく大きく確保するために、電気設備などを地下に設けることが少なくなかった。今後は新築時に電気設備を上階に設けたり、地下施設が浸水しないような対策を講じたりと、地震に比べて甘く見ていた水害への備えを、抜本的に見直す必要がありそうだ。

すでに立っているマンションにおいては、建物が浸水被害に遭う恐れがないか、自治体が作成しているハザードマップなどで確かめたうえで、フォレストタワーの管理組合が「被災後」に手を付けたような浸水対策を、「平時」に進めておかなければならないだろう。

行政と協力し、被災時の避難行動を想定しながら対策を進めることも欠かせない。

多くの自治体は、大きな地震に見舞われても損傷が少ないと考えられる高層マンションの住人に対して、大規模災害時に避難所へ行くのではなく、建物内で復旧までの期間をやり過ごす「在宅避難」をするよう呼び掛けている。避難所の収容人数に、こうしたマンションの住人は含まれていないとみられる。しかし、フォレストタワーのように停電によって建物内で生活を送るのが困難になれば、住人は避難所に行かざるを得ない事態が発生する。

武蔵小杉駅周辺にあるタワーマンションの管理組合が加盟しているNPO法人小杉駅周辺エリアマネジメントは20年1月、川崎市長に水害対策の要望書を提出。要望書では、「高層マンションにおいても居住不可能になる場合があることが明らかになりました。高層マンション住民の避難場所が確保されていないので、確保していただきたい」と求めた。

タワーマンションに限らず一般的なマンションにおいても、武蔵小杉の水害を教訓に検討すべきことは多い。例えば、都市部で大規模な水害が発生すれば、マンションの住人が長期にわたって散り散りに避難する事態も起こり得る。分譲マンションの場合、水が引いた後で本格的な復旧に着手するには、管理組合の総会での決議が必要だ。

マンションの防災に詳しいマンションライフ継続支援協会の三橋博巳理事長は、「そのような事態が生じたときに、管理組合としてどのように合意形成を図るかは、これまで想定していなかった。決議の方法を管理規約にどう明記するか、検討する必要がある」と指摘する。

同協会が国交省の補助を受けて19年度に実施した取り組みでは、水害などの緊急時に「水害時運営委員会」と呼ぶ臨時の組織を立ち上げて、総会や理事会の決議によらず、マンションの敷地や共用部分などを応急的に修繕できるようにする「水害関連規約・細則」を管理規約に設けておくことなどを提案している。

武蔵小杉のタワーマンションで発生した被害に対しては、裕福な住人に対するやっかみからか、ことさらに被災者を貶めるような書き込みがネット上にあふれた。しかし、これは天に向かって唾を吐く行為にほかならない。多くの人が、今まさに、同じようなリスクにさらされていることを忘れてはならない。

COLUMN

武蔵小杉の浸水対策、行政の対応は

実は武蔵小杉駅周辺のエリアは、雨水の処理能力がほかの地域よりも高い。以前から浸水の多い地域だったためだ。2010年代には長さ1830メートル、内径2・4メートルの雨水貯留管（雨水を一時的にためる地下施設）を設置するなど、水害を意識した街づくりを進めてきた。

この雨水貯留管は、武蔵小杉駅周辺に降った約8200立方メートルの雨水を一時的にため、晴天時にポンプで排水する機能を持っている。だが、東日本台風の大雨によってすぐに満水になってしまった。

川崎市は当面の対策として、山王排水樋管周辺の地盤の低い地区の雨水を、隣のエリアに流すためのバイパス管を23年度の台風シーズンまでに整備すると発表している。この対策によって、東日本台風のような浸水被害を解消できるという。

市は多摩川の水の逆流を許してしまったゲート開閉の判断基準も見直した。20年4月に発表した浸水被害に関する検証報告書のなかで、山王排水樋管の操作手順を見直し、河川の水位が5・44メートルを超え、逆流している可能性がある場合は、降雨の有無に関係なくゲートを閉鎖すると説明している。

山王排水樋管のゲート（写真：日経クロステック）

2 ミュージアムに濁流、市民の共有財産が水浸し

命運尽きた川崎市市民ミュージアム

都市部の内水氾濫が脅かすのは、私たちの住まいだけではない。一度失ってしまえば、二度とよみがえることのない市民の共有財産も——。

東日本台風がもたらした大雨で市街地が広範囲にわたって浸水した川崎市では、タワーマンションの浸水に勝るとも劣らない、衝撃的な被害が発生していた。

陸上競技場や野球場、体育館などのスポーツ施設がある等々力緑地で2019年10月12日、大規模な内水氾濫が発生し、緑地内に立つ「川崎市市民ミュージアム」の地下収蔵庫が浸水被害を受け、収蔵品約26万点のうち、実に約22万9000点が被害を受けたのだ。周辺よりも約3メートル低い地下駐車場などを通じて、収蔵庫に大量の水が流れ込んだ。

等々力緑地では、1982年に等々力水処理センターが稼働して以来、このような浸水被害は起こったことがなかった。被災当日も、排水ポンプは正常に運転していたという。

しかし、東日本台風では、多摩川の水位が計画高水位（堤防の設計の基準とする水位）を超えるほど上昇して、放流きょから多摩川へ排水される量が減少。その影響で、自然の流れに任せて

被災前の川崎市市民ミュージアム。著名建築家の故菊竹清訓氏が設計した（写真:川崎市）

多摩川沿いにある等々力緑地。スポーツ施設などが集積している（写真:国土地理院）

雨水を排水するエリアのうち、地盤高が低いマンホールなどから水があふれたとみられている。

市民ミュージアムは、「都市と人間」をテーマに掲げて88年に開館した、博物館と美術館の複合文化施設。写真や映画フィルム、漫画雑誌からロートレックのポスターまで、豊富な収蔵品で知られ、２０１８年には約30万人が訪れている。

施設は地下１階・地上３階建ての鉄骨鉄筋コンクリート造で、延べ面積は約１万９５００平方メートルだ。設計は、１９７０年開催の大阪万博「エキスポタワー」などを手がけた著名建築家の故菊竹清訓氏の手による。

川崎市民の文化活動を長年にわたって支えてきた市民ミュージアムの収蔵庫への浸水は、どのようにして始まったのか。市が２０２０年４月に発表した報告書で、当日の緊迫した状況が明らかになった。

東日本台風が襲来した19年10月12日夜、市民ミュージアムでは通常２人体制のところ、警備員を含めて４人に増員し、有事に備えていた。

地下の中央監視室にいた施設スタッフが、駐車場側の扉からの浸水を確認したのは午後7時30分ごろのことだ。地下収蔵庫への浸水を防ぐため、スタッフは収蔵庫の入り口に15個の土のうを積み、建物内の排水槽のマンホールを開けて排水を始めた。

ところが、地下駐車場への浸水が始まってから約30分後の午後8時、たまった水の圧力で地下1階の「未整理室」のシャッターが破損し、収蔵庫に大量の水が流れ込んだ。

水位は約60センチメートルまで急上昇。収蔵庫前の通路で排水作業をしていたスタッフは、太

◆ シャッターを破壊して浸水

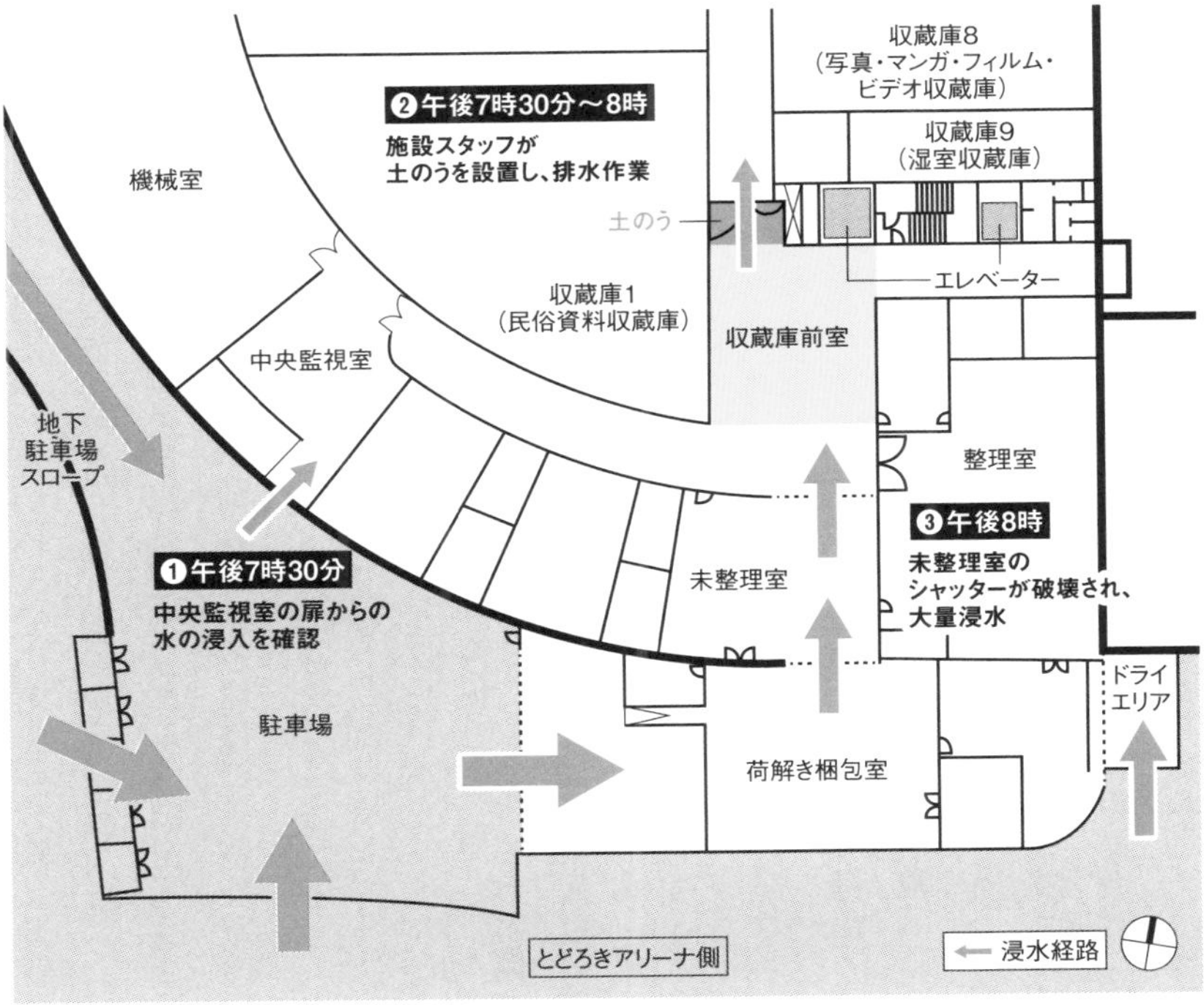

上は川崎市市民ミュージアムの地下1階平面図（南西部分）。矢印は浸水経路。地上から地下駐車場やドライエリアへ水が浸入。2019年10月12日の午後8時ごろに水圧でシャッターや開口部が破壊され、収蔵庫が浸水し、収蔵品が水没した。未整理室の最大浸水深は3.24mだった。左下は浸水時、右下は排水後のドライエリアの様子
（写真・資料:川崎市）

ものの高さまで水に漬かったため作業を中断し、3階に避難せざるを得なかった。

午後9時40分には全館が停電した。地下電気室の水位が上昇し、設備が故障したのが原因だ。排水ポンプはこの時点で停止したと考えられる。固定電話も使用不能になった。しかし、水位は無情にも上昇を続ける。13日午前0時ごろには、未整理室の水位が最大の3・24メートルに達した。12日は臨時休館としていたため来館者はおらず、スタッフに大事はなかったものの、勢いよく浸入する水になすすべもなかった。

市は浸水面積と浸水深を基に、約1万6000立方メートルの水が地階に流れ込んでいたと推定している。排水作業には8日間もかかったが、うち5日間の排水量が4万7000立方メートルを超えていたことから、排水作業中も湧水などが流入していたようだ。

収蔵品水没で20億円の賠償請求

市は浸水の10日後に当たる10月22日から、収蔵品を搬出し、エントランス前の広場に設置した仮設コンテナで洗浄などの応急処置や修復をする「収蔵品レスキュー」を開始した。21年4月30日時点で、被害を受けた約22万9000点の収蔵品のうち2366点の修復が完了している。その一方で、被害を受けた収蔵品のうち3万8000点以上を処分せざるを得なかった。

市民文化振興室で収蔵品修復調整担当課長を務める磯崎茂氏は「カビなどの繁殖が激しく、ほかの作品に影響を与えかねないもの、作品としての価値が損なわれてしまったものは、やむなく処分した」と説明する。

貴重な収蔵品を被災させたことへの、市民の目は厳しい。行政や施設管理者の責任を問う声が上がった。市民団体「かわさき市民オンブズマン」は20年9月2日、横浜地方裁判所に住民訴訟を起こした。市に対し、市長や指定管理者などに計20億円の損害賠償を請求するよう求めたのだ。収蔵品の総額約42億円の半分相当額を損害額とした。指定管理者とは、自治体から公共施設の管理・運営を受託した民間企業などのことだ。

訴状によると、市は17年4月に指定管理者制度を導入し、市民ミュージアムの運営をアクティオ・東急コミュニティー共同事業体に委託した。その後、市は18年3月に洪水ハザードマップを改定。多摩川が氾濫した場合の市民ミュージアム敷地の想定浸水深を5～10メートルに引き上げている。

原告の市民オンブズマンは、ハザードマップ改定後も地下収蔵を続けたこと、東日本台風の襲来時に地上階へ収蔵品を移動するなどの必要な措置を講じなかっ

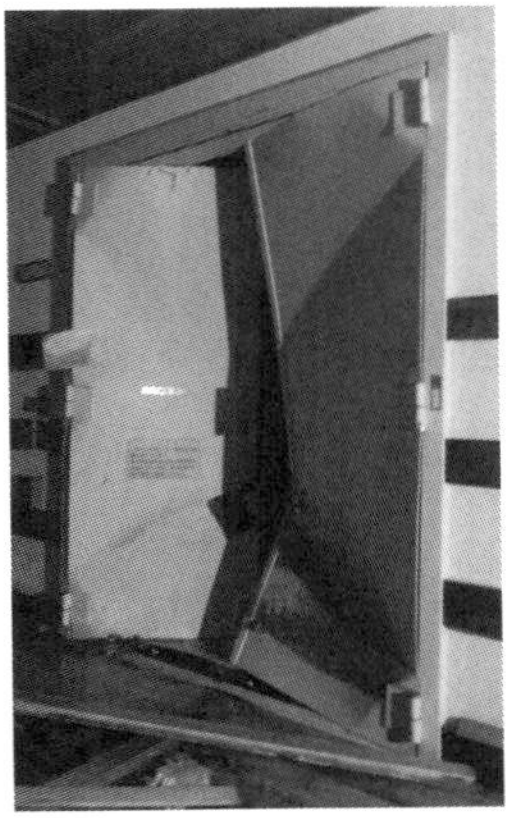

左は浸水した収蔵庫の内部。右は損傷した扉（写真：川崎市）

たこと、さらに土のうを15個しか準備せず浸水被害を発生させたことを問題視した。その上で、指定管理者には、浸水を防ぐ措置を怠った重大な過失があると指摘。市職員については指定管理者に適切な指示を出すことを怠った、市長については市職員を指揮監督することを怠ったなどと主張している。

市民オンブズマンは提訴に先立つ20年6月、この問題で住民監査請求を実施。市監査委員は8月に棄却、一部却下していた。この請求の際の陳述で市職員は「内水氾濫による浸水ルートを予見して対策することは困難だった」と言及。収蔵品を地上階へ移動させるには館内であっても専門知識を持つ運送事業者や学芸員が取り扱い、相当の手間と時間が必要で、台風通過前後の数日間休館させることになるため、現実的な対応ではないと主張していた。

市民オンブズマンの代表幹事を務める篠原義仁弁護士は、「市も指定管理者も貴重な文化財を守ろうという意識に欠けている。丸投げに近いかたちで導入されている指定管理者制度の持つ問題点を解明し、制度自体の在り方を問う」と話しており、内水氾濫による浸水被害の影響は、公共施設の管理の在り方にまで波及する事態になった。

再建は災害リスクの少ない場所で

責任の所在とともに、市民にとって気になるのは、市民ミュージアムをどのように再建するかだろう。川崎市文化芸術振興会議は21年7月12日、休館が続く現施設を再開せず、浸水・土砂災害リスクの少ない場所で再建する必要があると福田紀彦市長に答申した。

現施設の復旧には、浸水対策費などを除いても概算で約25億8000万円もの費用がかかる見込みであること、前述のように18年改定の洪水ハザードマップで想定浸水深が5～10メートルとされており、2階まで浸水する恐れがあることなどが理由だ。地階の収蔵庫などを3階に整備するのは建物の構造耐力上、難しいことが分かっている。

答申では、移設の候補地は収蔵品を被災させないことを最優先に、浸水の恐れがあるエリアや土砂災害警戒区域などを避けて選定することが望ましいとした。市民アンケートで、公共交通などの利便性や緑豊かな屋外環境などを求める声が多かった点についてもできる限り考慮する必要があるとの考えを示した。

ただ、川崎市市民文化局市民文化振興室で市民ミュージアム調整担当課長を務める平井孝氏は移設候補地について「川崎市は津波、洪水、土砂災害、内水のハザードマップを公開しているが、これら全てをクリアできる場所はほぼ無い。あるとしても交通の便が悪い場所になる。多額の費用を投じて民間の土地を購入し、再建するのも難しい」と厳しい状況を打ち明ける。

美術館の収蔵庫はかつて、気温や湿度の管理がしやすく紫外線の影響が少ないなどの理由から、好んで地下に設けられることが少なくなかったが、東日本台風の被害は、そうした過去の常識が180度転換しつつあることを示した。水害によって貴重な美術品や資料が失われるリスクへの備えと、施設の利便性や整備コストといった多岐にわたる条件をいかに両立するか。公共施設を管理する自治体などは、悩ましい問題を突き付けられている。

COLUMN

公共事業が白紙に、浸水リスクに住民がNO

「海沿いの敷地に対して反対派の市民が抱いていた懸念を払拭することは、最後までできなかった」。こう語るのは、宇住庵設計（鹿児島県鹿屋市）の瀧晃部長だ。

同社が代表を務める設計JV（共同企業体）は2018年9月、設計者選定プロポーザルに勝利。鹿児島県垂水市が総事業費約43億円をかけて進める新庁舎の設計に取り組んできたが、敷地の浸水リスクが問題となり、事業は暗礁に乗り上げてしまった。

新庁舎の敷地は、老朽化した現庁舎から400メートルほど西に位置する海沿いの旧フェリー駐車場用地。津波による浸水は想定されていないものの、市内を流れる本城川の洪水で最大0・8メートルの浸水が見込まれる。市内では大雨で道路が冠水することもよくあるため、防災上の不安から移転に反対の声が上がっていた。

そこで設計JVは、現在の海抜2・2メートルから海抜3・1メートルまで地盤をかさ上げし、浸水しても耐震性能を発揮できる柱頭免震構造（柱の上部に免震装置を設置する構造）を採用。本体工事費を抑えるため、「華美な仕上げを採用せず、コストをシビアに削った」（瀧部長）。事業規模が大きいとの批判も根強かったからだ。

実施設計は20年3月に完了。6月には工事の予算案を市議会が可決したものの、8月9日、運命は暗転する。移転計画の是非を問う住民投票で反対が賛成を上回ったのだ。垂水市の尾脇雅弥市長は同日、計画を白紙にすると表明。練り上げた実施設計は、ご破算となった。

住民投票を提案したのは尾脇市長だ。一部住民が反対運動を展開し、市議会でも賛否が割れるなか、住民投票で民意を確認し、計画推進の原動力とするのが目的だった。そうした思惑が裏目に出た。宇住庵設計の瀧部長は「海沿いには、既に中央病院や老健施設が立っている。対策を講じれば庁舎もつくれるという認識だった」と話す。

移転に反対してきた市民団体「新庁舎建設を考える会」の池之上誠共同代表は、「現庁舎の建て替え自体には賛成だが、海沿いに建てることはおかしいと主張してきた。海沿い案がなくなったことは一定の成果だ」と語る。

東日本大震災の大津波の記憶に加え、台風や集中豪雨で毎年のように発生する水害——。自治体や建築設計者が考える以上に、住民は浸水リスクに拒否反応を示すようになり、公共事業の争点になることが増えてきた。

静岡市でも20年、津波による想定浸水深が2～3メートルの敷地に清水庁舎を移転する計画に、一部住民が反対運動を展開した。

洪水や津波による浸水リスクをいかに見積もり、敷地選定や設計に生かすかは、公共事業の生命線と言っても過言ではない。

白紙撤回された垂水市新庁舎の設計案。左奥に見えるのは桜島（資料:垂水市）

3 バックウオーターで都市水没、外水氾濫の破壊力

複数の堤防が決壊、街の4分の1が水没

ここまでは、私たちにとって極めて身近な災害であるにもかかわらず、そのリスクがあまり認識されていない内水氾濫について、タワーマンションの浸水被害などいくつかの事例を紹介しながら、その実態や影響をみてきた。

内水氾濫を引き起こす短時間強雨（1時間に50ミリ以上の降雨）の発生回数は、すでに30年ほど前の1・4倍程度に増加しており、今後は気候変動の影響で回数・降雨量ともにさらに増加すると見込まれている。発生頻度が高く、被害額が大きい都市部の内水氾濫への対策は、まさに急務といえるだろう。

一方で、人命を守るという観点で極めて重要になるのが、破壊力の大きい外水氾濫への備えだ。近年の外水氾濫による水害では、堤防の決壊によって住宅が押し流されるなど、甚大な被害を出すようなケースが各地で続出している。

なかでも2018年7月の西日本豪雨で51人が亡くなった岡山県倉敷市真備町では、7月6日から降り続いた大雨の影響で複数箇所の堤防が決壊し、町の面積4400ヘクタールのうち12

００ヘクタールが水没する危機的な状況に。浸水深は最大で約5メートルに達した。

取材班が現地を訪れた7月10日には水が引いていたが、台風シーズンの到来に備えて決壊箇所の復旧作業が急ピッチで進められていた。

決壊したのは、真備町を西から東へ流れて高梁川に合流する小田川の左岸側の堤防で、長さ1００メートルほどの区間だ。本流（高梁川）の水位が高いため、そこへ流れ込む支流（小田川）の流れが阻害されて合流地点より上流側の水位が高くなったとみられる。

このように、下流側の水位変化が上流に影響する現象を「バックウオーター（背水）」と呼ぶ。新聞やテレビなどの大手メディアがバックウオーターという言葉を繰り返し使ったため、この災害を契機に世に広まった新しい言葉だという印象を持つ人も多いが、河川管理者であれば誰もが知っている現象の1つだ。

ただ、真備町で注目すべきなのは、小田川の水位が上がったために、小田川とその支流との間でも連鎖的にバックウオーターが起こったとみられる点だ。

例えば、小田川の支流である真谷川では、小田川との合流地点付近の左岸が決壊した。現地を調査した岡山大学大学院の前野詩朗教授は、「バックウオーターの影響を受けて真谷川の水位が高くなったことが、破堤（堤防が決壊すること）などにつながったのではないか」と話す。同じく、小田川左岸の決壊箇所のすぐ上流で合流する高馬川でも、合流地点付近の堤防が決壊した。

さらには、真備町のなかでも特に犠牲者が多かった有井地区の集落を流れる末政川でも、同様の現象が起こった可能性がある。末政川は、河床（川底のこと）が周囲の地面よりも少し高い「天

決壊した小田川の堤防と、浸水した岡山県倉敷市真備町（写真:国土交通省）

◆ 真備町付近の推定浸水深

2018年7月7日の映像などの情報から推定した（資料:国土地理院、国土交通省）

井川」として知られており、決壊による氾濫のインパクトはすさまじかった。決壊箇所付近では、全壊または流失した住宅が多くみられた。

バックウオーターの連鎖とともに、堤防の決壊を続発させたもう1つの要因が、西日本豪雨の特徴である「長時間にわたって降り続いた雨」だ。堤防が決壊して大量の水が市街地にあふれ出しても川の水位が下がらないほど大量の水が供給され続け、様々な箇所で堤防を浸食したと考えられる。

真備町の浸水範囲がほぼ「洪水ハザードマップの通り」だったことが、このことを裏付けている。どういうことか。

住民に水害のリスクや避難に関する情報などを分かりやすく伝えるために自治体が作成する洪水ハザードマップは「洪水浸水想定区域図」を基につくられる。

この図は簡単に言うと、複数の決壊箇所を想定し、設定した破堤点別に決壊した際の氾濫シミュレーションを実施。それぞれで最大となる浸水深を表示したものだ。そのため、一般的には実際の浸水被害よりも「過大な結果」となる。ただ、今回は堤防の決壊が複数箇所に及んだために、皮肉にもハザードマップ通りの甚大な被害となったのだ。

小田川におけるバックウオーターの危険性は、以前から強く認識されていた。合流部に位置する真備町では、昔から何度も水害に苦しんできたためだ。

実は、国土交通省中国地方整備局は被災前から、バックウオーターの影響を抑えるために、抜本的な対策を講じようと動き始めていた。小田川と高梁川の合流位置が約4・6キロメートル下流になるように、小田川を付け替え（川の流れを人工的に変えること）ようとしていたのだ。元の合流部付近の高梁川は湾曲していて水が流れにくいといった問題があったが、下流で合流させることで、こうした点を解消できる。

「国管理の小田川の付け替えが実現していれば、その支流である県管理の高馬川などの水ももっと流れていたはずだ」。現地を視察した京都大学大学院工学研究科の立川康人教授は、このように指摘する。被災後、国交省は小田川の付け替え工事に着手。23年度末の完成に向けて工事を進めている。

「ハザードマップは見たことがなかった」

「真備町のように狭い範囲の水害で、50人を超える死者が発生したのは衝撃的だ」。東京大学生産技術研究所の芳村圭教授は、鬼怒川の氾濫などで14人の死者を出した15年9月の関東・東北豪雨（376ページ参照）と比較して語る。

真備町の浸水面積は1200ヘクタールで、鬼怒川氾濫時の茨城県常総市の浸水面積約4000ヘクタールと比べると狭い。そうした状況で人的被害が拡大した理由は、「浸水深の高さにある」と芳村教授は説く。「真備町では2～3メートルの浸水深が広い。小田川周辺では3～4メートルに及ぶ場所も多かった」（芳村教授）

小田川の決壊地点に近い町内の箭田（やた）地区では、浸水深が約5メートルに達した。この辺りでは浸水時、住民がどのような状況に置かれたのか。取材班は、築35年ほどの木造住宅で被災した50代男性に話を聞いた。

男性の住宅は、倉敷市が16年に作成した真備・船穂地区の洪水・土砂災害ハザードマップで、「洪水時に2階の軒下以下が浸水する程度の危険性」を指摘された地域に立つ。

国土地理院が公表した浸水推定段彩図でも、4～5メートルの高さまで水に漬かったとされる。ただ、男性とその父親は、「ハザードマップの存在は知っていたが、見たことがなかった」と話す。

男性は大雨が続いていた18年7月6日、夕刻に両親を高台の施設に避難させた後、1人家に残っていたという。

7月7日午前1時30分ごろのことだ。男性は家の中に響く轟音で目を覚ました。

電気は使えなかったため、スマートフォン

1階が水没した男性の住宅。水が引いた後に撮影した（写真:日経アーキテクチュア）

で周囲を照らしながら1階に向かうと、すでに階段の途中まで泥水が迫っていたという。

7日午前4時ごろには、2階まで水かさが増してきた。男性は1階屋根の棟に登って救助を待った。「足元に迫る黒い水が徐々に高さを増し、屋根にぶつかって渦巻いていた。辺りは真っ暗だったが、濁流に押し流された重い塊が時折、家にぶつかった」と当日の出来事を語る。

7日午前8時ごろにようやく水位が下がり始め、男性は小田川の堤防からボートを出してくれた友人に救助された。

この男性は命をつなぐことができたが、真備町で亡くなった51人のうち8割以上に当たる43人が自宅の1階で溺死したとみられている。2階にいれば助かった可能性もあるのに、なぜ1階で溺死した人が多かったのか。その一因として、避難行動に支援が必要な高齢者が多かったことがある。亡くなった51人のうち46人が高齢者で、なかでも42人は自力で避難できない人たちだった。ただ、どうやら原因はそれだけではなさそうだ。

浸水が始まったのは、住民の就寝後の7日未明。多くの生存者が「床上浸水の水位が分刻みで上昇した」と証言するほど水の回りが早かった。このとき、室内はどのような状況に置かれていたのか。

河川工学を専門とする東京理科大学の二瓶泰雄教授は、被災した住宅の1階の間取りを再現し、洪水発生時の水深などを基に浸水させて室内の状況を観察した。

実験開始後わずか1分30秒で水深は6センチメートルに達して畳が浮上。開始後20分でたんすなど大きな家具が転倒し、足の踏み場もない状態に陥った。

東京理科大学の二瓶泰雄教授が、同大学の水理実験場で行った実験。西日本豪雨での被災者の住宅の1階の間取りを再現して実施した。洪水発生時から約20分で家具が転倒して散乱。これらが住まい手の2階への避難を妨げたとみられる（写真:二瓶 泰雄）

この状況下では、家具が住人の行く手を阻み、2階への避難行動が取れない。これが、1階で多数の溺死者を出した原因の1つとみられる。「室内より屋外の水位が高いので、水圧差で玄関ドアが外に開かず、屋外に出られないことも明らかになった」(二瓶教授)

水害への安全度は地形で決まる

バックウオーターが生じやすい河川の地形的特徴や長時間にわたる豪雨、避難の難しさ以外にも、真備町で被害を拡大させたとみられる要因が浮かび上がっている。

例えば、河川敷に生い茂っていた樹木は、洪水の流れを阻害した恐れがある。小田川には水の流れが一目で分からないほど、多くの木々があった。

国交省が作成した高梁川水系河川整備計画によると、1994年からの10年間で小田川の樹林面積は3倍以上に急増。大きな木などが水の流れを阻害して水位を上昇させた可能性は無視できない。

高梁川や小田川を管理する国交省の岡山河川事務所は、毎年、予算を付けて順に木を伐採しているが、対象範囲が広すぎて焼け石に水だという。伐採や処分の費用を浮かせるために、樹木伐採者を公募するなどの対策を講じているものの、十分とはいえない。また、「切り過ぎ」は環境面や生態面での問題をはらんでおり、むやみに伐採すればいいというものでもないのが難しいところだ。

真備町では河川の合流部の水害リスクが注目を集めたが、それ以外にも水害リスクの高い場所はある。

滋賀県の職員として、治水事業に長らく関わった経験を持つ滋賀県立大学環境科学部環境政策・計画学科の瀧健太郎准教授は、「水害に対する安全度は、堤防の高さで決まるのではなく、地形で決まる。要はどこに水が集まるかが重要になる」と指摘する。

例えば、鉄道や道路などの連続盛り土が川を分断している箇所の上流部や、両岸に山が迫って狭さく部になっている場所などだ。こういったリスクの高い地形を見極めることが、気候変動時代の街づくりや土地選びでは、ますます重要になるだろう。

◆ 氾濫水が集まりやすい場所の例

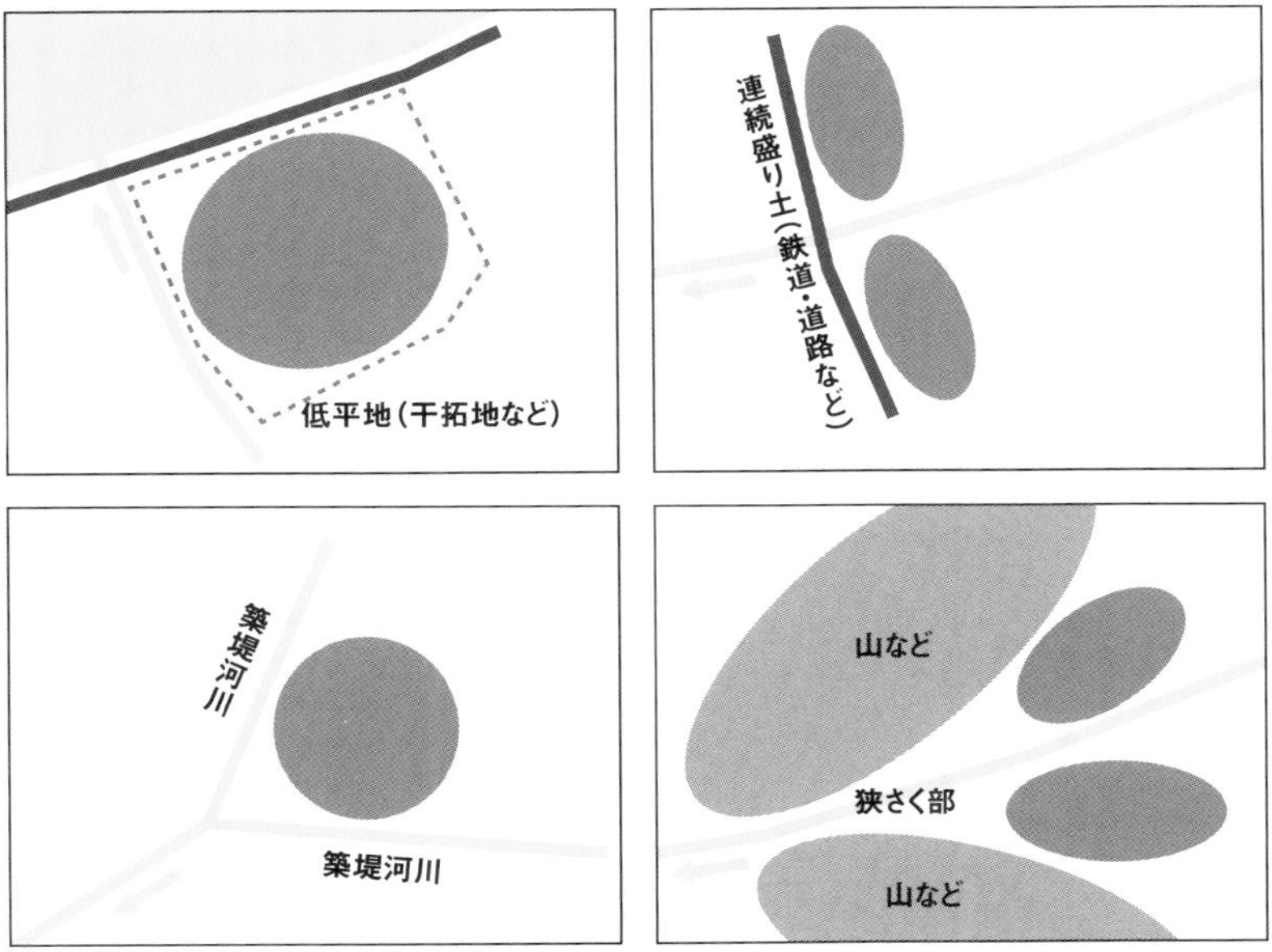

（資料:滋賀県）

COLUMN

堤防はこうして決壊する

堤防の決壊（破堤）の原因には、地震以外にいくつかのパターンがある。

1つ目が、河川の水が堤防を越えてあふれる「越水」によるものだ。堤防を越えた河川の水は、大雨で強度が低下した堤防の裏法尻（市街地側の斜面の下側の角）を削り取る（洗堀と呼ぶ）。堤防の市街地側の洗堀が進むと、最終的に堤防の天端（頂部）が崩壊して破堤に至る。

2つ目は浸食や洗堀によるもの。激しい水の流れで堤防の表法面（河川側の斜面）が削られて崩壊に至り、破堤する。

3つ目は浸透による破堤。降雨で透水性が高まった堤体に、河川の水が浸透し、強度が下がって裏法面（市街地側の法面）が崩壊して破堤に至る。

以上の3つのパターンのうち、大半を占めるのが越水による破堤だ。つまり、堤防の決壊を防ぐには、いかに越水に備えるかが課題になる。

2018年7月の西日本豪雨による真備町の水害では、小田川の右岸の堤防で、越水したものの破堤に至らなかった箇所もあった。

そこでは、越水した場合でも決壊までの時間を少しでも引き延ばせるよう、堤防の天端にアスファルトを舗装するなどの対策を講じていた。小田川の天端は、全て対策済みだったという。これは15年9月の関東・東北豪雨を受けて国交省が進めていた「危機管理型ハード対策」の1つだ。こういった対策の地道な検証が、次の豪雨災害に生きてくる。

一方で、近年の水害では、新たな破堤メカニズムも確認されている。「逆越流」と呼ぶ現象だ。19年10月の東日本台風による阿武隈川の決壊で確認されたこの現象は、堤防で守られているはずの市街地側から河川側に向かって水があふれ出すという、これまで想定していなかったもので、対策が求められている。

上流で起こった氾濫流と、降雨による内水によって堤内地（市街地側）が浸水し、水位が著しく上昇して河川側よりも高くなることで、市街地側から河川側に越水し、その影響で堤防が決壊に至る。

20年7月の熊本豪雨で球磨川の堤防が決壊したケースも、計画を大きく上回る洪水によって堤防が水没し、その後の球磨川の急激な水位低下の影響で、逆越流が長時間にわたって続いたことが原因だった。

◆ 堤防の決壊メカニズム

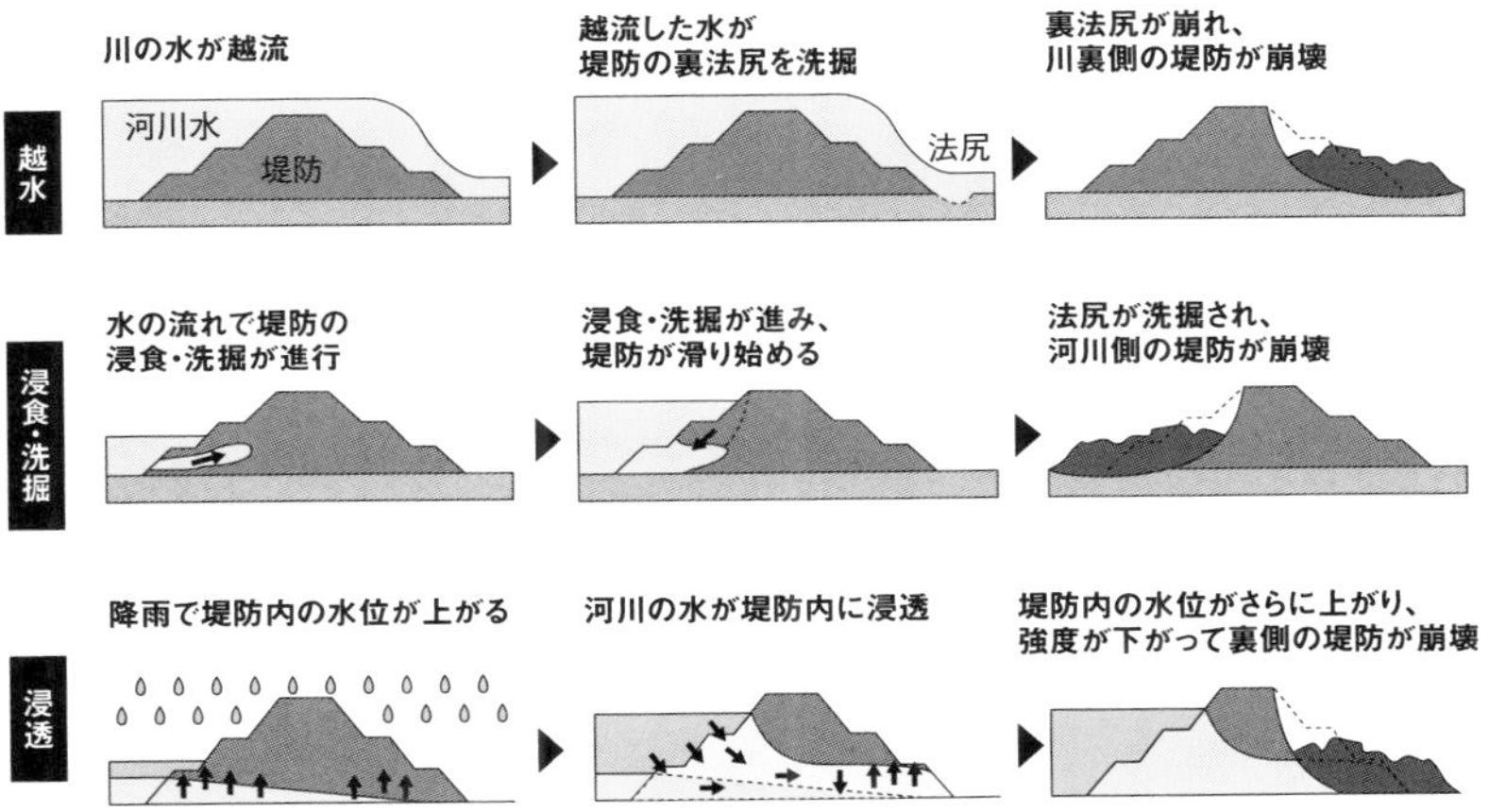

越水による決壊が多い（資料:国土交通省の資料を基に日経コンストラクションが作成）

4 繰り返される高齢者施設の悲劇

特別養護老人ホームで14人が死亡

水害は高齢者や障害者、子どもなどの社会的弱者を狙い撃ちにする。とりわけ高齢者の避難をどうするかは、超高齢社会を生きる私たちにとって避けては通れない課題だが、平時はなかなか顧みられることがない。そのような目を背けがちな事実を、乱暴に眼前に突き付けた水害がある。２０１８年の西日本豪雨、19年の東日本台風に続いて甚大な被害をもたらした20年７月の熊本豪雨（令和２年７月豪雨、３８８ページ参照）だ。

特に被害が大きかったのが熊本県南部。活発な梅雨前線の影響で７月３日から雨が降り続き、１級河川の球磨川が氾濫。人吉市や球磨村が大規模な浸水被害に見舞われた。県内の死者は65人、家屋被害は７３５９棟に上った。

被災したエリアのなかでも、ひときわクローズアップされた場所がある。人吉市内から国道２１９号を西に向かうと見えてくる、球磨村渡地区だ。渡地区は鮎釣りやラフティングでにぎわう観光スポットだが、過去に何度も浸水被害に見舞われた、いわく付きのエリアでもある。

被災から１週間以上がたった７月13日。取材班が鼻を刺すような臭いを感じながら渡地区を歩いていると、ＪＲ肥薩線の渡駅周辺には、原形をとどめぬほどに破壊された住宅が目に飛び込んできた。地区を襲った氾濫流のすさまじさを物語っているようだ。渡駅を通過し、球磨川と支流の小川の合流地点に差し掛かると、北側にオレンジ色の建物が見えた。１階が浸水し、２階への避難が遅れて入居者65人中14人が死亡した特別養護老人ホーム「千寿園」だ。

小川が増水して千寿園に濁流が流れ込み始めたのは、７月４日午前７時ごろだった。職員らは入居者を２階に避難させようとしたが、急激な水位上昇を前になすすべもなかったとみられる。取材班が千寿園を訪れたこの日、周辺の住宅で片付けが始まっていたのと対照的に、施設は静まり返っていた。外壁には押し寄せた濁流の痕跡が。フェンスには、手押し車が悲しげにぶら下がっ

1階が水没して14人が亡くなった、熊本県球磨村渡地区の特別養護老人ホーム「千寿園」（写真右手）へ救助に向かう自衛隊。2020年7月4日撮影（写真:陸上自衛隊第8師団）

ていた。

国土地理院は、渡地区の浸水深を最大9メートルと推定している。同地区の水位観測所の記録によると、7月4日午前1時に4・01メートルだった球磨川の水位は、午前7時には12・55メートルまで上昇していた。なぜ渡地区はこれほど急激に、しかもかなりの深さまで浸水したのか。理由を読み解く鍵は地形にある。

まずは、渡地区で球磨川が湾曲し、しかも川幅が狭くなっている点。もともと水位が急上昇しやすい地形だといえる。次に、本流と支流がほぼ直角に合流している点。増水した本流（球磨川）に支流（小川）がせき止められて水位が上昇する「バックウオーター（背水）」が起こりやすい。

後者について国土交通省は14年、2つの川の合流をスムーズにして水位上昇を防ぐ長さ150メートル、高さ8メートルの「導流堤」を整備。近年では最も多い16戸が床上浸水し、千寿園の間近まで水が迫った05年9月と同等の洪水で、小川の水位を約1メートル下げる効果があると見積もった。しかし、過去最大とみられる球磨川の氾濫を前に、被害を防ぐことはできなかった。

またもや高齢者の逃げ遅れ

被災した千寿園は洪水浸水想定区域内に位置し、最大規模の雨で10～20メートルも水に漬かるとされていた。さらには土砂災害防止法に基づく土砂災害警戒区域（土石流）にも含まれている。

このように、災害リスクが高い土地に建てられた高齢者施設の悲劇は以前から繰り返されてき

◆ 千寿園は洪水浸水想定区域と土砂災害警戒区域に立地

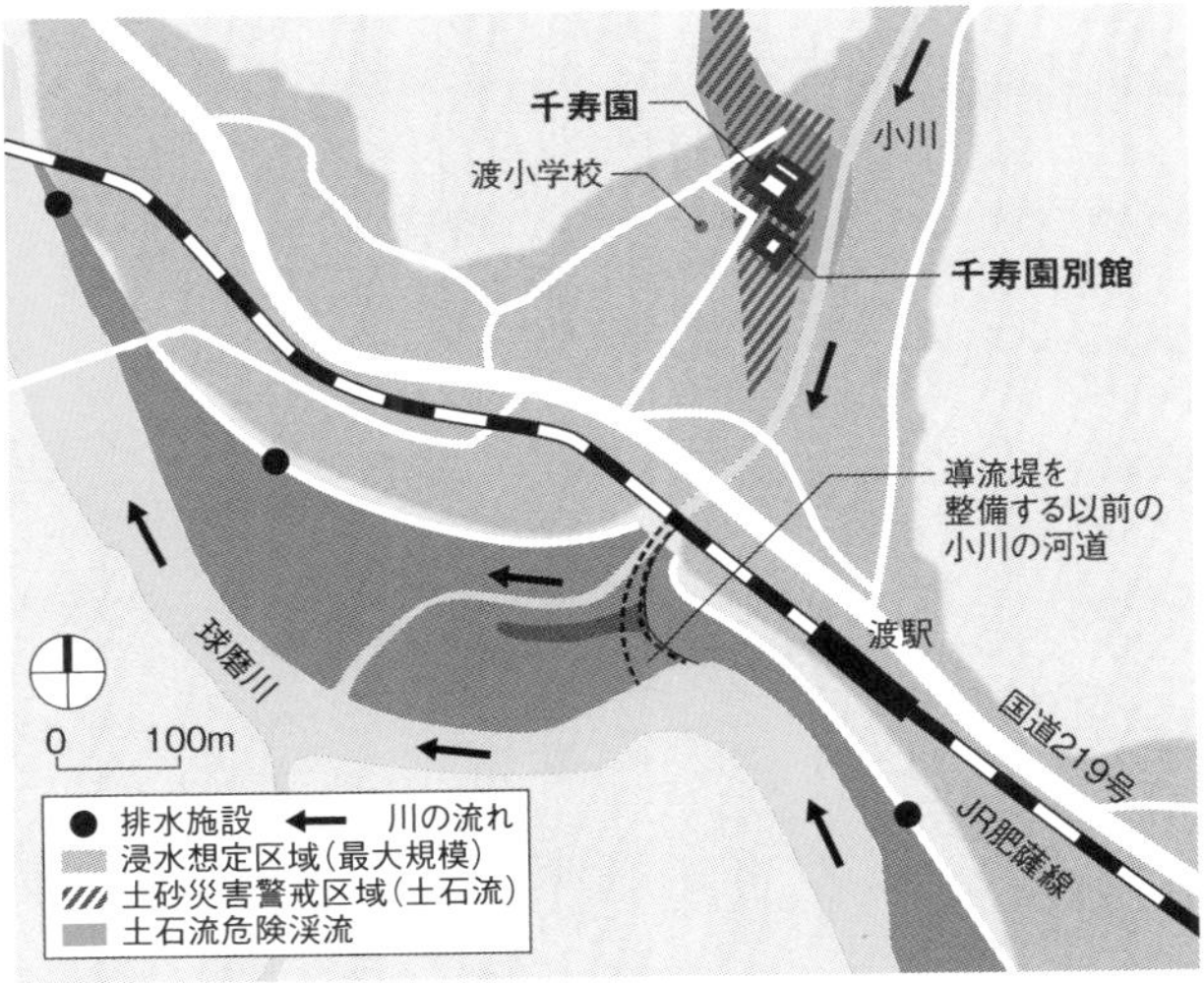

気象庁によると、熊本県球磨村における7月4日午前9時30分ごろまでの12時間降水量は観測史上最大の396.5mmを記録。渡地区の浸水エリアは、洪水浸水想定区域とほぼ重なっていた(資料:取材を基に日経アーキテクチュアが作成)

◆ 渡地区では球磨川の水位が急速に上昇

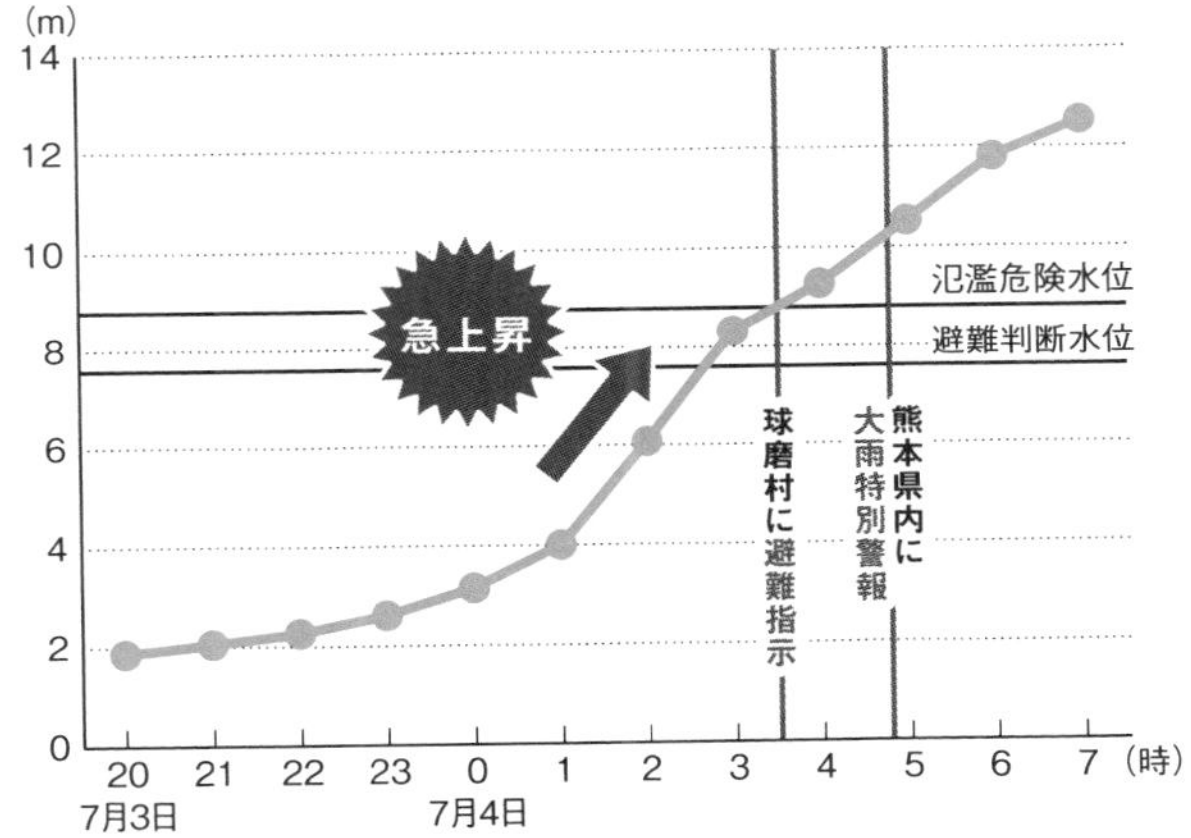

球磨村渡地区の水位観測所の記録では、7月4日午前4時に氾濫危険水位の8.7mを超え、午前7時には12.55mまで上昇した。午前8時以降は欠測(資料:国土交通省の資料を基に日経アーキテクチュアが作成)

た。16年の台風10号では、岩手県岩泉町乙茂地区を流れる小本川が氾濫。高齢者グループホーム「楽ん楽ん」に濁流が流れ込み、入所者9人が死亡している。

岩泉町での被害を受けて国交省は17年、洪水浸水想定区域や土砂災害警戒区域に立つ要配慮者利用施設（防災上の配慮が必要な人が利用する施設）の所有者や管理者に対して、避難確保計画の作成と避難訓練の実施を義務付けた。

ただし、計画の作成はそれほど順調に進んでいるわけではない。国交省は21年度末までに作成率100パーセントを目指しているが、対象となる7万7906施設のうち作成済みの施設は3万5043施設と半数に満たない（20年1月1日時点）。都道府県ごとに作成状況のばらつきが大きく、熊本県は約5パーセントで最低レベルだ。

被災した特別養護老人ホーム「千寿園」の外観（写真：日経アーキテクチュア）

さらに言えば、計画を作成していたからといって、それで問題が解決できるとは限らない。実際、千寿園では避難確保計画を18年4月に作成し、これに従って訓練も実施していたが、熊本豪雨では20年7月4日午前7時ごろに施設内が冠水するまで、高台への避難行動を取らなかった。

千寿園の後藤亜樹施設長が熊本日日新聞の取材に応じて発した「導流堤が完成したこともあり、浸水被害より土砂崩れを警戒していた」という言葉が、その理由を物語っている。千寿園自体は過去に浸水被害に遭ったことがなく、導流堤の整備などで大規模水害の可能性は低いと考え、土砂災害のみを対象に避難確保計画を作成し、訓練を実施していたのだ。

2階に避難する手段は階段のみで、取材班が現地を確認した限りでは、止水板なども設置されていないなど、水害への備えは極めて脆弱だったといっても過言ではない。

流域政策を専門とする滋賀県立大学の瀧健太郎准教授は、「そもそも避難を前提にしないといけない場所に要配慮者利用施設が立ってしまう街づくりは適切なのか。改めて問い直す必要がある」と指摘する。

国交省と厚生労働省が20年11月、全国の特別養護老人ホーム・地域密着型特別養護老人ホーム1万4511施設を対象に実施した調査では、7531施設のうち約43パーセントに当たる3239施設が洪水浸水想定区域か土砂災害警戒区域、あるいはその両方に立地していると回答した。

災害リスクが高いため、土地が安い。土地が安いから、経営状況が芳しくない社会福祉法人でも高齢者施設を建てられる。結果、災害リスクが高いエリアに、自力での避難が難しい人が集まって暮らすことになってしまう。この流れをどこかで断ち切らなければ、悲劇はまた繰り返される。

COLUMN

「津波並み」の流れがグループホームを襲った

岩手県と北海道で死者26人を出した2016年8月の台風10号（378ページ参照）。1951年の統計開始以降初めて太平洋側から東北地方に直接上陸した。岩手県宮古市や久慈市では1時間に80ミリの猛烈な雨を記録。なかでも岩手県岩泉町では、河川の氾濫で多くの人的被害が発生した。

2016年8月30日夜、同町乙茂地区を流れる小本川が氾濫。高齢者グループホーム「楽ん楽ん」に濁流が流れ込み、入所者9人が死亡した。この施設では、平屋の建物の天井付近まで浸水したとみられる。

土木学会の水害調査団の団員として現地を調べた東北大学災害科学国際研究所の今村文彦所長は、施設の上流側に位置するコンクリート構造物に、東日本大震災で津波被害を受けた防潮堤で確認されたような洗掘の痕跡が見つかったことなどから、「津波並みの流れが生じていたのではないか」と指摘する。高齢者施設の上流側では、小本川が2回の急カーブを描く。こうした水の流れにくい地形が被害を拡大したとの見立てだ。

まず、施設から1キロメートル西（上流側）に位置する1つ目のカーブで、水位が急上昇したとみられる。付近では、左岸側の国道455号が水流で激しく削り取られ、150メートルにわたって崩落した。

さらに、少し下流にある逆向きの大きなカーブと、その付近の河道内にある大きな岩が濁流

◆ 2つのカーブが強い流れを生んだ

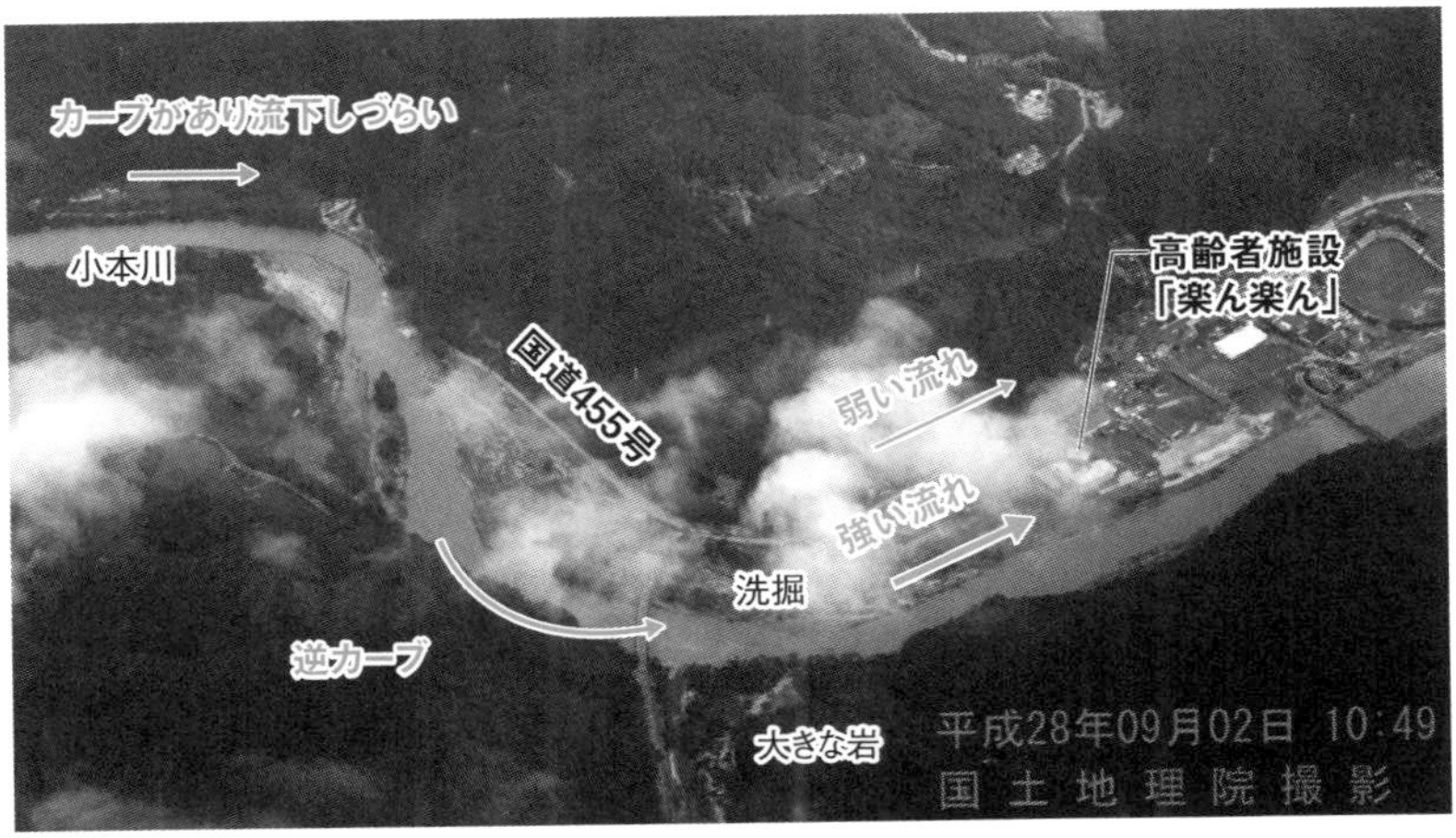

岩手県岩泉町乙茂地区の被災状況。東北大学災害科学国際研究所の今村文彦所長の資料などを基に作成（写真:国土地理院）

の進路を変え、施設側に向かわせた恐れがある。

今村所長は「高齢者施設周辺のなぎ倒された草には泥があまり付着しておらず、泥の堆積を許さないほど速い濁流が押し寄せた可能性が高い」とする。

一方で、施設よりも国道に近い位置にある住宅には大量の泥が付着しており、施設周辺に比べると水の流れは遅かったとみられる。「このように、同じ高水敷（河川敷のうち、増水時に冠水する部分）でも氾濫流の様子は異なっている。こうした情報は、ハザードマップなどに掲載する必要がある」（今村所長）

5 我が家が浮いて流された！

船のように200メートル移動した？

「我が家が見当たらない」

長野市に住むA夫妻は、2019年10月の東日本台風で千曲川の堤防が決壊した翌朝、堤防の上から被災した自宅の方を見て目を疑った。築40年以上になる両親の家は同じ位置にあるのに、渡り廊下でつながっていた築14年の自宅（以下、住宅A）が丸ごとなくなっていたからだ。

住宅Aの敷地は、決壊地点から約200メートル西北西側にある。周りには、室内が2メートル近くまで浸水した住宅が多かった。さらに、数棟の木造建築物は氾濫流（河川の氾濫によって生じた家屋の倒壊・流失をもたらすような激しい流れ）に押し流されて、ばらばらになってしまっていた。

いったい、住宅Aはどこに流されてしまったのか。

建物が見つかったのは、なんと元の位置から約200メートル離れた道路上だった。氾濫流が流れた方向だ。驚いたことに、元と同じ向きで着地していた。調べてみると、住宅Aの敷地では、氾濫流で地面の土が削り取られる「洗掘」が発生し、地盤を補強していた柱状改良体（現地の土

敷地に残ったA夫妻の両親の住宅と、そこから200m先に流れたA夫妻の住宅。被災前、2棟は並んで立っていた。手前には別の住宅の基礎だけが敷地内に残る（写真：日経ホームビルダー）

◆ 決壊地区で見つかった流失・浮上被害

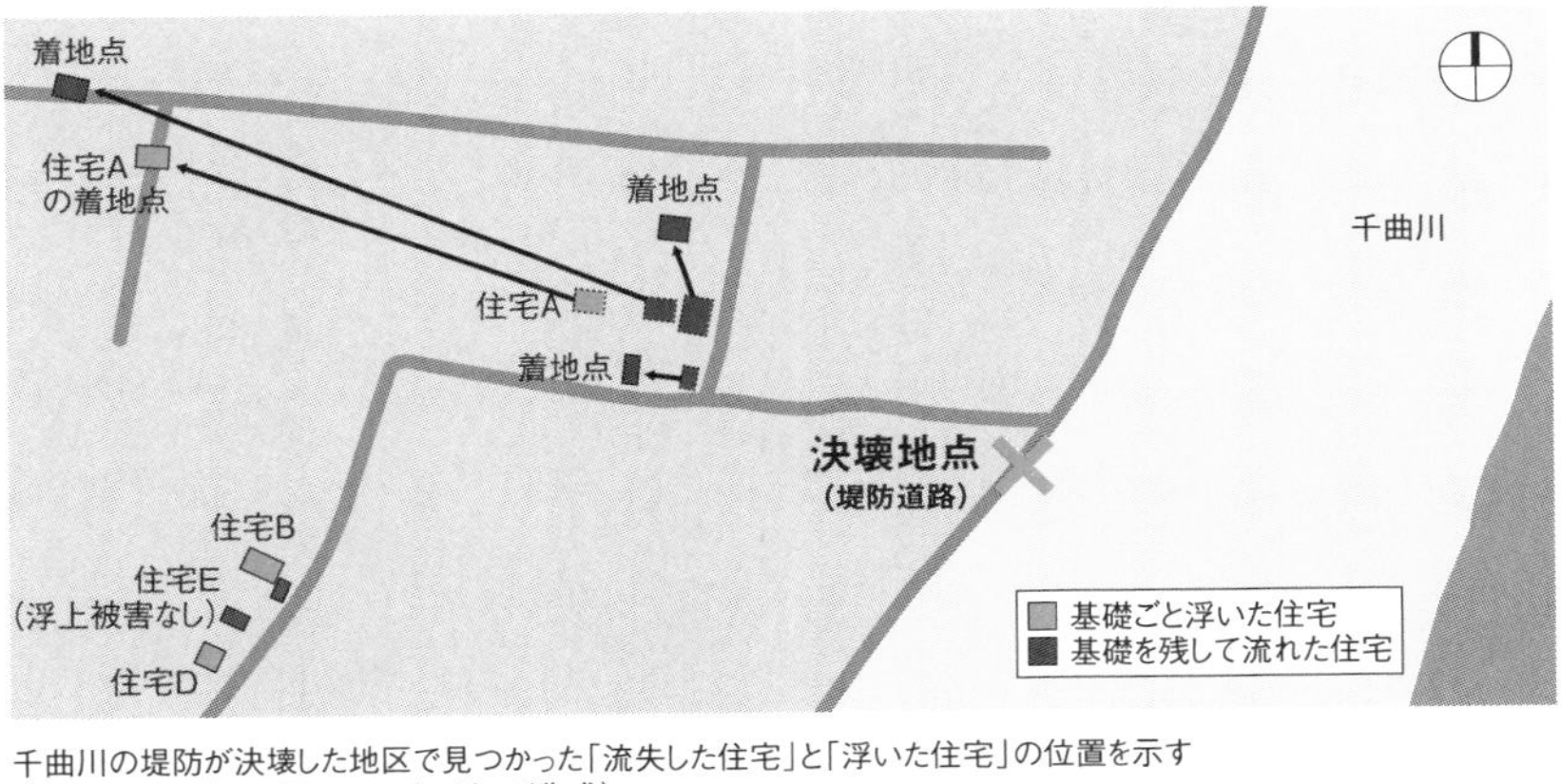

千曲川の堤防が決壊した地区で見つかった「流失した住宅」と「浮いた住宅」の位置を示す
（資料：取材を基に日経ホームビルダーが作成）

にセメント系の材料を混ぜてつくった柱状の構造物）が、地表に頭を出していた。

一方、流された住宅Ａの室内には、土砂混じりの水が入ってきた跡を示す線が残っていた。窓際の壁に残る線が、床上１・３メートルで最も高い位置にあった。どうやら、水は徐々に室内に浸入し、この高さまでたまったとみられる。飾り棚に置かれていた皿は、浸水前と同じ状態で見つかった。

では住宅Ａはなぜ、どのようにして流されたのか。

自然災害による建物被害に詳しい建築都市耐震研究所（さいたま市）の田村和夫代表に、解析を依頼した。田村代表は、建築物の豪雨災害対策の研究に取り組んでおり、東日本台風による住宅Ａの被害も現地で調査していた人物だ。

田村代表は、被害状況と建物の仕様などから、住宅Ａは浸水の始まった早い段階で浮き上がり、氾濫流に乗って船のように移動。流速が遅くなり、室内への浸水がある程度進んだ時点で着地したと推定した。

室内に空気がたまった状態で建物の外周部が浸水していくと、浸水深（水面から地面までの深さ）に比例するかたちで建物に浮力が生じる。建物が浮き上がるのは、浮力が建物の総荷重（全体の重さ）を上回ったタイミングだ。住宅Ａの場合、室内に水が浸入していないと仮定すると、外壁の浸水深が基礎下面から高さ93センチメートルを超えたときに浮き上がる計算になる。

田村代表は「気密性の高い住宅Ａでは、通常の住宅に比べて室内に水が浸入する速度が遅くなり、建物内に空気がたまって大きな浮力が生じやすかった」と指摘する。

◆ 住宅Aの受けた浮力と浮上時の浸水深の求め方

ステップ1 「総荷重」を計算する

総重量=2階建て部分+
平屋部分+基礎スラブ+
基礎の立ち上がり部分
⇒636kN

床面積当たりの各部位の荷重は日本建築防災協会が発行する「木造住宅の耐震診断と補強方法」に基づく

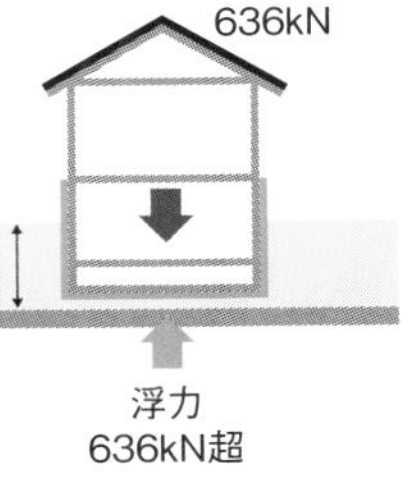

ステップ2 「浮力」を計算する

浸水部分の空気だまりの体積(m^3)=
基礎の面積69.6m^2×浸水深(m)
浮力(kN)=浸水部分の空気だまりの体積(m^3)×
水の荷重1t×重力加速度9.8m/s^2⇒682kN×浸水深

ステップ3 「総荷重」を上回る「浮力」の生じる浸水深を計算する

682kN×浸水深>636kN
浸水深>93cm

住宅Aが浮いた時の浸水深は基礎下面から推定93cm超

住宅Aの受けた浮力と浮上時の浸水深の計算プロセスの概要。浸水深が93cmを超えると浮力が建物荷重を上回る計算結果となる(資料:田村和夫代表の資料を基に日経ホームビルダーが作成)

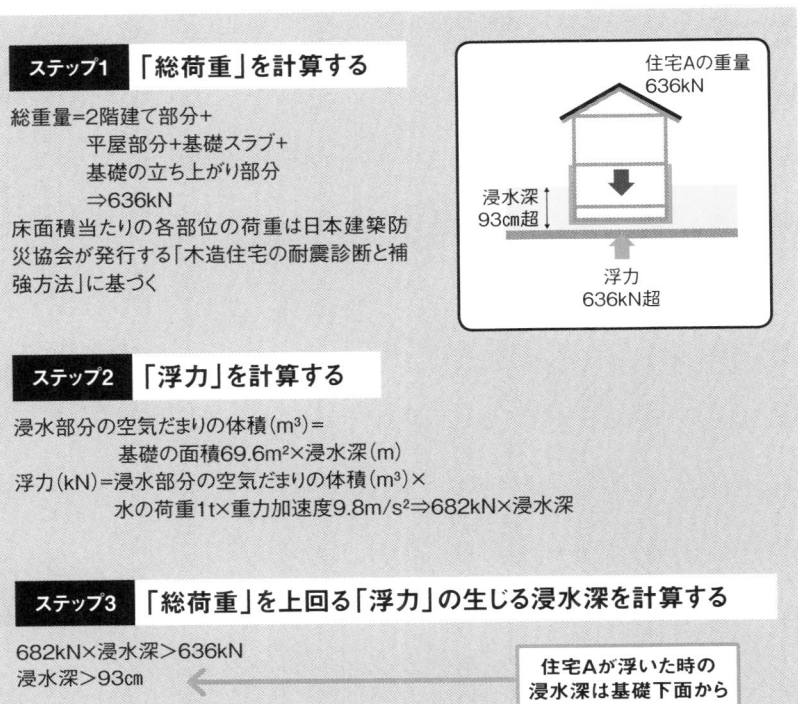

住宅Aは複層ガラス入りの樹脂サッシと、押し出し法ポリスチレンフォームを用いた外張り断熱に加え、基礎断熱（建物の基礎に断熱材を設置すること）を施したベタ基礎（住宅の底面全体を鉄筋コンクリート造とした基礎のこと）を採用していた。

建物の隙間の量を示す指標として使われている「相当隙間面積（C値）」は0・9㎠／㎡以下。一般的な住宅が5～10㎠／㎡とされるから、比較的気密性が高いといえる。

田村代表は、氾濫流の到達前に住宅Aが浮き、その後、押し流されたと推定している。理由の1つは、「飾り棚に置いた皿の位置が被災前後で変わっていなかった」というA夫妻の証言だ。田村代表は「氾濫流の流体力をもろに受けていたら、衝撃が強くて皿が同じ位置のままとは思えない」と話す。

もし、住宅Aが浮き上がっていない状態で氾濫流が押し寄せていれば、どのような被害を受けたのだろうか。田村代表は氾濫流を毎秒2メートルの泥水と想定して解析した。すると、基礎下面からの高さが86センチメートル超の氾濫流が押し寄せた段階で、住宅Aの基礎下面の摩擦抵抗力が流体力に負けて、流されてしまうという結果になった。さらに、住宅Aを地盤に固定した状態で高さ2・9メートルの氾濫流を受けると、建物は壊れてしまった。

「高気密」「ベタ基礎」は浮きやすい

住宅が浮き上がったり、浮き上がったうえで流されたりした事例はほかにもあった。共通点は、気密性が高く、基礎断熱を施したベタ基礎を採用していたことだ。

なぜか。建物に浮力が生じるには、基礎の下に水が回っていることも条件となる。基礎の構造に詳しいミサワホーム総合研究所の松下克也取締役は、「基礎断熱で用いるベタ基礎は下面が平らなので、下面がでこぼこしている『布基礎』（壁に沿って設ける逆T字断面の基礎）と比較して、より水が浸入しやすくなる恐れがある」と説明する。

筆者の取材によると、豪雨被害を受けた長野市内では、基礎断熱のベタ基礎ごと浮いたとみられる住宅が十数件見つかった。

例えば、決壊地点から約400メートル西南西側に立つ木造2階建ての住宅Bは、建物の南側と西側が約13センチメートル浮き上がり、北東側に傾いてしまった。隣に立つ古い別棟は床上浸水だけで済んだにもかかわらずだ。結局、床下に管を差し込み、地盤にグラウト（薬液）を注入することで傾いた床を持ち上げ、水平に戻さなくてはならなかった。

住宅Bは築18年で、外壁にプラスチック系断熱材を張り、ベタ基礎を採用。C値が0・1㎠／㎡前後という高い気密性能を確保していた。

決壊地点から2キロメートル以上北側に立つ住宅Cは、取材時点で建物の南西側が33・2センチメートル浮き上がり、北東側に傾いている状態だった。住宅Cがあるエリアは2メートル以上も浸水した。「深さが道路面から1・7メートルくらいの高さに達した時点で、住宅Cが浮いて北側の電柱にぶつかるのを見た」。隣家の住民はこう証言する。

そんな住宅Cで採用していたのは、断熱パネルの外張りとベタ基礎。23年前の竣工時に測定したC値は0・23㎠／㎡で、こちらもかなり気密性が高いといえる。

省エネ対策が裏目に

浸水時に木造住宅が浮き上がる被害は、これまで注目されてこなかったどころか、ほとんど認識すらされていなかった。

隙間が多い日本家屋は、いとも簡単に浸水するため、浮力が問題になることはほとんどなかったのであろう。また、氾濫流のような激しい流れや漂流物の衝突によって簡単に壊れてしまうため、「浮いて、流される」などという被害は生じにくかったに違いない。

しかしこれからは、「当然起こる現象だ」（田村代表）と認識を改めるべきだろう。脱炭素や省エネルギーが、政策やビジネスの重要キーワードになるなか、これまで遅れていた高気密・高断熱住宅の普及が、日本でも進んでいくとみられるからだ。

筆者の取材では、自社で建てた住宅が水害で浮くという被害を経験した複数の住宅会社からは、「浸水リスクの高い場所では基礎断熱を採用しない」という声が上がっている。

一方、別の住宅会社や建て主のなかには、「水害で浮くリスクがあるからといって、快適な温熱環境や省エネ効果をもたらす基礎断熱はやめられない」という意見も根強い。基礎断熱には、床断熱よりも室内に水が入りにくくなるというメリットもあるので、建物と家財の損害を減らすという意味で、むしろ採用を重視する住宅会社も少なくない。

住宅の快適性に省エネ性能、そして耐水性能や浮力対策――。あちらを立てれば、こちらが立たぬ、いわゆる「トレードオフ」の関係にあるものも多いので、なかなか両立が難しい面があるのも確かだ。

浮力対策には、どのような方法があるのだろうか。

田村代表は、地盤のかさ上げや地下室の設置が、浮力の発生を抑える方法として有効だと指摘する。浸水深を小さく抑えれば浮力も小さくなるし、かさ上げによって基礎の下面に水が回りにくくなるからだ。実際、先述の住宅Bでは、敷地を約1メートルかさ上げしていたうえ、北側に地下室を設けていたことが、浮き上がりによる被害を抑制したとみられる。基礎高を大きくする、3階建てにするなどして建物の重量を増す方法にも効果が期待できる。

建築物の耐水構造の研究に取り組む金沢大学の村田晶助教は、雨の跳ね返りなどで建物の外壁が汚れるのを防ぐために設ける「犬走り」（建物の外壁の周囲を取り囲むように設ける細長い道のような部分）の幅を広く設計し、洗掘と浸水を抑える方法を挙げる。

同じような効果を期待できる方法として、被災した住宅を数多く見ている建物修復支援ネットワーク（新潟市）の長谷川順一代表は、ベタ基礎の根入れ寸法を大きくすることなどを提案する。

一定以上の浸水深になった場合は、次善策として室内に水が入ることを許容し、あえて浸水孔を設けるという考え方もある。「『大きな川があふれるときは窓を開けて逃げて、小さな川があふれるときは窓を閉めて逃げる』という1940年代後半のカスリーン台風での経験的伝承にならう考え方だ」と建築都市耐震研究所の田村代表は話す。

6 工業団地から企業が逃げ出す

独自に防水ゲートを設置していたが

水害が奪い去るのは、私たちの生命や住まい、財産だけではない。企業活動への影響も見逃せない。

自然災害や大規模火災、テロ攻撃などの重大な出来事が起こっても事業を継続できるよう、企業があらかじめ作成しておく事業継続計画（ＢＣＰ、Business Continuity Plan の略）。日本において、ＢＣＰの重要性が本格的に認識されたのは２０１１年の東日本大震災がきっかけだった。この巨大災害を契機に、地震への備えは急速に進んだ。

一方、そのリスクが見過ごされてきた、あるいはあまり重視されてこなかったのが、ほかならぬ水害である。19年10月の東日本台風では、まさに水害が企業の事業継続を揺るがす事態が発生していた。

東日本台風で浸水被害が大きかった福島・宮城の両県。福島県では38人、宮城県では20人が亡くなり、家屋の被害は福島県と宮城県でそれぞれ約2万棟にも上った。

両県を流れるのが、長さ２３９キロメートル、流域面積５４００平方キロメートルを誇る１級

◆ 計画高水位を1.3m超える

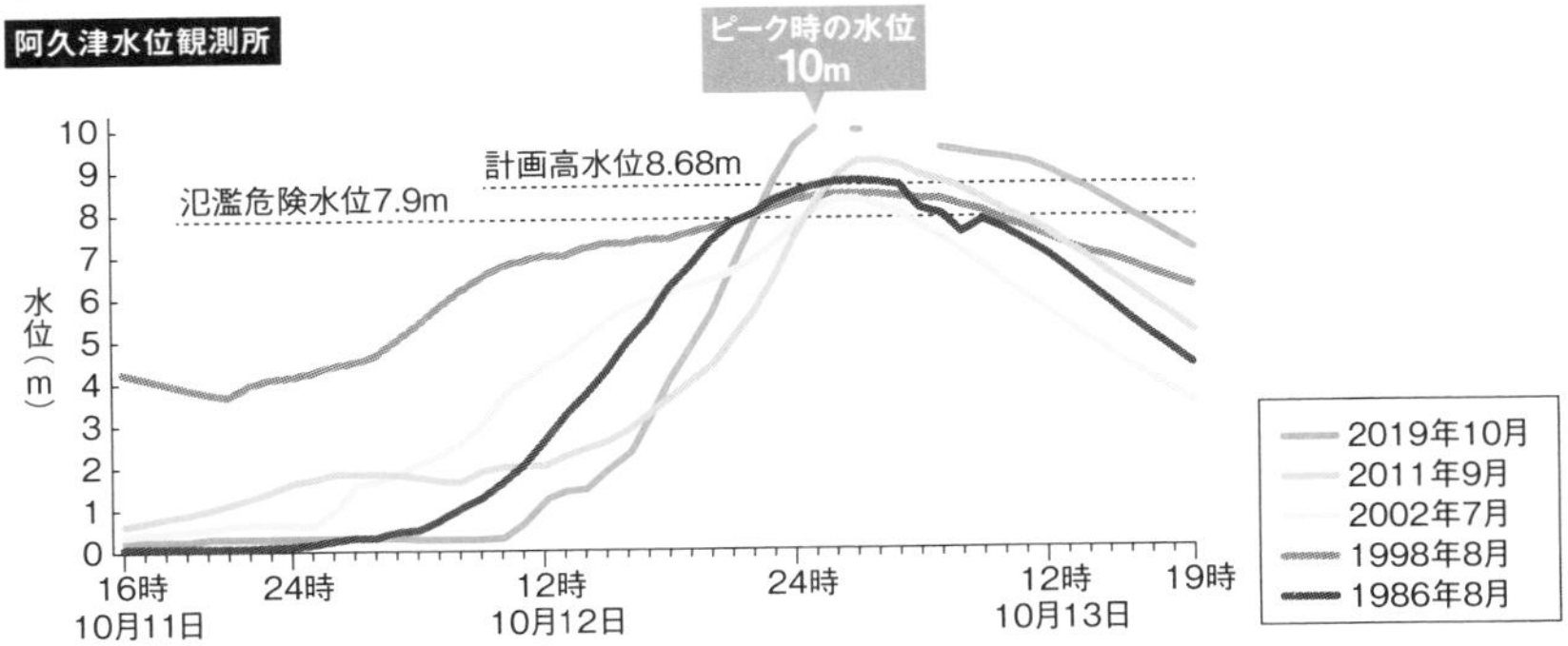

東日本台風がもたらした記録的な大雨の影響で、福島県内にある阿武隈川の全水位観測所で過去最高の水位を記録した。阿久津水位観測所(郡山市)では、水位が10mに達し、計画高水位を超過した(資料:国土交通省)

◆ 阿武隈川流域の被害

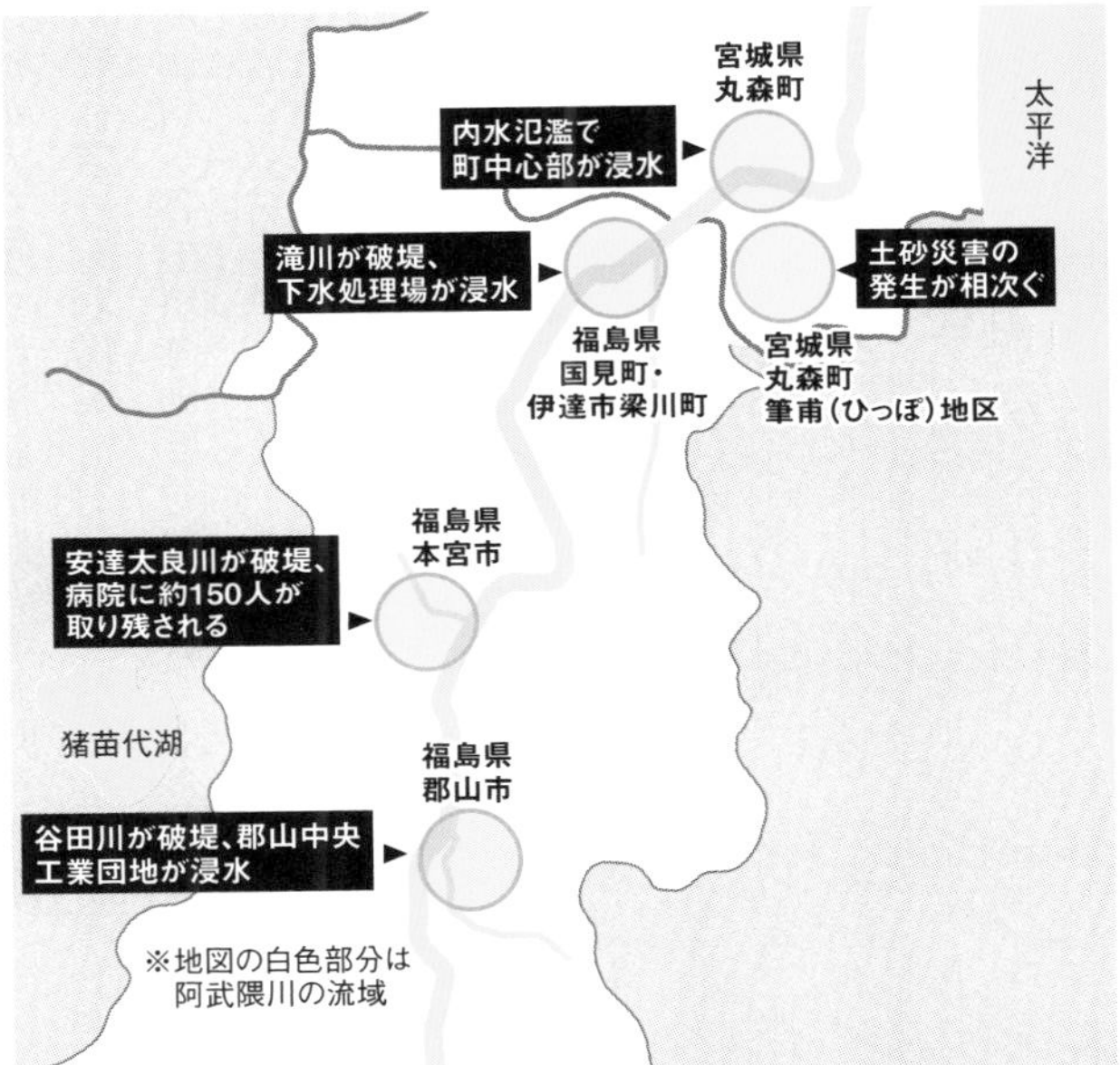

(資料:福島県の資料や取材を基に日経アーキテクチュアが作成)

河川、阿武隈川だ。阿武隈川の水位は福島県内にある全ての観測所で過去最高を記録したというから、東日本台風の大雨がいかにすさまじいものだったかが分かる。

取材班は台風が去った直後の10月14日、被害が大きかった福島県郡山市に向かった。福島県だけでなく東北地方を代表する商工業都市である郡山市では、国が管理する阿武隈川で越水や溢水が発生し、県が管理する支流の藤田川・谷田川では堤防が決壊。市全体で約１４００ヘクタールが浸水するという、過去最大の被害に見舞われている。

国土交通省の福島河川国道事務所によると、郡山市内にある阿久津水位観測所では、阿武隈川の水位が10月12日午後10時ごろに計画高水位（堤防の設計の基準とする水位）の８・68メートルを超え、13日午前1時ごろには10メートルまで上昇した。

現地で取材班が目の当たりにしたのは、ＪＲ郡山駅から直線距離で2キロメートルほど南東にある郡山中央工業団地が水に漬かった様子だった。

14日午後3時時点では、まだ浸水は解消しておらず、どこかの工場から流出したのか、水面には油のような液体が漂っていた。20年10月時点で約２８０社の工場や事業所などが集積するこの工業団地では、阿武隈川の越水や、支流の谷田川で破堤した影響などで、浸水深が約２メートルに達したという。

この団地に事業所を構え、建材や建具の販売を手掛ける丸義小林木材では、事務所の1階が水没し、倉庫にあった約３０００万円分の資材がだめになった。

一帯は１９８６年にも浸水したことがあるため、独自に防水ゲートを設置したり、敷地をかさ

浸水した郡山中央工業団地（写真:日経アーキテクチュア）

浸水した郡山中央工業団地（中央）と阿武隈川（手前）（写真:国土地理院）

上げしたりして浸水に備えていた企業もある。対策によって大きな被害を免れたのが、クラリオンマニュファクチャリングアンドサービス（福島県郡山市）だ。

同社はクラリオンの子会社で、カーナビゲーションや車載のバックカメラを生産している。周辺と比べて、工場を1メートルほど高い場所に建てていたため、すぐに生産を再開できた。大和ハウス工業の物流施設「ＤＰＬ郡山１」もかさ上げによって被害を免れた。

一方、想定を上回る浸水深に、対策が及ばなかった企業も多い。パナソニックはプリント基板材料を製造する工場の周囲に、高さ約2メートルもの金属製防水ゲートを設置していたが、水はゲートを越えて工場内に流れ込んだ。

過去30年ほどの間に15回もの浸水被害に見舞われた市は、２０１４年に「郡山市ゲリラ豪雨対策9年プラン」を作成。河道掘削（河底を掘って水が流れやすくすること）や、雨水貯留施設の整備などで水害に備えていた最中の出来事だった。

パナソニックは復旧までに2カ月以上

想定を超える浸水被害を受けて、復旧に手間取った企業は少なくない。

19年10月13日に被災したパナソニックの工場では、水がおおむね引いた10月15日に被害状況を確認し、翌日から清掃を開始。生産設備の修繕などを進め、生産の一部を再開できたのは約2カ月後の12月23日のことだった。

郡山市の調査によると、東日本台風による市内の事業者の被害額は約620億円（20年9月30日時点）。このうち84パーセントに当たる約522億円を、郡山中央工業団地に立地する企業が被った。

素材や部品などの工場が被災すると、その企業の事業に打撃を与えるだけでなく、サプライチェーン（供給網）全体に影響を及ぼす。取引先の企業も、被災状況の確認や代替製品の確保などに追われることになるため、産業に与える影響は大きくなりがちだ。

郡山中央工業団地は駅や市街地に近いなど、利便性が高い。それでも被災後、水害リスクを忌避して移転を決断する企業も出てきた。市に衝撃を与えたのが、日立製作所の撤退だ。同社は19年末、大半の事業を県外に移転させると明らかにしている。

企業の流出は、地元の雇用や税収に影響を与えるため、自治体にとっては死活問題だ。郡山市は流出を食い止めるために、市内の郡山西部第1工業団地・第2工業団地に高台移転する被災企業に対して、土地取得費の30パーセントを補助し、固定資産税や都市計画税を5年間減免するなどの対策を講じている。

郡山市産業政策課の若穂囲豊・産業団地室長は、「条件は半壊・大規模半壊・全壊の認定を受けていること。これまでに2社が移転に名乗りを上げた」と説明する（21年8月時点）。

このうちの1社である郡山ヒロセ電機は20年4月、連結子会社である郡山ヒロセ電機が郡山西部第1工業団地に土地を取得したと発表。「中長期的な『ものづくり力の進化・拡大』、また予期せぬ自然災害なども含めての『安全性・利便性の向上』に向け、当該土地を取得した」などと説明している。

市の20年9月30日時点の調査では、団地の事業者のうち、被災後に市外への移転・廃業に至ったのは3件だった（日立製作所は含まず）。

工場などの移転にはかなりの費用を要するため、復旧に加えて新型コロナウイルス感染症などへの対応に手を取られるなか、移りたくても簡単には移れない企業もありそうだ。ただ、今後も日立製作所に追随する企業が出てきてもおかしくない。

郡山中央工業団地では、国交省が発表した20年7月の基準地価で、1年前に比べて約17パーセントも地価が下落。全国の工業用地でも最大の下落率になった。

市の若穂囲産業団地室長は、「どうしても水害がウィークポイントになる」と話す。抜本的な対策は、国と県、市で計1000億円超を投じて進めている堤防の改修や河道掘削といった治水対策だが、すぐには終わらない。「団地会の所属企業に工事の進捗をその都度お知らせして、安心感を持ってもらえるようにしている」（若穂囲産業団地室長）

全国570団地に浸水リスク

実は、水害リスクを抱える工業団地は、郡山中央工業団地に限らず、全国に数多く存在する。

企業向けにリスク分析やコンサルティングサービスを手掛ける東京海上ディーアール（東京・千代田）が、全国2055の工業団地（面積10ヘクタール以上）の位置と浸水想定区域図を

◆ 浸水リスクのある工業団地の最大浸水深別の分布

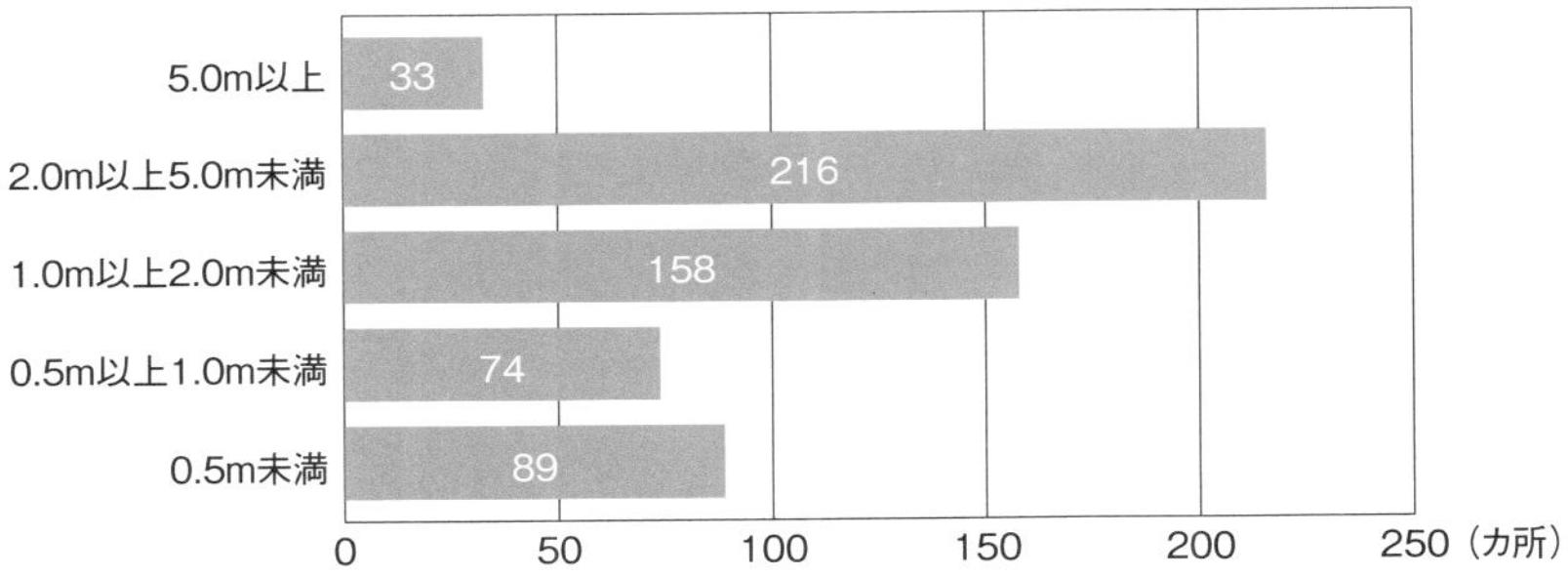

（資料:下も東京海上ディーアール）

◆ 浸水リスクのある工業団地の割合（都道府県別）

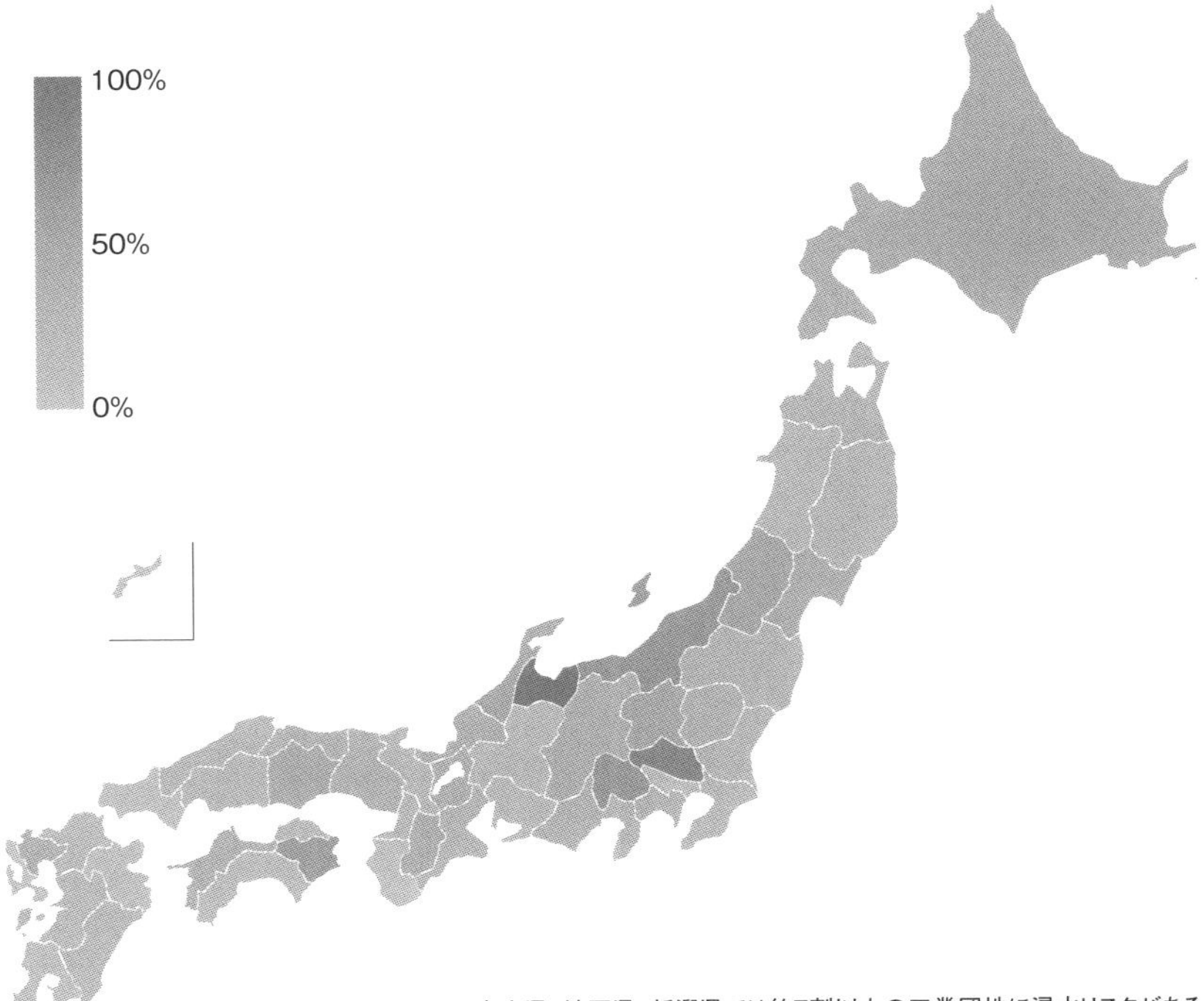

富山県、埼玉県、新潟県では約7割以上の工業団地に浸水リスクがある

ＧＩＳ（地理情報システム）で重ね合わせて集計したところ、実に約３割に当たる５７０の工業団地に、浸水リスクがあると分かった。

浸水リスクを抱える工業団地が意外なほど多いのには、様々な理由がある。

東京海上ディーアール企業財産本部リスク定量化ユニットの池田昌子氏は「工業団地の整備が盛んになったのは、高度成長期の昭和30～40年代から。まとまった土地を確保するために、水田や川沿い、沼地などがおのずと選ばれていった」と指摘する。

騒音などの問題で、人が住んでいない場所が好まれた面もある。また、水源が近くに確保できる点にメリットを感じる企業もあったと考えられる。こうした背景もあって、団地を造成する側も、誘致された企業側も、当時は水害リスクに意識が及んでいなかったといえる。

しかし、今後は水害リスクを重視して土地を選ぶ企業が増えてくるとみられる。建物や設備が浸水被害に遭うことによる直接的な被害はもちろん、事業停止による機会損失の影響は、致命傷になりかねないからだ。サプライチェーン（供給網）が寸断するリスクを低くするため、サプライヤーが抱える水害リスクを考慮するメーカーもあり、放置していると取引先として選ばれなくなる恐れもある。宅地建物取引業法施行規則の改正で、不動産取引時の重要事項説明に、水害リスクに関する項目が追加されたことも大きい。

東京海上ディーアールはこうした顧客に対して、想定される被害額を基に工場の水害リスクを評価し、被害を軽減するにはどのくらいの投資をすればいいか、どの工場の対策を優先すべきかといった、顧客の意思決定に役立つ情報を提供している。

例えば工場の周囲に防水壁を設けるにしても、高さを1メートルにするか、あるいは2メートルにするか、企業は適当に決めるわけにはいかない。社内稟議を通したり、ステークホルダー（利害関係者）に説明したりする際の、技術的な根拠などが必要になるからだ。場合によっては施設の移転を含めたメニューを提案することもあるという。

東京海上ディーアールの池田氏は「リスクの高い場所に拠点を持つ企業からの相談は増えている。製造業だと、浸水によって休業が長引きやすい、精密機器や薬品を扱う企業などが目立つ印象だ」と話す。

7 「リスクの説明を怠った」自治体に衝撃の判決

「土地の売り主」としての市を提訴

２０１３年９月の台風18号がもたらした大雨で１級河川の由良川とその支流が氾濫し、約１９００戸の住宅が浸水被害に見舞われた京都府福知山市。被害に遭った住民７人が市を相手取り、「造成地が水害に遭う危険性の高さを認識していながら、土地の売り主としての説明を怠った」として、総額約６２００万円の損害賠償を求めた集団訴訟（以下、福知山水害訴訟）で、市にとって衝撃の判決が下った。

京都地方裁判所が20年６月17日、宅地購入の意思決定に必要かつ十分な情報を、売り主である市が提供していたとは言えないとして、市からじかに土地を購入した３人の原告に計約８１１万円を支払うよう、市に命じたのだ（判決を不服とした市と住民は控訴）。

原告はいずれも、市が土地区画整理事業によって整備・販売した宅地の購入者。７人のうち３人は市から購入し、残り４人は不動産事業者などの仲介で購入していた。原告は、不法行為責任または国家賠償法１条１項に基づき、市の責任を追及した。

河川の氾濫によって家屋などに被害が生じた場合、被害者は国家賠償法２条１項に基づいて国

由良川の氾濫で浸水した京都府福知山市の宅地（写真:福知山市）

◆ 由良川流域は水害常襲地

時期		原因	被災状況
1953年	9月	台風	死者36人、床上浸水5307戸、床下浸水2458戸、災害救助法適用
59年	8月	台風	床上浸水435戸、床下浸水735戸、災害救助法適用
	9月	伊勢湾台風	死者2人、床上浸水4455戸、床下浸水735戸、災害救助法適用
61年	10月	台風	床上浸水767戸、床下浸水1540戸、災害救助法適用
62年	6月	梅雨前線	床上浸水188戸、床下浸水237戸
65年	9月	秋雨前線 台風	床上浸水411戸、床下浸水1534戸
72年	9月	台風	床上浸水527戸、床下浸水1024戸
82年	8月	台風	床上浸水40戸、床下浸水65戸
83年	9月	台風	床上浸水23戸、床下浸水49戸
2004年	10月	台風	死者5人、床上浸水1251戸、床下浸水418戸、災害救助法適用
06年	7月	梅雨前線	冠水670ヘクタール
11年	5月	台風	冠水1177ヘクタール、床上浸水1戸、床下浸水8戸
13年	9月	台風	床上浸水1279戸、床下浸水652戸、災害救助法適用
14年	8月	秋雨前線	床上浸水2029戸、床下浸水2471戸、災害救助法適用
17年	10月	台風	一部損壊・床上浸水77戸、床下浸水92戸、災害救助法適用

福知山市は、由良川の氾濫によって何度も浸水被害に見舞われてきた。市は、戸田地区と石原地区の浸水リスクの高さを把握していたにもかかわらず、かさ上げなどの対策を講じないまま宅地化して販売していた
（資料:福知山市の資料を基に日経アーキテクチュアが作成）

◆ **国家賠償法の条文**

第1条	第1項	国又は公共団体の公権力の行使に当る公務員が、その職務を行うについて、故意又は過失によつて違法に他人に損害を加えたときは、国又は公共団体が、これを賠償する責に任ずる
	第2項	前項の場合において、公務員に故意又は重大な過失があつたときは、国又は公共団体は、その公務員に対して求償権を有する
第2条	第1項	道路、河川その他の公の営造物の設置又は管理に瑕疵があつたために他人に損害を生じたときは、国又は公共団体は、これを賠償する責に任ずる
	第2項	前項の場合において、他に損害の原因について責に任ずべき者があるときは、国又は公共団体は、これに対して求償権を有する
第3条	第1項	前2条の規定によつて国又は公共団体が損害を賠償する責に任ずる場合において、公務員の選任若しくは監督又は公の営造物の設置若しくは管理に当る者と公務員の俸給、給与その他の費用又は公の営造物の設置若しくは管理の費用を負担する者とが異なるときは、費用を負担する者もまた、その損害を賠償する責に任ずる
	第2項	前項の場合において、損害を賠償した者は、内部関係でその損害を賠償する責任ある者に対して求償権を有する
第4条		国又は公共団体の損害賠償の責任については、前三条の規定によるの外、民法の規定による
第5条		国又は公共団体の損害賠償の責任について民法以外の他の法律に別段の定があるときは、その定めるところによる
第6条		この法律は、外国人が被害者である場合には、相互の保証があるときに限り、これを適用する

（資料:法務省）

や自治体などの河川管理者（由良川は1級河川なので河川管理者は国土交通省）の管理瑕疵を訴えることが多い。

近年では、18年の西日本豪雨で被災した岡山県倉敷市真備町の住民が、国や県、市、ダム管理者の中国電力に計10億円超の損害賠償を求めた裁判や、15年9月の関東・東北豪雨で被災した茨城県常総市の住民が、河川管理に不備があったとして国を訴えた鬼怒川水害訴訟などがある。大きな水害が発生するたびに、こうした訴訟が提起されている。

ただし、過去の判例から、河川管理者の責任を問うことは、非常に難しいのが実情だ。

過去の判例とは、１９８４年に最高裁判所が下した「大東水害訴訟」の判決。この訴訟は、72年の豪雨によって大阪府大東市で発生した床上浸水被害に関するものだった。

被災した住民は、１級河川の谷田川が未改修であったことなどが管理瑕疵に当たると主張し、河川管理者である国などに損害賠償を請求した。

1審と2審では管理瑕疵を認めたが、最高裁は判決で、河川は道路などと異なり、もともと災害をもたらす危険性を内包しており、治水事業を進めるには財政的、技術的、社会的な制約があると指摘。そのうえで管理瑕疵の有無を判断する基準について「同種・同規模の河川の管理の一般水準および社会通念に照らして是認しうる安全性を備えていると認められるかどうかを基準として判断すべき」とし、管理瑕疵を否定。差し戻し審で住民側の敗訴が確定している。

この判決は以降の裁判でも瑕疵の有無の判断基準とされ、住民側はほとんど勝てなくなってしまった。

一方、福知山水害訴訟は、自治体が整備・販売した宅地の浸水リスクを巡って行政の説明責任を問うたものだ。全国初、異例の水害訴訟として、その行方に注目が集まっていただけに、裁判所が売り主である自治体の説明義務違反を認定する判決を下したことの意味は大きい。

問題となった宅地は、市中心部から東へ約6キロメートル離れた場所に位置する戸田地区と石原地区。両地区の北側にはそれぞれ由良川と支流の大谷川が流れる。

由良川流域は過去に何度も水害に見舞われてきた地域だが、市はかさ上げなどの対策を講じないまま宅地として販売していた。

裁判では、すでに述べたように、原告の住民らに対する市の説明義務違反の有無が争点となった。原告の住民は、土地の購入前に市から水害リスクに関する説明がなかったと訴えた。

一方、被告の市は06年に公開済みのハザードマップで情報提供をしていたと反論。加えて、仮に説明義務違反が認められたとしても、13年の台風18号による浸水被害は防げなかったなどと主張した。

京都地裁は判決で、「売り主には、売買契約に付随する信義上の義務として、ハザードマップについて説明するのみならず、把握していた近時の浸水状況や再発の可能性を説明すべき義務を負っていた」と指摘。市の過失を認定した。

市の説明義務違反と、原告である住民が被った損害の関係については、「原告は、自治体が浸水の恐れがある土地に特段の措置を講じないまま販売することはないと信頼していた。原告がリスクを把握していれば、自ら相応の浸水対策を講じる可能性が高かった」などと判断した。

ハザードマップだけでは説明が不十分

原告側の代理人を務める上田敦弁護士は判決について、「自治体に対して、宅地化する土地の選定や水害リスクの説明などを慎重に行ったうえで街づくりを進める必要があると結論付けた判決に、大きな意味を見いだしている」と評価する。

ただし、市からではなく不動産会社を介して土地を購入した4人の訴えが棄却されたことについては、「不動産会社への市の説明も不十分だったはず。市から直接購入したか、不動産会社を介したかで分けるのは合理性に欠ける」（上田弁護士）としている。

この判決から2カ月が過ぎた20年8月28日には、改正宅地建物取引業法施行規則が施行された。この改正では、不動産の売買や賃貸借の際に宅地建物取引業者に義務付けている重要事項説明の項目に、水害リスクの説明が新たに加わった。具体的にどうなったかというと、宅地建物取引業者が契約に当たって、対象物件のハザードマップ上の位置を示さなければならなくなった。

今回の判決に加え、宅建業法施行規則の改正による水害リスクの説明義務化によって、不動産の売り主はもちろん、自治体の役割はこれまでにも増して重要になりそうだ。上田弁護士は、「不動産会社が説明義務を果たすためにも、自治体はハザードマップに示した以上の情報を発信しなくてはならない」と語る。

災害のリスクに関しては、もはや情報を公開するだけで済まされていた時代は終わった。問われているのは、いかに役立つ情報を伝えるかだ。

行政の水害リテラシー向上を

（写真：滋賀県立大学）

滋賀県立大学環境科学部
准教授

瀧 健太郎

1972年生まれ。98年京都大学大学院工学研究科土木工学専攻修了。建設技術研究所を経て、滋賀県庁で18年間勤務した後、現職。滋賀県の「流域治水推進条例」の制定に向けた検討など、河川・流域政策とその実務に長年にわたって携わってきた

INTERVIEW

気候変動の影響がなくても、起こるべくして水害は起こる。河川管理者による治水対策だけでは都市を守れないということを認識し、自治体などは街づくりを進めなければならない。

土木だけでなく、建築や街づくり側としても水害対策を考えないといけないということは、50年ほど前から言われ続けていた。大きな水害があるたびに、国土交通省も提言を繰り返してきたが、なかなか実現に至らなかった。しかし、この数年でようやく、本格的に社会全体が動き出した。遅きに失した感があるが、挽回に向けて取り組みを加速させるべきだ。

行政の情報提供が鍵

宅地建物取引業法施行規則の改正による水害リスクの説明義務化や、都市再生特別措置法の改正によって立地適正化計画の記載事項に防災指針が追加されるなど、水害に備えて社会制度は大きく変わりつつある。こうした仕組みをきちんと理解して適切に街づくりを進めるために、建築・都市行政に携わる自治体の職員などには、今まで以上の水害リテラシーが求められる。

水害は地震や火災と異なり、地域によってリスクに大きな差がある。その対策について、一律に明確な答えを出すことは難しい。地域の防災力を高めるためには、行政と住民がリスクコミュニケーションを繰り返し、議論を深めるしかない。

日本では居住・移転の自由が尊重されるので、ほぼどこにでも住む自由がある。住まい方も含めて、最終的には国民1人ひとりに判断が委ねられる以上、地域をよく知る行政が水害リスクをいかに分かりやすく伝えるかが重要になる。（談）

第2章

国内でしばらく大きな被害がなかったことから、軽視されてきた高潮リスク。

2018年の台風21号では関西国際空港が水没するなど、改めてその脅威が認識された。

重要インフラを機能停止に追い込んだ高波・高潮の被害実態を探る。

狙われた臨海部

1 関空水没を引き起こした高波・高潮

巨大な海上空港がまさかの孤立

20世紀を代表する10大事業の1つに値するとして、米国土木学会がパナマ運河やユーロトンネル鉄道などとともに「モニュメント・オブ・ザ・ミレニアム」賞を授与した関西国際空港。大阪湾の5キロメートル沖合を埋め立てる難工事を経て、1994年9月4日に開港した世界初の本格的な海上空港だ。

イタリアを代表する著名建築家のレンゾ・ピアノ氏が設計した旅客ターミナルビルの美しい大屋根を思い浮かべる読者も多いだろう。年間約3000万人が利用する西日本の空の玄関口として、旅客数を順調に伸ばしてきた。

ところが、開港から24年後の2018年9月4日、運命は暗転する。本来であれば記念日を祝う歓声が上がっていたかもしれないこの日、関空は開港以来の危機に見舞われることになった。

25年ぶりに「非常に強い勢力」で日本に上陸した台風21号による高波・高潮で1期島のほぼ全域が浸水し、強風で流されたタンカーが対岸との連絡橋に衝突して約3000人が島で孤立するという、ハリウッド映画のワンシーンさながらの光景が繰り広げられたのだ。

水没した関西国際空港の1期島（写真:国土交通省）

◆ 1期島が広範囲に浸水

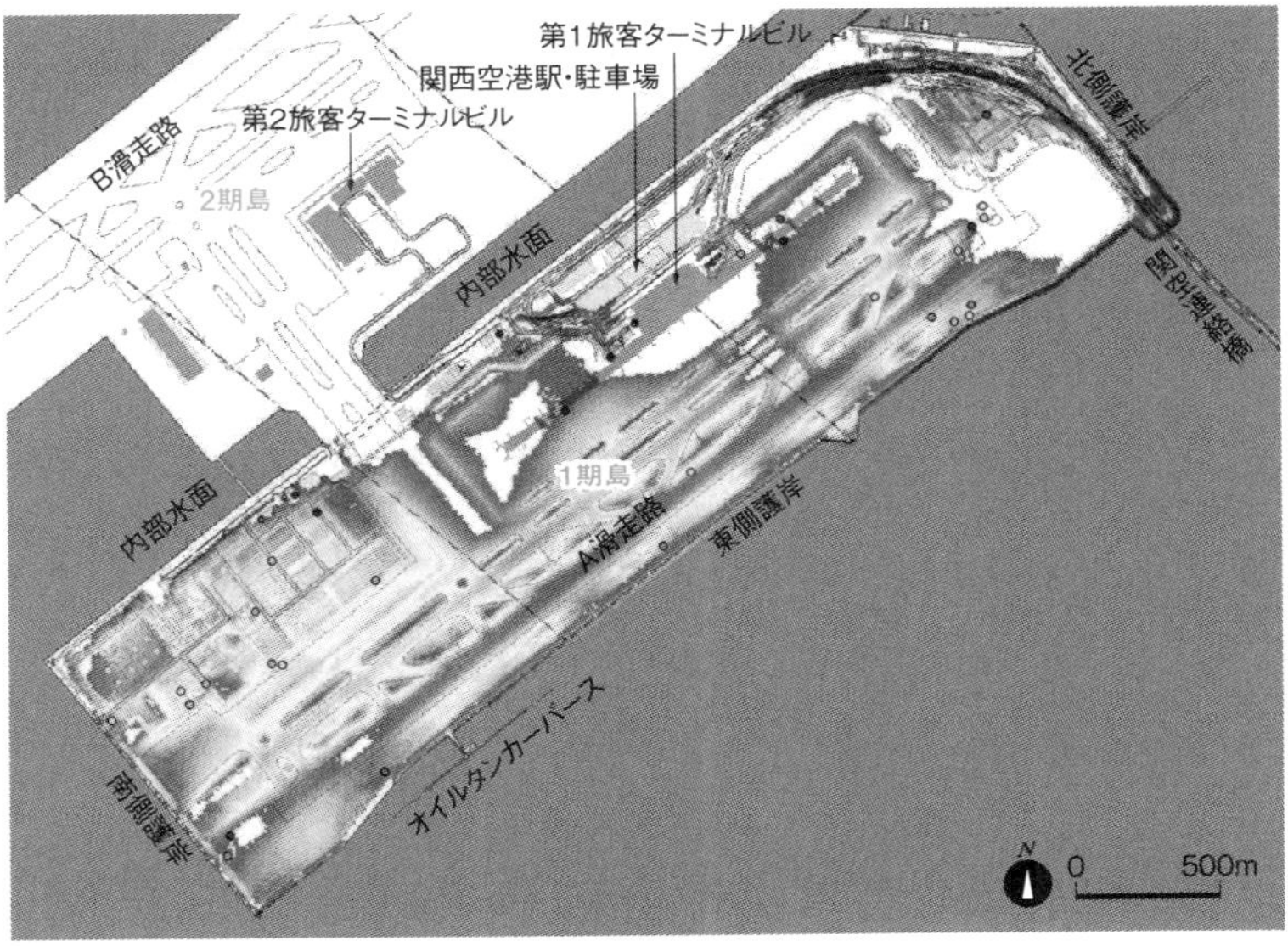

1期島の色のついたエリアが浸水した（資料:関西エアポート）

関空では台風が近づいた9月4日正午から、大事を取って1期島と2期島にそれぞれ1本ずつある滑走路を閉鎖していた。しかし午後2時過ぎから雨と風が激しくなり、波が護岸を越えて海水が島内に流入。1期島のA滑走路や駐機場のほぼ全域が冠水した。

「海水は川の流れのように入ってきた」。第1旅客ターミナルビルにいた関西エアポートの従業員は、被災時の状況をこのように証言する。

島内に流入した海水は、斜路を通じて第1旅客ターミナルビルの地下に浸入し、電気室などが浸水。大規模な停電が発生した。このとき、空調設備や防災設備なども被災してしまった。設置してあった大型排水ポンプも壊れたため、国土交通省がポンプ車を10台派遣して海水を排除する羽目になった。

この日、関空島の潮位は1961年の第2室戸台風による過去最高潮位（推計値）のCDL（潮位表基準面）＋3・2メートルにこそ及ばなかったものの、最大でCDL＋2・48メートルに達したという。風も極めて強かった。関空島では2018年9月4日午後1時38分に観測史上最大の最大瞬間風速58・1メートルを記録している。高い潮位と、極めて強い風による過去最高クラスの高波が相まって、海上空港を水没に追いやったのだ。

関空の運営会社である関西エアポートが設置した検証委員会は18年12月、「台風による強い風で、関空周辺には推定で波高（波の山と谷の高さの差）5・2メートルもの大きな波が押し寄せた。この高波が1期島の東側や南側の護岸を乗り越えたことが浸水の主要因だ」などと結論付けている。最大波高5・2メートルという値は、関空の設計で想定している「50年に1度の波高」

◆ 潮位の実測値

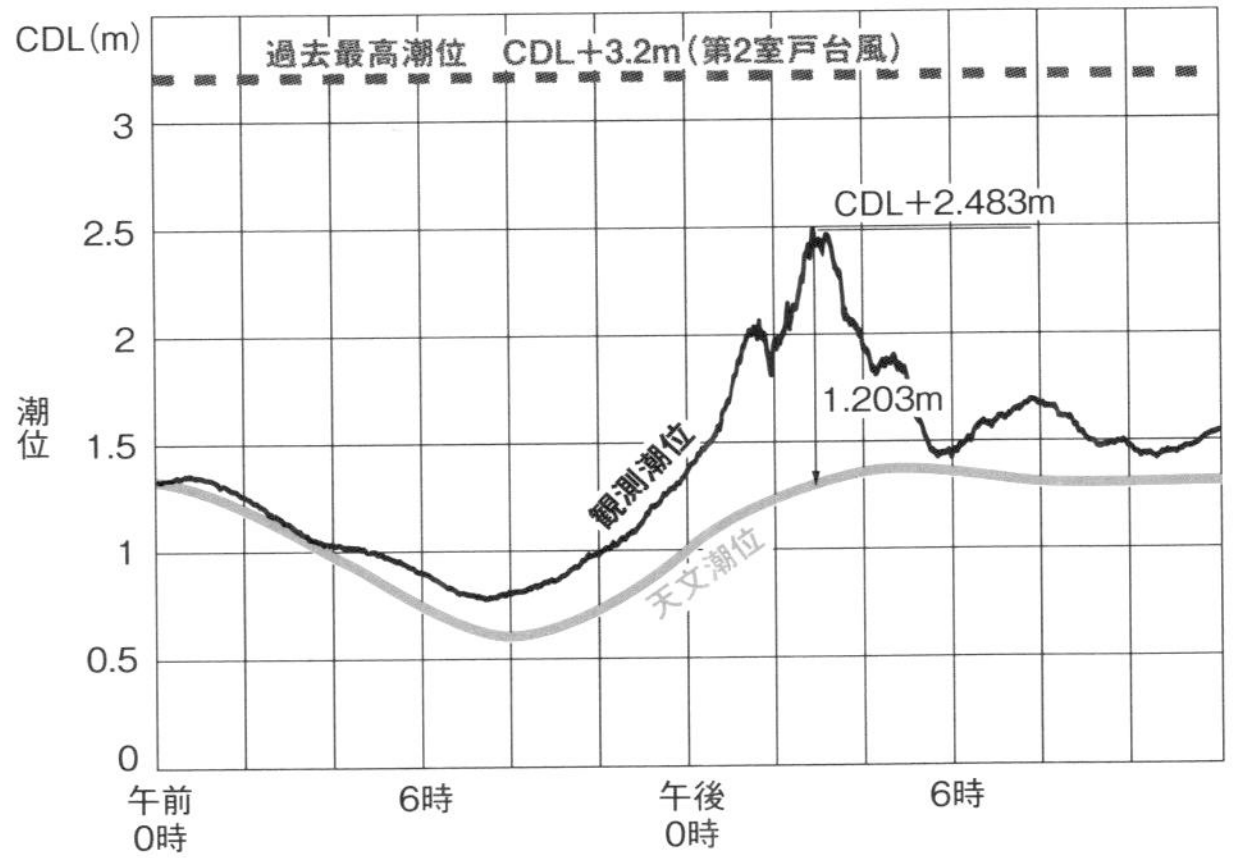

関空島の2018年9月4日の潮位。CDLは関空が高さの基準とする潮位表基準面で、東京湾平均海面(TP)より0.816m低い(資料:下も関西エアポート)

◆ 波高の推計値

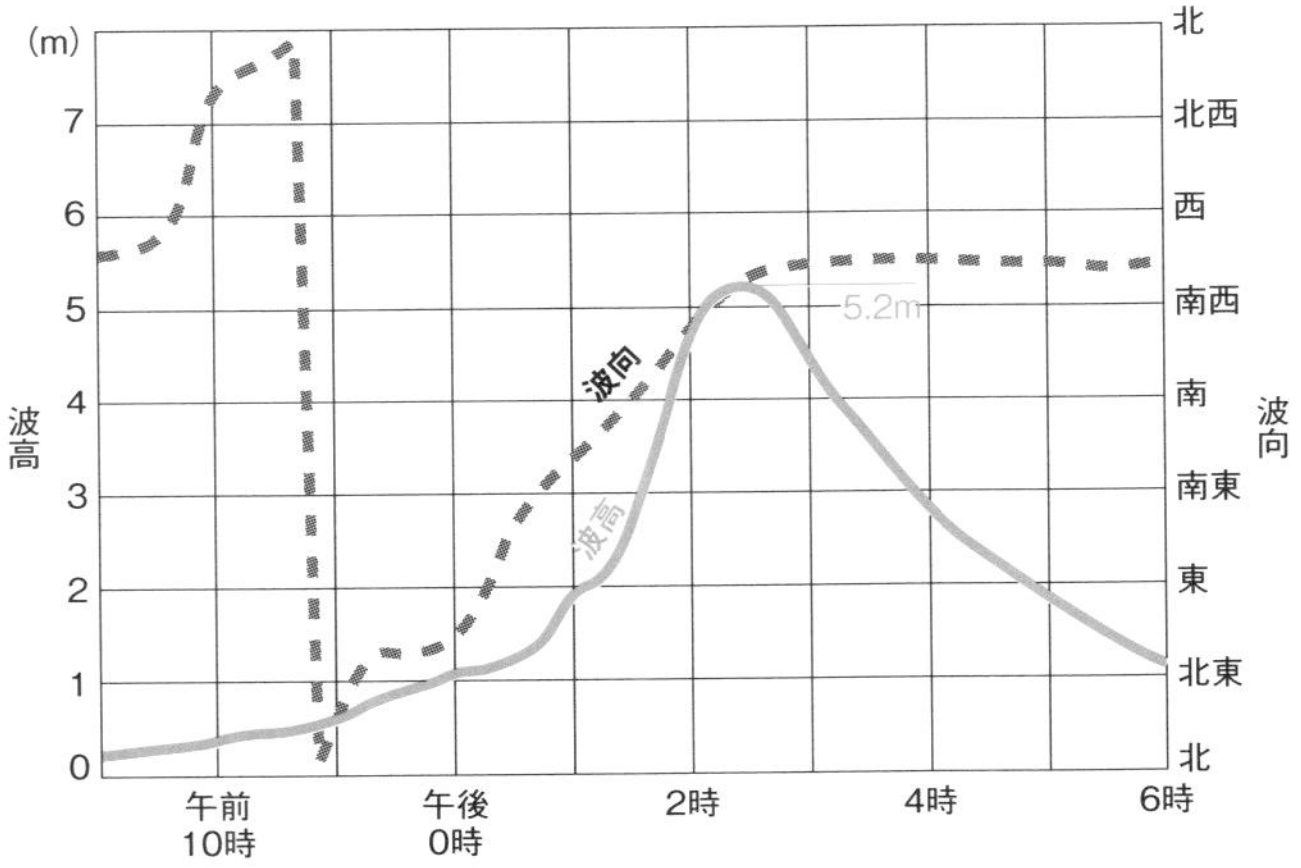

2018年9月4日の波高。関空の南西沖約500m地点での推計値。同地点で過去に観測した最大波高は09年の台風18号による3.44mだった

を大きく上回るものだった。

委員会は、高潮と高波を合わせた波浪の高さ（潮位表基準面からの波の高さ）を東側護岸でＣＤＬ＋３・62メートル、南側護岸で同４・55メートルと推計した。

護岸の高さは17年末時点で東側がＣＤＬ＋４メートル、南側が同６メートル程度だったから、波浪の高さと比較すると余裕があるようにも思えるが、実際の波は水深が浅くなる護岸の直前で高くなる。加えて、何回かに一度は極端に大きな波も来る。

「精査していないが、越波を防ぐには護岸の高さを１・５倍ほどまで上げておく必要があっただろう」と委員会で委員長を務めた京都大学防災研究所の平石哲也教授は語る。

高潮の「吸い上げと吹き寄せ」

関空という国の最重要インフラの１つを水没させた高波と高潮とは、どのような現象か。言葉自体は天気予報などで耳にする機会が多いが、詳しく知る人は意外に少ない。

高波とは文字通り、強風によって発生する高い波のことだ。明確な定義はないが、例えば気象庁では４～６メートルの波を「しけ」、６～９メートルの波を「大しけ」、さらに９メートルを超える波を「猛烈なしけ」と呼んでいる。

一方の高潮は、気圧の低下による海面の「吸い上げ効果」や、強風による「吹き寄せ効果」によって発生する現象だ。津波と違って、潮位の高い状態が数時間続くこともある。気圧が１ヘクトパスカル下がると、海面は約1センチメートル上昇するとされる。河川の氾濫による水害と異なり、海水に含まれる塩分が農作物などに悪影響をもたらすといった特徴がある。

台風時に高潮と高波が重なり合うと、海岸はどうなるのか。

気象庁によると、南に開いた湾で台風が西側を北上すると南風が吹き続けるため、特に高潮が発生しやすくなる。さらに、強風で発生した高波が沖から打ち寄せることで海面が高くなるため、浸水リスクはさらに高まる。

高潮の恐怖を世に知らしめたのは、なんといっても1959年9月に上陸した伊勢湾台風だ。台風による被害としては最多となる死者・行方不明者5098人を出した。被害者の8割超が愛知県と三重県に集中していたのは、大規模な高潮が夜間に襲来したことが原因だった。

海外に目を向けると、米国では2005年、

◆ 吸い上げ効果と吹き寄せ効果

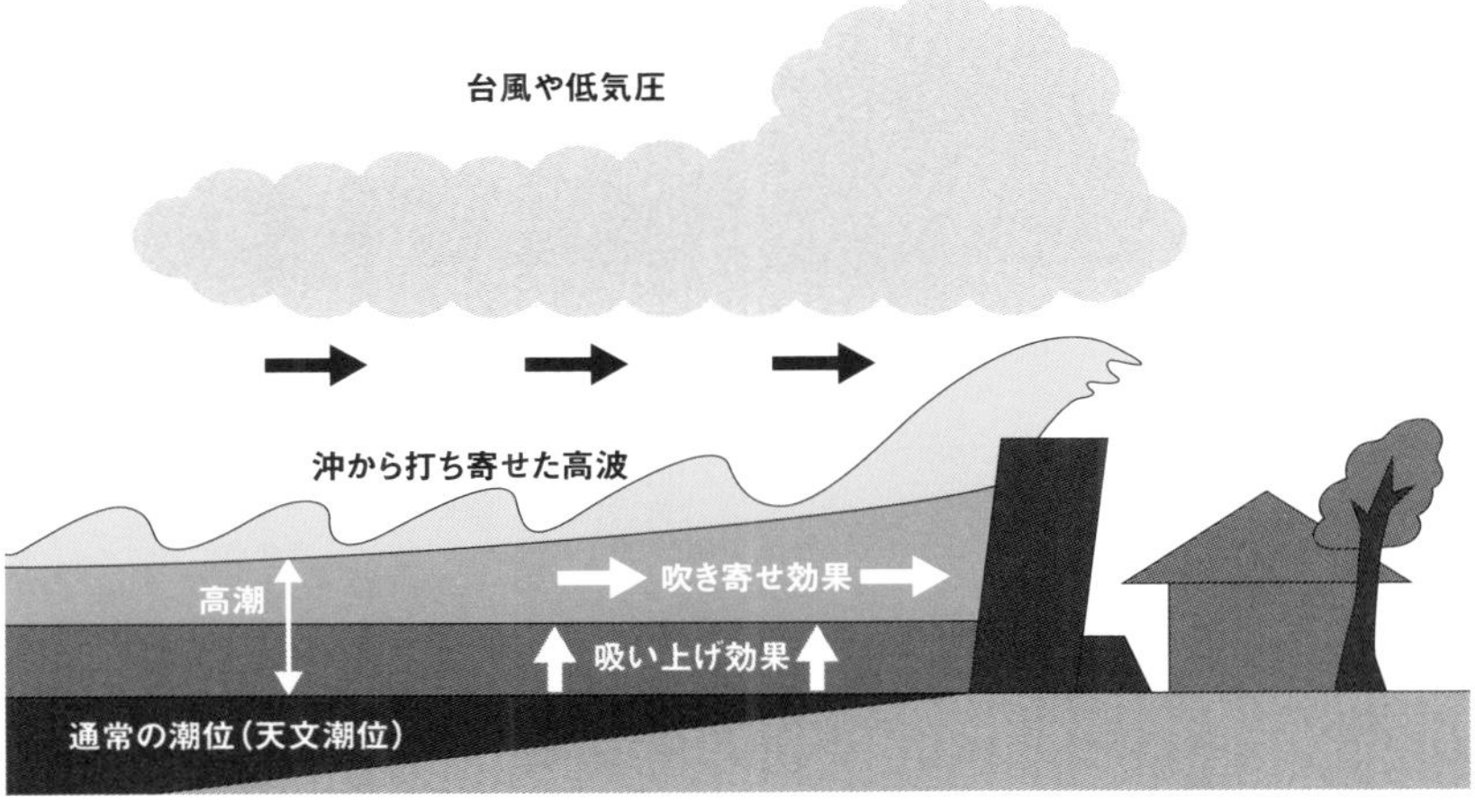

気圧の低下と強風によって高潮が発生する（資料：気象庁の資料を基に作成）

ハリケーン「カトリーナ」が、海抜ゼロメートル以下の地帯が大半を占めるニューオーリンズ市に大規模な高潮被害をもたらし、死者が1800人を超える惨事となった。

さらに12年10月には、ハリケーン「サンディ」が米東海岸に上陸し、ニューヨーク市に大規模な高潮被害をもたらした。地下鉄などは水没。浸水被害に遭った変電所が爆発した結果、マンハッタン南部で電力供給が停止する被害を受けている。ニューヨーク州とニュージャージー州の被害額は、合わせて8兆円規模とされる。

アジアでは、13年11月にフィリピン中部に上陸した中心気圧895ヘクトパスカルの台風30号が甚大な高潮被害をもたらし、台風による死者は6000人を超えた。特に被害が大きかったサンペデロ湾周辺では、高潮が沿岸部で5～6メートルに達した。

大きな被害がなかったのは「たまたま」

国内では長らく伊勢湾台風クラスの被害が発生していないことから、高潮のリスクは日本人の意識にあまり上らなくなりつつある。しかし、高潮のリスクはなくなったわけではない。

国交省や防災関連学会が13年にまとめたハリケーン「サンディ」の現地調査報告書では、巻頭言でこのように述べている。

「近年、3都市圏ともに大規模な高潮災害がなく、経験した最悪の高潮災害から、それぞれ96年、79年、54年が経過している。これは、この間に進められた堤防・水門等の施設整備の効果という

ハリケーン「サンディ」の被災地（写真:FEMA）

よりも、たまたま大きな台風の直撃を免れてきた僥倖によるものといえる」

今、高波や高潮の脅威を語るうえで重要なのは、河川の氾濫による水害と同様、気候変動の影響で被害の拡大が懸念される災害の1つであることだ。

具体的には、気温や海水温の上昇に伴って強い台風が増加したり、海面水位が上昇したりすることによって、臨海部の浸水被害が大きくなる恐れがあるといわれている。特に三大湾（東京湾・伊勢湾・大阪湾）には、577平方キロメートルもの海抜ゼロメートル地帯に400万人超の人口や資産が集中しているため、そのリスクは見逃せない。

気候変動が高潮にもたらす影響の程度はよく分かっていないが、21世紀末には、有明海や瀬戸内海北側沿岸、和歌山県以東の地域で、高潮による潮位が高くなる恐れがあるとの研究もある。

こうした懸念もあって、15年の水防法改正で高潮災害への備えが強化された。都道府県に対し、東京湾・伊勢湾・大阪湾の三大湾など、大きな被害が予想される海岸について、最大規模の高潮が発生した際の「高潮浸水想定区域」を指定するよう求めたのだ。

市町村はこれに基づいて、ハザードマップを作成するなどの対策を取ることとなった。21年9月1日時点で東京都や愛知県、大阪府など8都府県が区域を指定済みだが、検討中の自治体はまだ多い（ちなみに関空水没の時点で、大阪府は区域を指定していなかった）。

東京都が公開している高潮浸水想定区域図（最大規模）を見てもらえれば、いざ大規模な高潮が発生した場合に、いかにその被害が大きくなるかが分かるだろう。

都が図の作成に当たって想定したのは、中心気圧910ヘクトパスカルという室戸台風級の台風が、伊勢湾台風のように時速73キロメートルで移動した場合。このような台風が東京湾に最大規模の高潮を発生させるルートでやってきたとすると、浸水が想定されるのは江東区など17区で、浸水面積は約212平方キロメートルに上るという（河川の洪水や、堤防の決壊も想定）。浸水想定区域内の人口は約395万人（昼間）だ。想定浸水深は最大約10メートルで、排水が完了するまで1週間以上もかかる。

臨海部の住宅街に高潮が押し寄せれば、市民生活へのインパクトは極めて大きい。排水が終わるまでどこに避難するか、復旧をどのように進めるか。課題は山積している。

企業経営や経済へ与える影響としては、港湾の被災による荷役効率の低下、物流機能の低下などがある。関空のような重要交通インフラの機能停止を招けば、観光産業への打撃が大きいし、国境を越えたビジネスへの悪影響も見逃せない。

高波や高潮は決して過去の災害ではなく、現在進行形のリスクなのだ。

地震リスクは認識も「想定が甘かった」

関空に話を戻そう。関西エアポートが設置した検証委員会は、18年9月4日午後1時以降に、東側と南側の護岸を越えた波が島内に流れ込んできたとみる。海水の流入は午後2～3時をピークに、午後4時ごろまで続いた。これによって、地盤が低い貯油タンク地区は1メートル以上の深さまで浸水。島内の総浸水量は、東京ドーム2・2杯分に当たる約270万立方メートルと推計される。

未曽有の被害に対して関西エアポートは、3つのフェーズに分けて復旧を目指した。

まず、2期島のB滑走路と第2旅客ターミナルビルを18年9月7日に緊急再開した。1期島より後の07年に供用を始めた2期島は、1期島よりも地盤が2メートルほど高く、浸水被害を免れていたからだ。

続いて、18年9月14日に1期島の第1旅客ターミナルビルの南半分を部分再開した。南側の設備を優先的に復旧させた結果だ。A滑走路も新東京国際（成田）空港から借りた清掃車などでごみを回収し、再開を果たした。ただし、この時点で連絡橋を通る鉄道は不通のまま。自家用車の通行も認められず、関空へのアクセス手段はバスなどに限られていた。

最後に第1旅客ターミナルビルの北半分も復旧。貨物地区など一部を除き、9月21日にようやく全面再開にこぎつけた。

関西エアポートは、台風21号による損失が約244億円に上ると試算した。内訳は空港を閉鎖していなければ得られるはずだった着陸料などの逸失利益が64億円、浸水した電気設備などの復旧費が180億円だ。

海に囲まれた空港には、当然ながら高潮や高波、あるいは津波のリスクが常に付きまとう。関西エアポートは被災前、そのリスクをどの程度、認識していたのだろうか。

関空が全面復旧した18年9月21日、関西エアポートの山谷佳之社長とエマヌエル・ムノント副社長が大勢の報道陣に囲まれながら語ったのは「想定が甘かった」というお馴染みの言葉だった。

以下にコメントを紹介しよう。

「(以前の運営会社である) 新関西国際空港会社 (以下、新関空会社) から関空の運営を引き継ぐ際、自然災害のリスクとして最も頭にあったのは地震だ。東日本大震災をはじめとする過去の地震では、各地の空港ターミナルビルにある大きくて重たい天井が崩落する事故が相次いだ。関空では今月にも、天井の対策を始める計画だった。地震の巨大津波で関空が完全に水没したり、テロが発生したりした場合の対策マニュアルは整備していた。だが、今回のような台風や豪雨によって地下が浸水するなど、具体的な事象を細かく想定した対策や復旧計画のマニュアルはなかった。加えて、空港島の浸水と同時に、連絡橋も通れなくなって孤立するといった複合的な災害の対策もまとまっていなかった。想定が甘かったと

全面復旧後に会見する山谷佳之社長(中央)。利用者が戻った第1旅客ターミナルビル4階の国際線出発フロアで記者の質問に答えた(写真:日経コンストラクション)

言わざるを得ない」

関西エアポートの山谷社長は「関空の運営を引き継ぐ際、ターミナルビルの地下をくまなく歩き、浸水対策は万全なのか新関空会社に説明を求めた」と言う。このとき新関空会社は、地下に続くスロープには3本の排水溝があると回答。それでも浸水を止められない場合は、地下の扉の前に高さ30センチメートルの止水板を設置すればいいと説明したという。

「当時はそれ以上の頭が働かず、納得してしまった」（山谷社長）。台風21号の襲来時はスロープの手前に土のうを積み、止水板も設置したものの、電気室などがある地下への浸水を阻止できなかった。

対策費もけた違いの約541億円

関西エアポートは大規模浸水の反省を踏まえて19年5月31日、総事業費約541億円に上る防災対策を打ち出した。22年度までに工事を終える予定だ。

地下に集中していた電気設備の地上化や制御盤のかさ上げ、設備室への水密扉の設置などによる浸水被害防止対策、排水ポンプの浸水対策や大型排水ポンプ車の導入などによる排水機能確保対策などを急いで進める。

なかでも力を入れるのが、越波（高波が護岸や堤防を越えること）の防止策。消波ブロックの設置に加え、海水の流入を許した護岸のかさ上げに踏み切った。具体的には1期島の北、東、南

損傷した関空の南側護岸（写真:関西エアポート）

◆ 台風21号による被害のメカニズム

被害原因

越 波 ⇨ 浸水・水損 ⇨ 電源喪失 ⇨

排水ポンプ停止
ターミナル機能停止
空調停止
放送停止
通信停止

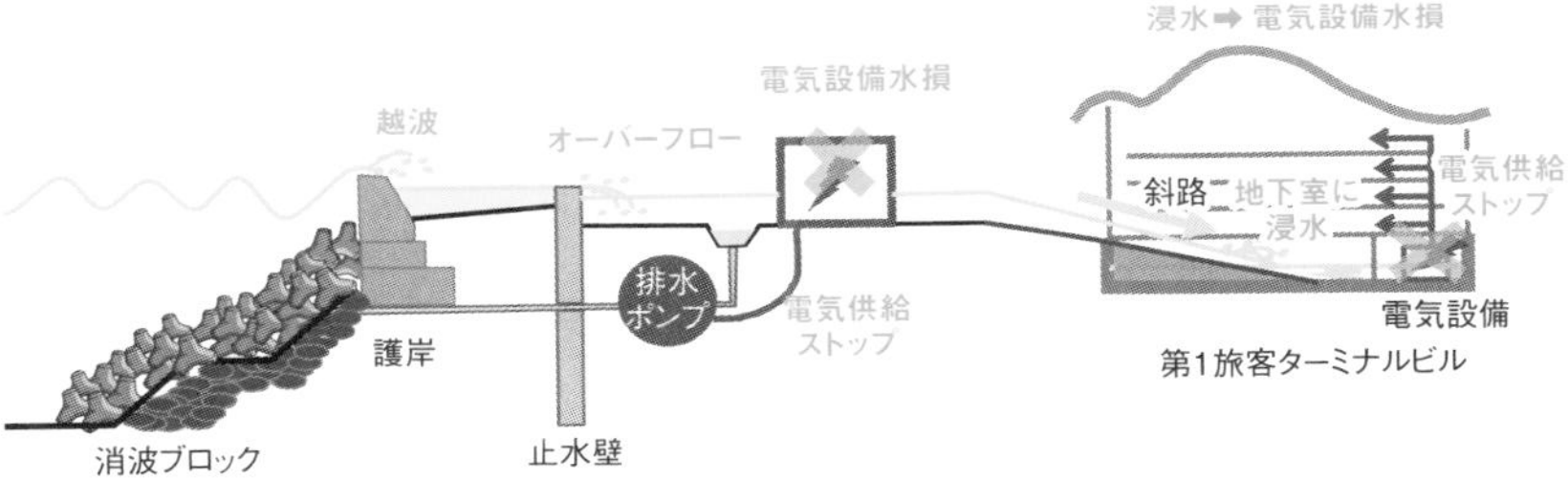

全10カ所で毎時20万m^3の排水能力があるポンプのうち、3カ所が電源喪失によって停止した。開港当初は雨水を自然流下していたが、島内の地盤沈下によって管路が逆勾配となり、ポンプを追加していた（資料:関西エアポート）

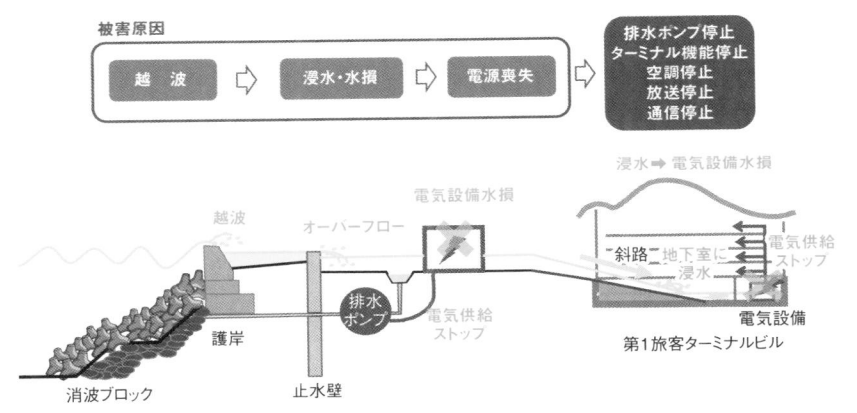

側の護岸を1・5～2・7メートルかさ上げする。かさ上げ高は、護岸の設計に用いる「設計波」を、台風21号などのデータを踏まえて算出した。

護岸をかさ上げするうえで悩ましいのは、関空が開港前の造成段階から抱えている地盤沈下の問題だ。水深約20メートルの海を大量の土砂で埋め立てて建設された関空では、海底の深い位置にある「洪積層」と呼ぶ地層の圧密が今なお続き、年間6センチメートルほどのペースで沈下が進んでいる。関空の1期島にあるA滑走路の標高は、被災当時1・4～4メートルしかなかった。中部国際空港などの海上空港と比べて最も低い。

そこで、かさ上げ高を決定する際には、将来の沈下量も加えている。南側と東側は20年分の沈下量を上乗せした。北側については、かさ上げ高が大きいと重くなって沈下がさらに進んでしまうことを考慮して10年分とした。10年後に改めて、かさ上げを検討する方針だ。

東側の護岸のかさ上げに関連して、A滑走路も約16～42センチメートルかさ上げする。これは、航空機が安全に離着陸できるようにするために必要な工事だ。滑走路の周囲には、定められた高さを超えて建造物や植栽を設けてはならないという国際基準がある。護岸をかさ上げすると、この基準をクリアできなくなるためやむを得ないという。

COLUMN

誰がインフラの防災対策費用を負担する？

民間のノウハウを取り入れて関西国際空港を活性化するとともに、新関空会社が抱える1兆2000億円もの債務を返済するために国が導入したのが、「コンセッション方式」と呼ぶ、インフラ運営権を民間に売却する事業方式だ。空港のほか、道路や上下水道などで活用や検討が始まっている。

関空の場合、新関空会社は空港の所有権を保持したまま、オリックスと仏バンシ・エアポートが40パーセントずつ出資する関西エアポートに施設の運営権を売却。同社は2016年4月から44年間、関空と大阪国際（伊丹）空港の運営を担うことになった。18年4月からは神戸空港の運営も手掛ける。バンシ・エアポートはフランスの大手建設会社であるバンシのグループ会社で、世界的な空港運営会社として知られる。

台風21号によって関空は、全国の空港などで広がりつつあるコンセッション事業として初めて、一定期間の閉鎖を伴う試練に見舞われた。そして「民営化したインフラの防災対策費用を、誰が負担するのか」という新たな問題を突き付けられた。

結論からいえば、約541億円の対策費の半分に当たる約270億円は、国が低金利で貸し出す財政投融資による金利負担の軽減分を原資として、新関空会社が拠出することになった。「本来は関西エアポートの責任と負担で対策すべきものだ」（新関空会社の春田謙社長）。各地でコンセッション事業が増えるなか、官民の費用負担の在り方は今後、議論を呼びそうだ。

2 憧れのウオーターフロントが水浸し

芦屋の高級臨海住宅街が浸水

２０１８年9月4日、関西地方で猛威を振るった台風21号。高波・高潮で想定外の浸水被害が生じた人工島は、関西国際空港以外にもあった。

その1つが、大阪湾に浮かぶ兵庫県芦屋市南端の南芦屋浜だ。

南芦屋浜は、県が１９９７年1月に完成させた人工島。開発面積は１２５・６ヘクタール、計画戸数は３０００戸、計画人口は８０００人だ。住宅地の周辺には緑地や公園をふんだんに配し、島の南西側にはビーチもある。マリーナには白いヨットが並ぶ。南芦屋浜の人口は順調に伸びており、２００５年の２５９１人から、18年には５７５７人にまで増えた。

公募によって南芦屋浜に付けられた通称は「潮芦屋」。県の資料では、「柔らかで優雅な響きのある海水を意味する『潮』と全国的にブランド力のある『芦屋』を合わせた『潮芦屋』に決定し、当該地区の分譲や街づくり全体のＰＲに積極的に使用する」などと説明している。

東護岸の付近には18年に巨大な会員制リゾートホテルがオープンし、このエリアの高級イメージ形成に一役買っている。会員権は最高で約３８９０万円（税込み）という高額ながら、完売したというから驚きだ。

島の中心部には、浸水リスクが高くなりがちな戸建て住宅中心の低層住宅街が広がる。県の築いた護岸による防災対策に大きな信頼を置いて、芦屋市が開発を進めてきたことを物語っている。

戸建て住宅の敷地は２００平方メートル以上に限定し、景観に配慮して無電柱化を推進するなど、全国屈指の高級住宅地として知られる芦屋市にふさわしい街づくりを進めてきたともいえる。

そのような街づくりに、冷や水を浴びせるような台風襲来だった。南側の護岸の一部で越波が生じて、人工島の南寄りの堤内地（堤防などで浸水から守られているエリア）が計27ヘクタールも浸水したのだ。浸水深は最大で67センチメートルに達し、床下浸水が２３０棟、床上浸水が17棟も発生

台風21号の高波・高潮で浸水した南芦屋浜（写真:芦屋市）

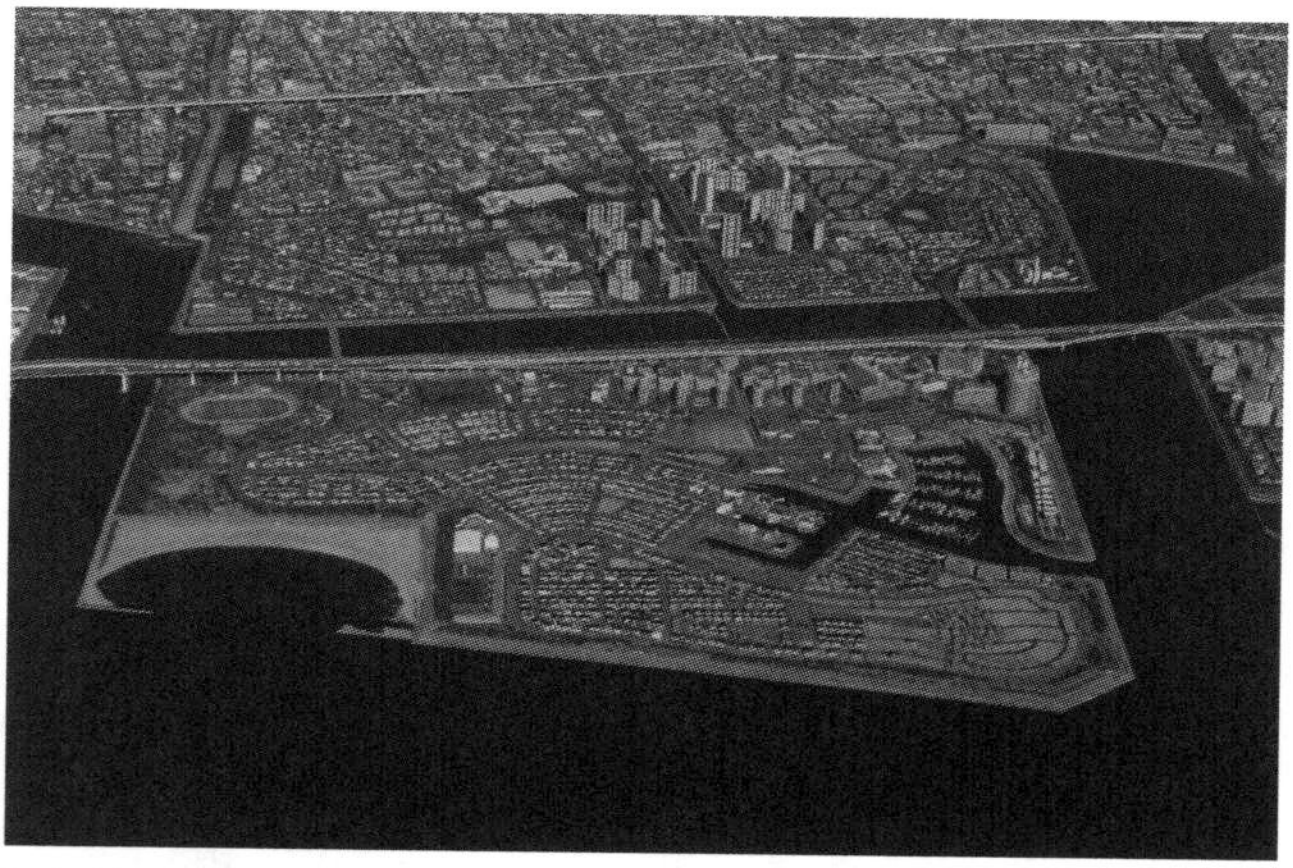

写真手前が南芦屋浜（写真：兵庫県）

◆ **浸水被害の予測と実際の浸水状況**

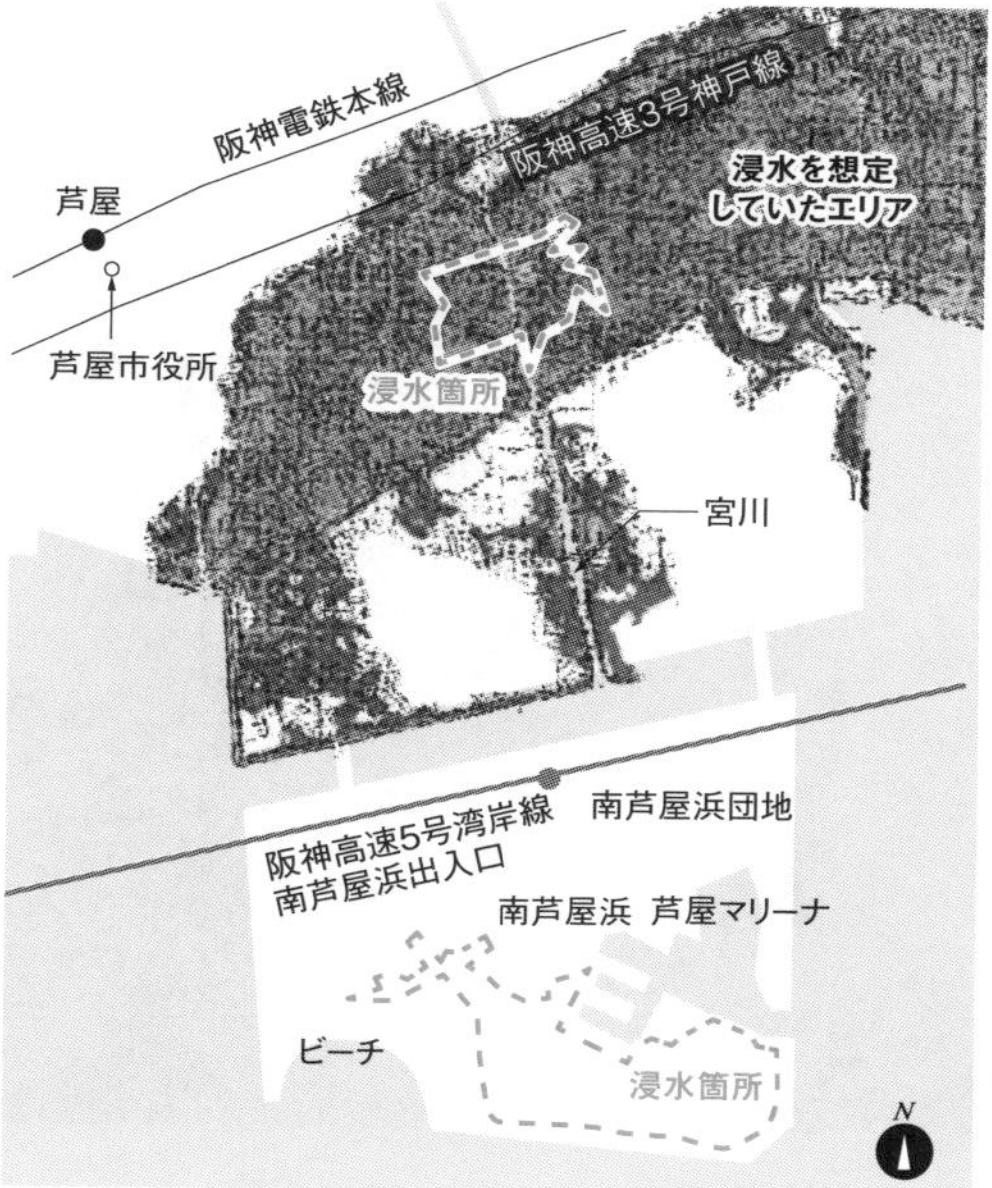

被災前の浸水被害の予測で空白地帯だった南芦屋浜が市内最大の被災地になった（資料：兵庫県の資料を基に日経コンストラクションが作成）

した（浸水の規模はいずれも市の推計）。

下水道施設が機能したため島内の水が引くのは早く、長期間にわたって孤島と化すことはなかった。だが、市防災安全課の石濱晃生課長は、「浸水したこと自体に驚きがあった」と振り返る。というのも、県が07年度に公表した高潮浸水予測区域図（高潮ハザードマップ）では、浸水リスクが全くない場所とされていたからだ。

台風21号に伴う高潮と高波によって、兵庫県内では尼崎市や西宮市の臨海部、具体的には西宮浜や甲子園浜、鳴尾浜などの堤内地が数十センチメートルの浸水被害に見舞われている。堤内地の浸水面積は計約264ヘクタールに上った。このうち南芦屋浜だけが、浸水を想定していないエリアだった。

お粗末なハザードマップ、「浸水しない」は誤記

芦屋市に最も近い気象庁西宮観測所が18年9月4日に記録した最高潮位は、東京湾平均海面（TP）を基準にすると3・24メートル。これまで最高だった1961年の第2室戸台風での2・64メートルを上回り、過去最高を更新した。

ただし、高潮ハザードマップをつくるに当たって想定していた最高潮位は4・35メートルで、実際に南芦屋浜を襲ったと考えられる潮位よりも1メートル以上高い。なぜ、起こらないと考えられていた浸水被害が発生したのか。

県が原因究明や高潮対策の見直しに向けて「大阪湾港湾等における高潮対策検討委員会」に設置した「尼崎西宮芦屋港部会」（委員長：青木伸一・大阪大学大学院教授）は2019年3月に取りまとめた報告書で、高潮による潮位は設計の想定内だったものの、高波が想定を超えるレベルだったために、南護岸とビーチ護岸からの越波で浸水に至ったと結論付けた。

実は、検証作業が進む最中に、物議を醸した出来事があった。

県が部会に関連して、南芦屋浜の護岸の高さを実測するとともに、過去の数値を検証した結果、07年の高潮ハザードマップ作成時に設定した護岸の高さが、明らかに不正確な数値だったことが分かったのだ。被災当時の状況とはもちろんのこと、完成時点と比べても0・3～0・5メートルほど高く設定してしまっていた。性能を過大に評価していたことになる。

07年時点の高さが実際にどうだったかは今となっては不明だが、完成後に護岸が沈下することはあっても、浮上することはちょっと考えられない。少なくとも、完成時の高さを上回ることはないだろう。

当時、護岸の高さを測ったのは耐震診断の検討が目的で、高潮ハザードマップ作成のためではなかったことから、県港湾課は「意図的ではなく、あくまでも不注意によるミス」と釈明しているが、住民の生命や財産に関わる情報を、誤ったままの状態で約10年間も公開し続けてきた県の責任は決して軽くない。

県が被災後に護岸の高さを調べるなかで、完成後の約20年間のうちに0・1～0・4メートルほど沈下していることも判明した。高波が乗り越えた南護岸の沈下は特に大きかった。

対応に追われた住宅会社

南芦屋浜では大手住宅会社が戸建て住宅や宅地を分譲する事業を展開している。なかでもパナソニックホームズ（大阪府豊中市）は、自社物件だけで400棟を超える住宅街を計画するなど積極的だ。同社のウェブサイトでは「リゾートに暮らすような、優雅な人生を実現する街」などと、ウオーターフロントの新興住宅街の明るい面を強くアピールしている。この点については、浸水被害の前後で変化はない。

しかし、被災前と同じような同社のウェブサイトにも、被災後によく見ると変化があった。南芦屋浜が兵庫県の津波浸水想定の区域外であるとする情報を削除した。高潮の浸水被害をきっかけに県が護岸の高さを正しく把握していなかったことが判明したのを受けて、県の津波浸水想定から引用した護岸の情報も誤っていたと判断したためだ。

既存顧客へのアフターサービスや新規の営業の現場では、高潮対策について入念に対応したようだ。災害直後の取材でパナソニックホームズは、既存顧客に対しては被害状況の説明と被災した屋外の住宅設備機器の復旧作業を行い、新規の顧客にはリスク情報として浸水被害の内容を説明していると回答。その影響で、以前と比べて顧客が契約を検討する期間は長期化する傾向にあるとしていた。

同じく南芦屋浜で事業を展開する積水ハウスやミサワホームもそれぞれ、新規の顧客には高潮の被害があったことをリスク情報として説明したうえで営業していると回答していた。

眺望を損なわないよう防潮堤に工夫

尼崎西宮芦屋港部会は、南護岸とビーチ護岸を中心に、防潮堤のかさ上げによる再発防止策を提示。これまで防潮堤の設計に用いていた設計高潮位（堤防などの設計に用いる潮位の上限値）は従来のまま据え置く一方、設計に用いる波の高さについては台風21号のデータを加味して引き上げることとした。

県は20年6月に発表した「兵庫県高潮対策10箇年計画」を踏まえて、南護岸の高さを従来のTP5メートルからTP6・8メートルにかさ上げする工事などを21年度の完成を目標に順次、進めている。苦心したのが、ウオーターフロントの価値の1つである海の眺望を確保すること。住民からの要望を受けて、堤防の形状や仕様に工夫を凝らした。

具体的には、高さをなるべく低く抑えるために、防潮堤を2段構成にした。海に近い側には、波返し用にアーチ状の中壁を設け、市街地側の後壁には8メートルごとにアクリルパネルをはめ込んで眺望を確保した。防潮堤にこうした中壁を採用したのは兵庫県内で初めてだ。アクリルパネルについては、兵庫県洲本市の洲本港などで採用例がある。

南芦屋浜護岸改修工事の事業費は約110億円にもなる。兵庫県阪神南県民センター尼崎港管理事務所の藤澤伸和・所長補佐兼高潮対策推進課長は、「一般的なコンクリートの防潮堤と比べると、どうしても単価は高くなってしまう」と話す。眺望やリゾート感といったウオーターフロントの価値を、自然の猛威に抗いながら維持するのには、多大な労力と資金が必要なのだ。

◆ **南芦屋浜の護岸は2段構成**

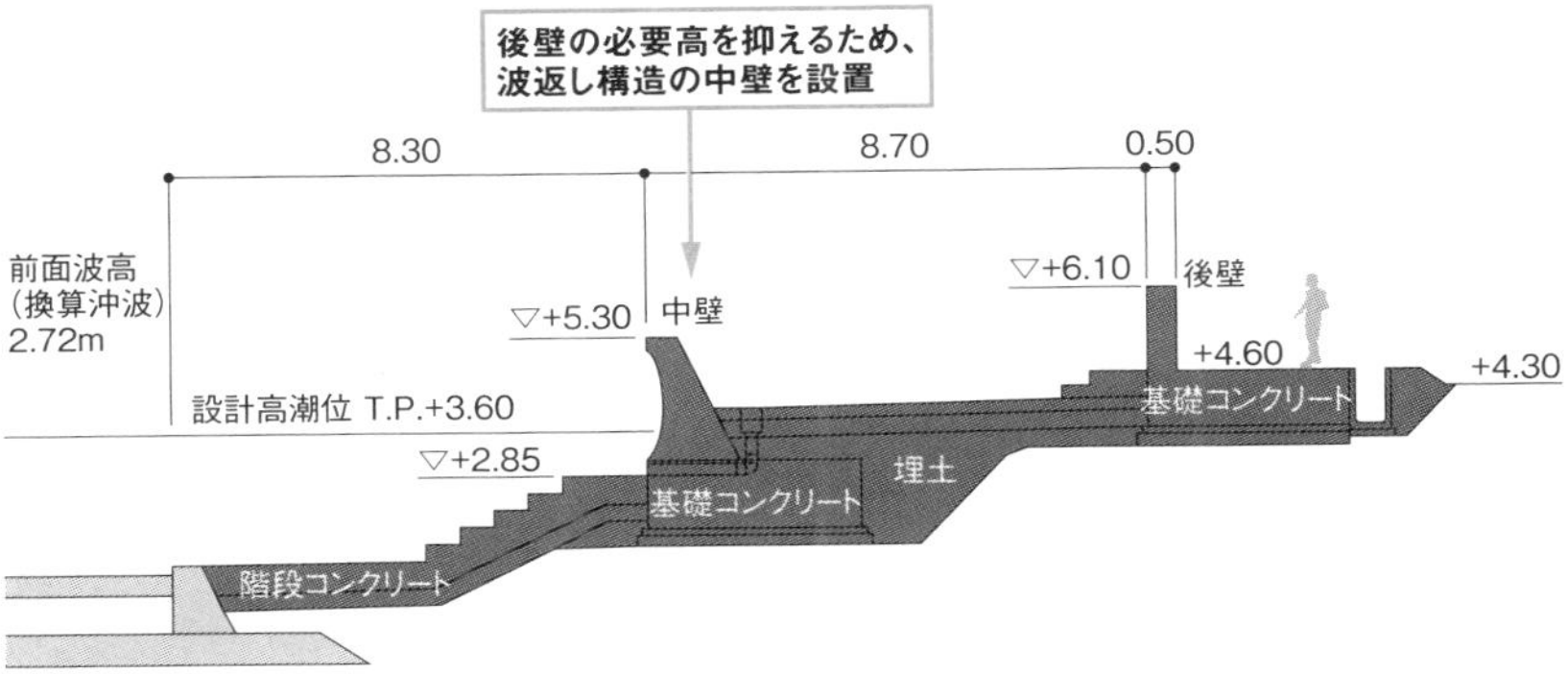

ビーチ護岸の断面図。後壁にはアクリルパネルをはめている（資料:兵庫県の資料を基に作成）

波返し用の中壁を施工する様子（写真:芦屋市）

COLUMN

海水が川を遡って市街地へあふれる

ウオーターフロントに高波・高潮の爪痕を残した2018年の台風21号。その勢いはとどまることを知らず、川を遡上して街なかにまで浸水被害を及ぼしたことは、あまり知られていない。

神戸市を流れる2級河川の高橋川では、台風接近に伴って潮位が急激に上昇。河川を逆流して堤防を乗り越え、河口から数百メートルの場所で水があふれた。神戸大学深江キャンパスの最寄り駅である東灘区の阪神電鉄深江駅周辺で約13ヘクタールが浸水し、最大浸水深は90センチメートルにもなった。

高橋川の周辺で起こった浸水被害(写真:国土交通省)

「高潮が川を遡上してあふれ出す現象は、兵庫県内では最近はなかった」。兵庫県県土整備部土木局河川整備課企画整備班の植田繁仁班長はこのように話す。

高橋川水系の河川整備計画では、100年に1回程度の降雨による洪水を安全に流すことを目標としていた。高潮に対しては、過去の災害実績などを想定して守る方針だった。

「堤防は、洪水の整備水準をほぼクリアしていたが、海から遡上する潮に対して高さが足りなかった。高潮対策は、まさにこれから進める予定だった」と、植田班長は悔やむ。被災後、県は再発防止に向けて、堤防のかさ上げや新設を進めている。

一方、河口付近で高潮の遡上を見事に防いだケースもあった。大阪府では潮位が過去最高を記録したにもかかわらず、防潮堤や防潮水門、排水施設などが想定通りの機能を発揮したおかげで、府下の浸水棟数はゼロ。高潮による浸水被害を防いだ。

台風21号襲来時の木津川水門閉鎖後の様子。水門外の水位は5.13m、水門内は2.05mだった（写真:大阪府西大阪治水事務所）

特に話題を呼んだのが、旧淀川筋に設けているアーチ状の3大水門（木津川水門、安治川水門、尻無川水門）の防潮効果だ。水門付近のせき上げなどを含めても、高潮の遡上を許さなかった。3大水門の設計高潮位は、1959年の伊勢湾台風が、34年の室戸台風の進路で来襲した場合を想定して決めている。潮位の記録を更新した台風21号の被害を防いだことが、水門設計の妥当性を実証した。

ただし、これで今後も高潮対策が安泰というわけではない。3大水門は完成から約50年がたち、更新の時期を迎えている。更新までには最低でも20年を要するといわれており、すでに検討が始まっている。

3 高潮対策、空白の「堤外地」

コンテナが2カ月も炎上

２０１８年の台風21号では、高潮や津波の浸入を防止する防潮堤などの内側（堤内地）だけでなく、その外側（海側）に位置する「堤外地」の浸水被害も大きかった。

堤内地の浸水対策は、行政が熱心に防潮堤などの海岸保全施設を整備し続けている。例えば、神戸市は南海トラフ巨大地震の津波対策も兼ねて、防潮堤のかさ上げを実施してきた。「津波対策が功を奏して、台風21号による高潮から、堤内地のかなりの部分を守れた」と、神戸市港湾局工務・防災部海岸計画担当の小泉陽司係長は胸を張る。

一方、堤外地の対策については、民間事業者の裁量に任せていたのが実情だ。そのため、堤外地における高潮ハード対策は、ほとんど手付かずといっても過言ではない。

その結果、港湾施設からの空コンテナの流失や護岸ブロックの倒壊、荷役機械・電気設備の機能喪失、コンテナ貨物や中古車の水没など、関西圏の経済機能を麻痺させるような被害が続出することとなった。

例えば神戸市東灘区の人工島・六甲アイランドのコンテナターミナルでは、流出したコンテナと別のコンテナが接触して損傷し、中にあった約60トンのマグネシウムが海水に触れて発火。鎮火までに2カ月近くの期間を要した。放水すると爆発の恐れがあるため、消防隊が乾燥した砂を40トンもかけるという、大変な作業を強いられた。

また、受電所で電気系統が浸水した結果、ガントリークレーンが動かなくなり、稼働を再開するまでに4カ月もかかっている。

このほか、臨海部の開発に伴って堤外地に設けられた商業施設も浸水被害に遭った。神戸市中央区の神戸ハーバーランドの浸水被害はその一例だ。

日本では堤外地に物流などの機能が集中しており、三大湾（東京湾、伊勢湾、大阪湾）では、都市計画法や港湾法に基づいて定める「臨港地区」の8割以上が堤外地とされる。いったん大規模な高潮被害を受けてしまうと、

マグネシウムが発火し、炎上するコンテナ（写真：国土交通省）

経済活動への影響は極めて大きくなる恐れがある。

ただし、堤外地の高潮対策はそれほど簡単ではない。

例えば、堤外地の水際には埠頭がある。荷役作業の邪魔になるため、防護施設を設けにくい場所だ。「堤外地は、埋め立てによって地盤の高さで高潮の被害から守る」といわれているものの、タンカーなどが接岸して荷下ろしをする必要があるため、地盤はそれほど高くできない。

大阪港を管理する大阪港湾局は、堤外地での浸水被害の再発を防ぐため、新しいハード整備を試みている。水際に岸壁はつくらないものの、埠頭の背後にある物流倉庫を守るために、内陸側の擁壁をかさ上げ・新設する方法だ。

民間倉庫などがある「J岸壁」の背後地では、04年の台風16号で浸水被害を受けて、市が翌年に浸水対策として擁壁を設置していた。しかし、18年の台風21号ではそれを越えて浸水してしまった。そこで、被害を踏まえて既設の擁壁を1メートル弱かさ上げしたり、擁壁を新設したりする工事に着手している。

民間事業者を巻き込む「エリア減災計画」

臨港地区の大半を占める堤外地では、民間事業者が港湾管理者から土地を借りて、荷役作業や貨物の保管など、様々な活動を行っている。民間事業者の工場・倉庫が圧倒的に多いため、浸水対策の推進には、民間側の積極的な関与も欠かせない。

神戸港では台風21号で全域が浸水した兵庫埠頭をモデルケースとして、ハード・ソフトの対策を講じる「エリア減災計画」を19年に作成した。港湾管理者である神戸市や民間企業などが連携してつくったもので、荷役の支障がない範囲でのかさ上げや擁壁の設置、電源設備の止水対策、避難誘導計画の共有などを、計画に基づいて推進する。

エリア減災計画は、堤外地などのうち、被災すると物流・産業活動に重大な影響を及ぼすエリアを選定し、国や自治体、民間企業など官民が一緒になって作成するもの。国交省が高潮被害の激甚化に備えて18年に作成した「港湾の堤外地等における高潮リスク低減方策ガイドライン」で示した浸水対策の柱だ。

神戸市ではさらに、民間事業者の高潮対策事業を後押しするための補助金制度を18年12月に創設した。1つの敷地に対して、高潮対策事業に要する費用の3分の1を補助する（上限1000万円）。対象事業は、地盤や建物のかさ上げ、止水板の設置などだ。

「各社が自分たちで防災力を強化すれば、結果として神戸港の防災力が高まる」。神戸市港湾局みなと振興部経営課の萱嶋逸巳事業推進担当係長はこう語る。

萱嶋事業推進担当係長は言う。「臨港地区の倉庫に荷物を預けている利用者から、『台風21号は仕方がない。ただし、次に同程度の規模の高潮が襲来したときに、水に漬かるという状況は回避してほしい』という声が上がっている」

浸水対策は民間事業者にとって切実な問題で、本気で取り組まなければならないテーマとなっている。

民間開放された高潮予報で事前の備え

国交省のガイドラインでは、気象情報などを活用し、段階（フェーズ）ごとに避難やその準備に関する具体的な行動計画を整理した「フェーズ別高潮・暴風対応計画」の作成も、港湾の管理者や企業などに促している。高潮は地震や津波と異なり、襲来に備える時間がある。そこで、注意報や警報の発表などを手掛かりに、事前につくっておいた計画に基づいて行動し、被害を最小限に抑えようという考え方だ。

企業などが事前の準備を進めるうえで鍵になるのが、気象情報だ。

こうしたニーズに応えようと日本気象協会（東京・豊島）は21年1月、気象庁から高潮に関する予報業務の許可を国内で初めて取得。最大120時間（5日間）先の高潮予報を契約者向けに提供するサービスを始めた。自治体やインフラの管理者、臨海部に工場などを持つ企業、保険会社などが想定顧客だ。

高潮の予報業務が民間開放されたきっかけは、まさに台風21号だった。気象庁は、「防災機関や事業者による、地域や施設ごとの状況に即した高潮防災対応の重要性が、改めて認識された」とし、シミュレーション技術の発達も踏まえて高潮予報業務を事業者が手掛けられるようにした経緯がある。

日本気象協会が高潮予報を提供する海域は、三大湾と瀬戸内海だ。気象庁が提供する120時間先までの台風予報を基に、5コースの経路を設定し、独自の高潮シミュレーションで潮位を予

◆ 大阪湾に歴史的な浸水被害をもたらした台風21号

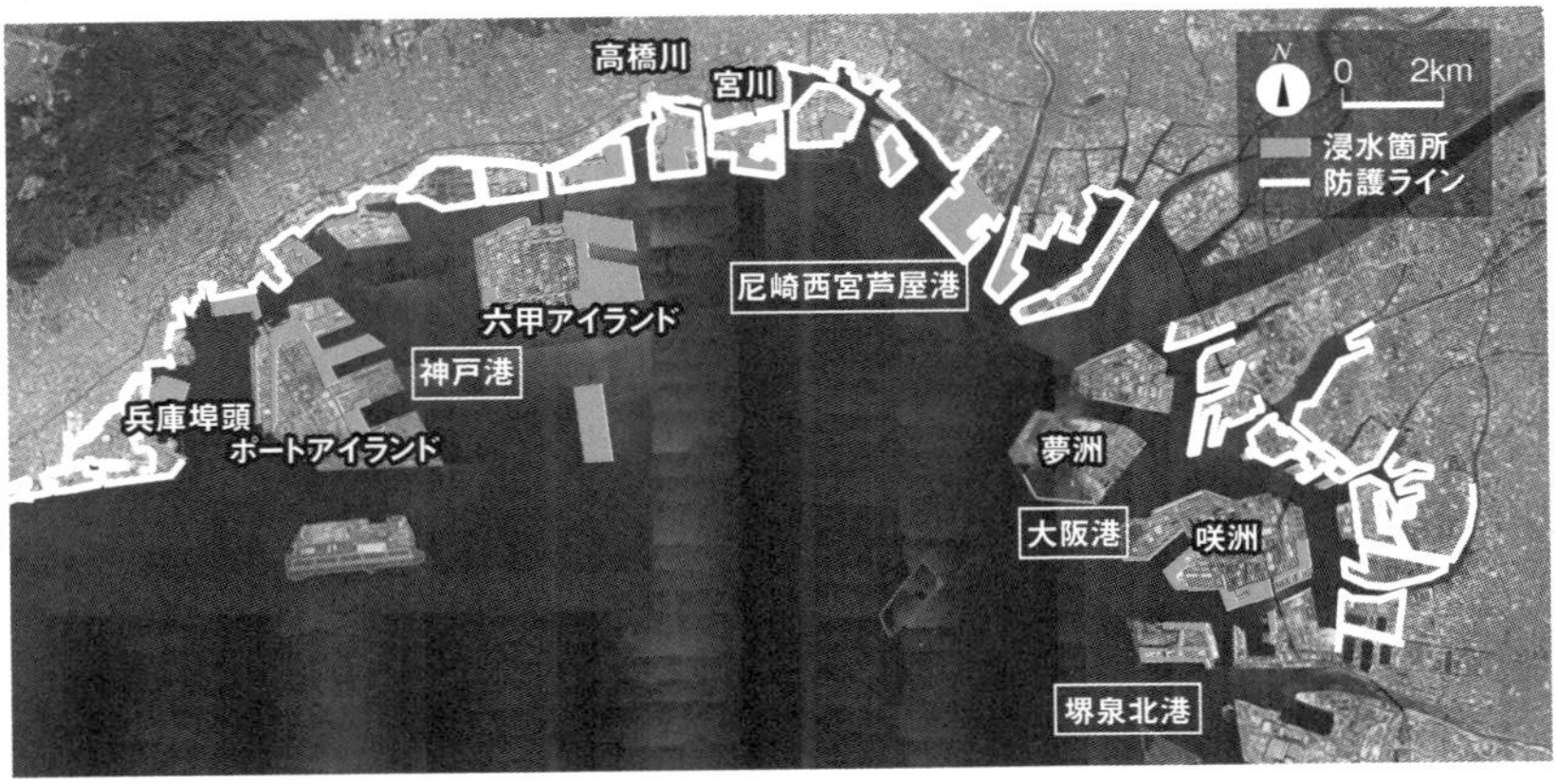

（資料:Google、国土交通省）

測。任意の地点の潮位の時系列グラフを、1時間ごとに、最大120時間先まで表示できる。潮位の上昇・低下のタイミングや、高潮のピーク時間を視覚的に把握できる。

日本気象協会事業本部社会・防災事業部の松浦邦明氏は「自治体や企業は、直前に高潮の情報がきてもすぐには対応できない」と言う。高潮の影響がどのくらいになる恐れがあるか、最大5日前から把握できるようになれば、避難などの計画を立てやすくなる。

第3章

土砂災害頻発列島

毎年、多発する土砂災害。その数は年間1000件を超える。

平地が少ない日本に住むうえで、斜面崩壊からは逃れられない。

熱海、逗子、広島など列島を揺るがした様々な土砂災害を追った。

1 木造家屋をいともたやすく押しつぶす土石流

SNSで拡散した衝撃の映像

２０２１年7月3日、昼ごろの全国ニュースでお茶の間に衝撃的な映像が飛び込んできた。静岡県熱海市伊豆山（いずさん）地区の市街地を襲った土石流だ（３９０ページ参照）。家屋が次々に崩壊するさまは、土石流の怖さを理解するのに十分過ぎるほどのインパクトだった。

近年ではＳＮＳ（交流サイト）の普及に伴い、災害発生時の光景を撮影した動画がたちまち、皆に共有される時代になっている。熱海市の土石流も付近の住民が間近で撮った映像をＳＮＳに上げて、共有されていった。土石流は一瞬の出来事で、流れ落ちた後を見ることが一般的なため、専門家にとっても貴重な映像だったという。

土砂が崩壊した起点となる源頭部から、土砂が運ばれた海岸までの距離は2キロメートルに及ぶ。被災した幅は最大で１２０メートルだ。国土地理院の解析によると、傾斜角度は平均して約11度。人が住む場所としては急な斜面だが、土石流が発生する場所としては比較的緩い勾配だ。映像から推定される土石流の速度は秒速で7～8メートル程度だった。

「過去の泥流と比べて速いわけではない。例えば、13年に起こった伊豆大島の土砂災害（３７

2ページ参照）だと秒速20メートルを超えていた」。京都大学防災研究所流域災害研究センターの竹林洋史准教授はこう話す。熱海市の土石流の映像では、走って逃げ切っていた消防団員が映っていたが、あれが土石流の一般的な速度だと勘違いしてはいけない。発生したら一巻の終わり。一瞬で巻き込まれると考えておいた方がよいだろう。

土石流の被害を受けた静岡県熱海市伊豆山地区を上空から撮影。被災した範囲は延長約1km、最大幅約120mに及んでいた（写真:国土地理院）

土砂は逢初（あいぞめ）川の渓流に沿って流れ落ち、途中からは道路などを伝いながら住宅をなぎ倒した。土石流の通った場所では木造家屋が跡形もなく流され、鉄筋コンクリート造の建物がぽつぽつと残るだけ。元の地形がどうなっていたかが分からないほど、大量の土砂が堆積した。約130棟が被害を受け、死者は26人、行方不明者は1人に上っている（9月3日時点）。

熱海市で起こった土石流は単なる自然斜面の崩落ではなく、人工盛り土の崩壊が起点となった。静岡県によると、崩落した土砂は5万5500立方メートル。25メートルプールに換算すると1００杯分の容量だ。そのほとんどが盛り土だった。今も2万立方メートルほどの盛り土が上流側に残っており、2次災害を防ぐために国土交通省は砂防ダムを新設する。

盛り土には通常、地表面を流れる表流水や土中に入った浸透水などを適切に処理する排水施設が整備される。しかし、この盛り土にはそもそも排水施設がなかった、または規模に応じた適切な排水施設がなかったといわれている。そのため、盛り土が多くの水を含んで地下水位が上昇し、飽和。崩落した土砂が流動化していたために、下流まで流れ落ちたとみられる。

県の調査によると、熱海市が許可した盛り土の計画と実際の規模が大きく違っていた。

土地の所有者だった静岡県小田原市の不動産管理会社（清算）が、当初の計画で示していた盛り土の体積は3万6000立方メートル。高さは15メートル以内だった。排水施設も明記していたようだ。これらは全て、県の土採取等規制条例に基づいて対応した内容だ。ところが、完成した盛り土は、土量が2倍程度に膨れ上がり、高さは35～52メートルに及んでいた。つまり「違反盛り土」だったのだ。県や熱海市は再三にわたりこの会社に指導していたが、事態は改善せずに

土石流の起点から1kmほど下流側に残っていた鉄筋コンクリート造の建物。写真左から右に向かって土砂が流れた。土石流の跳ね上がった跡が壁面に残る。一方、土石流に面していない壁には土が付いていない(写真:竹林 洋史)

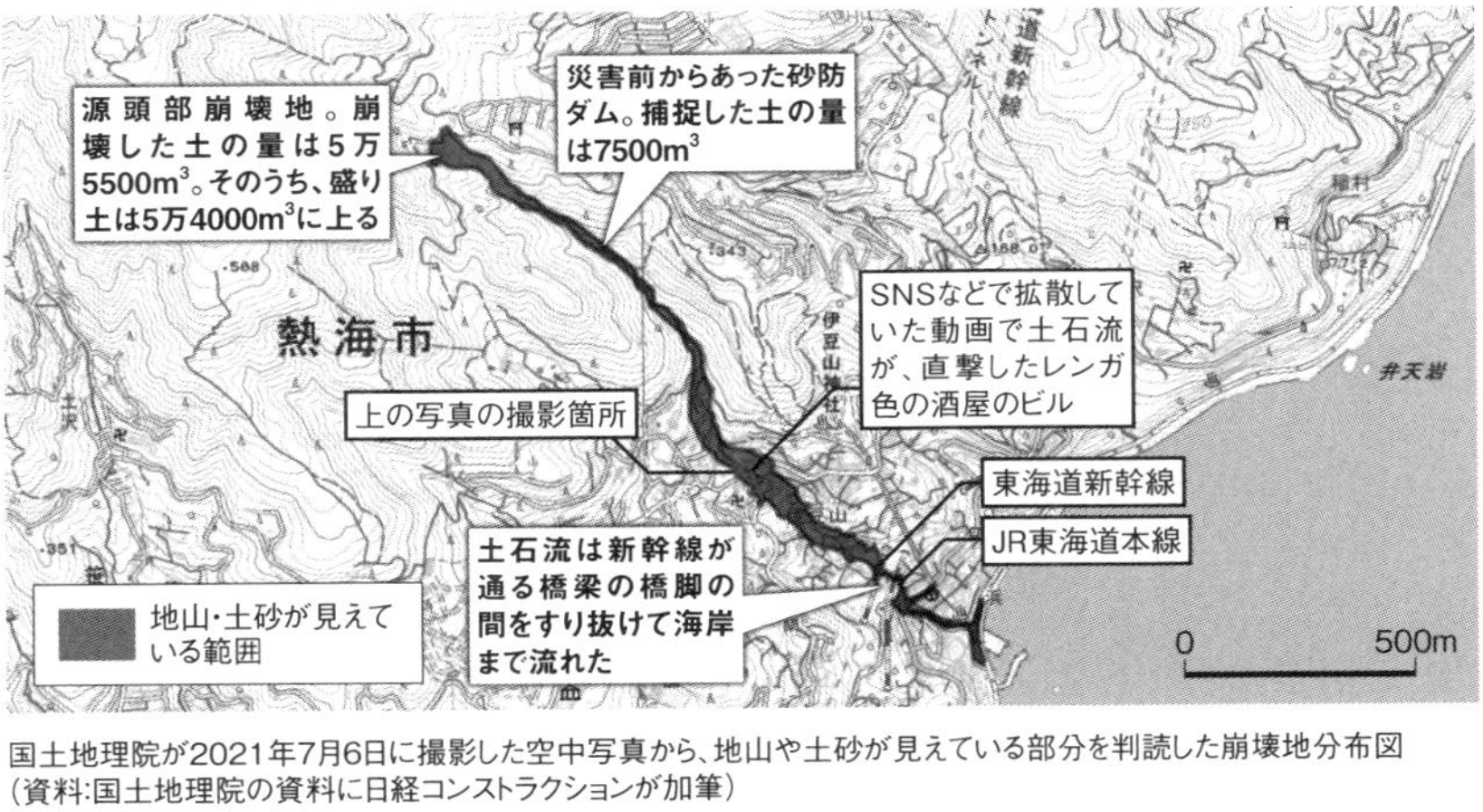
源頭部崩壊地。崩壊した土の量は5万5500m³。そのうち、盛り土は5万4000m³に上る
災害前からあった砂防ダム。捕捉した土の量は7500m³
熱海市
SNSなどで拡散していた動画で土石流が、直撃したレンガ色の酒屋のビル
上の写真の撮影箇所
東海道新幹線
JR東海道本線
土石流は新幹線が通る橋梁の橋脚の間をすり抜けて海岸まで流れた
地山・土砂が見えている範囲
0
500m
弁天岩

国土地理院が2021年7月6日に撮影した空中写真から、地山や土砂が見えている部分を判読した崩壊地分布図(資料:国土地理院の資料に日経コンストラクションが加筆)

災害の日を迎えてしまった。

標高の高い山地に盛り土を造成すれば、崩れたときに下流側の人家に被害を及ぼしかねない。不適切な盛り土ならばリスクが上がるのはなおさらだ。こういった土砂災害のリスクは、熱海市で土石流が起こるよりも前から指摘されていた。盛り土問題については、後ほど改めて詳しく説明する（172ページ参照）。

死者の9割が土砂災害の危険地内

日本は世界でも有数の土砂災害が多発する国だ。国土の6割を山地が占め、平地が狭いため、人口の増加に伴って山の斜面や谷の出口などに人が住むようになった。そのため、ひとたび土石流などが起こると、命に関わる災害につながりやすい。

気象的な要因も大きい。日本の年間の平均雨量は1700ミリと世界でも多い。それも1年を通して降るのではなく、梅雨や台風の時期にまとまって降るために、土砂災害を引き起こしやすい。地震が多いのも理由の1つだ。16年4月の熊本地震や18年9月の北海道胆振（いぶり）東部地震では、多くの土砂災害が発生した。さらに、雪が降って積もる「積雪地帯」が占める面積が広いため、雪解け水が土砂災害を引き起こすことも珍しくない。

1982～2020年における年間の土砂災害の発生件数は、平均して1000件超に上る。この5年間に至っては、どの年もこれを上回る数の土砂災害が発生しており、平均値を底上げし

◆ 直近5年間で平均1900件超の土砂災害が発生

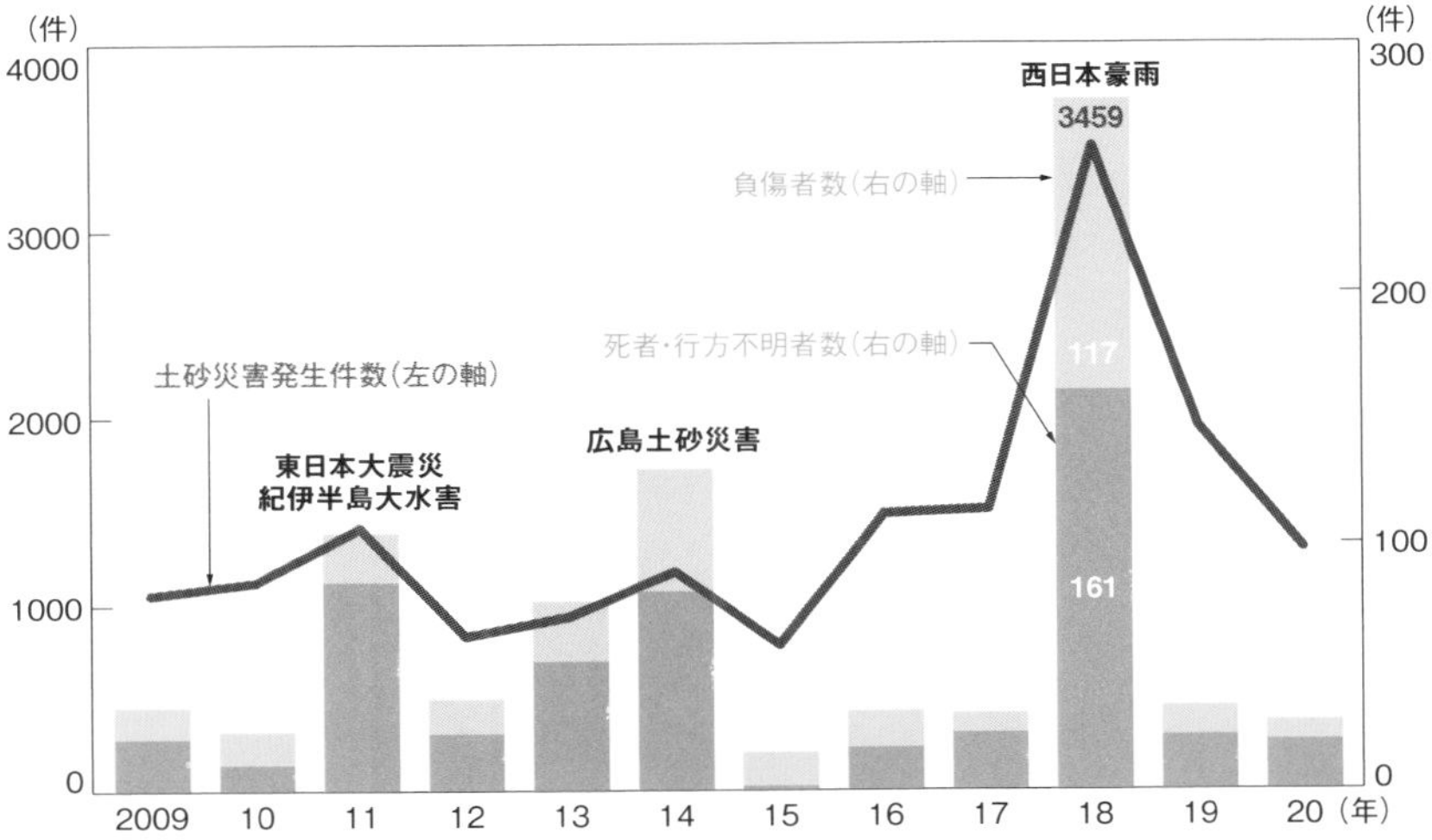

過去12年の土砂災害による被害件数の推移。集計を開始した1982年から2017年までの平均発生件数は1015件。西日本豪雨のあった18年は年平均の約3.4倍の件数で、人的被害や家屋の被害は過去10年で最悪となった
(資料:国土交通省と総務省消防庁の公表資料などを基に日経コンストラクションが作成)

ている。直近の5年間の平均は１９００件超だ。なかでも西日本豪雨（３８２ページ参照）のあった18年が約３５００件と飛び抜けて多い。

土砂災害は土石流、地滑り、がけ崩れの３つに分類される。土石流とは山や谷の土砂が大雨で水を含んで崩れる現象だ。地滑りとは、土地の一部が地下水などに起因して滑る現象、またはこれに伴って移動する現象。そしてがけ崩れは、急傾斜のがけが豪雨や地震、融雪などを引き金に崩れる現象を指す。

国はこのような土砂災害による被害を減らそうと、発生する恐れのある区域を全て明らかにしている。それが土砂災害警戒区域（イエローゾーン）と土砂災害特別警戒区域（レッドゾーン）だ。ハザードマップなどでは黄色や赤色で表示されるため、そう呼ばれている。

イエローゾーンとは土砂災害が発生した場合、住民などの生命・身体に危害を加える恐れがあると認められた区域を指す。指定されると市町村による警戒避難体制の整備が義務付けられる。ちなみに、静岡県熱海市で土石流が被害を及ぼした範囲は、イエローゾーンとほぼかぶっていた。

もう1つのレッドゾーンは、建物を破壊したり人命に著しい危害を生じさせたりする恐れのある区域を指す。イエローゾーンと違うのは、指定されると一定の開発行為の規制や居室のある建築物の構造規制といった私有財産への制約が課される点だ。

過去の災害でイエローゾーンやレッドゾーンの危険度は実証されている。18年7月の西日本豪雨では、イエローゾーンなどの危険度を印象づけるデータが公表された。犠牲者が出た場所とイエローゾーンなどを照らし合わせたデータだ。

◆ **熱海市で起こった土石流はイエローゾーンを流れた**

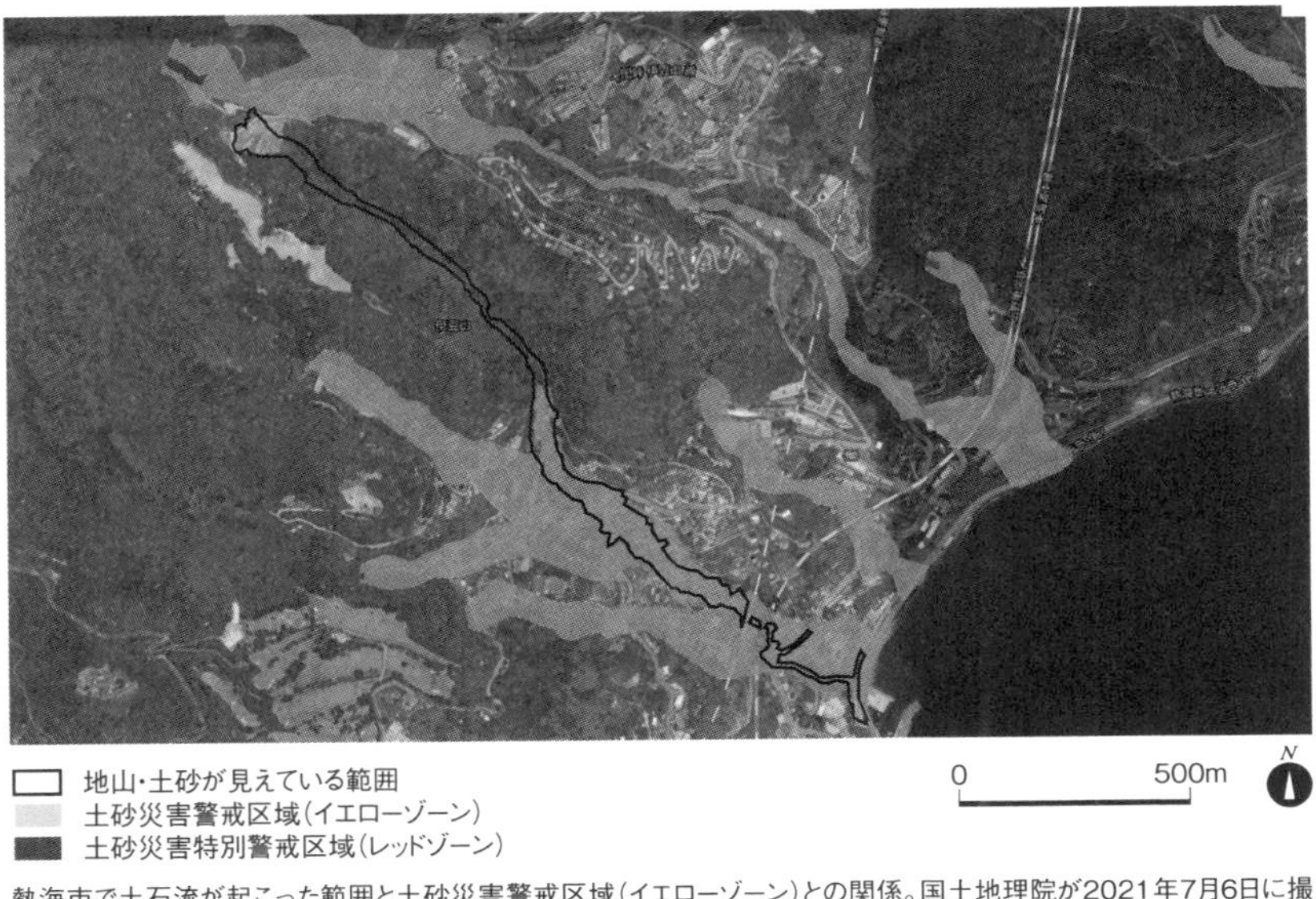

熱海市で土石流が起こった範囲と土砂災害警戒区域(イエローゾーン)との関係。国土地理院が2021年7月6日に撮影した空中写真から、地山・土砂が見えている範囲を判読した結果を静岡県が公開する土砂災害警戒区域などのハザードマップに反映した(資料:静岡県、国土地理院)

西日本豪雨によって生じた土砂災害の犠牲者で、被災位置が特定できたのは107人。そのうち、イエローゾーンなどで亡くなった人の割合は約9割に上ることが、明らかになった。

イエローゾーンなどの指定と公表は進み、ほとんどの自治体で完了している。ただし、土砂災害による犠牲者をなくすという本来の目的は達成できていない。本当に危険な場所であるということを、住民にどうやって理解してもらうか――重要な課題が残っている。

土砂災害では豪雨による水害に比べると、危険な場所の明示が進んでいるといわれる。レッドゾーンでは、建築物の構造規制や開発行為に対する許可制など、私有財産に踏み込んだ制約が課されるため、住民にその危険度が理解されやすい。

一方、問題はイエローゾーンだ。イエローゾーンはレッドゾーンに比べると、どうしても危険度を甘く見積もりがちだ。西日本豪雨で土砂災害に巻き込まれた神戸市灘区の篠原台は、まさにイエローゾーンのリスクを甘く見ていた事例の1つといえる。同地区を襲った土石流は、道路を伝って集落を埋め尽くした。イエローゾーンの範囲とも一致する。

幸いなことに犠牲者はいなかった。ただし専門家によると、崩壊した岩石は砂分が多かったために人的被害に結びつかなかっただけで、岩種が異なっていれば、多くの犠牲者が出ていたのは間違いないという。

被災後に地元の新聞社が実施したアンケートでは、7割の世帯がイエローゾーンに指定されていることを知っていたという。にもかかわらず、多くの人は避難しなかった。警戒区域の危険性を自治体は警告していたつもりだったが、当の住民はそう思っていなかったということだ。

◆ 危険と分かっている場所で9割が死亡

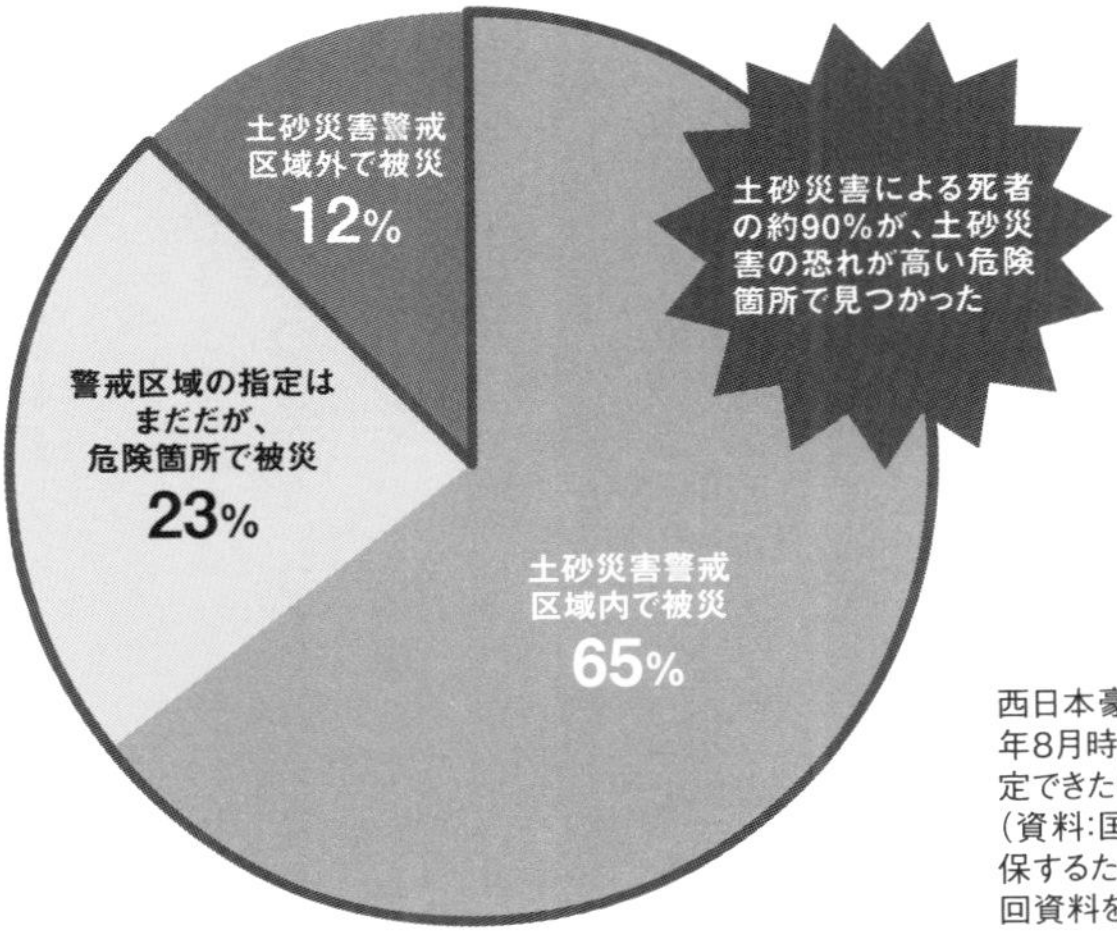

土砂災害による死者の約90%が、土砂災害の恐れが高い危険箇所で見つかった
警戒区域の指定はまだだが、危険箇所で被災

西日本豪雨による土砂災害の死者は2018年8月時点で119人。そのうち被災位置を特定できたのは107人
（資料：国土交通省「実効性のある避難を確保するための土砂災害対策検討委員会」第1回資料を基に日経コンストラクションが作成）

西日本豪雨によって、神戸市灘区篠原台で発生した土砂災害。砂分の多い土砂が住宅街に流れ込んだ
（写真：京都大学防災研究所の釜井俊孝教授）

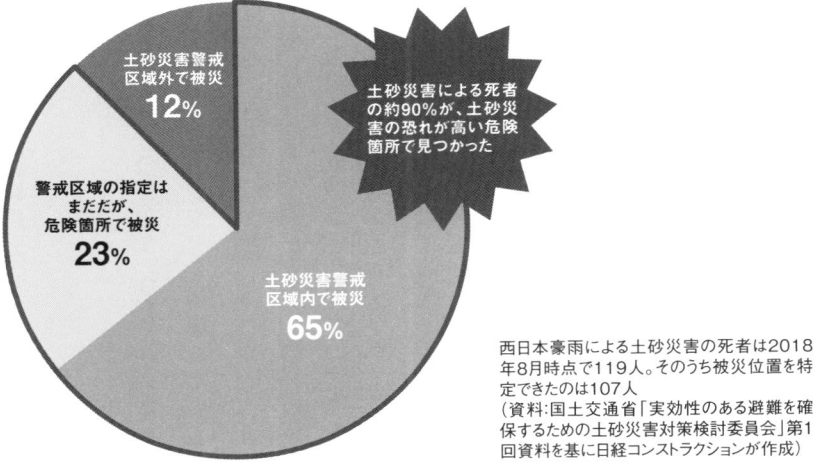

土砂災害警戒区域外でも危険がいっぱい

イエローゾーンやレッドゾーンの指定区域は以下の３つに分かれる。土石流と急傾斜地の崩壊、地滑りだ。災害のシミュレーションなどはせずに地形から機械的に対象エリアを抽出し、指定を進める仕組み。地質なども考慮しているわけではない。

例えば土石流のイエローゾーンは、土石流の被害が起こりそうな渓流において、上流は扇頂部（扇状地が始まる頂点）から下端は勾配２度以上までと定められている。これは過去の土石流で被害を及ぼした実績などに基づいて決まっている。つまり土石流は、２度よりも勾配が緩くなると止まるケースが多いというわけだ。

また、急傾斜地では、勾配が30度以上ある斜面の上端から背後10メートルの範囲までと、斜面の下端から前方に斜面の高さの２倍以内までの範囲をイエローゾーンと定める。

基本的に過去の災害の実績に基づいて範囲を広く定めているので、イエローゾーンの範囲内で土砂災害が起こるケースが多い。しかし、ときには区域を越えて被害を及ぼす。

20年の令和２年７月豪雨（３８８ページ参照）では、岐阜県高山市滝町にある家屋が川の対岸の斜面で発生した土石流の被害を受けた。被災直後の空中写真からは、土砂や流木が川を飛び越えて押し寄せた様子が分かる。

崩壊した斜面を調査したところ、水みちを形成していた脆弱な層と固い粘土層が見られた。岐阜県治山課は、記録的な豪雨によって地中の水みちの許容量を上回る水が供給され、行き場をな

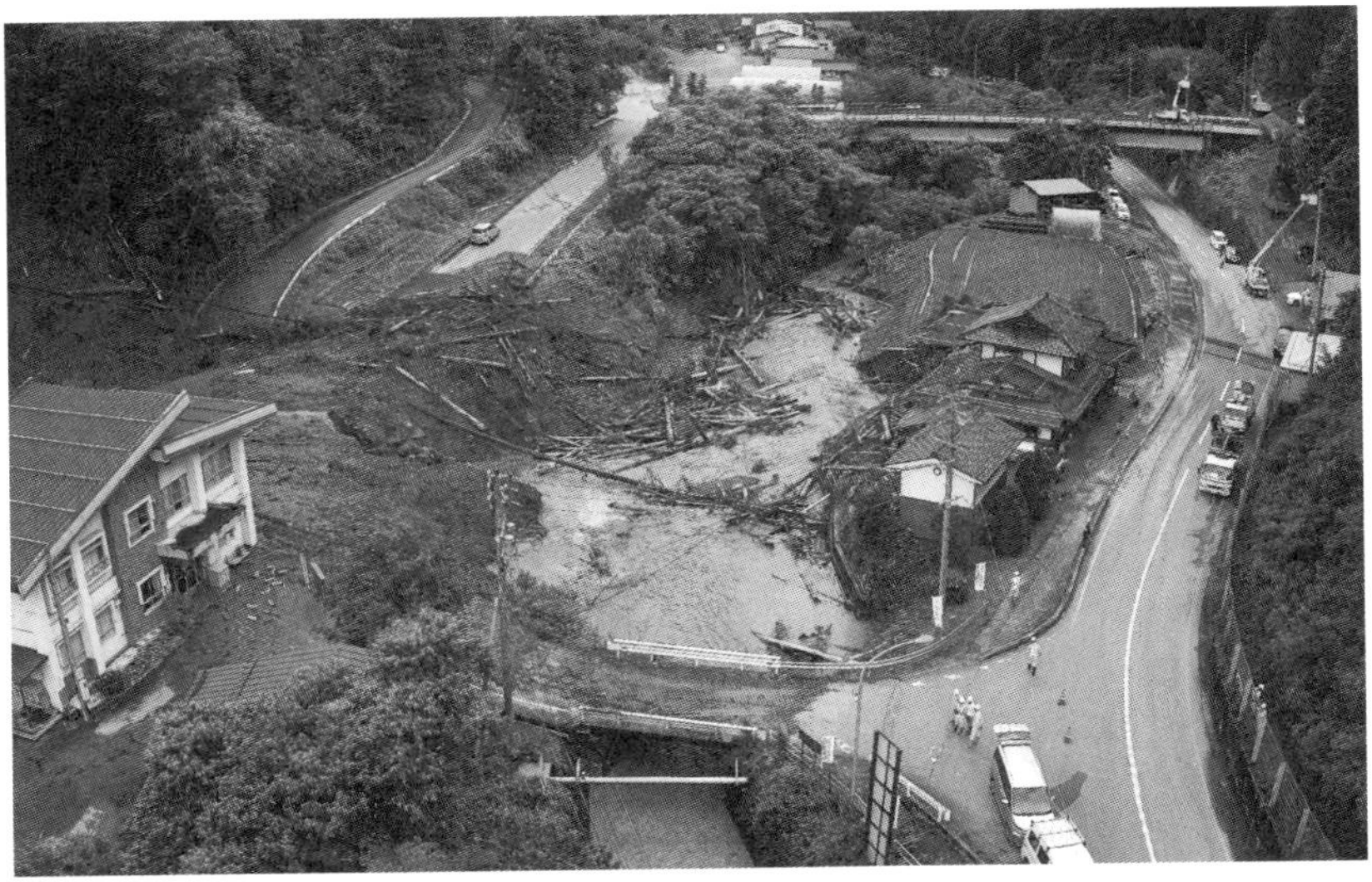

写真左側の斜面からの土石流が川を飛び越えて、対岸の家まで流れ込んだ。写真右が北側（写真:岐阜県）

◆ 対岸の土砂が川を飛び越える

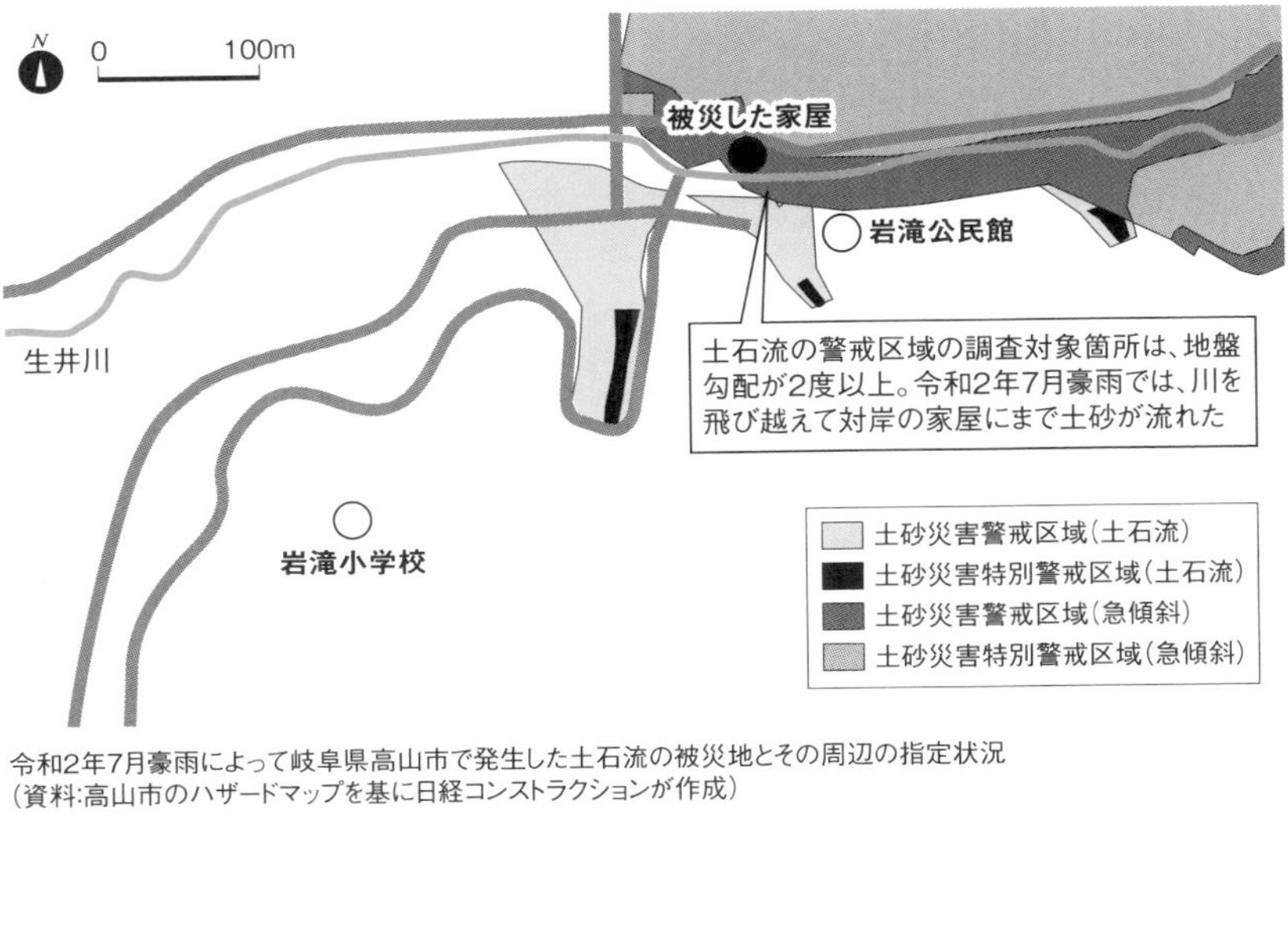

令和2年7月豪雨によって岐阜県高山市で発生した土石流の被災地とその周辺の指定状況
（資料:高山市のハザードマップを基に日経コンストラクションが作成）

くした水の圧力上昇などによって2つの層の境界面で崩壊に至ったとみている。ただ、増水した川を伝って対岸まで土砂が流されたのか、もしくは大雨で土石流のエネルギーが増大して対岸まで行き着いたのかは分からない。

高山市のハザードマップを確認すると、斜面が崩れて流れ出た範囲は、岐阜県によって土石流のイエローゾーンに指定されていた。しかし、イエローゾーンは川の手前で途切れていたのだ。これは先述のように、氾濫域の下端を機械的に土地の勾配2度までと定めているためとみられる。川などで範囲が途切れるというケースは珍しくない。

一般に土石流の流れが川の流れに対して直角に近い場合や対岸の比高差が小さい場合などに、土石流は直進性を持ちやすく、川を飛び越える（イエローゾーンをはみ出す）傾向があるといわれる。

このように土砂災害警戒区域に収まりきらない土石流は、これまでも多数の場所で報告されている。例えば、同じ場所で複数回の土石流が押し寄せた場合、初めに堆積した土石流が壁となって、次の土石流が左右に振られ、区域外に流れ出てしまうケースだ。

18年の西日本豪雨では、人工の構造物が範囲を変えてしまう事例があった。広島市口田南3丁目では、土石流が谷の出口付近にある擁壁にぶつかってやや向きを変え、周辺の複数の家屋をなぎ倒したとみられる。

そのほか、土砂と一緒に流された流木が橋に引っ掛かって河道を閉塞させ、後続の土石流がそこからあふれてイエローゾーン外の被害を拡大させたという事例も少なくない。

広島市安佐北区口田南3丁目。複数の住宅が押し流された現場のパノラマ写真。土石流は写真右上から流下し、家屋をなぎ倒して左手の道路に抜けたとみられる。2018年7月13日に撮影（写真：日経コンストラクション）

土石流は擁壁で流れを変えたように見える。土砂災害警戒区域などの指定時には通常、数値シミュレーションを実施しないので、こうした流れの変化までは考慮できない（資料：竹林 洋史）

「緩い斜面は安全」のウソ

これまで紹介した事例はイエローゾーンなどに近接した場所で発生しているため、指定範囲の周辺に住む人に注意を促せば、被害に遭わないようにすることはできるかもしれない。一方で、やっかいなのが指定基準を満たさない場所で起こる想定外の土砂災害だ。19年10月の東日本台風（386ページ参照）によって群馬県富岡市内匠（たくみ）で起こった土砂災害は、まさにその象徴的な例となった。

現地は、傾斜角が15～25度の比較的緩い斜面だ。渓流はない。さらに、急傾斜地の土砂災害警戒区域の指定基準である30度を下回るため、イエローゾーンへの指定はもちろんされてなかった。

なぜ緩い斜面にもかかわらず崩壊を起こしたのか。土木研究所によると、透水性の高い軽石や砂質火山灰土の下に、風化軽石層を挟んで透水性の低い粘土層があった。つまり軽石層までは水を通しやすく、粘土層が水を通しにくいために、地下水がその間に集中して過剰な水圧がかかり、崩壊につながったというわけだ。

加えて、崩壊した斜面よりも上側には広い緩傾斜面があり、比較的水を集めやすい地形だったことも分かっている。

東日本台風による土砂災害では、人や家屋に被害が生じたケースのうち、富岡市のように警戒区域の指定基準に該当しなかった箇所は1割に及んだ。今後、気候変動に伴って供給される雨の量が増えれば、この割合はさらに高まる可能性があるといわれている。

◆ 東日本台風では15～25度の比較的緩い斜面が崩壊

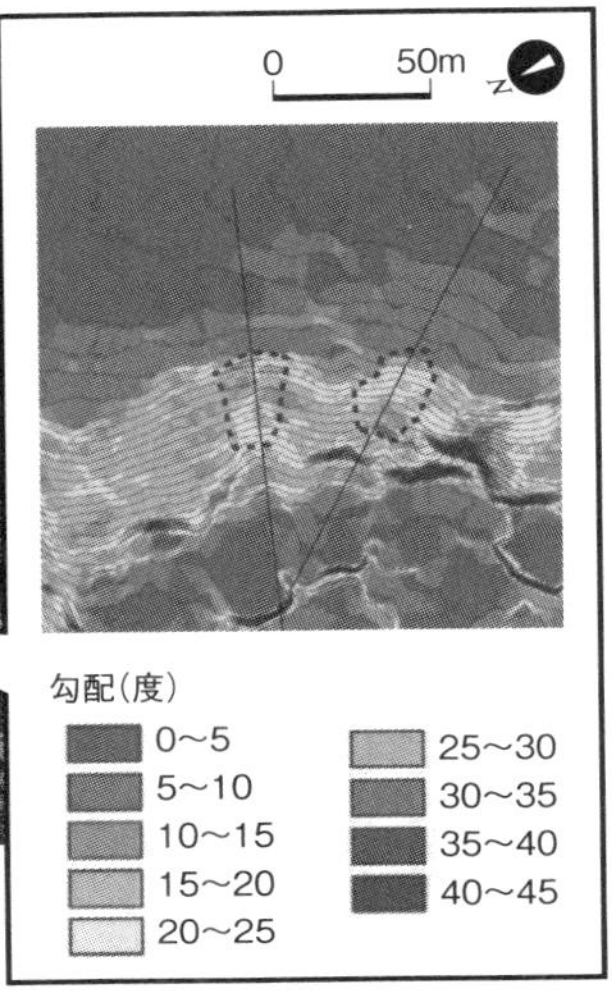

群馬県富岡市で発生した土砂災害。吹き出し内は発生前の地形の傾斜量図。点線は崩壊箇所
（写真：群馬県、資料：国土交通省利根川水系砂防事務所）

◆ 崩壊した斜面は警戒区域外

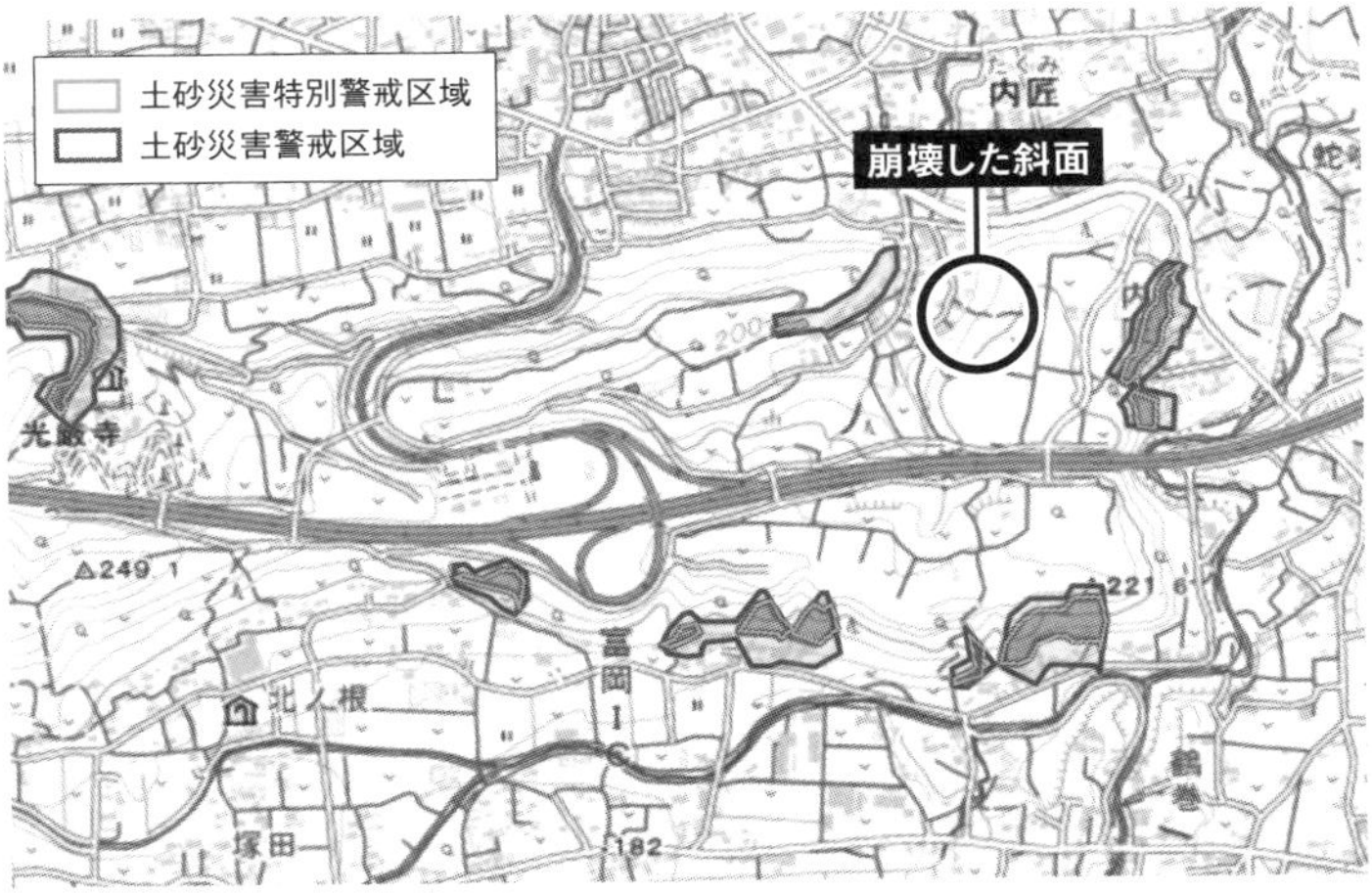

崩壊した斜面は傾斜が緩く、土砂災害警戒区域に指定されていない。集落を挟んで向かいの斜面は警戒区域内だったが、今回の大雨では変状しなかった
（資料：群馬県土砂災害警戒情報提供システムの地図に日経アーキテクチュアが加筆）

これまでの「地形」だけに頼った危険箇所の抽出でなく、地質や台風・豪雨の特性も加味して、被害範囲を推定する手法が望まれている。

ただし、新たな危険地を抽出する手段が見つかったとしても、土砂災害防止法に基づいて警戒区域へ指定すれば問題が解決するというものでもないのが難しいところだ。単に指定数を増やせばいいのではない。

警戒区域の数が増えれば、これまでよりも避難指示の回数は増える。そうなると空振りの確率が上がるだろう。避難指示を発令したにもかかわらず災害が発生しないケースがあまりに増えると、住民側が避難指示を信用しなくなり、避難率が下がる――。イソップ物語の「オオカミ少年」のような事態に陥ることを自治体側は恐れている。

◆ 土砂災害警戒区域以外の人的・人家被害は3パターン

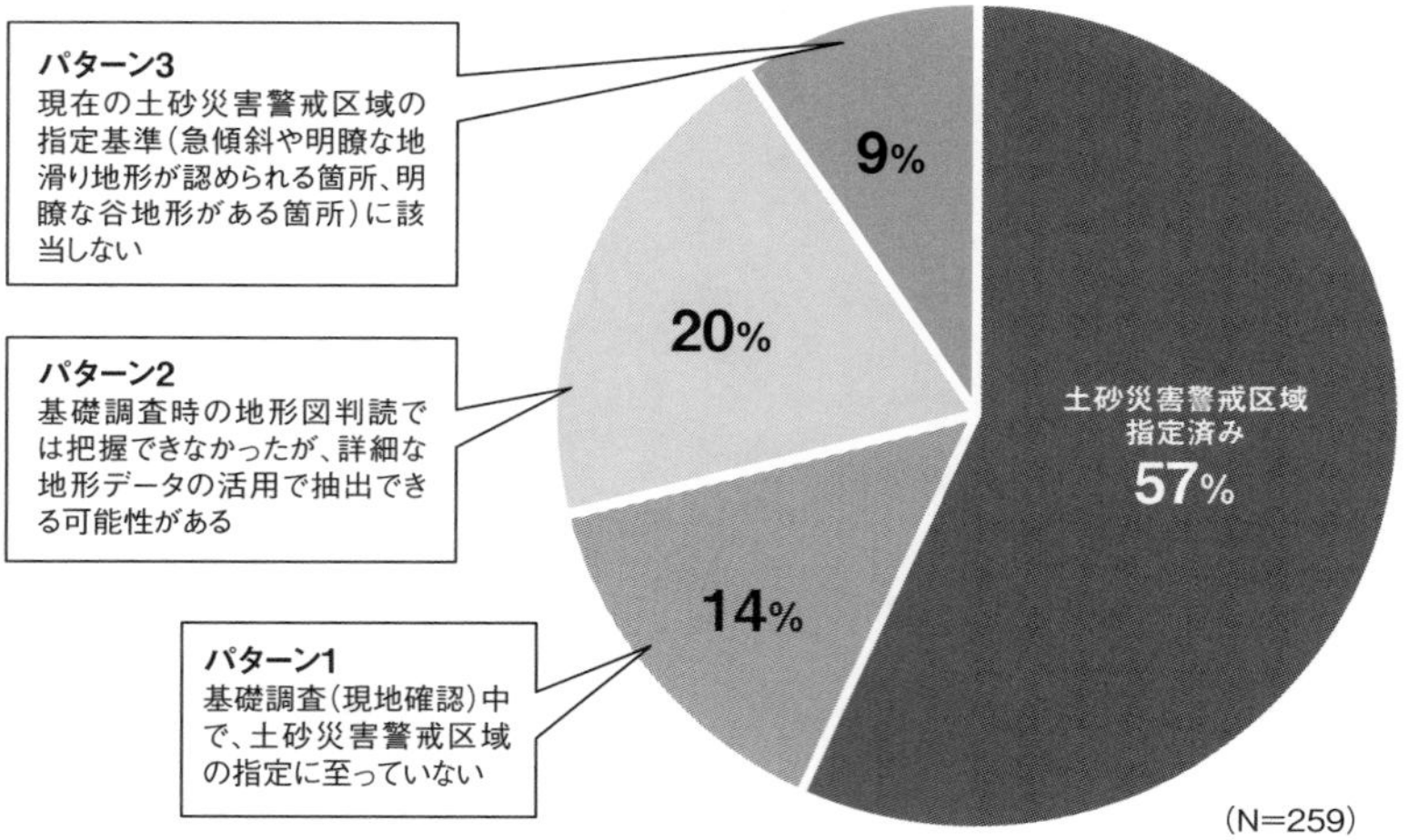

パターン3
現在の土砂災害警戒区域の指定基準（急傾斜や明瞭な地滑り地形が認められる箇所、明瞭な谷地形がある箇所）に該当しない
9%
パターン2
基礎調査時の地形図判読では把握できなかったが、詳細な地形データの活用で抽出できる可能性がある
20%
土砂災害警戒区域指定済み
57%
14%
パターン1
基礎調査（現地確認）中で、土砂災害警戒区域の指定に至っていない
(N=259)

東日本台風による土砂災害で人的被害（死者・行方不明者・負傷者）と人家被害（一部損壊以上）が生じた地点における警戒区域などの指定状況。2019年12月末時点（資料：国土交通省）

COLUMN

土砂災害危険箇所と土砂災害警戒区域の違い

自治体が公表する土砂災害のハザードマップなどを見ていると、凡例に似たような言葉が並んでいるのに気づく。例えば、「土石流危険渓流と土砂災害警戒区域（土石流）」、「急傾斜地崩壊危険箇所と土砂災害警戒区域（急傾斜地）」などだ。その違いについて理解している人はほとんどいないのではないか。

土砂災害警戒区域（イエローゾーン）や土砂災害特別警戒区域（レッドゾーン）は、2001年に施行された「土砂災害警戒区域等における土砂災害防止対策の推進に関する法律」（土砂災害防止法）で生まれた。土砂災害の危険周知や避難体制の整備を目的としており、主に地形の特徴に基づいて、住民などの生命または身体に危害が生じる恐れのある区域を指定する。土石流と地滑り、急傾斜地の崩壊の3つに分かれる。

この法律は、1999年6月に広島市などで甚大な被害をもたらした「6・29豪雨災害」をきっかけに制定に向けた検討が始まった。死者31人、行方不明者1人、家屋全壊154棟という大規模な土砂災害だった。

一方、土砂災害警戒区域よりも古くからある用語が、土砂災害危険箇所だ。土石流危険渓流と急傾斜地崩壊危険箇所、地すべり危険箇所の3つを指す。根拠となる法律はない。建設省（現国土交通省）の通達によって、66年からおおむね5年ごとに危険箇所を調査して結果を求めている。現在は再点検を実施していない。

大ざっぱに説明をすると、土石流危険渓流は土石流発生の危険性がある範囲と、人家に被害を及ぼす恐れのある範囲の両方を指す。一方、土砂災害警戒区域（土石流）は、人家に被害を及ぼす恐れのある範囲を指定している。

ややこしいのが、急傾斜地だ。土砂災害危険箇所の急傾斜地崩壊危険箇所も土砂災害警戒区域（急傾斜地）も、傾斜30度以上、高さ5メートル以上という地形に基づき、人家に被害を及ぼす恐れのある箇所を指定するのは同じ。土砂災害警戒区域に指定されると建築行為などには都道府県知事の許可が必要になる。一方、急傾斜地崩壊危険箇所には何の制限もない。

これらに加えて、急傾斜地の危険箇所では、69年に施行した「急傾斜地の崩壊による災害の防止に関する法律（急傾斜地法）」に基づいて都道府県知事が指定する区域がある。急傾斜地崩壊危険区域だ。急傾斜地崩壊危険箇所と似て

◆ **土砂災害警戒区域と土砂災害危険箇所の違い**

区域名	土砂災害（特別）警戒区域	土砂災害危険箇所※ （土石流危険渓流・地すべり危険箇所・急傾斜地崩壊危険箇所）
根拠	「土砂災害警戒区域等における土砂災害対策の推進に関する法律」 （2001年4月1日施行）	建設省砂防課長通達 （1966年10月14日）
目的	・土砂災害の恐れのある箇所の周知 ・警戒避難体制の整備による土砂災害からの住民の生命および身体の保護 ・危険箇所への新規住宅などの立地抑制	・土地利用等の社会的変化や土砂災害の実態把握 ・危険箇所の周知
地形的基準	傾斜30度以上で高さが5m以上の土地	

（資料：東京都）

いるが、別物なので注意したい。

崩壊する恐れのある急傾斜地（傾斜が30度以上）で、崩壊により危害が生じる恐れのある人家が5棟以上、または5棟未満であっても官公署、学校、病院、旅館などに危害が生じる恐れがある区域を指定する。指定されると、切り土や盛り土といった急傾斜地の崩壊を誘発する行為などに制限が生じるほか、都道府県などが崩壊の防止に向けた工事などを実施できるようになる。

◆ 急傾斜地ではがけの下だけでなく上も指定

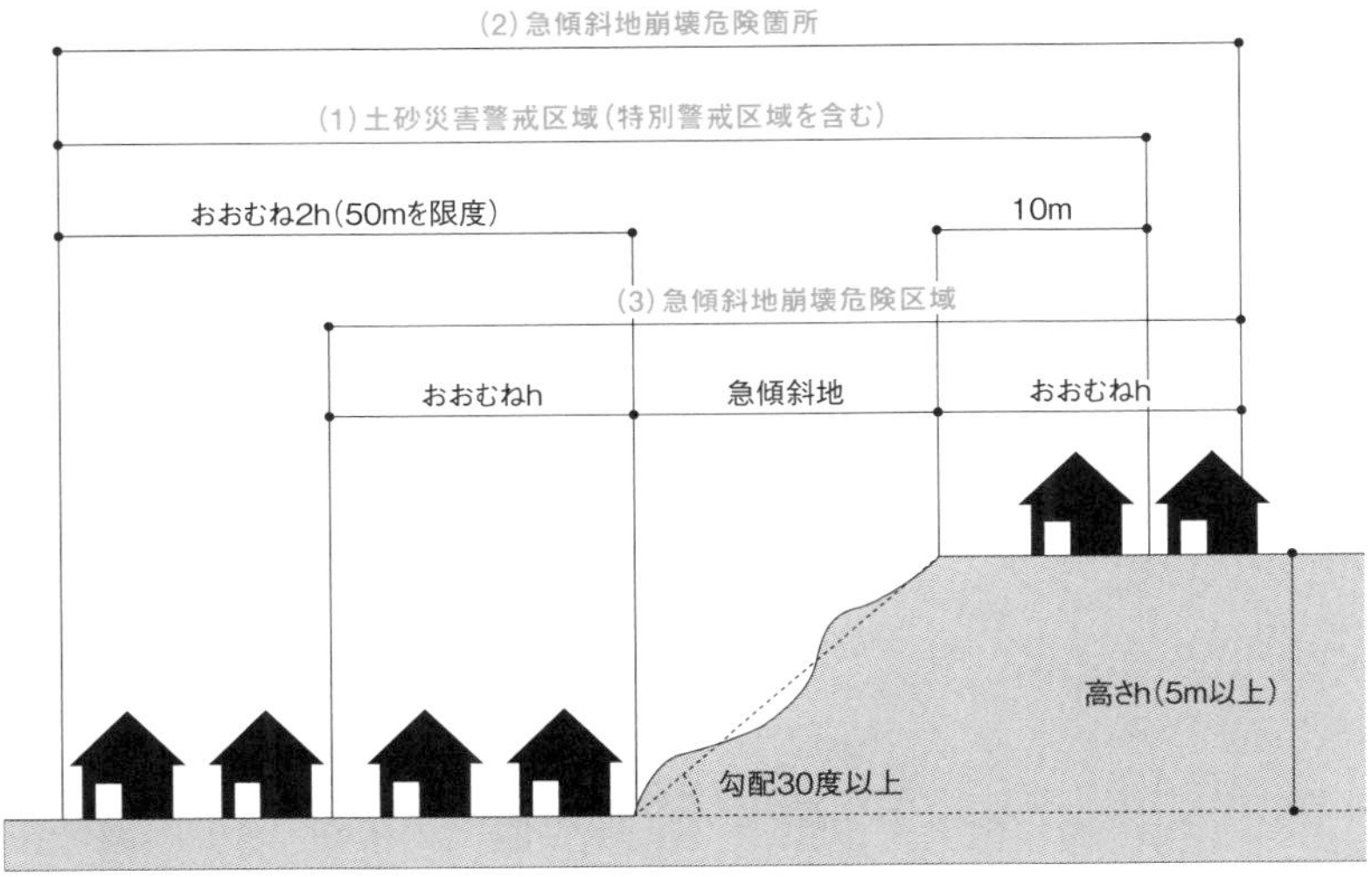

急傾斜地の区域指定の地形的基準のイメージ。現在は、急傾斜地崩壊危険箇所の再点検は、実施していない（資料:東京都）

2 急傾斜の宅地が女子高生の命を奪う

道路を歩いていたら頭上から土砂が崩落

2020年2月5日午前8時頃、閑静な住宅街の道路を歩いていた女子高生が土砂崩れに巻き込まれた。場所は、東京23区や横浜市のベッドタウンとして知られる神奈川県逗子市だ。池子2丁目の道路に面して立つ分譲マンション「ライオンズグローベル逗子の丘」の敷地内の斜面が崩壊した。

崩れた斜面のおおよその規模は幅9メートル、高さ8メートル、深さ1メートル。崩落した土砂の重さは約66トンに達した。

「母が現場正面のアパートに住んでいる。『ドシンと響く音に驚いた』と話している」。現場近くに暮らす60代男性は、日経コンストラクションの取材にこう答えている。まさに一瞬の出来事だったと思われる。

土砂崩れが発生したのは幅8メートルの市道に面する高さ約16メートルの急斜面だ。斜面の上に立つマンションの敷地に含まれる民有地で、管理者は住民の管理組合だ。前出の男性は、「崩落現場の市道は（京浜急行逗子線）神武寺駅に続くため、通勤や通学で普段から人通りが多い」

2020年2月5日に神奈川県逗子市池子2丁目の分譲マンションで発生した斜面崩壊の現場（写真:逗子市）

土砂が崩落した斜面の表層部分。国土交通省の調査では「基岩部の凝灰岩が風化しており、深さ1mほどまで崩れていた」。2020年2月6日撮影（写真:日経クロステック）

と話している。

神奈川県横須賀土木事務所まちづくり・建築指導課の担当者は、「建設した時期が古過ぎて記録が残っていない」と話す。マンションの完成は04年7月で、それ以前は企業の社員寮が建っていたようだ。「社員寮の建築確認は1969年に下りているが、宅地造成の記録が見当たらない。切り土や盛り土の時期については分からない」（神奈川県横須賀土木事務所）

事故の直前に大雨や地震はなかった。国土交通省国土技術政策総合研究所は2020年3月に、調査結果を発表。「風化を主因とした崩落」と結論づけた。風化とは岩石が長い間、風雨にさらされてもろくなる現象だ。

県は11年に、マンションの敷地を土砂災害の危険があるとして土砂災害警戒区域（イエローゾーン）に指定した。マンションと道路の境界にある擁壁の傾きが30度以上である「急傾斜地」のイエローゾーンに該当する。いわゆるがけ地だ。土砂災害が発生した場合に、建築物の損壊や住民などに著しい危害の生じる恐れがあるとされる土砂災害特別警戒区域（レッドゾーン）には、指定の必要があるかを調べる基礎調査が完了したところだった。

逗子市での土砂災害は、刑事告訴と2つの民事訴訟に発展した。女子高生の遺族は20年6月、マンションの管理会社である大京アステージ（東京・渋谷）や区分所有者を、業務上過失致死や過失致死の疑いで、県警逗子署に刑事告訴した。

加えて遺族は21年2月、管理会社と区分所有者、管理組合に損害賠償を求める民事訴訟を横浜地方裁判所に起こした。損害賠償請求額は約1億1800万円に及ぶ。もう1つの民事訴訟では、マンションの区分所有者と管理組合が原告となり、不動産会社や販売代理店、設計監理会社、管理会社などの売主を相手取った。危険性を十分に予測できたのに告知せず販売したとして、1億円弱の損害賠償を求めて横浜地裁に提訴している。

遺族が管理会社や管理組合などに起こした民事訴訟では、危険の予兆があったのか、また管理会社はその危険を把握していたのかが、ポイントとなっている。

神奈川県横須賀土木事務所によると、管理会社から事前に危険を察知していたとみられる言動があった。事故が起こる前日の2月4日、大京アステージが県に「マンションの敷地内の調査」について、1本の電話を入れた。要件はレッドゾーンの調査日程についてだ。県は調査を担当している会社に伝え、その調査会社が大京アステージに電話で回答した。

その電話口で大京アステージは、「見てもらいたいものがある」と話した。見てもらいたいものが何かは、この時点で明かされなかった。そして、その翌日に事故が発生した。

この「何か」が明らかになったのが、翌週の2月10日。大京アステージが県横須賀土木事務所を訪れて「事故があった前日の4日に、管理人が斜面の擁壁上部にひびが入っているのを見つけた」という事実を吐露したのだ。つまり、事故の前に管理会社は危険な予兆を感じ取っていたと推測できる。

大京アステージの親会社であるオリックスの広報担当者は日経コンストラクションの取材に対して、「警察の捜査中ということもあって、事故の経緯について詳細なコメントは控える」と回答している。

◆ 事故の前日にマンションの管理会社は斜面のひびに気づいていた

2020年2月4日:
マンションの管理会社から土砂災害特別警戒区域の調査概要について問い合わせ
ライオンズグローベル逗子の丘の敷地が、土砂災害特別警戒区域の調査対象に入っている。日程や調査する会社を教えてほしい
2019年11月に現地調査は完了している
マンションの管理会社
(大京アステージ)
20年1月に調査会社が現地に来て、もう一度調査に行くと言っていた
調査会社から連絡するよう伝える
神奈川県横須賀
土木事務所
了解した。もしももう一度現地に来ることがあれば、見てもらいたいものがある
19年11月にメインの調査を経て、20年1月に現地で写真撮影して基礎調査は全て完了した
マンションの管理会社
調査会社
2月5日:土砂崩れが発生
2月10日:
マンションの管理会社が土砂崩れの件で、横須賀土木事務所を訪問
2月4日に電話したのは、管理人が斜面にひびが入っていたのを見つけたためだった
マンションの管理会社

事故前後の経緯(資料:神奈川県横須賀土木事務所への取材を基に日経コンストラクションが作成)

あなたが加害者になる日

原告側の代理人である横浜パーク法律事務所の南竹要弁護士は「管理組合や区分所有者、彼らから管理を委託されていた大京アステージなどの関係者のうち、誰にどれだけ責任があるのかを裁判所が認定する初のケースとなる」と話す。管理を受託していた大京アステージや管理組合だけでなく、区分所有者の責任も追及されているのがポイントだ。

宅地などの崩壊で注意すべきなのは、所有者が加害者となる可能性を秘めている点だ。「そんな危険な状態であることを知らなかった」という所有者の反論は基本的に通じないケースが多い。

民法717条では、土地の工作物の設置・保存に瑕疵（かし、何らかの欠陥や不具合があること）があり、これによって他人に損害を与えたときは、工作物の占有者や所有者が損害賠償責任を負うと定めている。いわゆる「土地工作物責任」だ。自分が占有・所有しているものは安全に管理する義務がある。安全に管理できておらず、第三者などに損害を与えた場合は、その工作物が安全でないことを知っていてわざと見過ごしていた（故意）としても、安全でないと予見できたのに注意を怠った（過失）としても、所有者や占有者が責任を負わなければならない。土地や建物を持つ人はある日突然、訴えられる可能性があることをもっと認識する必要がある。

前の所有者が設置した工作物に瑕疵があって、それを現所有者が購入した後に問題が起こったとしても、被害が発生した時点での所有者が責任を問われかねない。例えば、1999年の神戸地裁の判決がまさにそれだ。95年の阪神大震災で、ある賃貸マンションが倒壊し、賃借人が死亡した案件があった。64年5月に建てられたマンションで、阪神大震災の時点でこのマンションを保有していたオーナーは、建築当時のオーナーとは別人だった。賃借人の遺族から3億円超の損害賠償を請求され、オーナーは地震による不可抗力を主張したものの、神戸地裁は建物自体の瑕疵と地震による想定外の揺れで倒壊したと考えるのが妥当だとし、オーナーに1億円を超える損害賠償を命じた。

「過去の判例を見ると、ゴルフ場やスキー場のゲレンデなど土地に手を加えた造成関係も土地工作物としての責任を問われている」。建設関係の訴訟に詳しいOne Asia Lawyers大阪オフィス代表パートナーである江副哲弁護士はこう話す。

逗子市で起こった土砂災害のように、マンションの敷地内の共有部分が崩れて第三者を死傷させたとなれば、区分所有者全員の管理責任が問われることになる。

私有財産に行政は手を出せない

突然崩落する恐れがある民有地の斜面（民地斜面）は、自治体にとっても無視できない存在だ。がけ沿いの道路を管理する行政には、民地斜面といえども歩行者の安全を確保するための行動や対策が求められている。

過去に遡ると、96年には滋賀県道脇の斜面の崩落で起こった死亡事故について、県道の管理者の損害賠償責任を認めた判例がある。民地斜面の崩落だったが、県は道路を安全に通す責任があ

◆ 崩壊した現場付近の道路の多くは土砂災害警戒区域と重複

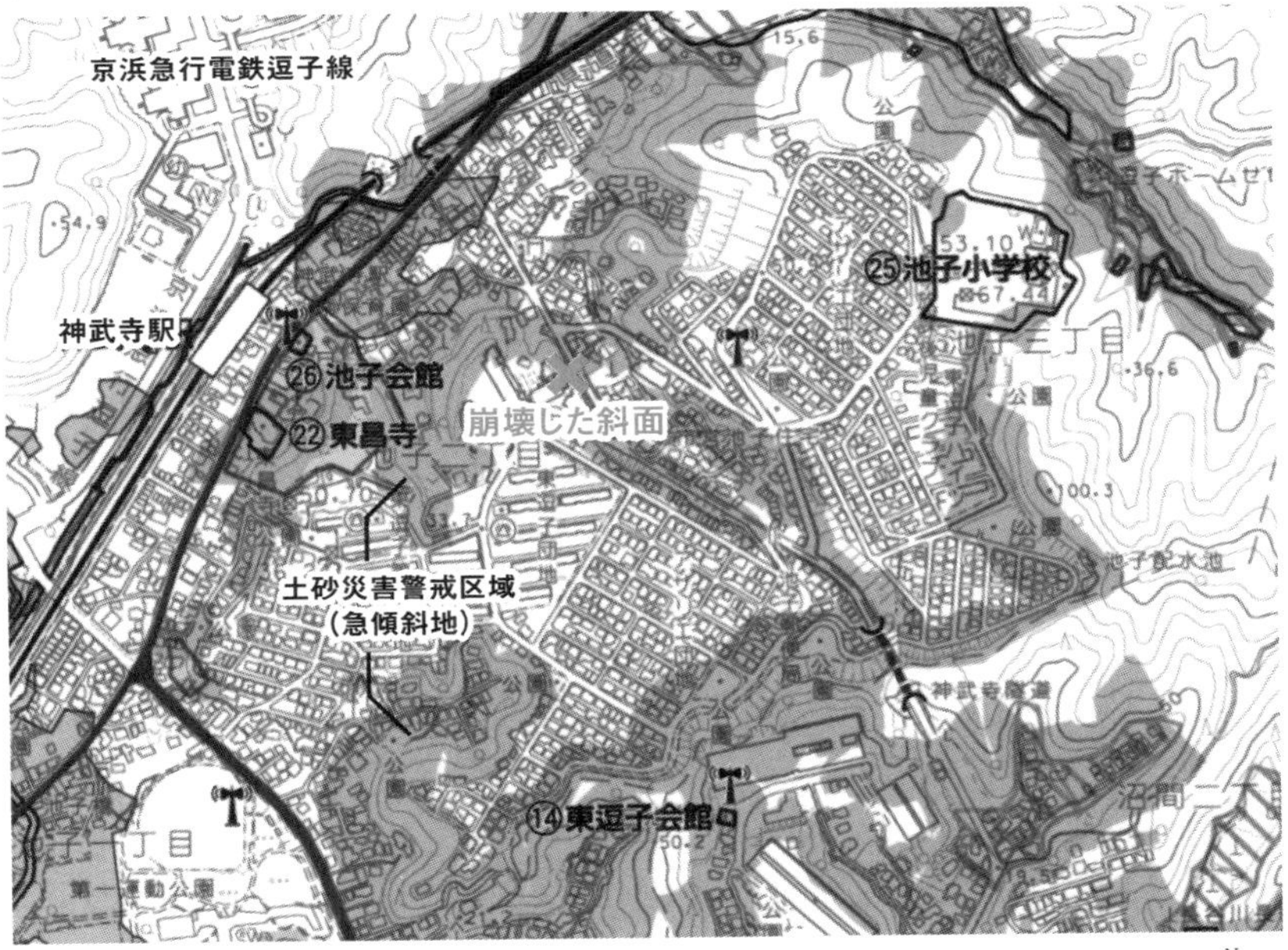

土砂災害警戒区域と斜面崩壊の位置関係。崩壊した現場付近の道路の多くは土砂災害警戒区域と重複していることが分かる
（資料：逗子市のハザードマップを基に日経コンストラクションが作成）

るとして、国家賠償法2条1項に基づいて大阪高等裁判所が管理者の損害賠償を命じた。

逗子市では事故を受けて、同じような土砂災害に遭う恐れのある箇所を緊急調査している。主要な幹線道路沿いの20カ所でひび割れや経年劣化が判明し、そのうち7カ所（公有の緑地や公園用地、道路用地）で、対策工事を始めた。

時を同じくして、国も危険箇所の抽出に乗り出した。理由は近年、道路沿いの自然斜面でがけ崩れが増えており、対策を講じるためにも、土砂災害警戒区域の指定を受けた道路の範囲を正確に把握する必要があったためだ。国交省によると、21年8月時点で全ての自治体の調査が完了した。「各自治体の砂防部局と道路部局で連携を図り、対策の優先順位を決めるのに役立ててもらいたい」（国交省道路局国道・防災課道路防災対策室）

ちなみに逗子市の場合、道路と重なる土砂災害警戒区域は790カ所あった。市は事故の後、1、2級の主要な幹線道路と土砂災害警戒区域とが重なる範囲について、職員による目視点検を1年ごとに実施している。加えて、目視で問題が確認された箇所については、地盤品質判定士協議会と協定を結び、判定士に同行して再点検するようにしている。

一方、そのような危険な斜面を抱える土地にすでに住んでいる人は、今後、どのように行動すればいいのか。

現在は「急傾斜地の崩壊による災害の防止に関する法律」（急傾斜地法）に基づいて、傾斜が30度以上、高さ5メートル以上などの要件を満たす危険ながけに指定されれば、都道府県が崩壊を防止するために格子状のコンクリート構造物などを整備する制度がある。ただし、公費を投入

◆ **崩落した斜面は半分以上が人工物**

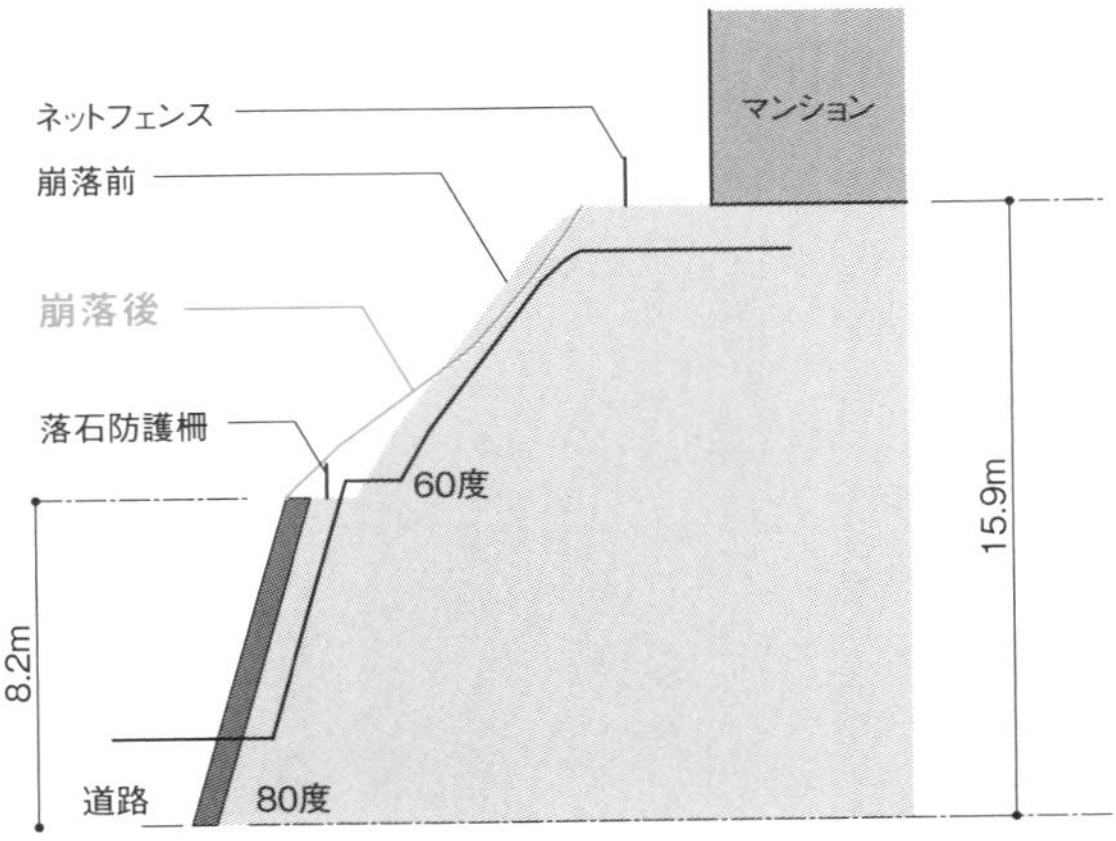

崩壊した斜面の断面図。風化した凝灰岩が未風化の岩の上を滑って崩壊したとみられる
（資料：国土交通省国土技術政策総合研究所）

左は土砂災害の後、逗子市による緊急調査で明らかになった対策が必要な民地の斜面。事故現場同様に、擁壁の上に土砂がむき出しになっている。右は地主の要請を受けて逗子市が設置した注意を促す看板
（写真：日経コンストラクション）

できるのは自然斜面に限られてしまう。事故の起こったマンションの敷地は人工斜面なので、この制度は適用できない。

自然斜面の定義は各都道府県が内規などで決めており、まちまちだ。法長（斜面の延長）の半分以下が人工がけの場合、自然斜面と定めている自治体が多い。逗子の現場は法長の半分以上が人工構造物だった。現状ではこのような民有地の人工がけに対する補助制度はない。

先述の通り、逗子市が緊急調査で要対策箇所として抽出したのは20カ所。そのうち13カ所の民有地では、対策を促す通知文を送るしかなかった。

「危険箇所を可視化すると、資産価値を損ねることになりかねない。そこで民有地は非開示とした」（逗子市都市整備課）

ところが、ある区域の地主が思わぬ姿勢を見せた。すぐさま対策工事はできないが、同様の事故が起こっては困るため、反対側を通るように注意を促す札を立ててほしいと依頼してきたのだ。市は要請に応えて、看板を設置。一部の地主の意識は変わり始めている。

これから土地の購入を考えている人は、どういう心構えが必要だろうか。不動産仲介会社などは、取引時の重要事項説明の際に、土砂災害警戒区域の範囲内かどうかについては説明してくれるものの、それがどれだけのリスクを抱えているかまでは教えてくれない。自分が被災する恐れがあるかという視点に加えて、これからは購入する土地が人に被害を及ぼす恐れがある場所かという視点についても、思いを巡らせる必要がある。

COLUMN

都心部に潜む急傾斜地のリスク

地震や豪雨のたびに、山を削る大規模な土砂災害が報道されるためか、土砂災害が山間部や郊外で発生するイメージを持つ人は少なくない。実際には市街地にも土砂災害のリスクは潜んでいる。特に多いのが、逗子市で起こったような急傾斜地の崩壊だ。起伏に富んだ土地に都市が発展している東京23区内で見てみよう。

例えば、各国の大使館施設が数多く立地する港区。六本木2丁目の繁華な市街地に囲まれた高台に、ひときわ目立つのが米国大使館職員宿舎だ。都はこの高台の斜面をレッドゾーンなどに指定している。同大使館は職員宿舎の敷地が指定対象であることを知り、エンジニアリング会社と契約して工学的な調査を実施。地盤の状態が大地震でも損傷せずに耐えるほど良く、補強工事は不要との結論を出した。

その他、同じく港区に位置する慶応義塾大学の三田キャンパスでは、南西角の斜面と南東角の擁壁がレッドゾーンやイエローゾーンに指定された。慶応義塾大学は地質の状況から当面、補強工事は不要と判断している。

起伏に富む土地に発展した都市は、東京23区内以外に、神奈川県の横須賀市や横浜市なども有名だ。

慶應義塾大学の三田キャンパス。南東角の擁壁の一部もイエローゾーンなどに指定された。擁壁の角度が極めて急なのは、戦前の桜田通りの整備でキャンパスの地山を削られた際に築いたためだ(写真:日経コンストラクション)

3 都市の時限爆弾、足元で崩れる谷埋め盛り土

意外と知られていない「遅れてきた公害」

自然の地形は起伏に富んでいる。人は住みやすさのために、地形を削ったり土を盛ったりして、平らに整備したうえで道路や建物を建設してきた。このような整形地が地震や大雨によって崩壊する事象が問題視されている。谷埋め盛り土（谷地形を埋めた盛り土）だ。適切な対策を講じていれば問題はないが、地下水の排水対策が十分でないと、盛り土と元の地盤との境界面などを滑り面として、盛り土が地滑りのように変動する滑動崩落を起こしてしまう。

京都大学防災研究所の釜井俊孝教授は、自著の「宅地崩壊」（NHK出版新書）で、谷埋め盛り土による被害を「遅れてきた公害」と表現している。高度成長期以降、経済活動を優先した結果、環境破壊や人が自ら排出した有害物質によって公害病などが発生。その後、対策が取られて問題が解決したのは周知の事実だ。一方、地下に目を移すと、住宅供給ラッシュに伴って谷地が盛り土でどんどん埋め立てられた。都市部などでは長らく大きな地震などが起こらなかったために、問題は露呈しなかった。ところが、1995年の阪神大震災や2004年の新潟県中越地震などで、谷埋め盛り土の被害報告が上がるようになった。

地震や大雨によって崩壊する谷埋め盛り土は、まさに都市に残された時限爆弾といえる。

18年9月に震度7を記録した北海道胆振（いぶり）東部地震では、札幌市清田区の里塚地区の住宅街などで甚大な宅地被害が生じた。道路が大規模に陥没し、大量の土砂が流失。本格的な復旧は遅々として進まなかった。

地盤工学会がまとめた報告書によると、地盤被害の主因は液状化だ。現地の火山灰を材料に1978年から造成した盛り土が全体的に液状化。地盤が変位して、大規模な陥没と土砂の堆積を引き起こしたみられる。

戸建て住宅の地盤調査や建物検査などを手掛けるジャパンホームシールド（東京・墨田）が、被災後に60年代の

札幌市清田区里塚1条地区。液状化した土砂が流れ出た下流方向の様子。地震発生翌日の2018年9月7日に撮影（写真:日経コンストラクション）

公園の脇で大きく傾いた住宅。建物の貼り紙は、市の応急危険度判定で「危険」と判定されたことを示す（写真:日経コンストラクション）

◆ **札幌市清田区では旧水路沿いで被害発生**

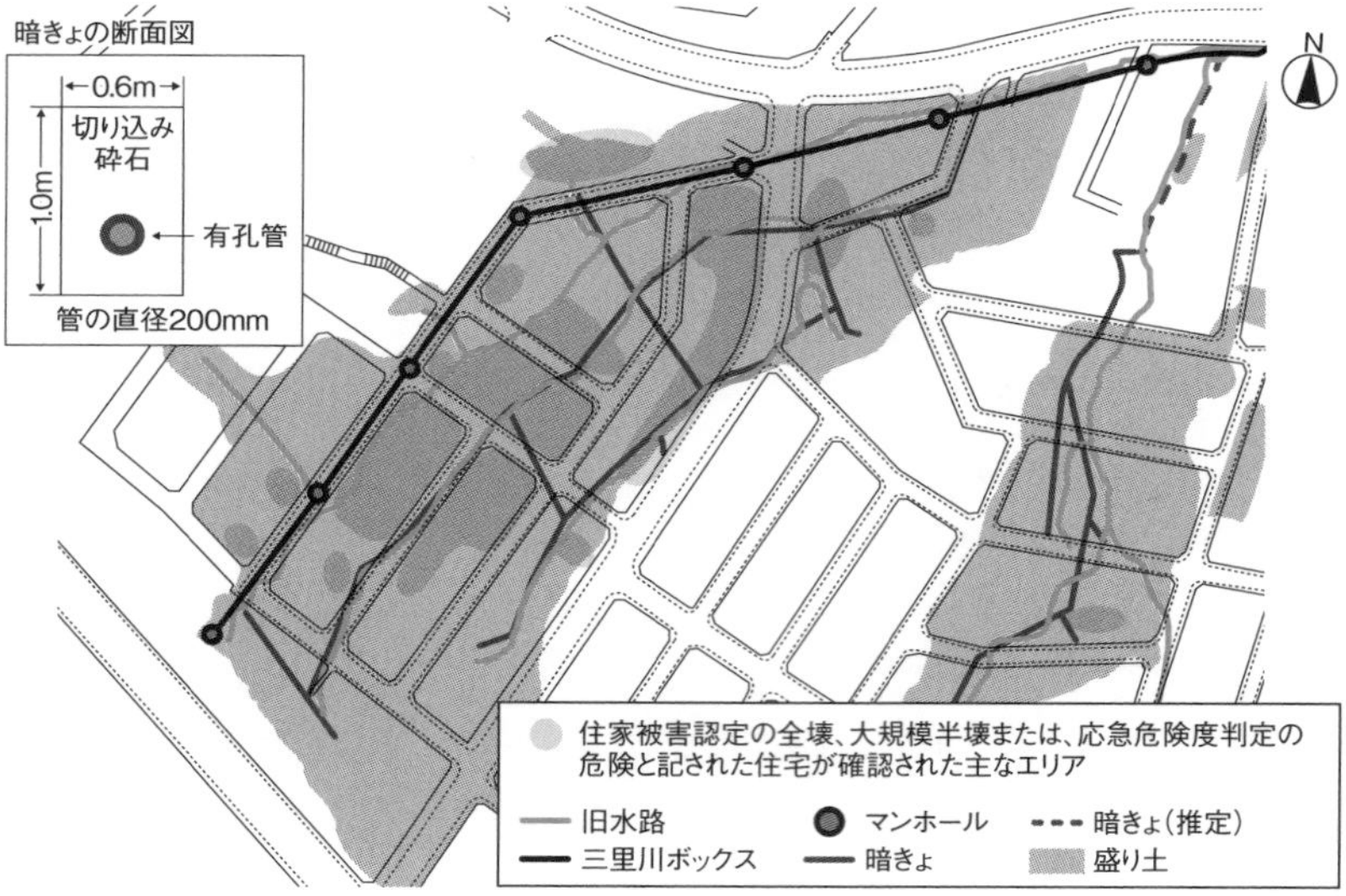

札幌市清田区里塚1条付近の被害状況と盛り土範囲（資料:日経ホームビルダー）

国土基本図（5000分の1）と現在の地形図とを重ね合わせて造成盛り土の範囲を算出したところ、被災箇所とおおむね一致。谷地を埋め立てた場所が地震被害を受けたと分かった。

さらに被害を拡大させたのが暗きょ（地下に埋まる水路）だといわれている。水道管の破裂なども相まって、もともとの谷筋にあった水路沿いに土砂が流動。結果、宅地が全体的に沈下した。そのため被災地には、一般的な液状化被害とは全く違った光景が広がっていた。

危険度マップは都道府県で大きな差

国土交通省は一定規模以上の谷埋め盛り土を大規模盛り土造成地と呼んでいる。根拠となるのが、宅地造成に伴ってがけ崩れや土砂の流出などが起こらないように必要な規制を実施する「宅地造成等規制法（宅造法）」だ。宅造法は61年に制定された。その後2004年に、新潟県中越地震で新潟県長岡市の高町団地の造成地が被害を受けたのをきっかけに、国は宅造法の改正に乗り出した。

06年に施行された改正宅造法では、大規模盛り土造成地が被害を及ぼす恐れがあるか否かを把握するために事前に調査することになった。まずは1次スクリーニングで、今と昔の地形図や航空写真などから、崩落の危険性の有無にかかわらず3000平方メートル以上の大規模な盛り土造成地などを抽出して、マップに表示する。続いて、2次スクリーニングで、抽出した盛り土造成地の地盤を調査して安全かどうかを明らかにする。危険と判断されれば、自治体は国の補助を受けて滑動崩落防止工事に乗り出す。

20年3月までに、全ての市区町村が1次スクリーニングで明らかになった大規模盛り土造成地をマップで公表している。自治体のホームページなどで閲覧可能だ。

ここで筆者が気になるのは、大規模盛り土造成地の抽出方法が自治体によって異なっているという点だ。

先述の北海道胆振東部地震で大きな被害があった札幌市も、「大規模盛り土造成地マップ」を地震の前に公表していた。ところが、里塚地区で甚大な被害を引き起こした谷埋め盛り土はマップに記載されていなかった。

このようなことが起こったのはなぜか。ヒントは、1次スクリーニングで用いる資料にある。「1次スクリーニングで用いた資料の精度がそれほど高くなかったために、マップでは里塚地区付近の谷埋め盛り土が表示されなかったと思われる」。札幌市都市局市街地整備部宅地課の担当者は、抜け落ちた理由をこう説明している。

このような例は札幌市に限った話ではない。自治体によって比較に利用する資料の年度が異なるために、谷埋め盛り土を抽出できていないケースは少なくない。例えば、造成前の資料については「可能な限り年代が古いものを使う」という条件を国は明示している。そのため、自治体によってはすでに造成が進んだ比較的新しい地形図と現状の地形図とを比較することで、本来、抽出されるべき谷埋め盛り土が漏れているケースも多々あるのだ。

もう1つ、筆者が問題だと感じているのが、大規模な盛り土しか抽出されないことだ。谷埋め盛り土の場合、マップに公表するのは3000平方メートル以上のみ。これには理由があって、崩壊によって加害者と被害者が不明瞭になりやすい大規模盛り土造成地の対策を進めることを国交省は優先しているようなのだ。しかし、3000平方メートル未満だからといって危険性がなくなるわけではない。災害の起こる恐れがあるならば、知らせてほしいというのが住民の心情ではないだろうか。

◆ 大規模盛り土造成地の抽出時の課題

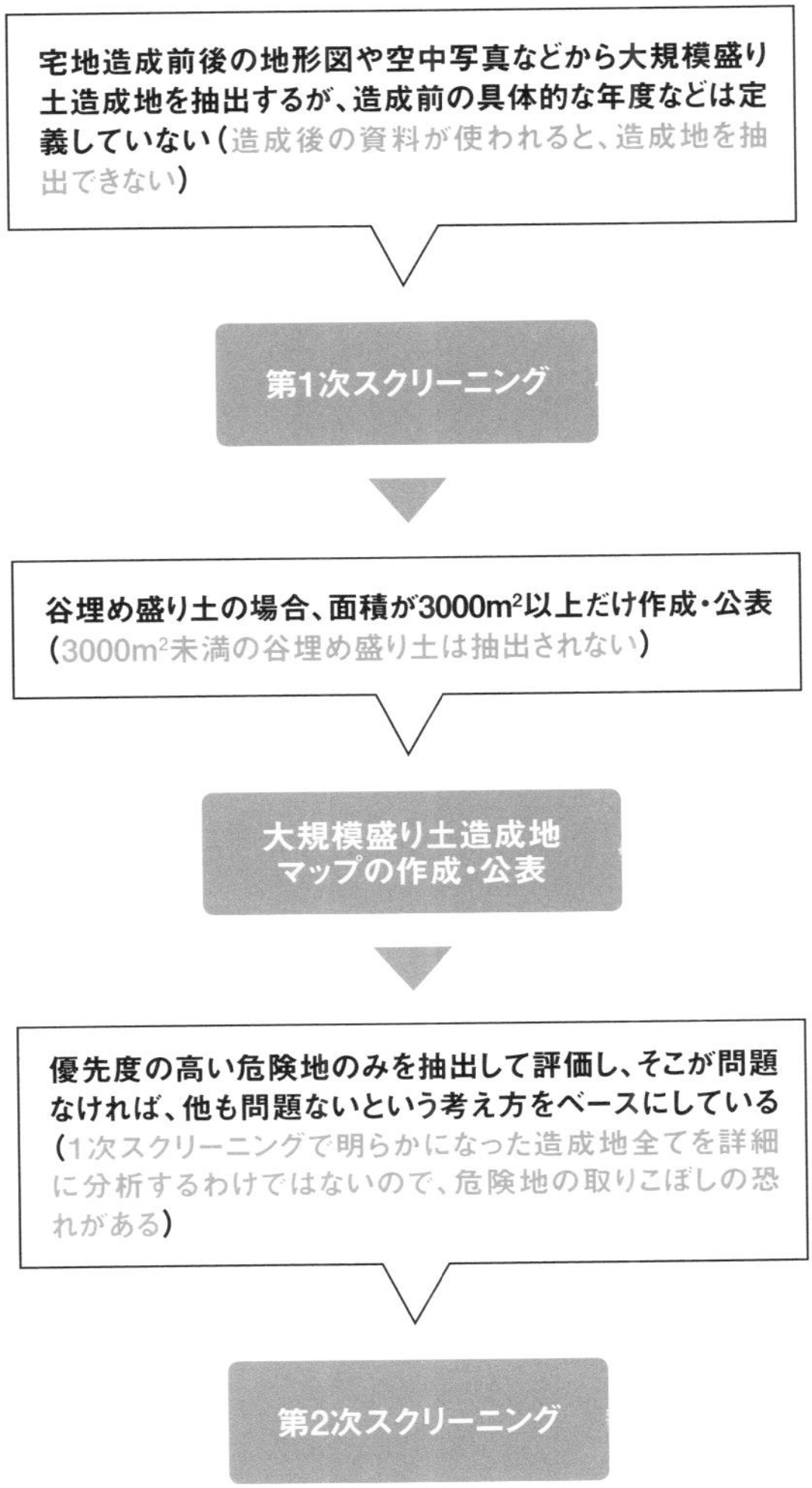
宅地造成前後の地形図や空中写真などから大規模盛り土造成地を抽出するが、造成前の具体的な年度などは定義していない（造成後の資料が使われると、造成地を抽出できない）
第1次スクリーニング
谷埋め盛り土の場合、面積が3000m2以上だけ作成・公表（3000m2未満の谷埋め盛り土は抽出されない）
大規模盛り土造成地マップの作成・公表
優先度の高い危険地のみを抽出して評価し、そこが問題なければ、他も問題ないという考え方をベースにしている（1次スクリーニングで明らかになった造成地全てを詳細に分析するわけではないので、危険地の取りこぼしの恐れがある）
第2次スクリーニング

（資料:国土交通省の資料と取材を基に日経コンストラクションが作成）

古地図などと比較すれば、盛り土をしているかどうかは分かるケースもあるので、自宅周辺の盛り土の状況が気になる人は、付近の図書館で過去の地形図と比べてみてはいかがだろうか。ウェブサイトの「今昔マップ」（https://ktgis.net/kjmapw/）なども参考になる。

民地防災への関与には限界

大規模盛り土造成地マップに公表された土地が必ずしも危険であるとは限らない。危険かどうかを判断する重要なステップが、地盤調査を実施する２次スクリーニングだ。これが完了した自治体は、20年３月時点でわずか35市区町村だ。大規模盛り土造成地が存在する自治体が１０００程度なので、全体の数パーセントにすぎない。そしてこれまでに、変動の恐れがあるとして滑動崩落防止工事を事前に実施したのはわずか２つの自治体のみだ。

都市部を襲う大地震ではほぼ例外なく起こる谷埋め盛り土の被害のはずだが、１次スクリーニングで上がってきた大多数の箇所が、２次スクリーニングを経て安全と判定される傾向にある。「２次スクリーニングでは、１次スクリーニングで抽出した箇所を全て調べていない。造成年代が古いなど優先順位の高い箇所を詳細に調査して、そこが問題なければほかは安全だという考え方をベースにしている。現地踏査で問題がないと判断すれば、詳細調査は不要だという結論を出す自治体もあると聞く」。国交省都市局都市安全課の安藤詳平企画専門官はこう説明する。

また、本来は宅地被害が発生する前に実施すべき滑動崩落防止工事のはずだが、11年３月の東日本大震災などを経て、実際に宅地被害のあった場所の復旧にもこの制度が使われるようになった。地震で宅地被害が生じても国が事後に面倒を見てくれるため、自治体は事前に防止する努力をしなくてもよくなる――。この傾向に拍車がかかっている。

そもそも行政の立場からすると、「民地の防災にどこまで関与すべきなのか」といった問題が必ず付いてくる。行政への依存は難しいと判断して、土地の所有者自らが対策を講じることも考える必要があるだろう。

兵庫県西宮市で実施した事前対策工事。地震による滑動崩落で16棟が被害を受ける恐れがあったために、約1億9000万円をかけて工事を実施した。大規模盛土造成地防災対策検討会の第2回会合の資料から抜粋（写真:西宮市）

COLUMN

崩落する別荘地

足元の地盤が崩れる恐れがあるのは谷埋め盛り土だけではない。がけ地の上に立つ建物もその危険にさらされている。

兵庫県淡路島の海岸沿いで、地盤崩壊を受けて一部の別荘が崩落の危機に陥っている地帯がある。洲本市にある「五色浜ビスターハイツ」という別荘地だ。

兵庫県県土整備部港湾課によると、1995年の阪神大震災以降、地盤に亀裂が入り、雨による浸食で崩壊が進行。さらに波浪もかぶり、がけが後退していった。

別荘地の所有者から成る自治会は2009年度、県に護岸整備を要望した。

一方、県は自治会に対して、2つの条件をクリアすれば議論のテーブルに着くとして、13年に以下の提案をした。1つが、がけ前面の「水没民地」を県に寄付することだ。仮に県で護岸を整備するのなら、適切な維持管理が必須。そのためには、県の土地にする必要があった。

もう1つが、所有者の責任で法面を補強することだ。県土整備部港湾課の宇野文明副課長は、「がけはもろい泥質岩だ。雨水による崩壊がひどく、護岸整備では止まらない。法面を補強してもらわないと、抜本的な解決にならない」と話す。

この問題については、15年6月8日の定例記者会見で、井戸敏三県兵庫県知事が「がけ崩れについては、所有者としての所有権に基づく保全責任がある」と答えている。公益に関係する理由がない限り、行政が対策に打って出るのは難しそうだ。

それにしても、開発時点でこのような土地への建築規制はできなかったのか。別荘の建設は50年以上前といわれている。当時は都市計画法など、開発を規制する法律がなかった。今では00年の都市計画法改正による市街化調整区域での開発許可制度の導入などで、行政による指導が入るため、危険ながけ地に無対策で構造物が建設される可能性は少ない。ただし、中古の別荘の購入を検討している人は注意が必要だ。

雨などによる浸食作用で、がけが建物の近くまで後退。砂浜の部分が水没民地に当たる。がけは濡れ渇きを繰り返し、風化している

4 復旧を妨げる洪水のような土砂災害

水と違って時間がたっても現地に残る土砂

熊本県を流れる球磨川が氾濫して甚大な被害を及ぼした2020年の令和2年7月豪雨（熊本豪雨）。球磨川沿いの自治体の中でも、特別養護老人ホームが浸水被害を受けたことが大きく報道され、球磨村は早くから注目されていた。実は同村では、球磨川の支川である川内（かわうち）川沿いで、「土砂・洪水氾濫」による被害にも見舞われていた。

土砂・洪水氾濫とは豪雨によって、複数の箇所で同時に発生した土石流などが増水した川に入り込み、下流側へ運ばれて堆積。そこで河床上昇や河道閉塞（川を塞いで水の流れをせき止めること）を起こし、川から土砂や泥水があふれ出す現象だ。勾配の緩い市街地付近で、被害が拡大しやすいといわれる。

川内川では、流域（雨水が流れ込む範囲）11平方キロメートルの各所で斜面崩壊や土石流が発生した。砂防学会の調査団の報告によると、斜面崩壊や渓岸の崩壊、渓床の浸食など複合的な土砂災害が重なって、土砂が大量に流れ出たとみられる。

以前はあまり注目されていなかったが、近年は毎年のように土砂・洪水氾濫が発生している。

熊本県球磨村の松野地区における土砂・洪水氾濫の被災状況。建物のすぐ横を流れていた川は、大量の土砂で埋まっている。写真手前が上流側（写真：砂防・地すべり技術センター）

◆ 平成後半から頻発化の傾向にある土砂・洪水氾濫

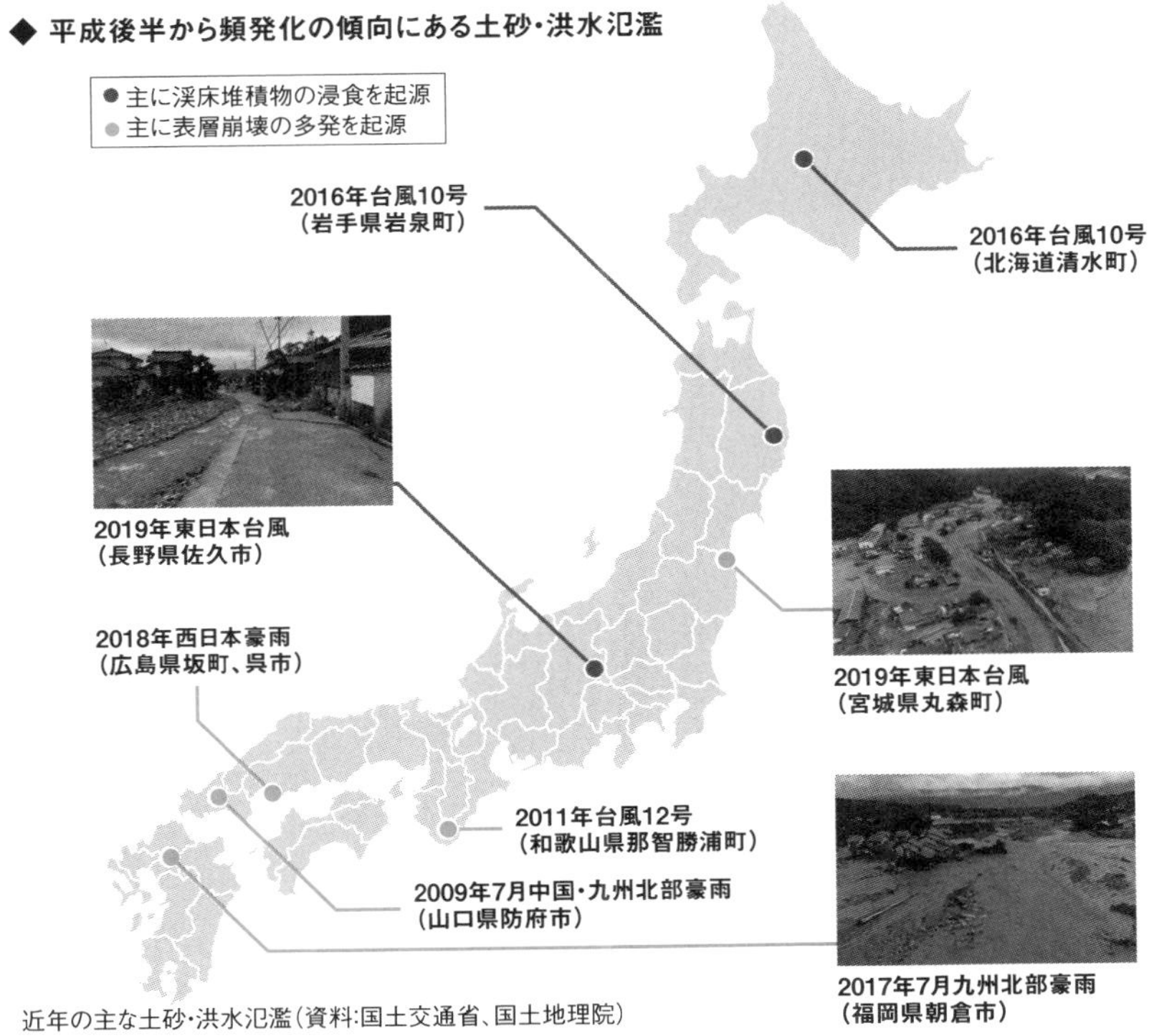

近年の主な土砂・洪水氾濫（資料：国土交通省、国土地理院）

19年は東日本台風によって、宮城県丸森町で大規模な土砂・洪水氾濫が発生。18年には西日本豪雨で広島県坂町や呉市が、17年7月の九州北部豪雨（380ページ参照）では福岡県朝倉市が、16年8月の台風10号（378ページ参照）では北海道清水町が、それぞれ被害に遭った。

土砂・洪水氾濫は、水だけの氾濫と違って土砂がその場に残り続ける。そのため、復旧・復興の妨げになりやすい点が問題だ。川内川では、下流側の市街地に堆積する土砂を撤去したにもかかわらず、2週間後に降った雨で、川の中に埋まっていた土砂が再度あふれ出る事態が生じてしまった。

加えて、土砂災害警戒区域の範囲などと全く異なる場所で、被害を及ぼす恐れがある点も悩ましい。

土砂・洪水氾濫は昔からあった現象なのだが、土砂が発生するメカニズムは昔と今とで異なる。明治時期ははげ山が多く、ちょっとした出水で表面が浸食されて、小規模な崩壊に伴う土砂が流れ出ていた。

その後、荒廃斜面の対策や森林回復に伴って山からの土砂の流出量は抑制されるようになったが、それまで渓流などに堆積した土砂が大規模出水によって流れ出ることで、土砂・洪水氾濫が発生するようになった。

そして近年では、森林土壌が発達して、中小規模の雨では土砂が移動しなくなった。ただし、気候変動の影響とみられる豪雨の激甚化で、同時多発的な斜面崩壊が増加。河川を流れる水の量が増えて土砂がより下流まで運ばれやすくなり、土砂・洪水氾濫が再び頻発する傾向にある。

2018年の西日本豪雨で、広島県呉市の住宅地に大量の土砂が流出した様子。県道などに2m以上堆積した（写真:広島県）

◆ 同時多発的な崩壊で引き起こされる土砂・洪水氾濫

［流域の荒廃が著しかった明治時期］

斜面：中小出水時の表面浸食、小規模な崩壊に伴う斜面由来の土砂の流出が頻発

［昭和以降］

斜面：荒廃地対策や森林回復に伴って、斜面由来の土砂の流出は抑制

［近年］

斜面：森林土壌が発達。大規模降雨時の同時多発的な崩壊に伴う斜面由来の土砂が大量に流出

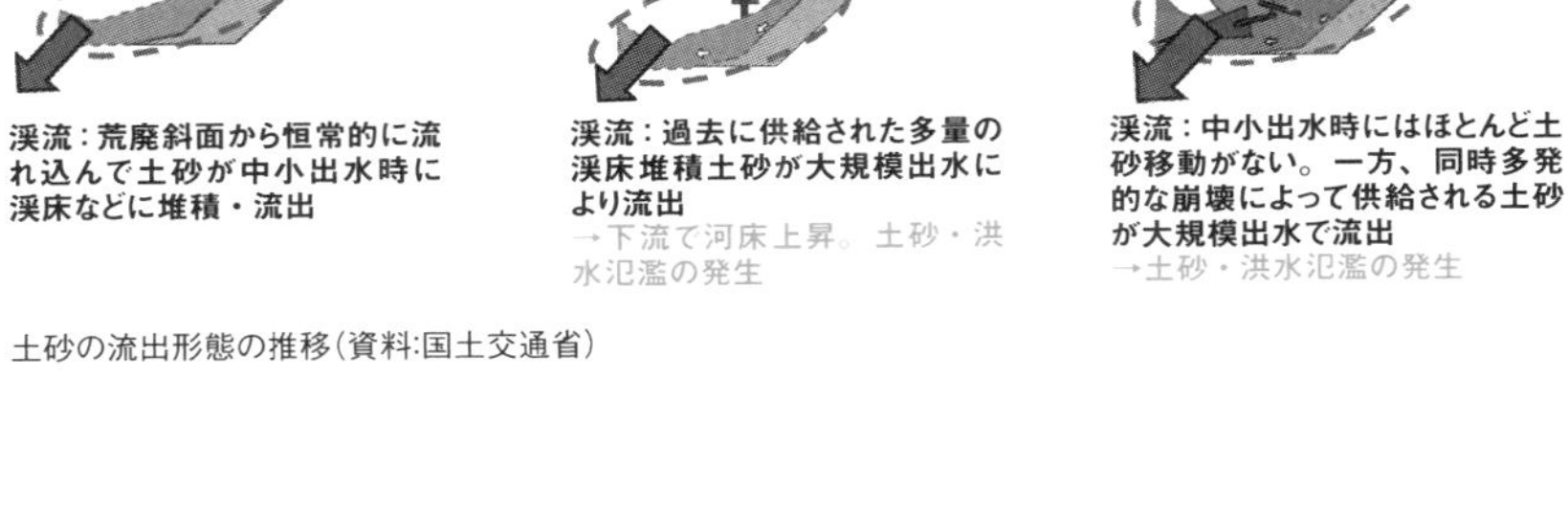

［明治時期］渓流：荒廃斜面から恒常的に流れ込んで土砂が中小出水時に渓床などに堆積・流出

［昭和以降］渓流：過去に供給された多量の渓床堆積土砂が大規模出水により流出
→下流で河床上昇。土砂・洪水氾濫の発生

［近年］渓流：中小出水時にはほとんど土砂移動がない。一方、同時多発的な崩壊によって供給される土砂が大規模出水で流出
→土砂・洪水氾濫の発生

土砂の流出形態の推移（資料:国土交通省）

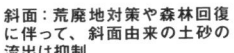

緩い勾配に立つ住宅でも安心できない

国土交通省は氾濫の恐れがある流域を「土砂・洪水氾濫危険流域」と名付け、対象エリアを特定する手法の構築に向け、本腰を入れている。

「過去の事例から、集水面積が大きくて土砂がそれなりに生産される流域では、土砂・洪水氾濫が起こる傾向にあることが明らかになってきた」と、国交省水管理・国土保全局砂防計画課の林真一郎課長補佐は話す。集水面積とは、降った雨が河川に集まる流域のことを指す。

土砂が堆積して家屋流出などの被害に発展する場所の河床勾配が、200分の1～150分の1以上であることも分かってきた。土石流の警戒区域（イエローゾーン）の末端における勾配2度が30分の1程度なので、かなり緩やかな平地だ。

斜面の土砂の粒径も、土砂・洪水氾濫の起こりやすさを判断する重要な指標だ。

「17年の九州北部豪雨では、比較的細かい粒径の土砂が川に流れ込んで土砂・洪水氾濫を引き起こした。粒径は影響を及ぼす要因の1つといえる」。国交省国土技術政策総合研究所土砂災害研究部の山越隆雄砂防研究室長は、こう指摘する。

国交省は土砂災害の発生源となる山地域と下流を流れる川との接続性（コネクティビティー）にも注目している。例えば、土石流が想定される警戒区域の下端と川が離れていれば、土砂はそもそも川に流れ込まないため、下流側での土砂・洪水氾濫に進展しない。こういった指標を基に、危険流域の抽出手法を模索している。

◆ 土砂・洪水氾濫危険渓流の特定は流域面積や河床勾配が鍵に

[被害家屋数と河床勾配の関係]

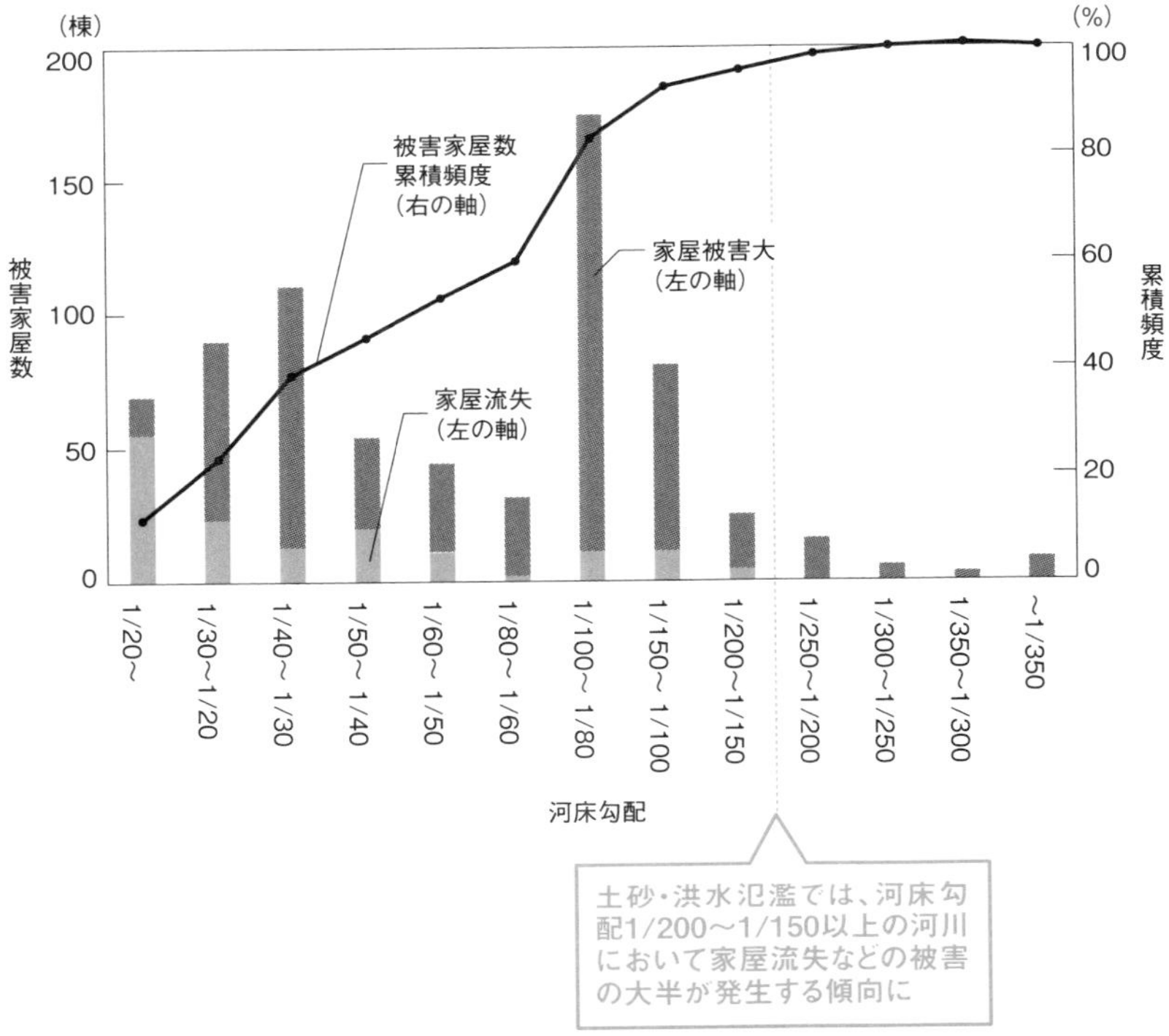

土砂・洪水氾濫による被害家屋数と河川勾配の関係を分析した例。対象河川は2017年の九州北部豪雨の赤谷川、18年の西日本豪雨の総頭川、天地川、大屋大川、19年の東日本台風の五福谷川(資料:国土交通省)

5 違法造成で増え続ける危険地

全国で始まった「危険な盛り土」探し

全国に点在する盛り土が雨などで崩落する恐れがある――。以前から懸念されていた問題が現実に起こってしまった災害が、2021年7月の静岡県熱海市伊豆山（いずさん）の土石流だ。静岡県などの調べによると、土砂災害の起点には、県の土採取等規制条例などに違反した盛り土があったことが分かっている。

この盛り土を巡っては、これまで静岡県や熱海市が何度も指導してきた。造成したのは、神奈川県小田原市の不動産管理会社（清算）だ。06年9月に土地を取得。県の土採取等規制条例に基づき、盛り土の計画届出書を07年3月に熱海市へ提出した。これによると、盛り土の面積は約0.95ヘクタール、土量は3万6000立方メートル強だった。

その後、同社が土地の面積を無断で1ヘクタール超に改変。1ヘクタールを超える開発は、林地開発許可制度に照らして県の許可が必要になる。林地開発許可違反と判断した県は、土地改変行為の中止と森林復旧を文書で指導した。

08年8月に同社は是正を完了して、翌年に土砂の搬入を開始。09年12月には盛り土を3段積み

◆ 熱海土石流を引き起こしたとされる盛り土

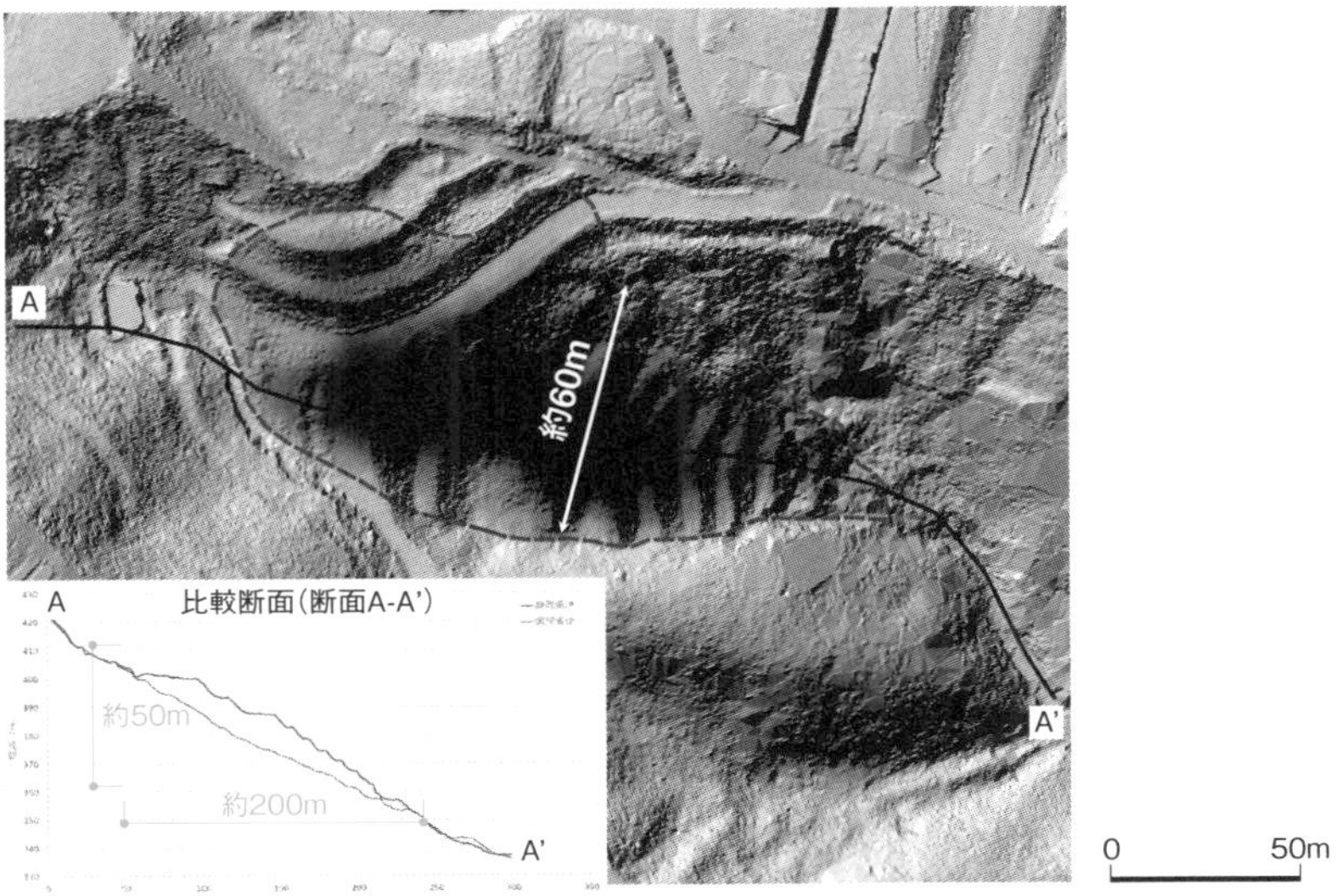

2020年に静岡県が取得したレーザープロファイラー(LP)データ。10年ごろに取得していた国土交通省のLPデータとの差分を取り、盛り土範囲を点線で囲んだ(資料:静岡県)

熱海土石流の源頭部の盛り土が崩れた箇所。2021年7月4日撮影(写真:静岡県)

にして、崩落防止用施設の工法をロックフィル（土や岩石で盛り立てる工法）から土堰堤に変更する計画を市に届け出た。計画での盛り土の高さは土採取等規制条例の技術基準で規定する「原則15メートル以内」を順守。排水施設なども明記していたという。

しかし、最終的に盛られた土は、計画と全く異なっていた。国土交通省の09年の航空レーザー測量データや住民が提供した11年1月時点の写真などから、盛り土の高さは35～52メートルに達し、３段でなく10段程度積まれていたことが分かっている。盛り土の量は、計画時と比べて2倍程度に膨れ上がっていた。

加えて、県の難波喬司副知事は「過去の写真を見る限り、適切な排水施設はかなり高い確度で設置されていなかったと思う」と記者会見で述べている。崩壊後の斜面を映像で見ても、盛り土高50メートル程度の規模に適した暗きょなど排水施設の残骸は見つかっていない。

雨の降り方と土石流の性状も、排水施設が十分でなかったことを示唆している。県の熱海雨量観測所では、本格的な降り始めから土石流の発生直前までの３日間にわたる累積雨量が４４９ミリと観測史上最大だった。ただし時間雨量の最大は24ミリで、この10年間における同地での最大値63ミリ（16年７月）と比べて多いとはいえない。

短時間強雨ほど、地下で流せる容量を超えた水が供給されるため、表層を流れやすい。今回は比較的長く降り続いた雨だったため、多くは地下へ浸透したと考えられる。

市街地を襲った土石流が泥流に近かったことから、崩壊した盛り土が大量の水を含んでいた可能性は高い。これらから、盛り土に適切な排水施設がなかった、もしくはあってもうまく機能しなかったという推測が導き出される。

適切な排水施設や擁壁を設置していない盛り土は全国の至る所にあると指摘されている。しかし、国はその数や規模など全容をつかんでいない。

赤羽一嘉国土交通大臣は21年7月6日の会見で、「関係省庁と協力して、全国の盛り土の総点検をする方向で考えていかなければならないという問題意識を持っている」と表明。国交省は静岡県熱海市での土石流被害を受けて、土砂災害を引き起こす恐れのある危険な盛り土の抽出に乗り出した。

今回は国土地理院が2万5000分の1地形図を基に作製した00年ごろまでの標高データと、08年以降に航空レーザー測量によって作製した標高データとを見比べる。そのうえで、標高が5メートル以上変わっている箇所を抽出する。被災後1カ月程度で明らかにして、自治体などへ情報提供した。国交省は21年8月の時点で数を明らかにしていないが、相当な数の盛り土が抽出されているようだ。ある県の担当者は「5メートル以上の盛り土は数十万カ所に上る。番号を振るだけでもつらい」と愚痴をこぼす。

抽出後は許認可を受けていない「違反盛り土」などを明らかにして、優先的に対策を講じることになりそうだ。盛り土などの行為は、宅地造成や砂防など開発の目的に応じて許認可の主体が異なる。そのため、各部署で対応方針を定めていく。

盛り土の危険度の評価手法については明らかになっていない。国交省の22年度予算の概算要求では金額を示さない「事項要求」に盛り込まれた。

何度指導しても防げなかった土砂災害

熱海市の事例のように行政が何度是正指導しても、不適切な盛り土を撤去できなかった例はこれまでに多数報告されている。14年10月、台風18号の大雨に伴って横浜市内の造成地が崩れ、30歳の男性1人が土砂に巻き込まれて死亡した事故はその1つだ。崩落したのは、不動産会社のツヅキ企画（横浜市）が宅地造成等規制法に違反して造成した盛り土だった。

宅地造成等規制法には、造成に伴って災害が生じる恐れのある宅地について、工事を規制できる条文がある。規制区域で一定以上の盛り土工事などをする際は、許可が必要だ。行政は、届け出た造成主に、排水設備などの対策を求めるか、あるいは工事を許可しない、といった判断を下す。ツヅキ企画の場合は、行政への届け出をせずに盛り土工事を実施して、その土が崩れてしまった。

市は被災後、ツヅキ企画に法面の是正工事を命じたものの、同社が従わなかったので、15年2月に行政代執行による工事を始めた。是正に要した約3億円の費用は全額、同社に請求している。危険ながけ地を放置することが、著しく公益に反する——。民地に対する安全対策の行政代執行は、このような理由で市が37年ぶりに敢行した。ただし、造成主から代執行の費用を回収できなければ、その分を結局は税金で賄うことになる。

そもそも行政の本分は、税金を投じて民地に対策工事を行うことではなく、事前の是正指導で

約20mの高低差のあるがけ地に盛り土された法面が、台風による記録的な豪雨で崩落した翌日の現場。2014年10月7日に撮影（写真:横浜市）

土砂が流入して、男性1人が死亡したがけ下のアパート。2015年6月10日に撮影。ブルーシートがアパートの損壊部を覆っていた（写真:日経コンストラクション）

危険を回避することだ。今回の土砂崩れでは、市が事前に違法造成を把握していたにもかかわらず、災害を防げなかったことが明らかになっている。そこには、行政指導の限界が垣間見える。

3年7カ月の間放置された違法盛り土

市は具体的にどのような指導をしてきたのか振り返ってみよう。近隣住民からツヅキ企画の盛り土行為に対する通報があったのは、09年1月だ。宅造法の工事規制区域内では、高さ1メートルを超えて盛り土を造成する場合、行政への届け出が必要になる。市は、届け出のないツヅキ企画に対して、違反に該当する1メートル以上は土を盛らないようにと繰り返し指導していた。

翌年2月、近隣住民からの陳情で現地調査に乗り出した市は、1メートルを超える盛り土の存在を確認した。市はすぐさま、ツヅキ企画に盛り土工事の停止を命令。同時に是正勧告書を交付した。同社はその後、是正工事に着手するものの、結局、工事を途中で終えてしまった。以前よりも緩い傾斜になり安定性は増したのだが、排水施設の大部分は不完全だった。

それでも、一定の改善が見られたと判断した市は、より是正の緊急性が高い他の違法造成地へ人員を割いてしまう。11年2月の是正指導を最後に、14年10月に土砂災害が発生するまで、違法造成地は放置されたままだった。

3年7カ月もの間、適切な頻度で是正指導をしなかった点を、市は反省している。ただし、その改善だけでは、違法造成にまつわる根本の問題を解決したことにはならない。

◆ **違法造成地を巡る経緯**

[経緯]

1997年	がけ地上の位置指定道路の建設に伴って、横浜市が宅地造成等規制法（宅造法）に基づく工事を許可	(1)
2008年	ツヅキ企画が土地を購入	(1)
09年 1月22日	ツヅキ企画による盛り土行為について、近隣住民から通報	(2)
2月～3月	横浜市が、宅造法に抵触しないように造成することを十数回にわたってツヅキ企画に指導	(2)
10年 2月22日	近隣住民からの陳情で現場を調査。宅造法違反に該当する1m以上の盛り土を確認した	(2)
3月 9日	ツヅキ企画に対して緊急工事命令を発令、是正勧告書を交付	
6月29日	ツヅキ企画から提出された是正計画案を確認	
9月22日	市が現地を調査。以前よりも緩傾斜になっていたものの、排水施設の一部が未設置で、計画どおりに是正は進まず	
11年 2月25日	呼び出し通知したものの、ツヅキ企画は応じず	
14年10月 6日	土砂崩れが発生。男性1人が死亡	(3)
10月10日	是正措置命令を発令（履行期限14年11月30日）	(3)
12月17日	行政代執行に基づく文書戒告（履行期限15年1月31日）	
15年 2月 9日	代執行着手（工期7月31日まで）	
6月16日	市が神奈川県警にツヅキ企画を告発	

[現地の盛り土イメージ]

(1) 1997～2008年

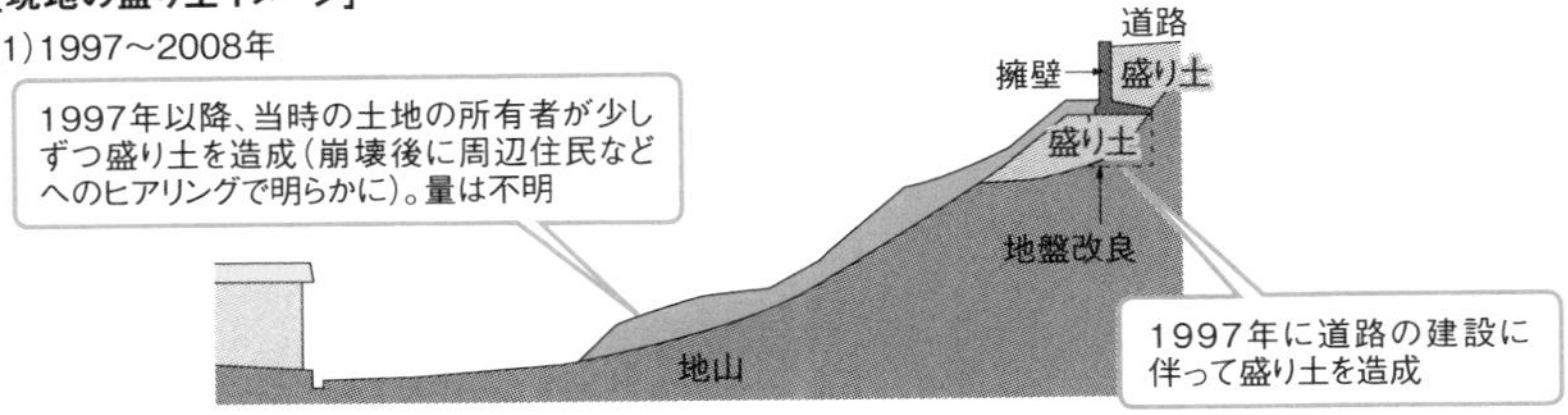

擁壁

1997年以降、当時の土地の所有者が少しずつ盛り土を造成（崩壊後に周辺住民などへのヒアリングで明らかに）。量は不明
地盤改良
1997年に道路の建設に伴って盛り土を造成
地山

(2) 2008～2010年

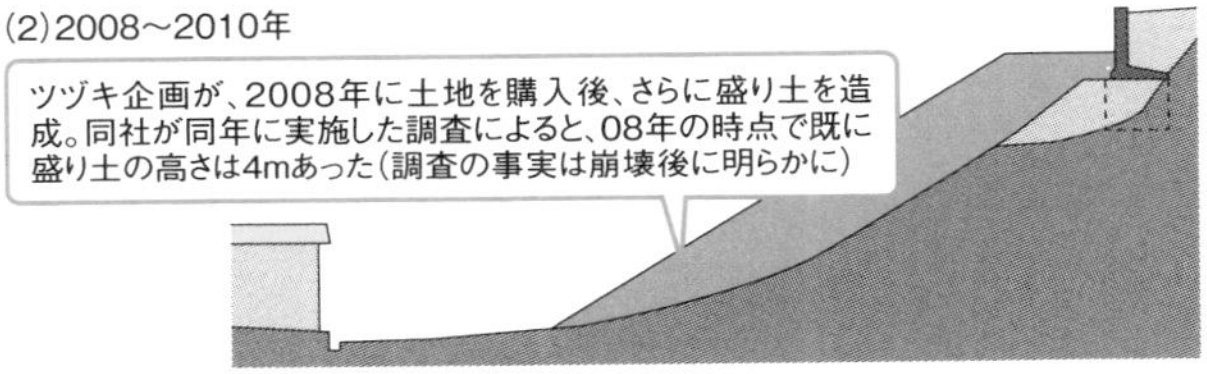

ツヅキ企画が、2008年に土地を購入後、さらに盛り土を造成。同社が同年に実施した調査によると、08年の時点で既に盛り土の高さは4mあった（調査の事実は崩壊後に明らかに）

(3) 2014年10月

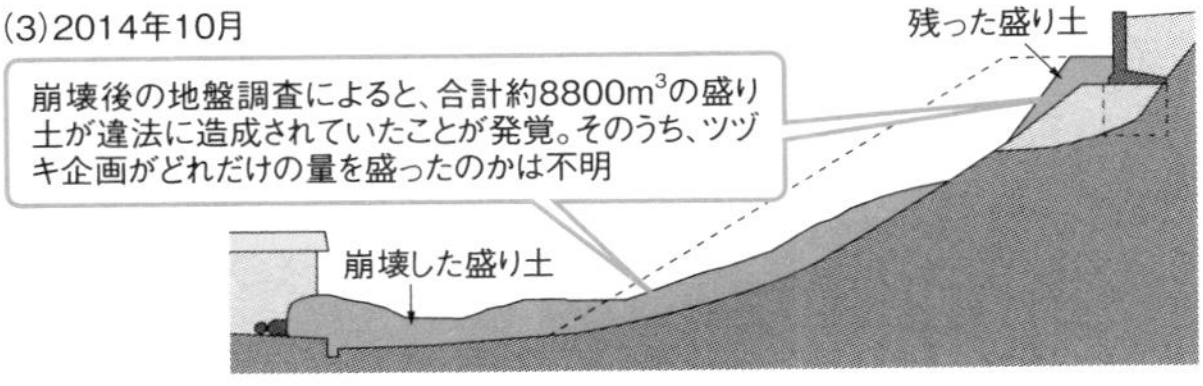

残った盛り土
崩壊後の地盤調査によると、合計約8800m³の盛り土が違法に造成されていたことが発覚。そのうち、ツヅキ企画がどれだけの量を盛ったのかは不明
崩壊した盛り土

違法造成地を巡る経緯（資料：横浜市の資料と取材を基に日経コンストラクションが作成）

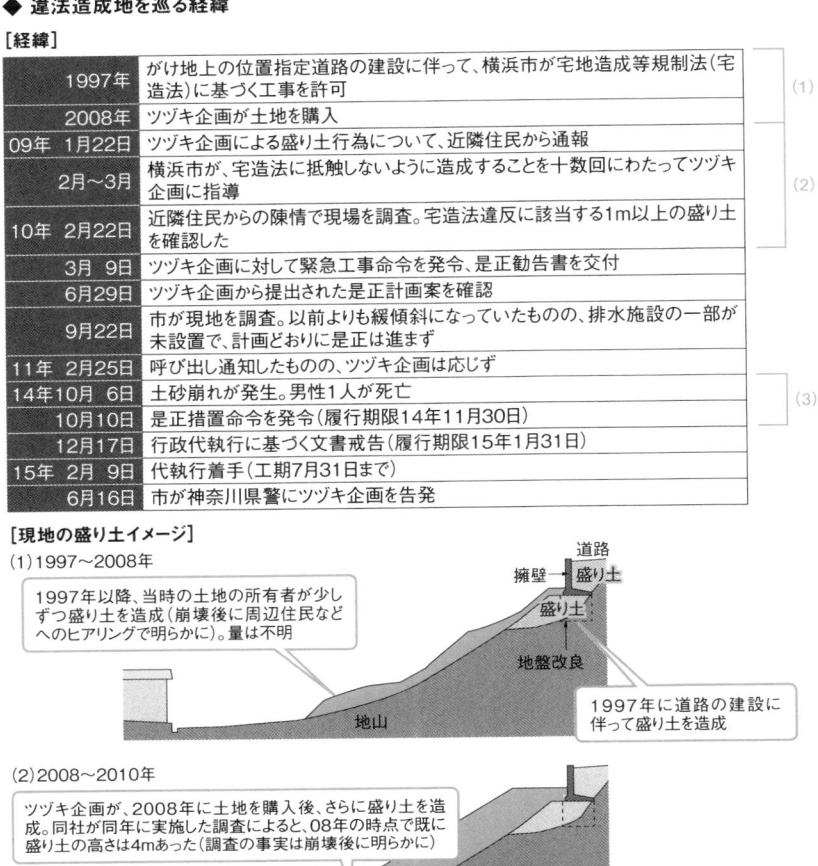

例えば、ツヅキ企画がどれだけ危険な量を造成したのかを市が把握できていなかった問題だ。実は、「崩れた後に、もっと深くまで盛り土を造成していたことが分かった」と、市建築局建築監察部違反対策課の畠宏好課長は明かしている。市は1メートル以上の盛り土の存在を確認していたものの、具体的な数値を突き止められていなかった。

違反対策課は宅造法違反の有無を確認して、違反があれば指導する。その点では、責務を全うしているのだが、今回のような事態を防げなかったことで、限界が見えたといえる。違法盛り土の是正勧告後に、是正計画に示された現況の盛り土高を確認するすべがないのだ。違法造成の度合いが適正に把握できれば、その後の対応も変わっていたかもしれない。

前の造成主も違法な盛り土を

さらに問題なのが、ツヅキ企画以前の歴代の造成主による違法造成があり、その存在をつかめていなかった点だ。ツヅキ企画は土地を購入した08年に、独自に地盤調査を実施していたことが崩落後に分かった。調査結果によると、その時点ですでに4メートルほどの盛り土があったようだ。

畠課長は4メートルの内訳について、「年月がたち、誰がどれだけの量を盛ったのかは不明だ」と話す。昔の造成主が1997年にがけ上で道路を建設する際、市は宅造法に基づく造成の許可を与えた。その時点では、周辺の法面に違法な盛り土はなかった。

行政代執行に基づいて法面保護工事を実施している現場。土砂崩落のあった箇所に法枠を設置し、排水施設を敷設する。がけ下に見えるブルーシートの掛かる建物が、土砂崩れで被災したアパート。2015年6月10日に撮影
（写真:日経コンストラクション）

近隣住民などへのヒアリングによると、97年以降、歴代の造成主が少しずつ盛り土を造成していたようだ。つまり、ツヅキ企画以外の歴代の造成主も宅造法に違反していたことになる。どの程度の盛り土が被害を拡大させたのかは分からないが、ツヅキ企画の違法造成がなくても、土砂が崩れて人的被害が発生していた恐れがあるというわけだ。

宅造法違反の多くは、近隣住民などの通報で発覚する。そのため、市は全ての違反を把握できない。民間の不動産売買の契約情報を詳細に追跡しない限り、違反を網羅するのは難しい。

土捨て場として狙い撃ちにされる自治体

なぜ違法・違反造成が繰り返されるのか。その答えは明確で、処分会社がもうかるからだ。建設現場からの建設発生土（残土）の処分費は一般的に高額になるため、処理コストを安く抑えれば抑えるほど処分する会社は得をする。さらに建設業界の重層下請けが影響して、元請け会社はどこに残土が処分されたかも把握できていない。結果として、適切に処理せず山の上などでの違法造成がはびこり、大雨などで崩落する事故が全国で生じている。

民家に近い山などに放棄されれば、たちまち新たな土砂災害リスクになる。

防止策として期待されるのが、土砂条例だ。例えば、京都市は大雨による建設発生土の流出リスクの高まりや、大阪・関西万博開催が決まり近畿圏での残土処分の需要増などを受け、2020年6月に土砂条例を制定した。

3000平方メートル以上の埋め立てなどには、事前に市の許可が必要となる。加えて、埋め立て中でも災害発生の恐れがあると分かれば、市が土砂搬入を禁止できるようにした。罰則の対象者には、土砂を搬入、造成した行為者だけでなく、依頼者などの関係者も含めた。

さらに市の条例では、小規模な埋め立てにも一定の配慮を施している。500平方メートルの範囲に高さ1メートル以上、勾配20度超の盛り土を造成する場合、土地所有者などに対して災害防止措置を求められる勧告制度を設けた。

一方で、建設発生土の受け入れなどを規制する条例のない自治体

◆ 建設発生土を巡る崩落事故は全国で発生

年月日	場所	被害状況	対応法令など
2014年 2月25日	大阪府豊能町	通行止め	砂防法、森林法
12年11月16日	埼玉県皆野町	住宅2棟が全壊、河道へ流入、通行止め	森林法、砂防法、地すべり等防止法
12年 9月25日	大津市	河道へ流入	土砂条例(大津市)
10年 7月14日	奈良市	通行止め	砂防法
09年 7月25日	広島県東広島市	民家に流入し1人死亡、1人負傷	森林法、土砂条例(東広島市)*
09年 3月 9日	山梨県上野原市	河道、山林、農地へ流入	土砂条例(上野原市)
07年 6月 5日	茨城県鹿嶋市	農業用水水源地に流入、遊歩道の寸断	土砂条例(鹿嶋市)*
06年11月22日	青森県八戸市	河道へ流入、通行止め	なし
06年 7月27日	広島県福山市	ため池へ流入、床下浸水1棟	森林法*
06年 7月26日	山梨県上野原市	河道へ流入	森林法、土砂条例
04年 7月31日	岡山市	ため池へ流入	森林法
02年 9月12日	大阪府和泉市	農地へ流入	土砂条例(和泉市)
01年11月～03年 9月	千葉県市原市、木更津市	立ち木の破損	森林法、土砂条例(千葉県)
01年 2月23日	福岡県那珂川町(現那珂川市)	通行止め	森林法

2001年以降に起こった建設発生土の主な崩落事例。*は規制対象の規模以下
(資料:国土交通省の資料などを基に日経コンストラクションが作成)

は、土砂搬入先として狙い撃ちにされているようだ。

例えば、三重県。建設工事が盛んな首都圏から、土砂が大量に搬入されている実態が明らかになった。

「『海を越えて、なぜわざわざ費用をかけてまで建設発生土を運ぶのか。何か変なものが入っているのではないか』と、住民は不安を抱いていた」。18年度に三重県で話題となった建設発生土の大量搬入を、県環境生活部水環境班の舘幹土主幹兼係長はこう振り返る。

騒動のきっかけは毎日新聞による報道だ。県への情報公開請求などで、首都圏や関西圏から大量の建設発生土が三重県の山地などに積まれていることが明らかになった。

搬入の経由地とされたのが、紀北町にある長島港や尾鷲市の尾鷲港だ。尾鷲港では18年度、前年度の約4倍に当たる16・7万トンの土砂が搬入。港近くの山に急ピッチで埋め立てられた。

首都圏などで進められる大規模工事では、大量の建設発生土が発生する。近隣の置き場が次第になくなり、持て余した土砂をどうするか――。建設発生土を処分する会社が目を付けたのは、埋め立てや受け入れなどの規制がない三重県だった。

ただ、運搬コストを考えると、首都圏から300キロメートル超も離れた三重県がなぜ選ばれたのかという疑問が浮かぶ。

県が実施した残土処分会社へのヒアリングによると、土砂や砕石、砂利を資材として首都圏などへ運んだ船舶が、三重県へ戻ってくる際に建設発生土を積んでいた。空積みよりは建設発生土を積んで戻った方が得というわけだ。

加えて、「港から土砂を捨てる山までは数キロメートルしかない。陸路の運搬コストを抑えられる良好な港だったのだろう」と、県環境生活部水環境班の窪田哲也班長は言う。

三重県ではこれまでに搬入された建設発生土が崩れてきたり、有害物質の混入で周辺環境に悪影響を及ぼしたりしたトラブルはない。それでも、大量の搬入と埋め立て行為が無秩序に続けば問題に発展しかねないことから、「土砂条例」の整備に乗り出した。ほかの自治体の条例をベースに、「三重県土砂等の埋立て等の規制に関する条例」を制定。20年4月に施行した。

面積が3000平方メートル以上でかつ高さが1メートルを超える埋め立ての場合、許可が必要となる。「改良土や再生土のような一定の品質を持つ土砂以外は受け入れ

三重県尾鷲市の山中に積まれた建設発生土(写真:三重県)

ないと明確に規定した」と舘主幹は力を込める。

同県の調べによると、19年5月時点で全国の23府県が土砂の受け入れや埋め立てを規制する条例を設けている。２０００年以降、条例化する自治体が続々と増えてきた。20年4月には三重県のほか、宮城県が新たに制定している。

静岡県も熱海での土石流をきっかけに、条例の改正へ動き出している。

現条例は規制の弱い届け出制で罰金20万円以下の軽い罰則しか規定していないため、十分な排水施設を施工させる実効性は低かった。静岡県は、開発行為の中止命令や罰則に懲役刑を盛り込んでいる他県の条例を参考に、見直しを進めている。

さらに、県よりも厳しめな条例を定める市や町も増えている。例えば、５００平方メートル以上や１０００平方メートル以上といった埋め立て面積でも許可を求めている。

25年の大阪・関西万博や首都圏の外かく環状道路、リニア中央新幹線などの工事で発生する大量の土砂の置き場が今も必要とされている。三重県で起こったように、この先、土砂条例を定めていない自治体が建設発生土の大量搬入先として狙われる可能性は否定できない。

三重県尾鷲市の尾鷲港で建設発生土を積み降ろしている様子
(写真:三重県)

COLUMN

ため池決壊で3歳児が死亡

高い場所から土砂が流れ出る恐れがある人工の構造物は、盛り土に限らない。近年、目立つのがため池などの被害だ。西日本豪雨で大雨が降り続いた2018年7月6日の夜、広島県福山市駅家町にあるため池が決壊し、洪水と土砂が下流の住宅を直撃した。3歳児が死亡し、4人が負傷する惨事となった。

決壊したため池は、総貯水量約3000立方メートルの勝負迫下池と、その上流にある同800立方メートルの勝負迫上池だ。さらに上流には、盛り土で造成されたとみられるグラウンドがある。その後の調査で、決壊の原因はグラウンドの崩壊だと分かった。連日の豪雨で満水に近づいていたため池に大量の土砂が一気に流れ込んだ結果、勝負迫下池は堤体の両岸を残して約3分の2が崩壊した。

この事故は、ため池自体に原因があったわけではなかったものの、ため池の老朽化がクローズアップされる契機となった。あまり報道されていないが、ため池は豪雨のたびに崩壊している。18年は全国のため池32カ所が決壊。農林水産省によれば、08〜17年に豪雨で決壊したため池は318カ所ある。西日本豪雨では人的被害が生じたこともあり、ため池の管理体制の不備や、改修の必要性が浮き彫りになった。

「放置されていたり、所有者が分からなかったりするため池がある。まずは現状の把握が重要だ」と、農水省農村振興局整備部防災課の田井真和課長補佐は話す。西日本豪雨で決壊したため池の9割が、優先的に対策する「防災重点ため池」に指定していない小規模な池だった。

ため池は、谷やくぼ地に堤（つつみ）をつくって水田で使う水をためる農業用の施設だ。水不足に悩まされてきた瀬戸内地方を中心に全国に約20万カ所もある。このうち7割程度は江戸

西日本豪雨で決壊した、広島県の勝負迫下池。上流のグラウンドが崩壊して土砂が流入したことで、越流が生じた。ため池下流で1人が死亡し、4人が負傷した
（写真:農林水産省中国四国農政局）

勝負迫下池の上流で崩壊したグラウンド
（写真:農業・食品産業技術総合研究機構）

時代以前につくられた。地盤や構造が分かっていないものは珍しくない。

水をためられるように、粘土などを堤体の表面に利用している。ただし、古いため池は劣化が進み、長年にわたって水が染み込んでいる。土の粒子の間に水が入り強度が下がると、豪雨で堤体にパイピングホール（小さな孔）が生じたり、法面で滑り破壊を起こしたりする。貯水位が急激に増加して越流すると、堤体が浸食される。

西日本豪雨後に約8万8000カ所のため池で緊急点検した結果、1540カ所で災害に備えた応急措置が必要だと判明。ブルーシートによる被災箇所の保護や、崩落箇所への土のうの設置などで対応した。

老朽化に加えて、農家の減少や高齢化で管理が行き届かなくなったことも課題だ。ため池の所在地や管理者は地域の農業関係者などが把握していた。しかし、近年は草刈りや点検をする人がおらず放置されがちだ。宅地開発の際に、ため池の存在を意識しないまま下流に家を建てるケースもある。災害時にため池がリスクとなる可能性が高まっている。

国は、ため池の決壊を防ぐため、新法の制定に乗り出した。19年4月19日に成立したのが「農業用ため池管理保全法」だ。ため池の所有者などに届け出を義務付け、適正な管理や補強を努力義務とした。

都道府県は、決壊のリスクが高いため池を「特定農業用ため池」に指定。危険な池の所有者に改修工事を勧告できる。所有者の負担を減らすため、防災工事の費用を国費で補助する制度も盛り込んだ。

6 雨が降らなくても斜面は崩壊する

耶馬渓が崩れた

土砂災害は一般的に大雨や地震など、崩壊の引き金となる現象が事前にあるケースが多い。そのため、避難する意志さえあれば回避しやすいのだが、引き金となる現象がなく崩壊してしまう斜面も世の中にはある。先に紹介した神奈川県逗子市で女子高生の命を奪った土砂災害はその1つだ。2018年4月、大分県中津市耶馬渓町で斜面が大規模に崩れ、6人が死亡した土砂災害は最たる例だ。前日や当日に雨が全く降っていないなか、斜面が予期せずに崩れた。

4棟ほどある民家の裏山が崩壊したのは4月11日未明。移動した土砂量は6万立方メートル以上に達し、滑り面の深さは20メートル程度ともいわれている。

「午前3時半ごろ、地響きのような音がした」「午前4時ごろ、水が噴き出す激しい音が聞こえた」。崩壊後に県が実施した調査で、周辺の住民はこう証言していたようだ。

近くにあるアメダスの観測データによると、4月6日に日降水量4・5ミリ、翌7日に同1・5ミリを記録した程度だった。周辺では近年、大きな地震も起こっていなかった。

県は17年3月、現場周辺を土砂災害特別警戒区域（レッドゾーン）に指定。それ以前にも、治

長さ210m、最大幅110mにわたって崩壊した耶馬渓の斜面。複数の民家が土砂にのまれ、3世帯6人が犠牲となった。中央のV字崩壊した箇所から湧水が見られる。国土交通省が崩壊当日にドローンで撮影した（写真:国土交通省）

◆ 直近で雨はほとんど降らず

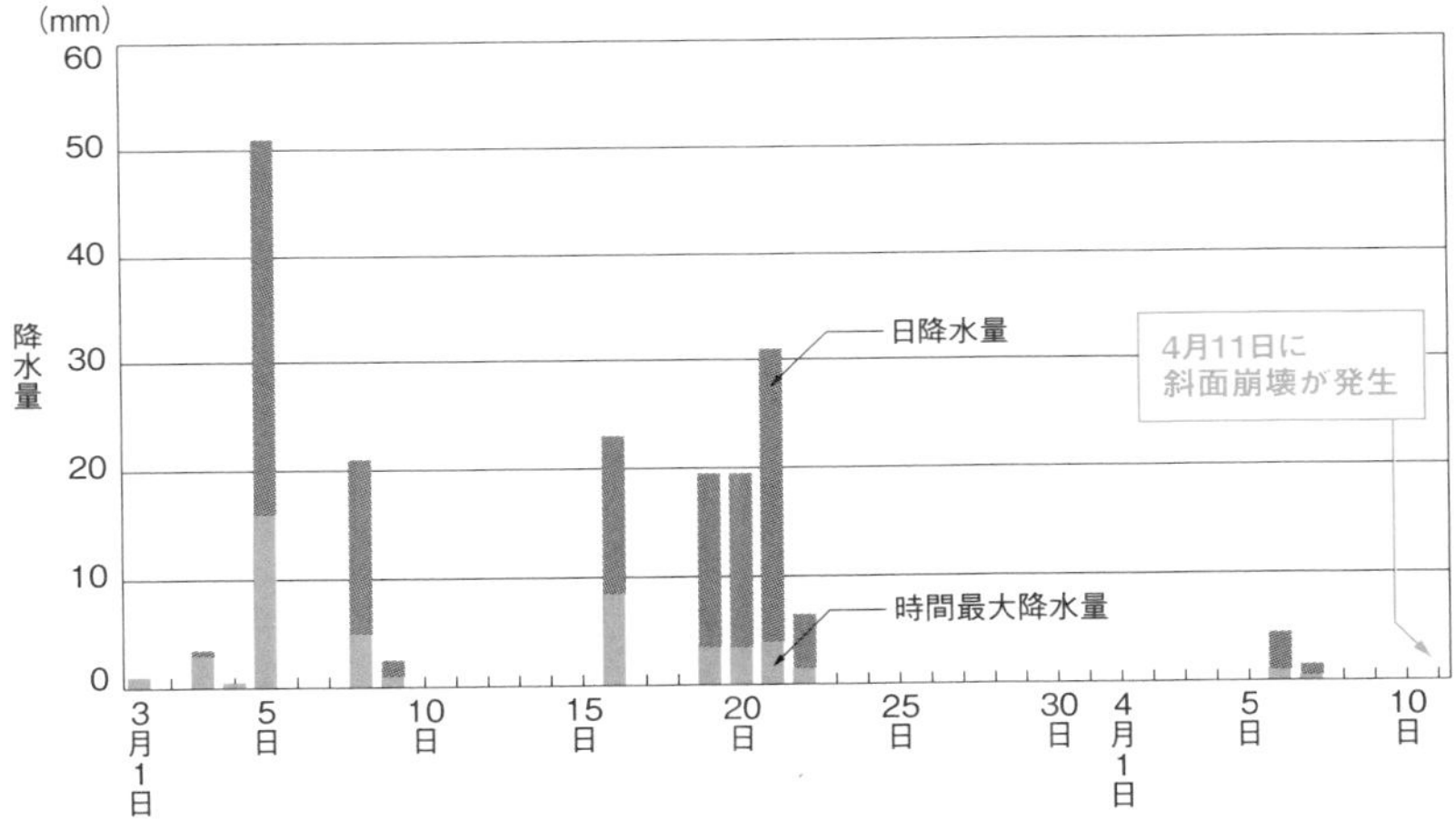

アメダス観測地点「耶馬渓」の降水量（資料:気象庁）

山工事として落石防護柵の設置や吹き付けコンクリートによる山腹の安定処理を施していた。
斜面が崩壊した当時、市は住民に向けて避難勧告や土砂災害警戒情報などは出していなかった。雨が降っていなかったからだ。

「崩壊の引き金は大量に集まった深い地下水だろう」。砂防学会の調査団のメンバーとして現地を調べた鹿児島大学の地頭薗（じとうその）隆教授はこう指摘している。

現場はおよそ100万年前の耶馬渓火砕流堆積物が形成した標高350～580メートルに広がる火砕流台地の辺縁部に当たる。崩壊した箇所の周辺では、過去にも同様に崩れたとみられる地形が複数確認できる。

耶馬渓火砕流堆積物は、堆積時の熱や自重で圧縮された溶結部と非溶結部とに分かれる。前者は硬い半面、柱状節理（柱状の割れ目）が発達しており、急ながけ地となっていた。この場所は崩壊を繰り返し、直下の緩斜面に巨石を含んだ堆積物（崖すい堆積物）として残っていた。

ただし、今回の大規模な崩壊はこのメカニズムとは異なる。地頭薗教授が注目したのは、さらに下の崩壊地内、標高216メートル付近で、新期宇佐火山岩類から湧出する地下水だ。新期宇佐火山岩類は約300万年前に堆積したとみられ、凝灰角れき岩などで構成される。

地頭薗教授ら砂防学会の調査団が推定する崩壊のメカニズムは以下の通りだ。まず、標高216メートル付近からの湧水によって、周辺の凝灰角れき岩が風化、粘土化。次に、変質してもろくなった凝灰角れき岩が、先行して小規模に崩壊する。湧水の出口付近で地下水の流れが何らかの理由で妨げられ、地下水圧が上昇したことが、原因の可能性もある。

◆ 周辺にも多くの崩壊地形

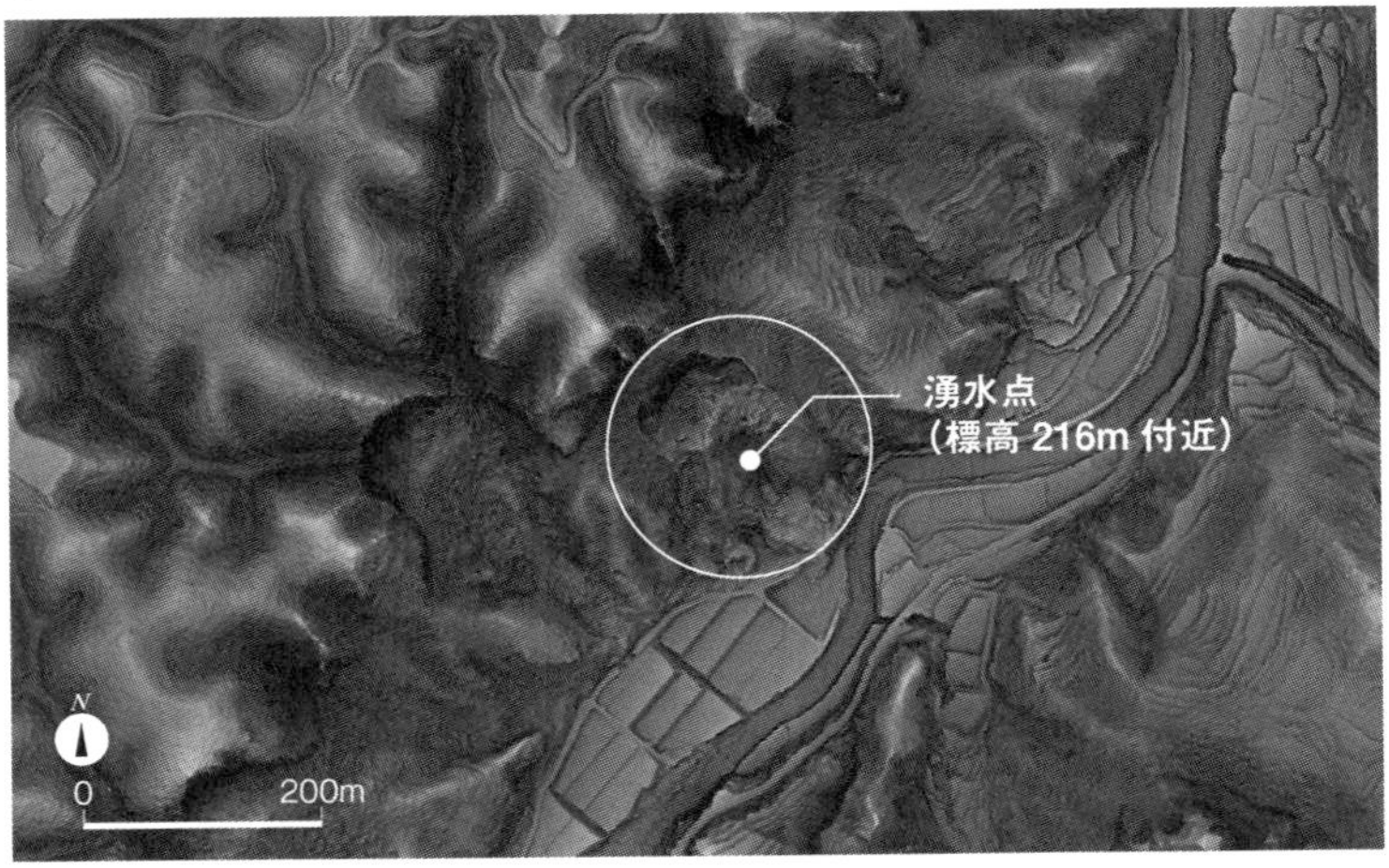

丸印が今回の崩壊箇所。火砕流台地の辺縁部に当たる（資料:アジア航測が2018年4月12日に航空レーザー測量した赤色立体地図に日経コンストラクションが加筆）

◆ 崩壊斜面の概要

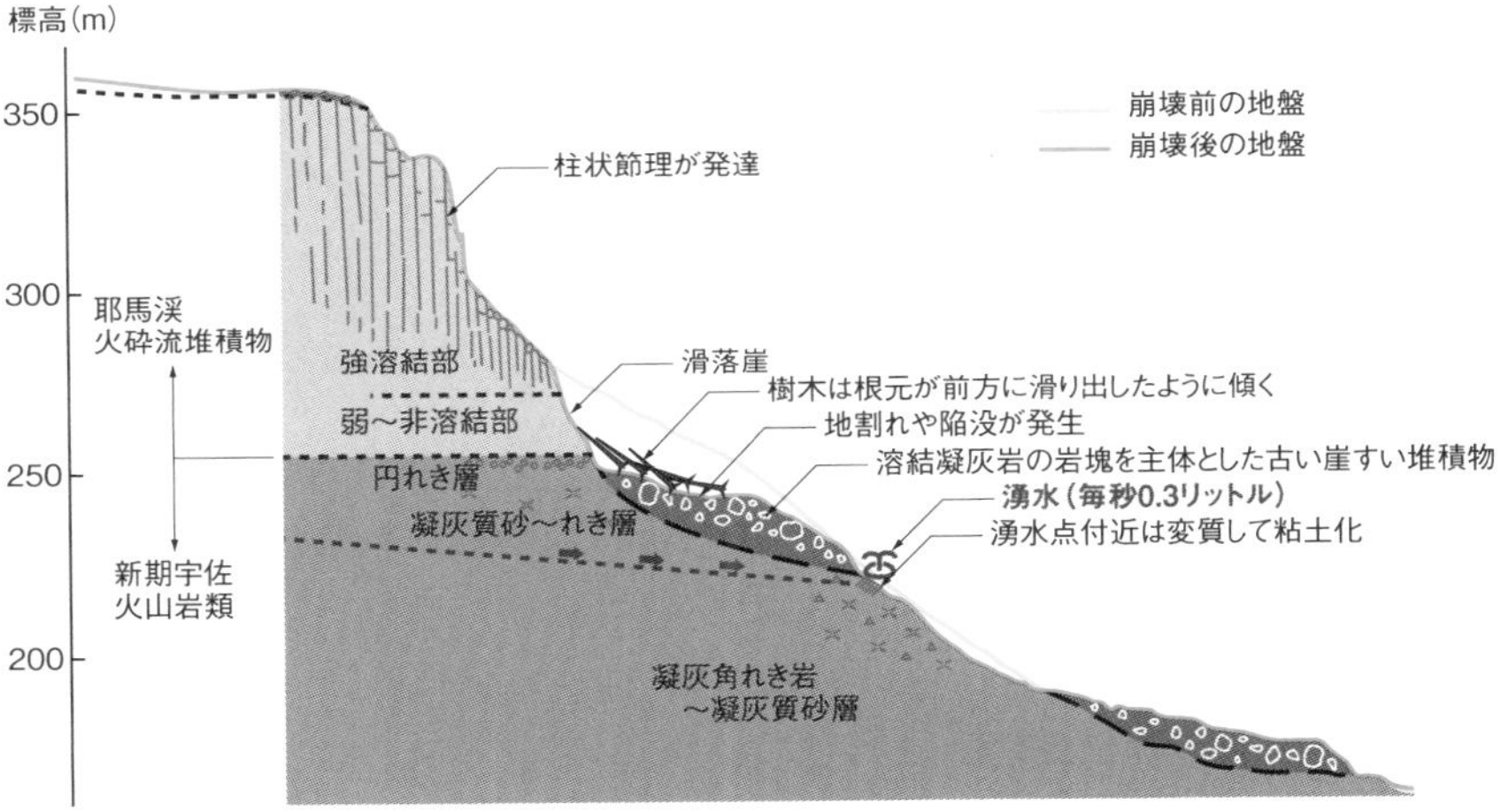

崩壊斜面の概要。凝灰角れき岩層内にある不連続な透水層を地下水が伝っているとみられる（資料:砂防学会調査報告に日経コンストラクションが一部加筆）

最後に、末端部の小規模な崩壊によって不安定となった崖すい堆積物とその下部の風化した凝灰角れき岩などが大規模に崩壊。隣接する斜面も連続して崩れた。

砂防学会の調査によると、崩壊の引き金になったとみられる湧水の流量は4月29日時点で毎秒0・3リットル。5月24日に再び計測すると、毎秒0・55リットルになっていた。

「地下の集水域が存在する」

「湧水点における地形的な流域面積は0・007平方キロメートルしかない。地表面の集水域を見ただけでは、説明がつかない湧水の多さだ」と地頭薗教授は指摘する。1秒当たりの流量（立方メートル）を集水域面積（平方キロメートル）で除した比流量は0・079。「南九州の火砕流台地における比流量は平均で0・032」（地頭薗教授）なので、耶馬渓の崩壊箇所の比流量はその2・5倍にもなる。

これほどの地下水はどこから来たのか。地頭薗教授は「地表面の集水域とは異なる地下の集水域が存在する」とみる。現在の火砕流台地が形成されるよりも以前の深い場所にある基盤地形によって、地下水が集まりやすい場所があるというのだ。降雨から長い時間を経て浸透する深い地下水が原因であれば、無降雨時の斜面崩壊も説明できる。

地頭薗教授は、耶馬渓町で崩壊した斜面とその周辺の渓流を調査した結果、崩壊した斜面からの湧水は、周辺に比べて電気伝導度も大きいことを突き止めた。電気伝導度とは、水中の溶存イオンの総量を表す指標。値が大きいほど、地下を流れた水の時間が長いことを意味する。長く流れると、岩石から溶出したイオンを取り込む量が大きくなるからだ。

比流量が大きく、電気伝導度が高い流域ほど、豊富な地下水が集まる危険な斜面が存在するといえる。耶馬渓町の崩壊斜面はまさにこうした状況にあった。「湧水流量の変化を継続して観測すれば、崩壊の発生予測も可能になるはず」と地頭薗教授は言う。

国土交通省国土技術政策総合研究所と九州地方整備局は「無降雨時等の崩壊研究会」を立ち上げて、地下水の集中する斜面を抽出する調査の留意点などを20年12月に取りまとめた。

地頭薗教授らが開発した湧水センサー。流量や電気伝導度、濁度などを測り、無線や携帯電話回線で伝える。電源には太陽光や小型水力を使う
（写真：鹿児島大学の地頭薗隆教授）

第4章

災害から生命と財産を守るには、危険な土地に居住しないことに尽きる。

自治体は都市計画や条例で、強制的ではなく緩やかな誘導を図り始めている。

危険な土地からの戦略的撤退に勇気を持って踏み出すときがきた。

危険な土地からの撤退

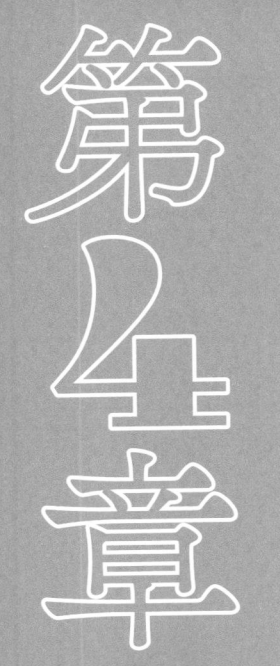

1 川だけでは水害を防げない、流域治水への転換

コロナ禍に訪れた水害対策の転機

新型コロナウイルス感染症が拡大した2020年。感染防止のために在宅勤務などのリモートワークが普及した結果、郊外への移住を決断する人が続出した。多くの人が住まい方について考えるきっかけとなった。

感染拡大の陰に隠れて目立たなかったが、実は20年は、水害対策の面でも住まい方に大きな影響を与える政策の公表があった。治水対策の転換だ。国土交通省は20年7月、堤防で挟まれた河川区域内（堤外地）などだけでなく、河川区域外の氾濫域（堤内地）も含めて1つの流域（山の尾根などに囲まれ、雨水がその河川に集まってくる地域全体）と捉えて、流域全体で治水対策を実施する「流域治水」を打ち出した。

国は気候変動で自然災害の激甚化が差し迫っている状況を踏まえて、従来のやり方を続けても水災害を完全に封じ込めることは難しいと考えている。そこで、気候変動の世紀に対応し、総合的に治水に取り組む新たなコンセプトを打ち出したのだ。

従来の治水対策では、計画高水位（堤防の設計の基準となる水位）以下で洪水を安全に流すこ

◆ 集水域と河川区域、氾濫域を合わせて1つの流域と捉える

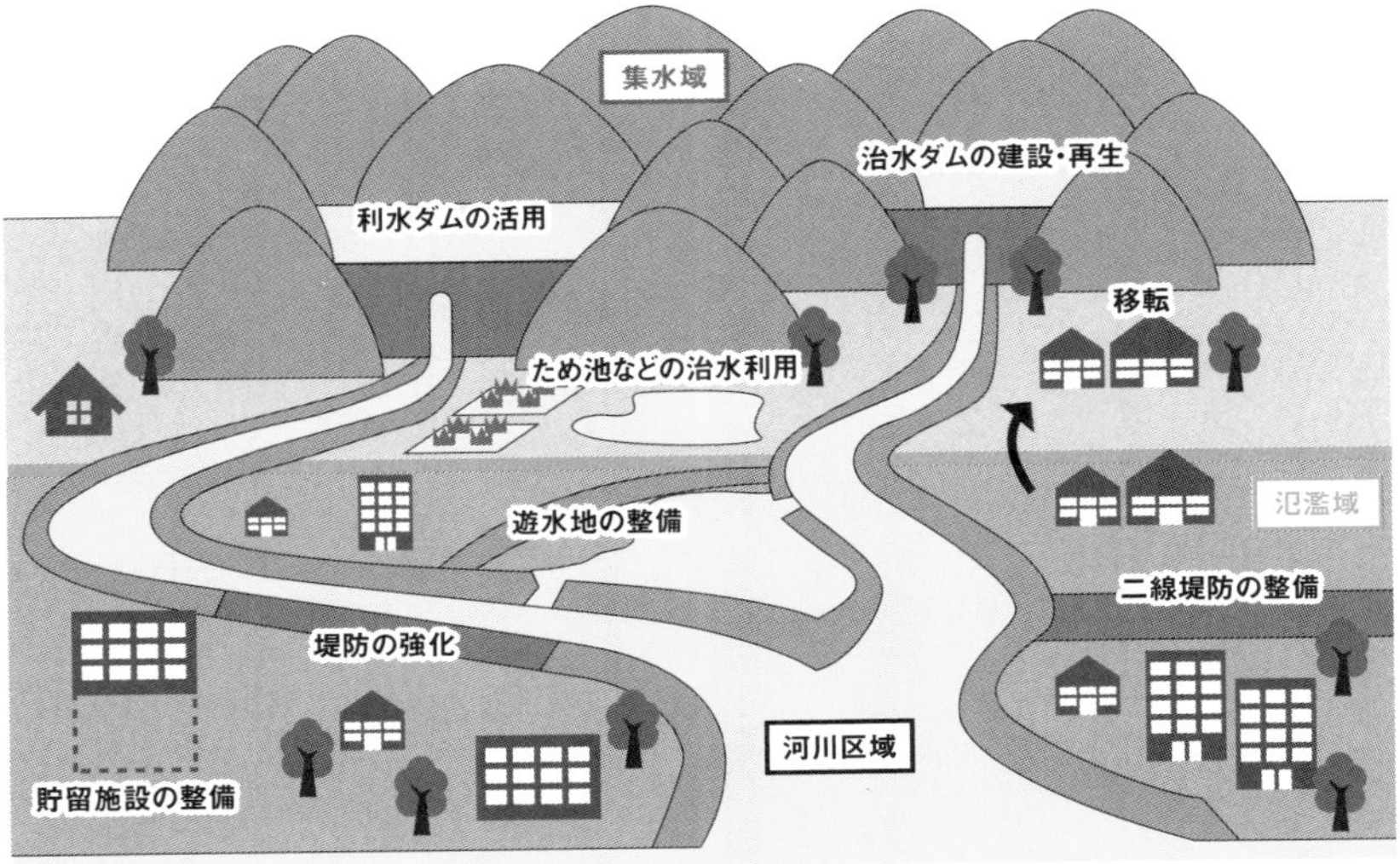

集水域
- 雨水貯留浸透施設の整備
- 田んぼやため池などの治水利用

河川区域
- 治水ダムの建設・再生
- 利水ダムで事前放流して洪水調節に活用
- 土地利用と一体となった遊水機能の向上
- 河床掘削、引き堤、砂防堰堤などの整備
- 「粘り強い堤防」を目指した堤防強化

氾濫域
- 土地利用規制、誘導、移転促進
- 不動産取引時の水害リスク情報提供
- 二線堤の整備
- 自然堤防の保全
- 水害リスク情報の空白地帯解消
- 長期予測の技術開発
- リアルタイム浸水・決壊把握
- 官民連携によるTEC-FORCEの体制強化
- 排水門などの整備、排水強化

「流域治水」の主な施策。氾濫の防止や被害の軽減といった対策をハードとソフト一体で進める（資料:国土交通省の資料を基に日経コンストラクションが作成）

とを目標に、河道掘削や築堤といったハード対策を実施してきた。国や県などの河川管理者がそれぞれ担当区間の整備計画を作成する。しかし近年は、河川整備を進めても広域で浸水被害が生じている。担当区間ごとの対策では、被害を抑えられなくなってきた。

堤防の高さを上げれば、より多くの水を河道（河川の水が流れる部分）で流せる。ただし川の水位が高くなるほど、破堤したときの被害は大きくなる。最大降水量の予測が難しいなかで、絶対に壊れない堤防をつくるのは困難だ。

そこで今後は堤内地に水をあふれさせて洪水を調節する方法なども含め、流域全体で大きな被害を防ぐ。国や県、市町村、民間企業や住民が連携して、遊水施設の整備や土地利用の工夫に取り組むことになる。堤内地に住む人たちも場所によっては、浸水を許容しなければならない。

国は現在、気候変動の影響を踏まえて、治水計画で想定する外力（降雨量）に変更を加えている。これまでは、過去の降雨実績などを基に、100年に1度程度の確率で起こる規模の大雨に相当する「確率雨量」を算定し、洪水を

◆ 治水で土地利用、住まい方の工夫にも切り込む

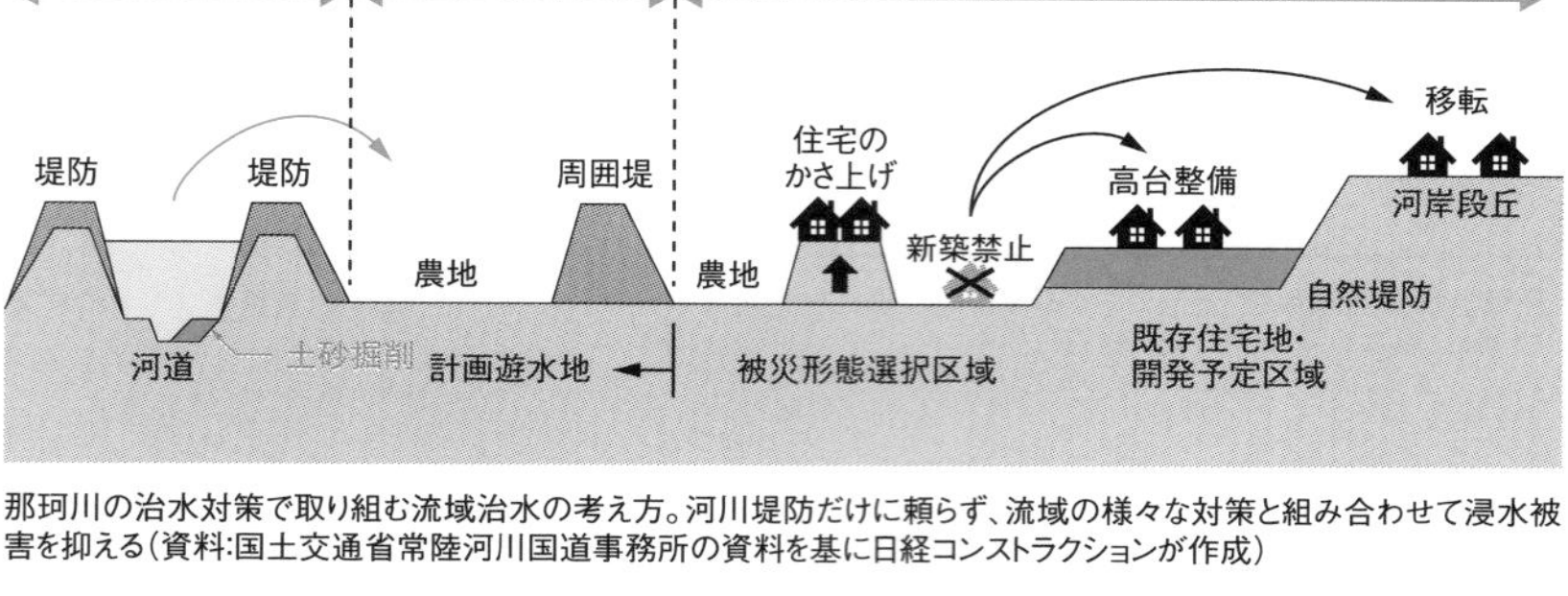

那珂川の治水対策で取り組む流域治水の考え方。河川堤防だけに頼らず、流域の様々な対策と組み合わせて浸水被害を抑える（資料:国土交通省常陸河川国道事務所の資料を基に日経コンストラクションが作成）

防ぐための目標とする基本高水（393ページ参照）を定めていた。それを、気候変動による降雨量の増加などを考慮して見直す。

将来の雨量は、算定した確率雨量に地域ごとで異なる雨量の増加率「降雨量変化倍率」を乗じて推定する。現在、先行して見直しを進めている近畿と九州の2水系では、産業革命以前と比べて平均気温が2度上昇した場合、降雨量は1・1倍となる見込みだ。

今世紀中に温室効果ガスの排出を「実質ゼロ」にしなければ、気候変動対策の国際枠組みである「パリ協定」で掲げた、世界の平均気温の上昇を2度未満に抑える目標の達成が危ぶまれる。現実には気候変動は収まるどころか加速しており、さらなる上昇の可能性も否定できない。国連の気候変動に関する政府間パネル（IPCC）は21年8月9日、産業革命前の水準からの平均気温上昇幅が21～40年に1・5度に達する可能性が高いと表明した。従来の想定と比べて10年ほど早まっている。河川堤防やダムなどの現況施設の能力を超える洪水が発生する可能性は高まる一方だ。流域治水の早期実践が求められている。

水害版のレッドゾーンを指定

政府は流域治水の実効性を高めるために、特定都市河川浸水被害対策法（以下、特定都市河川法）や都市計画法、建築基準法など9つの法律を改正した「流域治水関連法案」を21年2月に閣議決定。4月末に通常国会で可決、成立した。

関連法案の目玉は、特定都市河川法の改正による「浸水被害防止区域」制度の創設だ。土砂災害におけるレッドゾーンの水害版をイメージしてもらえれば分かりやすい。「流域水害対策計画」に基づき、洪水や雨水出水（内水氾濫）で建築物が損壊・浸水するなど著しい被害が発生する恐れのある区域を都道府県知事が指定する。同計画は、流域全体で総合的な浸水対策を進めるために、河川管理者や下水道管理者、都道府県知事、市町村長が共同で作成する。

浸水被害防止区域内では、高齢者施設などの要配慮者利用施設や自己居住用を除く住宅といった「制限用途」の建物を建てる際に、事前に都道府県知事などの許可が必要になる。

例えば、盛り土や切り土といった「開発行為」をする事業者は、都道府県知事などに開発区域の位置や規模、工事計画などを提出しなければならない。申請時に用途が決まっていない場合は、制限用途の建築物として扱う。

申請を受けた都道府県知事などは、「擁壁を設置するか」「洪水などが発生した場合でも地盤が削られずに土地の安全性を確保できるか」といった項目について、国土交通省令の技術的基準を満たしているか確認する。

許可を受けた事業者に対しては、工事完了後の届け出も義務付ける。届け出を受けた都道府県知事などは、計画通りに工事が完了したかどうかを検査し、事業者に検査済み証を交付する。

浸水被害防止区域での「建築行為」にも許可が必要だ。敷地の位置や建築物の構造、居室の床面の高さなどを記載した申請書と、国土交通省令で定める図書を都道府県知事などに事前に提出する。許可を要するのは、住宅や要配慮者利用施設などを建てる場合と、既存建物の用途をこれ

◆ 建築の浸水対策などを強化する

(1)流域治水の計画・体制の強化
・流域治水の計画を活用する河川を拡大 ・流域水害対策に関する協議会の創設と計画の充実
(2)氾濫をできるだけ防ぐための対策
・利水ダムの事前放流の拡大を図る協議会の創設 ・下水道で浸水被害を防ぐべき目標降雨を計画に位置付け、整備を加速 ・下水道の樋門などの操作ルールの作成を義務付け ・沿川の保水・遊水機能を有する土地を確保する制度の創設 ・雨水の貯留浸透機能を有する都市部の緑地の保全 ・認定制度や補助などによる自治体・民間の雨水貯留浸透施設の整備支援
(3)被害対象を減少させるための対策
・住宅や要配慮者利用施設などの浸水被害に対する安全性を事前確認する制度の創設 ・防災集団移転促進事業のエリア要件の拡充 ・災害時の避難先となる拠点の整備推進 ・地区単位の浸水対策の推進
(4)被害の軽減、早期復旧、復興のための対策
・洪水対応ハザードマップの作成を中小河川に拡大 ・要配慮者利用施設の避難計画に対する市町村の助言・勧告制度の創設 ・国土交通大臣による災害時の権限代行の対象拡大

流域治水関連法案の概要（資料:下も国土交通省）

◆ 浸水被害防止区域や貯留機能保全区域を新たに指定

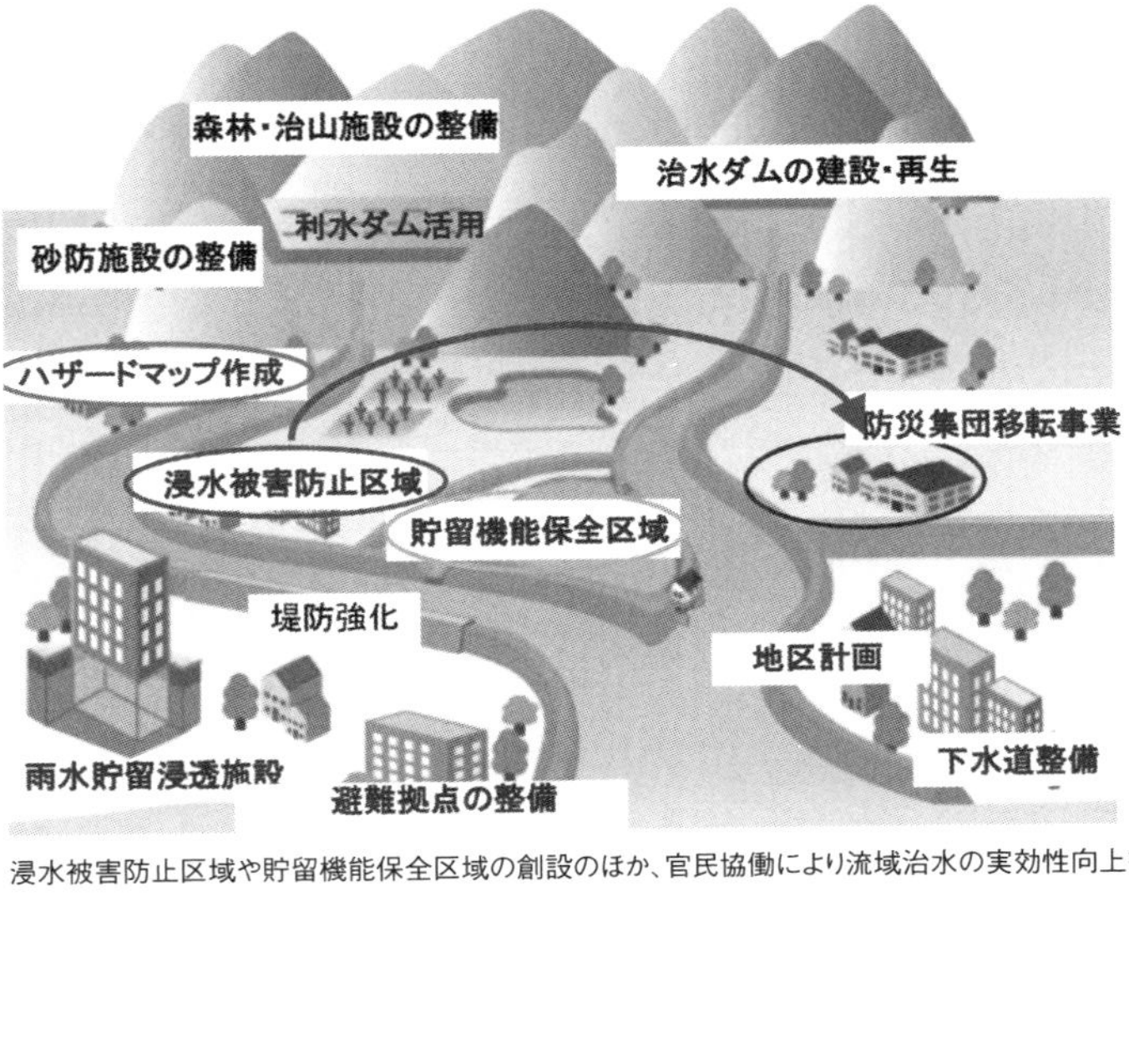

浸水被害防止区域や貯留機能保全区域の創設のほか、官民協働により流域治水の実効性向上を狙う

らの用途に変更する場合だ。申請を受けた都道府県知事などは、「洪水や雨水出水に対して安全な構造か」「居室の床面が基準水位以上か」といった項目を確認。国土交通省令などで定めた基準を満たす場合に許可証を交付する。

このほか、利水ダムの事前放流の拡大を図る協議会の設置や、水田を含む川沿いの低地を開発する際に都道府県知事などへの届け出を義務付ける「貯留機能保全区域」の創設、雨水貯留浸透施設の整備支援強化なども盛り込んだ。

被害の軽減や早期復旧・復興に関する対策としては、ハザードマップの作成義務付けを現行の約2000河川から、中小規模を含めた約1万7000河川に拡大する。被災自治体の迅速な復旧を後押しするために、国土交通大臣による権限代行制度も充実させる。

水害リスクが説明義務の対象に

住まい方に大きな影響を与えるのは流域治水関連法の施策だけではない。20年6月の「都市再生特別措置法等の一部を改正する法律」(改正都市再生特別措置法)の公布も大きな影響力を持つ。国交省は20年から22年にかけて、災害ハザードエリアにおける新規開発の制限や居住誘導区域への移転促進など、激甚化する自然災害への対応を急ぐ。

このように災害リスクを考慮して、危険な土地での建築・土地利用規制や安全な土地への計画誘導を図る施策が最近になって、話題に上るようになってきた。また、不動産取引時における水害リスクの明示や水害リスクに応じた保険商品の登場などによって、金融面から間接的に立地の抑制や対策の誘導を促す動きが出ている。

これらの取り組みに共通するのは、危険な土地への新たな居住者を減らすことと、危険な土地に住んでいる人たちにより安全な住まい方を促すことだ。100年先を見据えて危険な土地に住まわさないように国土計画を見直そうとしている。

国内で人口が減るのは周知の事実だ。無秩序に市街地を広げる時代は終わりを告げた。安全な土地へ街の中心機能と居住地を誘導したり移転させたりする施策は、数年先は無理でも長期スパンで考えると決して無謀な挑戦ではない。以降では、各地で始まっている先進的な取り組みを詳しく見ていこう。

◆ 災害リスクを考慮した規制・誘導は大別して3つ

分類	考え方	仕組み	災害リスクを考慮した規制・誘導の考え方
土地利用・建築規制	法律に基づき、水害リスクの高い区域における土地利用や開発、建築行為などを制限	災害危険区域	リスクのある区域での建築行為を禁止・制限
		区域区分	リスクのある地域における市街化と開発行為を制限
		地区計画	リスク対策を含めた地区単位の街づくりルールに基づいて土地利用や建築行為の内容を制限
計画誘導	法定の計画制度や条例・任意の取り決めなどによって、開発や建築行為を抑制・誘導、水害リスク対策費用の補助	立地適正化計画	都市における人口減少・高齢化などを背景に、居住を誘導する区域を設定するに当たり、リスクを考慮
		条例	自治体が公共と民間が取り組むべき対策の内容を規定
		要綱・助成	自治体が住民・事業者などの任意の協力に基づき、リスク情報の提供や助言・指導、対策費用の補助などを実施
		規制緩和	建築規制の緩和によるインセンティブ(誘因)により防災施設の整備などを誘導
市場誘導	不動産・金融市場における水害リスクの適切な明示・評価を通じて、間接的に対策を促す制度・仕組み	災害保険	水害時の財産被害補償の掛け金(保険料)の料率を、リスクの程度に応じて差異化して立地抑制・対策誘導
		重要事項説明	不動産取引時に当該物件におけるリスクの内容を重要な説明事項とすることでの立地抑制・対策誘導
		住宅性能表示	住宅・宅地の災害時の安全性について共通の評価基準と表示方法を定めて市場取引の参考とする仕組み

(資料:木内 望)

2 都市計画や条例で危険地の無居住化を目指す

土砂災害の危険地は市街化を抑制

日本の鉄づくりの礎を築いてきた官営八幡製鉄所とともに発展を遂げた都市として有名な北九州市八幡東区。平地を製鉄所関連の工場や施設が占めたため、働く人たちやその家族は斜面沿いに家を構えざるを得なかった。今も山にびっしりと家が張り付く景観が残る。

市はこういった「斜面宅地」などを対象に、新規の開発を抑制し、現行の都市計画法に基づいて、おおむね30年をかけて、無居住化や更地化を緩やかに進めようとしている。２０１８年12月から、都市計画区域を市街化区域と市街化調整区域（市街化を抑制する区域）に分ける「区域区分」の見直しに着手。市街化区域の一部を調整区域に編入する〝逆線引き〟を検討してきた。

「危険な場所を市街化区域のままにして住んでいいと言い続けるのは、都市計画を運用する行政として責任のある行動ではない。現世代だけでなく、次世代に対して行政が街をどうしたいかを示す1つの姿ではないか」。市の区域区分の見直しを、専門委員として関わった九州工業大学大学院建設社会工学研究系の寺町賢一准教授は、こう評価する。

市街化調整区域への編入に当たっては、災害の危険性や利便性、居住状況など12の指標で総合

北九州市八幡東区にある20%超の斜度を持つ通称「ゾンコラン坂」の中腹から見た景色。坂周辺や向こう側に見える宅地などは、市街化調整区域への編入候補地だ
(写真:日経コンストラクション)

◆ **災害危険性の評価の重み付けが高い**

区分		基本的な考え方	評価の重み付け
安全性	災害危険性	**土砂災害特別警戒区域、土砂災害警戒区域** 住民の生命や身体に危害が生じる恐れがある地域は評価が低い。なお、土砂災害特別警戒区域は土砂災害警戒区域よりも優先度を高くする	50
		宅地造成工事規制区域 宅地造成に伴い災害が生じる恐れが大きい地域は評価が低い	
		平均標高 標高が高い地域は災害が生じる恐れが高いため評価が低い	
利便性	交通利便性	**バス停までの距離** バス路線300m圏外は評価が低い	30
		4m未満の道路率 車が寄り付きにくい地域は評価が低い	
	生活利便性	**商業施設までの距離** 身近な生活利便施設が立地していない地域は評価が低い	
居住状況	居住状況	**人口密度** 人口密度の低い地域は評価が低い(DIDの定義である40人/ha未満の地域を、その低さの程度に応じて優先的に抽出)	20
		高齢化率 高齢化の進展している地域は評価が低い	
	住宅状況	**空き家率** 空き家が多い地域は評価が低い	
		1981年以降の住宅率(新耐震建築率)、新築動向 新しい建物の少ない地域は需要が少ないと判断し評価が低い	

評価の重み付けの点数が高いほど、市街化調整区域への編入時に重視される。市街化区域の客観的評価指標(資料:北九州市「区域区分見直しの基本方針」)

評価することにした。

特に珍しい指標が、災害の危険性だ。土砂災害警戒区域や宅地造成工事規制区域など災害リスクが高い箇所は、市街化区域としての評価点が低くなる。これまで、区域区分に土砂災害の危険性を、定量的な指標として設けた例はなかった。災害の危険性の評価が他の項目と比べて、重み付けが高いのも特徴だ。

「北九州市は台風がほとんど来ないし地震も少ない。それでも西日本豪雨で土砂災害が起こるなどして、防災についての意識は高まっている。区域区分に災害の視点が必要だという意見は多い」。八幡東区自治総連合会の宮地久男会長はこう話す。

市が斜面地の住民に実施したアンケートを見ても、防災の視点を重視する傾向が読み解ける。普段の生活において、災害発生で不便になると感じている住民は過半数を占めている。

市街化調整区域へ編入する候補地の決め方は以下の通りだ。1次選定で、12の指標に基づいて総合的に評価点を出

◆ 292haが市街化調整区域に

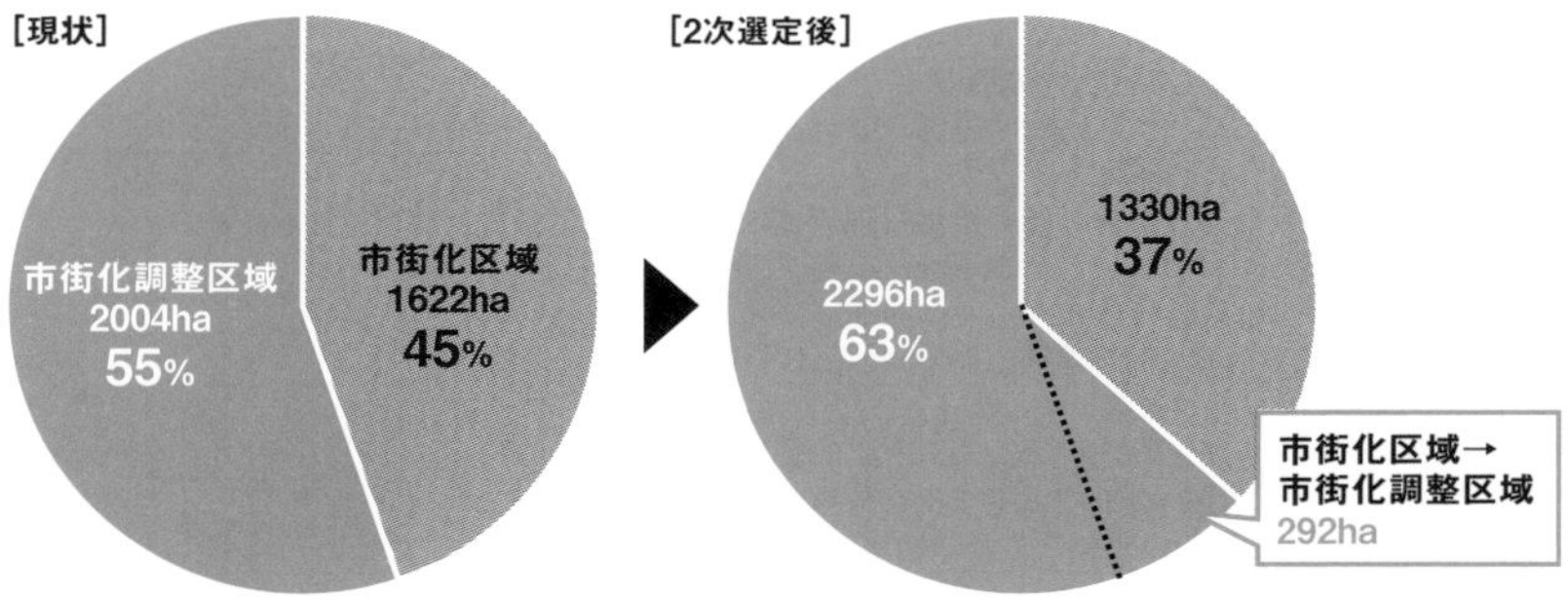

北九州市八幡東区における市街化調整区域と市街化区域の現状の割合と見直し後(資料:北九州市)

し、編入すべき地域を250メートル四方のメッシュごとに決める。そして2次選定では、安全性の低さや車の寄り付きの難しさ、空き家の多さという3つの視点で現地を調査して候補地を絞る。

19年12月には、初の候補地を公表した。冒頭で紹介した八幡東区だ。都市計画区域における市街化調整区域の面積の割合は、現状の55パーセントから2次選定後は63パーセントへと増える。その後、八幡東区を除く残り6区についても候補地を公表済みだ。住民への説明を進めて都市計画原案の作成や都市計画手続きに入り、21年度末までの都市計画変更を目指す。

これまで、大きな反対運動を受けずに進んできたものの、住民説明会が本格化するこれからが本番といえる。客観的な指標に基づいて実施した区域区分を、住民の意向を聞いて微調整しなければならない。先行している八幡東区ではすでに、市と住民とで意見交換を始めている。

住民からは、逆線引きに対する不安や要望、賛成・反対など様々な意見が上がっている。

◆ 逆線引きに不安の声も

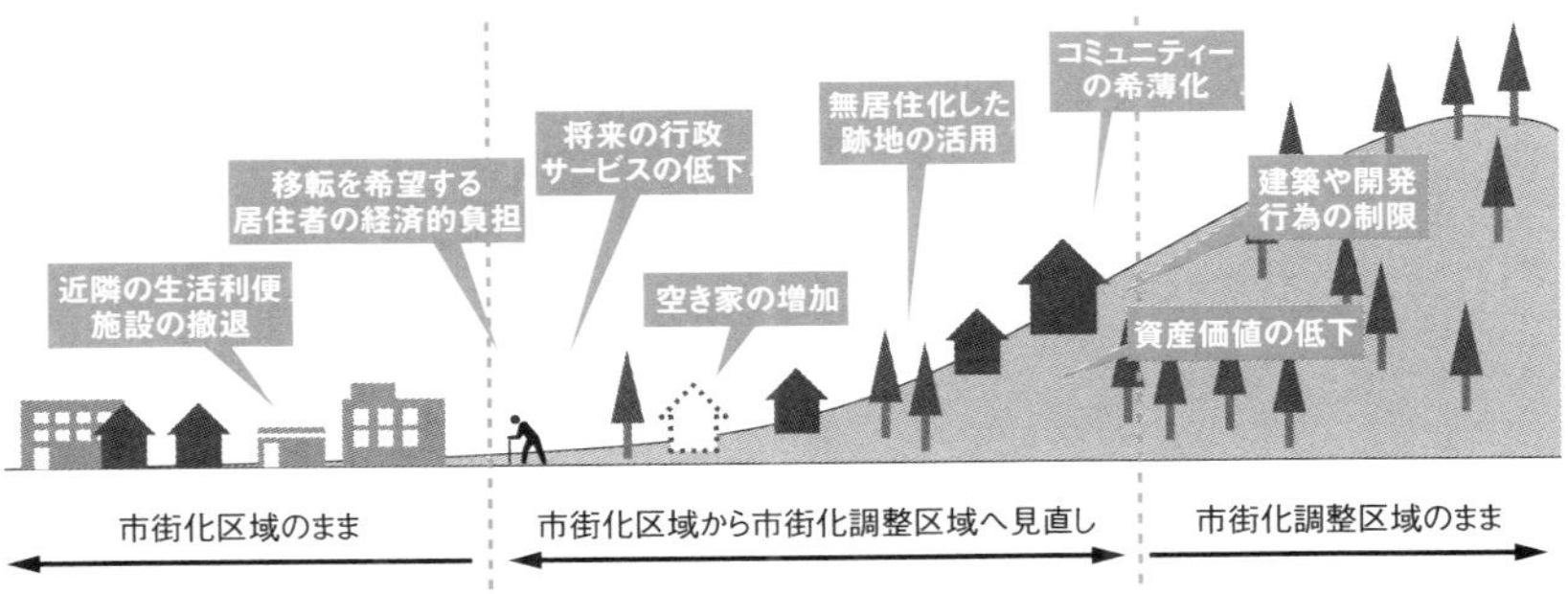

市街化調整区域への編入で想定される課題(資料:取材などを基に日経コンストラクションが作成)

「基本的に市の考えに同意するが、同時に宅地の買い取りや引っ越しへの支援制度を充実させてほしいという人が多い」。北九州市建築都市局都市計画課の古田祐一郎課長はこう明かす。市は住宅の除去費や新しく建てる住宅資金の借入に伴い利子を補助する「がけ地近接等危険住宅移転事業」など、既存の制度の活用を勧めている。私有財産である以上、宅地を市が買い取って、移転を補助するといった全面的な支援は難しいからだ。

一方、市街化調整区域に編入されかねない住宅の所有者からは、反対の声も上がる。調整区域になると土地や建物の資産価値が下がり、売買しづらくなることを危惧しているのだろう。

ただ、不動産業界の声に耳を傾けると、実態はやや異なる。

市を拠点とするある不動産会社の取締役は「4、5年前から、よほどの理由がない限り、斜面宅地の不動産はほぼ取引されていない。あっても安価で売買されている」と言う。もともと不便な斜面地では、不動産の値崩れが始まっているようで、区域区分を見直しても大勢に影響はないとみる不動産会社は少なくない。

調整区域では一定の条件を満たせば建て替えは可能だが、原則として建築や開発行為が制限される。この点への不満も上がる。ただ、先述の不動産会社の支店長は「八幡東区の斜面地では、今でも道路に面していなかったり、車が入れなかったりする宅地条件が多く、建築基準法の制約を受けて再建築できない場所が多い。調整区域に編入されなくても同じだ」と明かす。

宮地会長は「住民から出る様々な意見を丁寧に吸い上げて、区域区分を行政に逆提案したい。八幡東区の25地区の自治会長が意見を集約する体制を整える」と意気込む。

COLUMN

土砂災害に悩まされてきた広島でも逆線引き

北九州市が実施する「逆線引き」は、全国に広がりつつある。長年、土砂災害に苦しめられてきた広島県下でも、災害危険地の区域区分の変更を視野に入れて動き出している。

例えば、広島市。「都市計画区域の定期的な見直し時に、土砂災害のリスクがあり、かつあまり土地利用されていない箇所を試行的に市街化調整区域に編入してきた。目的は北九州市と同じだが、大々的に逆線引きを進めているわけではない」と、都市整備局都市計画課の黒瀬比呂志課長は説明する。

同市では2012年に区域区分を見直して、土砂災害特別警戒区域（レッドゾーン）と市街化区域とが重複する2カ所を、条件付きで市街化調整区域へ編入した。

さらに22年度の区域区分の見直しでは、市街化区域のうちレッドゾーンと重複する地区を7つ選定。最終的に6つの地区の市街化調整区域への編入を目指す。そのうち5つは、自ら編入を求めた地区だ。

広島県も18年の西日本豪雨などを受け、県下で統一して土地利用の在り方を見直す。レッドゾーンの低未利用地を市街化調整区域へ編入する旨を、21年3月に制定した「広島圏域都市計画マスタープラン」に盛り込んだ。

流域治水のトップランナー、滋賀県

国が流域治水の政策を打ち出すよりもずっと前から、流域治水の考えを実践している自治体がある。滋賀県だ。14年に水害リスクの高い区域の建築を規制する「流域治水条例」を独自に制定して、県内の水害リスクの高い区域に建築規制を設けた。

河川整備計画では一般に、一定の確率で降る規模の雨を河道で安全に流下させ、氾濫の頻度を減らすように堤防などを整備することを目標にしている。その目標には、あふれた水が人の命にどう影響するかという視点はない。

一方滋賀県は、水害リスクの物差しとして「地先の安全度」という独自の指標を提唱した。河川の治水安全度ではなく、人が住む場所を対象とした安全度の指標だ。住宅などを購入する場合、周囲の河川や水路の個々の安全度よりも、自宅がどのような頻度で浸水するかの方が気になるだろう。それを表したのが、地先の安全度だ。

従来の浸水想定区域図が河川などの外水氾濫だけを考慮していたのに対して、地先の安全度では生活圏内の複数河川や下水道、農業用排水などの内水氾濫も考慮して解析する。

さらに、洪水の発生確率と被害の程度を表す「被害発生確率」の考え方を導入。10年確率の降雨（10年に1回程度の割合で起こり得る規模の降雨）や30年確率の降雨といった外力ごとの浸水想定区域図「地先の安全度マップ」を12年に公表した。

滋賀県ではこのマップに基づいて、浸水深や流体力などによる人や家の被害の程度も踏まえて、

◆ 川の安全度ではなく住まいの安全度を公表

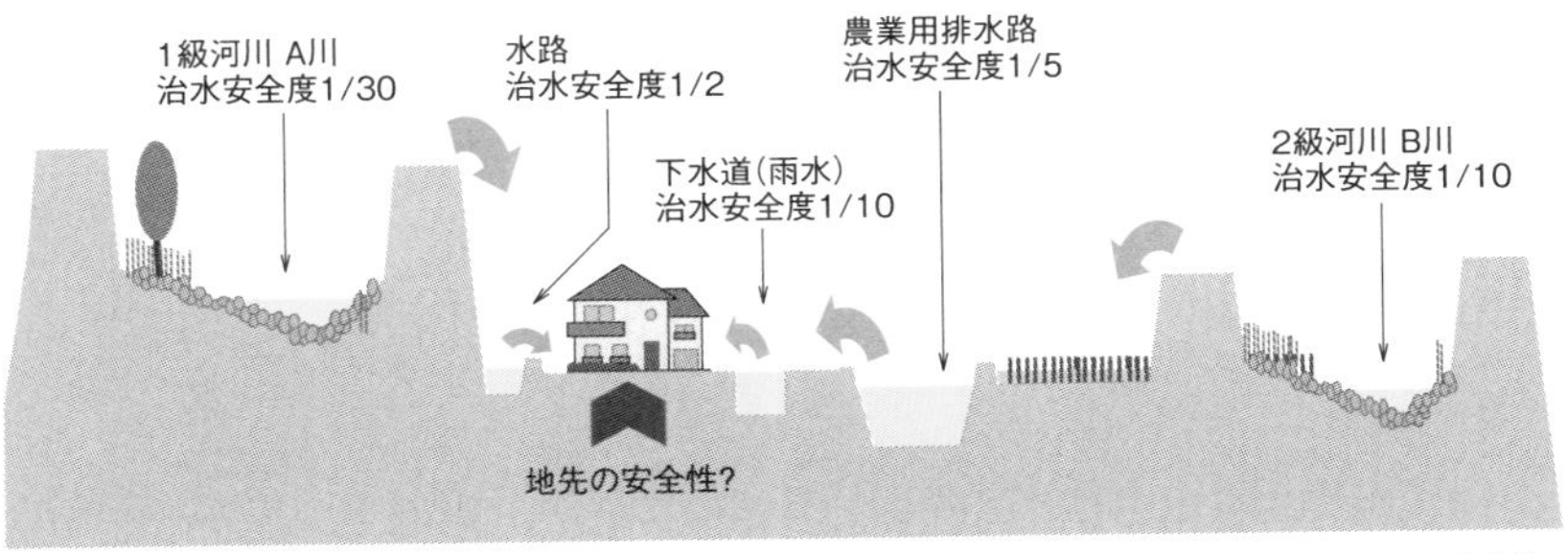

地先の安全度の概念図(資料:「中小河川群の氾濫域における減災型治水システムの設計」(河川技術論文集、vol.16、477-482頁)を基に作成)

◆ 床上浸水は発生確率の高い豪雨が対象

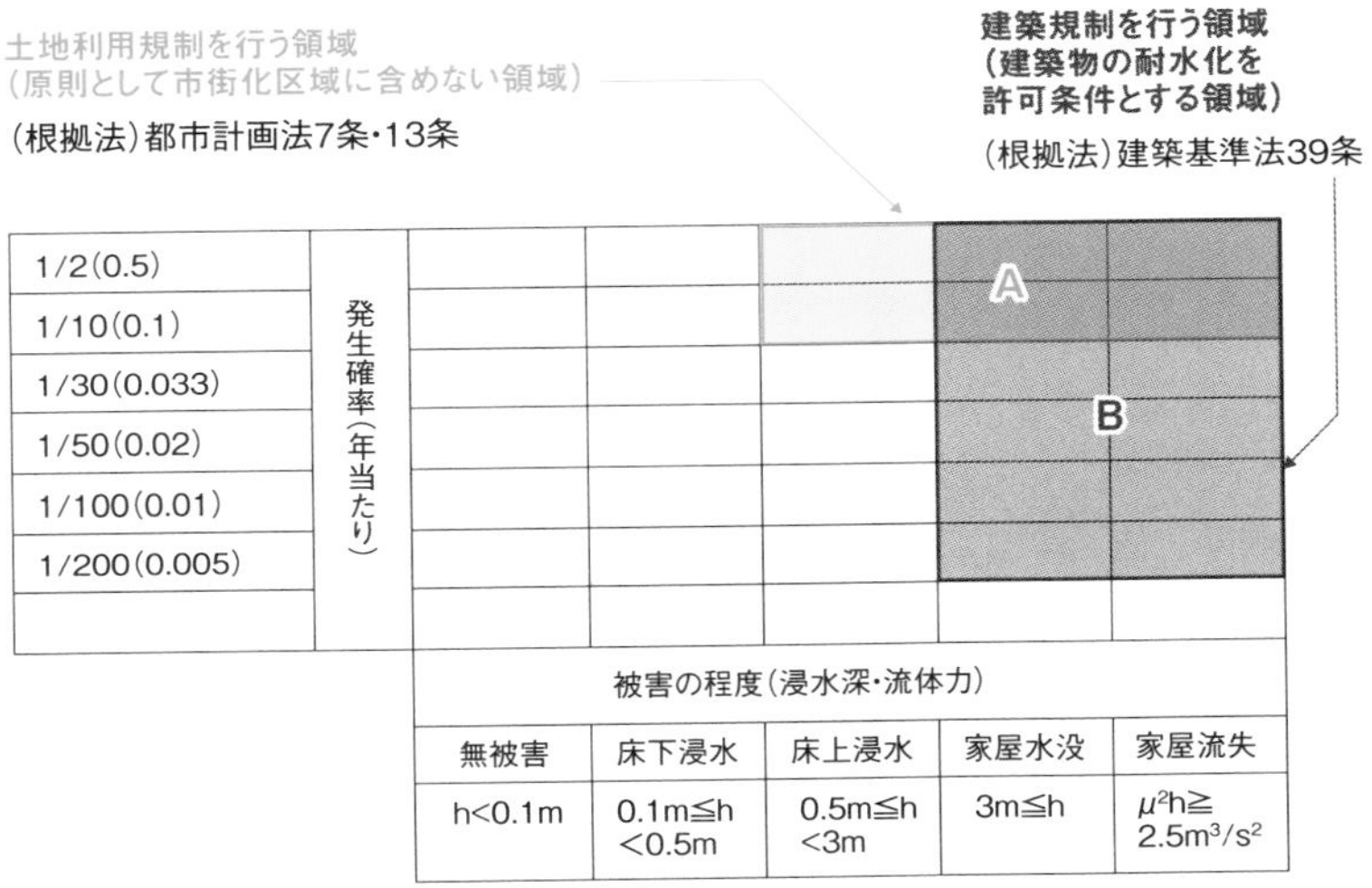

土地利用・建築規制の対象となるリスクの範囲(資料:「中小河川群の氾濫域における減災型治水システムの設計」(河川技術論文集、vol.16、477-482頁)と滋賀県の資料を基に作成)

安全度を評価する。

具体的には、10年確率の降雨程度で浸水深が50センチメートル以上になる地区は、新たに市街化区域には含めないようにする。50センチメートル以上の床上浸水が頻繁に生じるような地区で建築などを許可すれば、災害のたびに復旧費用を要する恐れがあるからだ。

もう1つは、浸水しても家が水没したり流されたりするのを免れるようにする規制だ。200年確率の降雨で浸水深3メートル以上の地区や氾濫流の勢いが強い地区では、新たに建築する場合、予想浸水面以上の高さに2階や屋根裏部屋などの垂直避難が可能な空間を確保したり、布基礎や軸組みを強化して流されるのを防いだりすることを許可条件としている(21年8月末時点で、流体力を基準とした規則については運用開始に至っていない)。

地先の安全度をマップで可視化

土地利用や建築の規制は新しい取り組みにも見えるが、す

滋賀県の地先の安全度マップ。200年に1度の大雨が降った際の最大浸水深を表示している(資料:滋賀県)

でに半世紀前に、当時の建設省が同様のことを考えていた。例えば、10年確率の降雨で浸水深が50センチメートル以上になる地区を市街化区域に含めない規制については、1970年に都市計画法の7条と13条に基づいて、都市局長と河川局長が通達。他方、3メートル以上浸水する区域における建築規制については、建築基準法39条（災害危険区域制度）を根拠に、59年に建設事務次官が通達していた。

通達がこれまで形骸化していたのは、洪水の発生確率に応じて水災害の恐れのある地区を確認するような地図がなかったからだと考えられる。滋賀県はそれを誰でも確認できるように、「地先の安全度」を洪水の発生確率年ごとに色分けして公表した。自分の土地が何年に1度の降雨で浸水するかを確認することが可能になったのだ。

県は200年確率の降雨で深さ3メートル以上の浸水が予想される区域「浸水警戒区域」を建築基準法39条で定める「災害危険区域」と位置付けて、指定区域内に住宅や社会福祉施設を新築する場合に、居室の床面の高さを想定浸水深以上とすることなどを義務付けている。

浸水警戒区域内での地盤のかさ上げや、耐水化を目的とした既存住宅の建て替え・改築といった対策工事を実施する場合には、県が上限400万円の助成金を出す支援制度も整えた。国の補助金はなく県の負担はかなり大きい。県の本気度がうかがえる。

17年6月には住民の合意を得て、初めて米原市村居田（むらいだ）地区の一部を浸水警戒区域に指定した。21年8月末の時点で指定件数は8地区になった。

滋賀県の流域治水条例の作成に関わってきた元県職員で、現在は滋賀県立大学環境科学部環境政策・計画学科の瀧健太郎准教授（86ページ参照）は、次のように振り返る。「滋賀県は超過洪水を考えて、あふれても大丈夫な地域づくりを実践している。流域治水条例をつくって『氾濫原管理者』になると宣言し、100年先の国土を見据えて危ない所に人が住まないよう事業を進めている」

さらに瀧准教授は、「中小規模の河川には降り始めから洪水到達までの時間が短いケースが多い。しかも変動幅も大きい。的確な避難勧告などの体制強化も重要だが、逃げなくても大丈夫な街づくりをしておかなければ、氾濫原管理者として責任を果たしているとは言えないのではないか」と指摘する。

市街化を控えて人を住まわせないよう誘導

滋賀県の条例が生命の危機を防ぐことに力点を置いているのに対し、被災すると生活に大きな支障が生じる建物の設備なども対象に条例を制定したのが同県の草津市だ。06年度から浸水対策を義務化する条例を運用している。

「浸水などから人命を守るのは当たり前。ちょっとした工夫で財産も守れるようにしている」と話すのは、草津市都市建設部建築指導グループの荻下則浩参事だ。

例えば、同条例では公共建築物の新築・改築の際、床上浸水を防ぐためにかさ上げを求める。このほか、浸水が生じた場合の被害を最小限に抑えるために、電気設備の配電盤などを浸水想定水位よりも上に設置するよう規定している。

雨水の貯留機能を確保するために条例を制定する自治体は少なくない。静岡県沼津市では、地盤の隆起や荒廃地化を防ぐために、10年度に土砂の埋め立てを規制する条例を制定した。副次的な効果として、農地や水田の保全につながり、遊水機能（川沿いの田畑などで雨水や河川の水を一時的に貯留する機能）の維持に寄与している。

水害リスクの高い範囲について、滋賀県と同様に条例で市街化を抑制するのが奈良県だ。人口の90パーセントが集積する大和川流域では、158河川が合流して1本の大和川となり、生駒・金剛山地に挟まれた亀の瀬を抜けて大阪へ流れる。この亀の瀬が全国有数の地滑り地帯のため、河川を改修するにも限界がある。

「亀の瀬の流下能力見合いでしか、奈良

◆ 狭さく部が水の流下能力の限界を決める

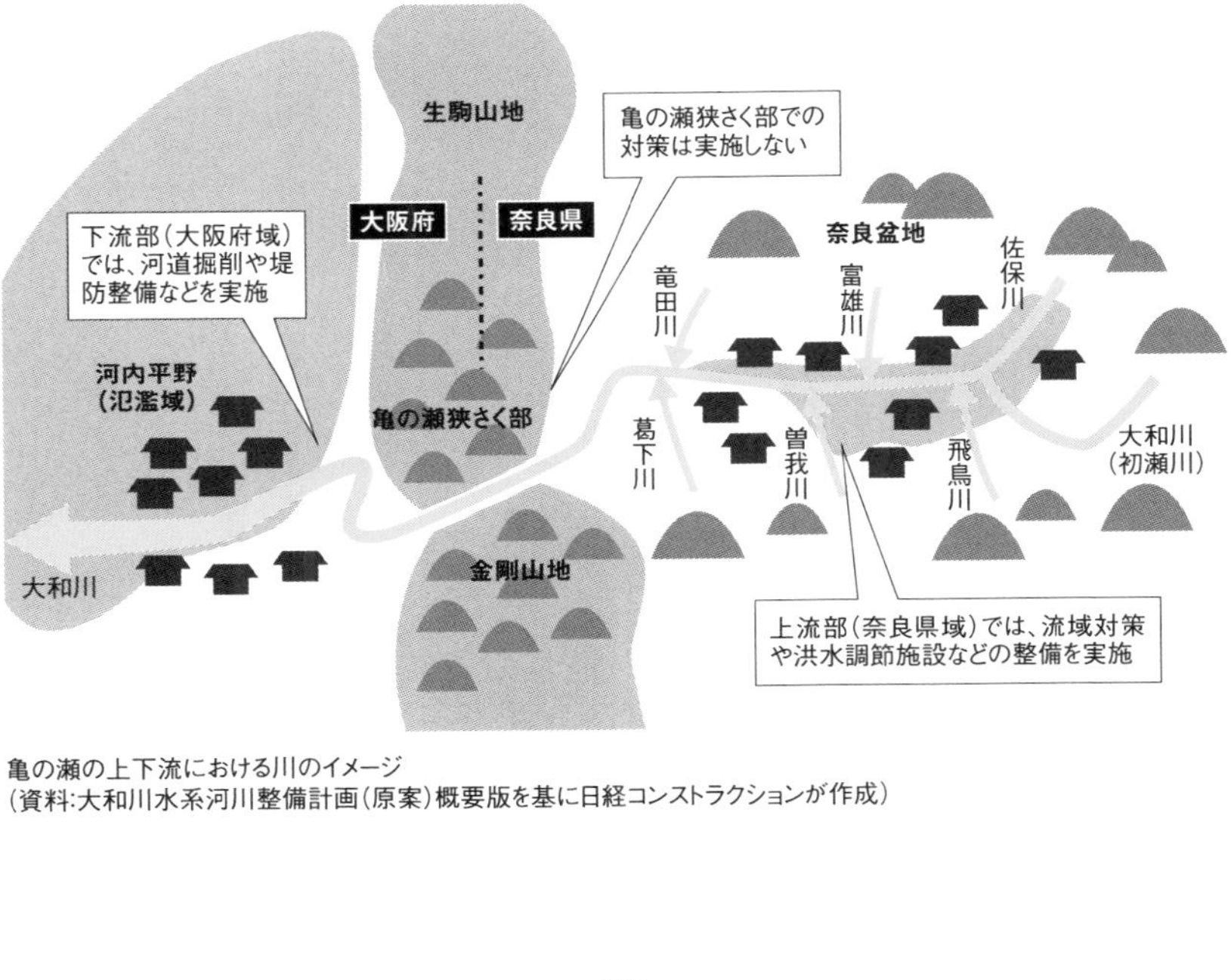

亀の瀬の上下流における川のイメージ
（資料：大和川水系河川整備計画（原案）概要版を基に日経コンストラクションが作成）

県の河川改修はできない」。奈良県県土マネジメント部河川課の植谷秀夫課長補佐はこう話す。同県では亀の瀬の治水上のネックもあり、1982年の大和川大水害を契機に、「流す」対策以外に「ためる」対策を着々と実施してきた。

しかしその後、防災調整池（大規模な宅地開発などに伴って整備する雨水貯留施設）が不要な小規模開発が増え、浸水の恐れのある区域の市街化区域編入も進む。近年では内水氾濫による被害が後を絶たず、総合治水対策をてこ入れする必要が増してきた。実際、2017年に奈良県を襲った台風の被害は、9割が内水によるものだった。

同県では15年に学識経験者などから成る「奈良県総合治水対策推進委員会」（委員長：中川一・京都大学防災研究所教授）を発足。そして17年10月、大和川流域における総合治水の推進に関する条例を制定した。

従来の「流す」と「ためる」の対策に加えて、新たに「控える」対策を打ち立てたのが特徴だ。簡単に言えば、これから街が形成される可能性のある市街化調整区域内で水に漬かるような場所については、市街化を控えさせて人が住まないように誘導する。

浸水区域に盛り土して家を建てると、その流域で水がためられなくなり、浸水範囲が拡大する可能性がある。そこで、条例では10年確率の降雨で0・5メートル以上浸水する場所を「市街化編入抑制区域」に指定することにした。同区域は原則として、都市計画法に基づく市街化区域への編入を抑制する。

「これまで市街化区域の線引きなどで災害の恐れのある区域を検討していたことはあったかも

◆ 10年確率の降雨で浸水深0.5m以上の場所は市街化しない

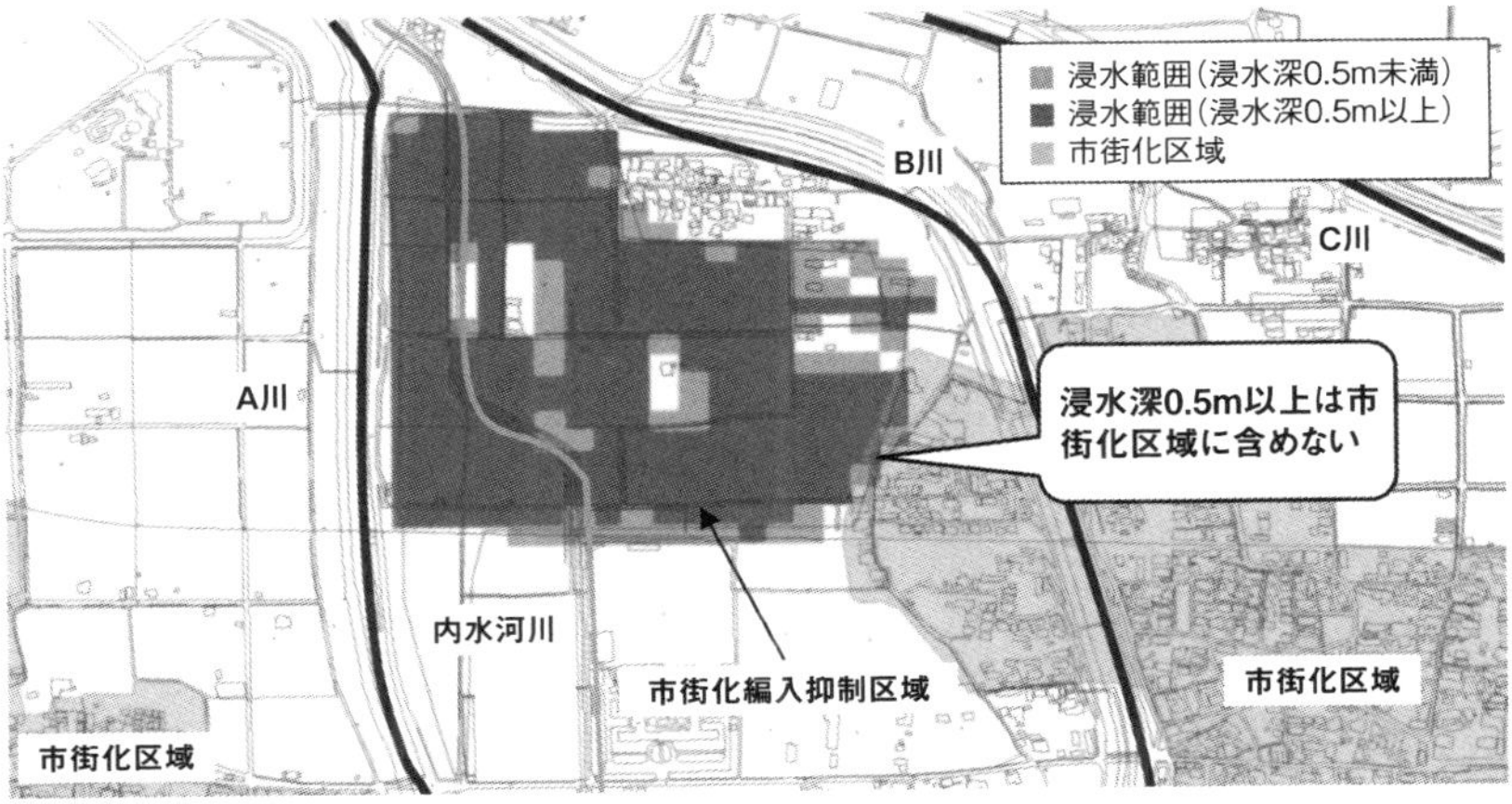

市街化編入抑制区域の指定イメージ(資料:第6回奈良県総合治水対策推進委員会)

◆ 0.5m以上の浸水想定区域の6割が内水氾濫の恐れ

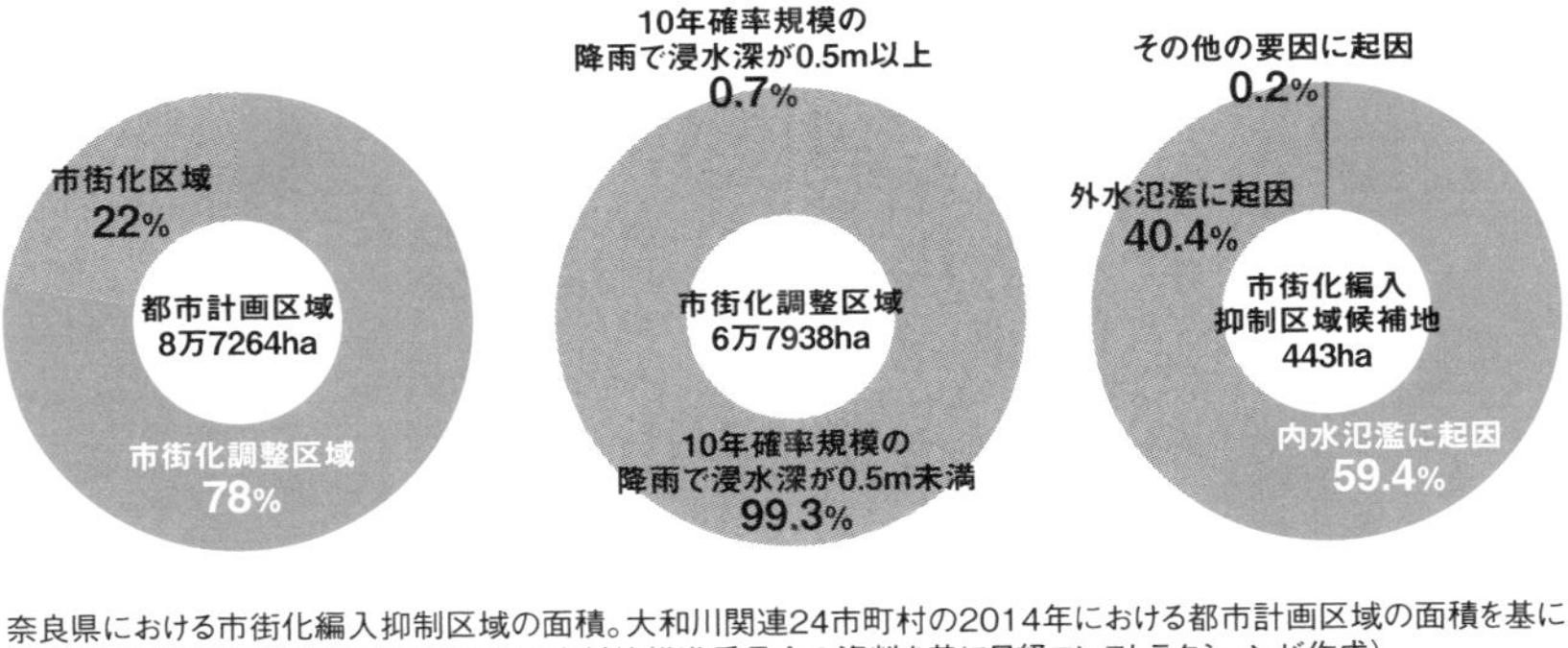

奈良県における市街化編入抑制区域の面積。大和川関連24市町村の2014年における都市計画区域の面積を基に分析している(資料:第6回奈良県総合治水対策推進委員会の資料を基に日経コンストラクションが作成)

しれないが、前もってシミュレーションしてあぶり出すことまではしていなかったのではないか」と、植谷課長補佐は話す。

県内の都市計画区域のうち、約8割が市街化調整区域に当たる。そのなかでも10年確率の降雨で浸水深が0・5メートル以上になる場所は、0・7パーセントの443ヘクタールだ。内訳を見ると、内水氾濫の恐れのある箇所が6割を占める。

市街化区域への編入抑制は原則であって、対策を講じれば編入を認める。ただし、その際は県などの指導が入ることになる。

奈良県の内水対策への力の入れようは、ほかの事業を見ても明らかだ。18年度には奈良県平成緊急内水対策事業を創設。内水に着目した貯留施設の整備を、5年間で100億円を超える予算を投じて実施する方針だ。シミュレーション上で浸水被害を受けたり、これまで複数回、床上・床下浸水などの家屋被害を受けたりした場所で、特に人が住んでいる所を重点的に整備する。

さらに市街化調整区域での開発抑制と同時に、奈良県ではすでに市街化された区域でも効果が見込める内水対策に力を入れている。18年10月から、防災調整池の設置義務要件を強化。設置要件をこれまでの3000平方メートル以上から1000平方メートル以上に変更した。

「県が内水被害対策に対応することは、住民の財産を守るために重要だ」と植谷課長補佐は話す。これまで内水被害に苦しんできた県民が多いせいか、開発抑制を盛り込んだ条例を制定するうえで、大きな反対運動は起こらなかったという。

COLUMN

イエローゾーン内の安全地を探れ

ハザードマップで示されている災害リスクのある土地は、全て危険なのか──。土砂災害では、土砂災害警戒区域（イエローゾーン）で指定された範囲で被害が多発しているとはいえ、よく見ると範囲内でも被害が及んでいない箇所がある。イエローゾーンなどの場所を明らかにする「基礎調査」では、災害リスクの可視化に向けて指定を急ぐことが先決だった。最近では指定が進んだことで、イエローゾーン内の危険度の分布を探る必要性が叫ばれている。

というのも、複数のイエローゾーンが重なって指定されている斜面地では、警戒区域外に避難所を設けると、居住区からはかなり遠くなる。避難時は長距離に

◆ イエローゾーン内でも安全な場所がある

［基礎調査1巡目］

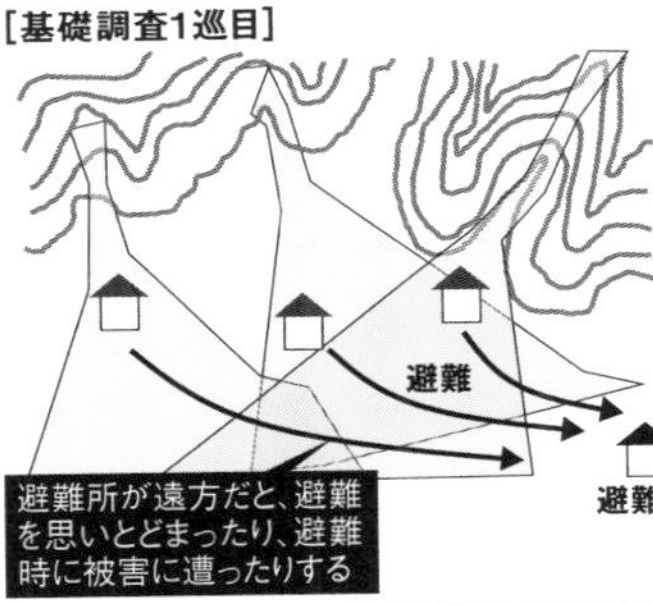
避難
避難所
避難所が遠方だと、避難を思いとどまったり、避難時に被害に遭ったりする

土砂災害が発生した場合、住民に被害が及ぶ恐れがある「土砂災害警戒区域（イエローゾーン）」の公表や指定を優先して急いだ。自治体は地区防災計画において土砂災害の情報伝達や警報の発令、警戒避難体制などに関する事項を定める必要がある

［今後］

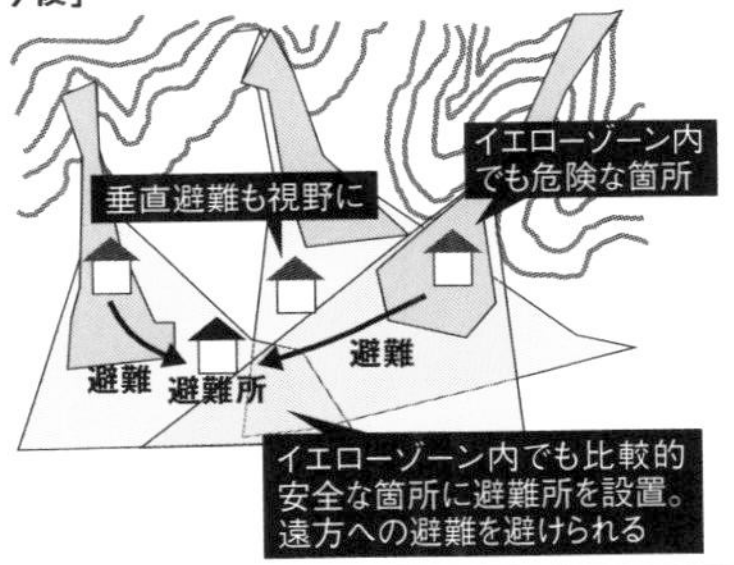
イエローゾーン内でも危険な箇所
垂直避難も視野に
避難
避難所
避難
イエローゾーン内でも比較的安全な箇所に避難所を設置。遠方への避難を避けられる

コロナ禍で避難所などでの「3密」回避が求められている。イエローゾーン内でも比較的危険でない場所では2階への垂直避難や、近隣の家への避難などが推奨される。そのためには、イエローゾーンのリスクの濃淡を評価する必要がある。他にも、イエローゾーンが重なる地区などでは、近隣に避難所を設けられないため、イエローゾーンの中でも比較的危険でない箇所を抽出する必要がある

土砂災害警戒区域において災害リスクの濃淡を付けるイメージ（資料:取材を基に日経コンストラクションが作成）

わたってイエローゾーンを通る必要があることから、危険が伴う。イエローゾーン内で危険度の分布が分かれば、区域内でも比較的安全な場所へ避難所を開設できるようになる。

京都大学防災研究所の竹林洋史准教授は土石流数値シミュレーションを使って、イエローゾーン内の危険度の分布を評価する研究を進める。14年に広島市安佐南区で起こった土石流（374ページ参照）を再現したシミュレーションでは、木造家屋の破壊状況を加味した。再現結果では、渓流出口付近の家屋は全て全壊。その下流側では全壊と半壊が混在していた。さらに下流側へ行くと、一部損壊となった。実際の被害とほぼ一致している。

さらに、家屋の有無で土石流の氾濫範囲が異なることも分かった。例えば、家屋が全くない状態で土砂が流れると、土石流の土砂災害警戒区域と似た範囲で扇状に氾濫する。一方で家屋が壊れないと仮定すると、家屋の上流側に土砂が堆積するため、氾濫範囲は狭まった。

別の言い方をすると、土砂災害警戒区域内でも、家屋の構造や配置状況によっては土石流の影響をほとんど受けない場所が相当程度あるということだ。竹林准教授はほかの土砂災害でも同様のシミュレーションを実施しており、警戒区域内のセーフティーゾーンの存在を明らかにしている。

このシミュレーションには、水や土砂の動きを数値シミュレーションで解析できるiRIC（アイリック）を利用している。無償でダウンロードが可能な汎用ソフトウエアだ。河川の氾濫解析から土砂災害のモデル構築まで、活用対象は幅広い。

「建設コンサルタント会社によっては、警戒区域1カ所当たり50万円程度でシミュレーションを回せる。現在の土砂災害警戒区域に比べると、精度は格段によくなるはずだ」。竹林准教授は、シミュレーションの効用の大きさをこう説明する。

イエローゾーン内での安全地の探索は、コロナ禍において大きな意味を持つ。新型コロナウイルス感染症の拡大で、避難所での密集を避けなければならない状況が出てきたためだ。イエローゾーン内でも自宅が比較的安全だと分かれば。2階への垂直避難で事足りる可能性がある。

◆ 家屋の存在を考慮すれば土石流の被害推定は変わる

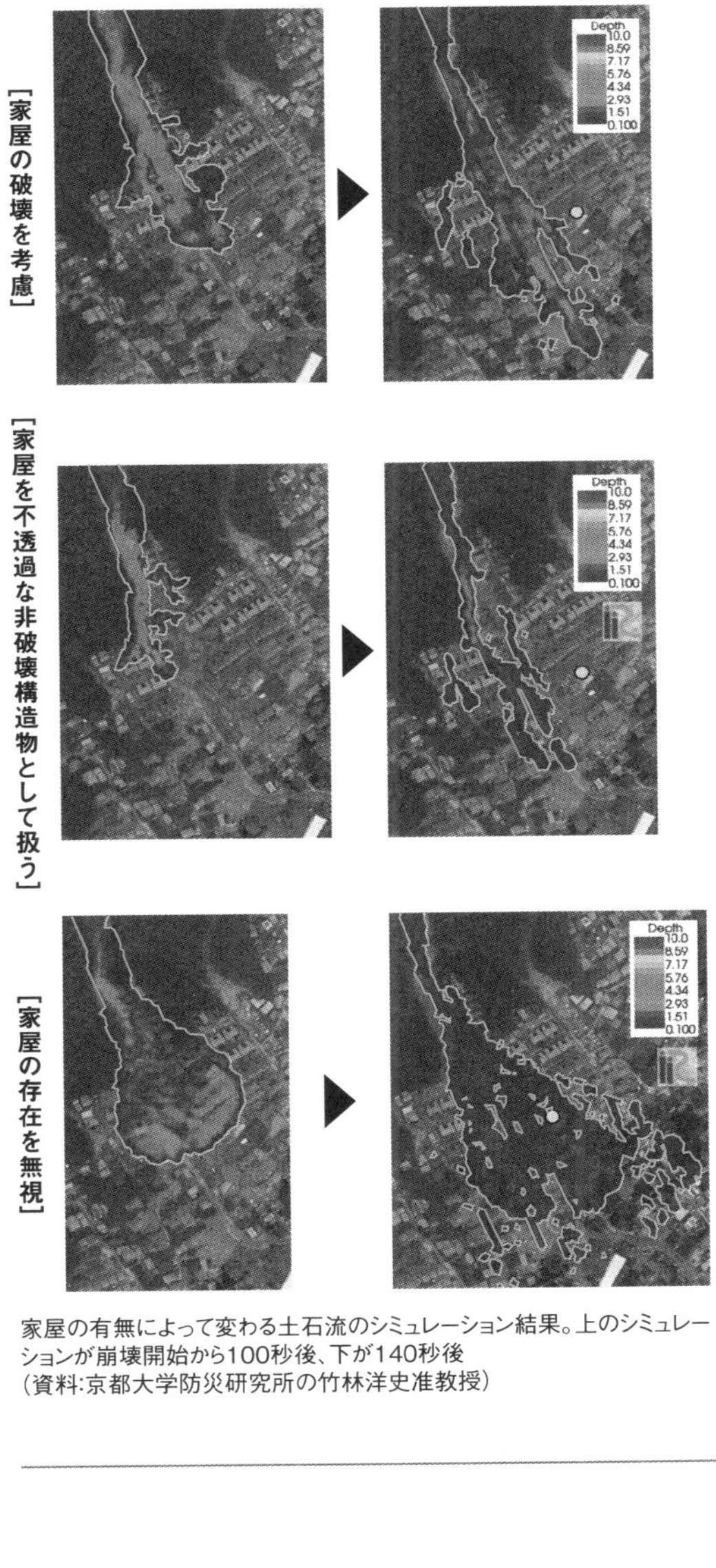

家屋の有無によって変わる土石流のシミュレーション結果。上のシミュレーションが崩壊開始から100秒後、下が140秒後
（資料:京都大学防災研究所の竹林洋史准教授）

3 災害リスクに見合った不動産価格に

人々の財布に直結する仕組みに

ハザードマップの周知が進み、土地の災害危険度が一般に知られるようになってきた。それでも、被害は一向に減らない。その理由について、京都大学防災研究所の釜井俊孝教授は次のように指摘する。

「災害リスクの情報を周知するだけでは、住民は災害を回避しないだろう。リスクを正しく分からせるためには、人々の財布に直結するような仕組みにしなければならないのではないか。例えば、危険な箇所とそうでない箇所で、土地の評価額などに差を付ける方法が考えられる」

土砂災害では現状でも、土砂災害特別警戒区域（レッドゾーン）においては一定の開発行為の規制や居室のある建築物の構造規制といった私有財産への制約が課されるため、地価は周辺と比べて平均して数十パーセント下がる傾向にある。一方、土砂災害警戒区域（イエローゾーン）の場合、災害リスクの地価への反映度はケースバイケースだ。

例えば、2018年7月の西日本豪雨（382ページ参照）で土砂災害に巻き込まれた神戸市灘区の篠原台の被災地。イエローゾーンの内外で、道路に面した標準的な宅地の評価額を示す「固定資産税路線価」に大きな違いはなかった。なぜならば、路線価は災害リスク以外にも日当たりや土地の傾斜状況、利便性など、あらゆる要素を基に決めるものだからだ。むしろ、イエローゾーン以外の安全な地域の方が、低い路線価になっているケースもある。現状では路線価が災害を回避するメッセージとはなっていない。

災害リスクによる減価率を、今より上げる手も考えられなくはない。不動産鑑定士などが地価を決める根拠として参考にする国土交通省の土地価格比準表によると、洪水や地滑りなどの危険性が高い場所はそうでないところと比較して、最大で5パーセントの価格差を付けることが可能だ。逆に言えば、それ以上は差を付けることができない。

◆ イエローゾーンの内と外で路線価に違いは見られず

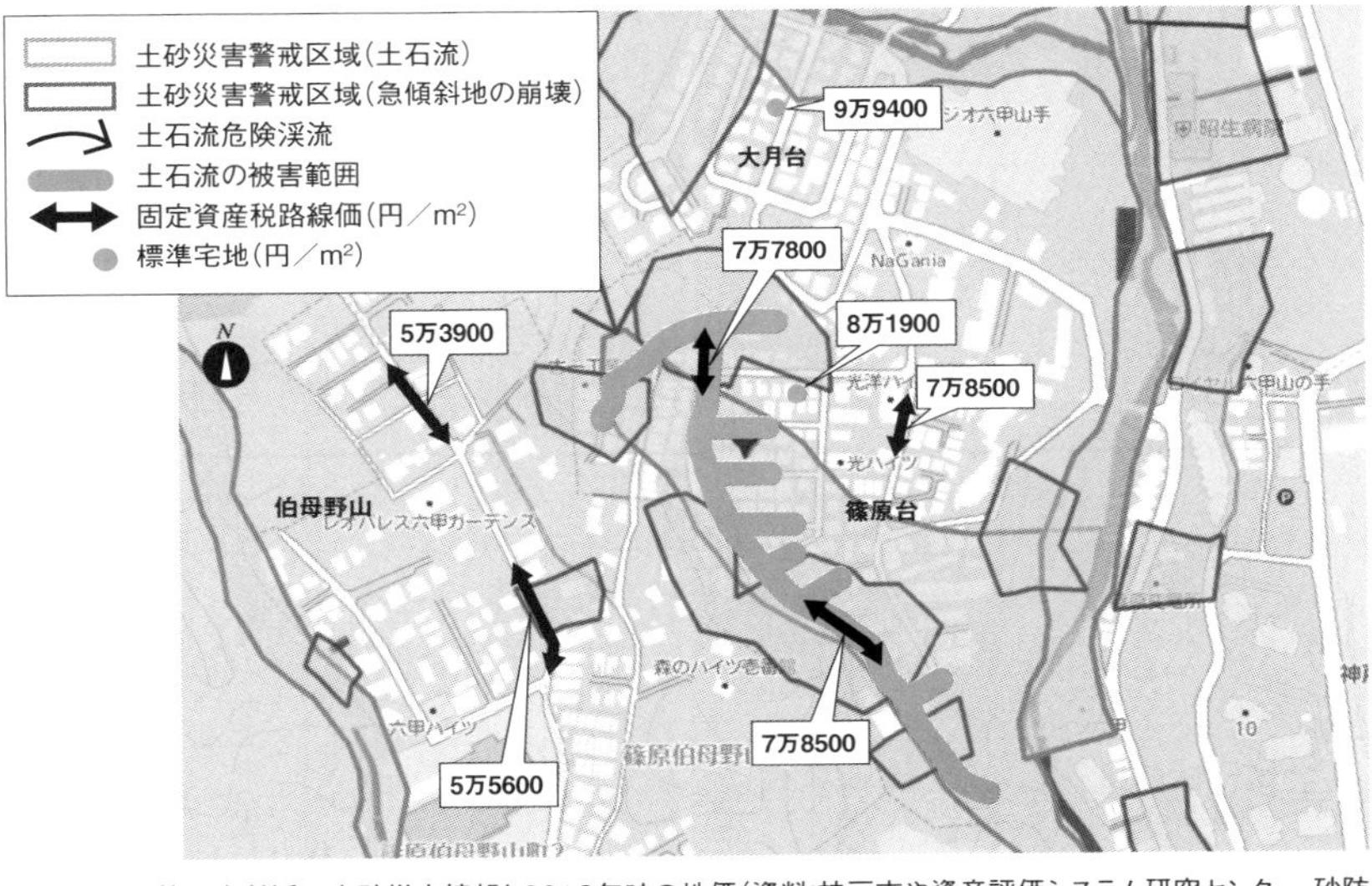

神戸市灘区篠原台付近の土砂災害情報と2018年時の地価(資料:神戸市や資産評価システム研究センター、砂防学会などの資料を基に日経コンストラクションが作成)

「住民から訴訟を起こされる恐れがあるため、災害リスクのある場所を明確な根拠無く大幅に減価するのは難しい」。不動産鑑定士で、土砂災害と土地評価の関係に詳しい内藤事務所の内藤武美代表取締役は、こう指摘している。

実際に大きな被害を受けると、さすがに宅地などの実勢価格は下落する。ただし、それも数年たつと下げ止まり、その後の復旧・復興によってはむしろ災害前よりも地価が上がることも珍しくない。

例えば、14年8月に広島市安佐南区で起こった土石流（374ページ）。10人以上が亡くなる大惨事となった緑井地区では、標準地の公示価格が翌年に10パーセント程度下落した。しかしその後、上流部での堰堤や都市計画道路の整備に伴い、安全性や交通利便性の向上が見込まれたことで、17

◆ 災害翌年は大幅に地価が下落するもそれ以降は微増

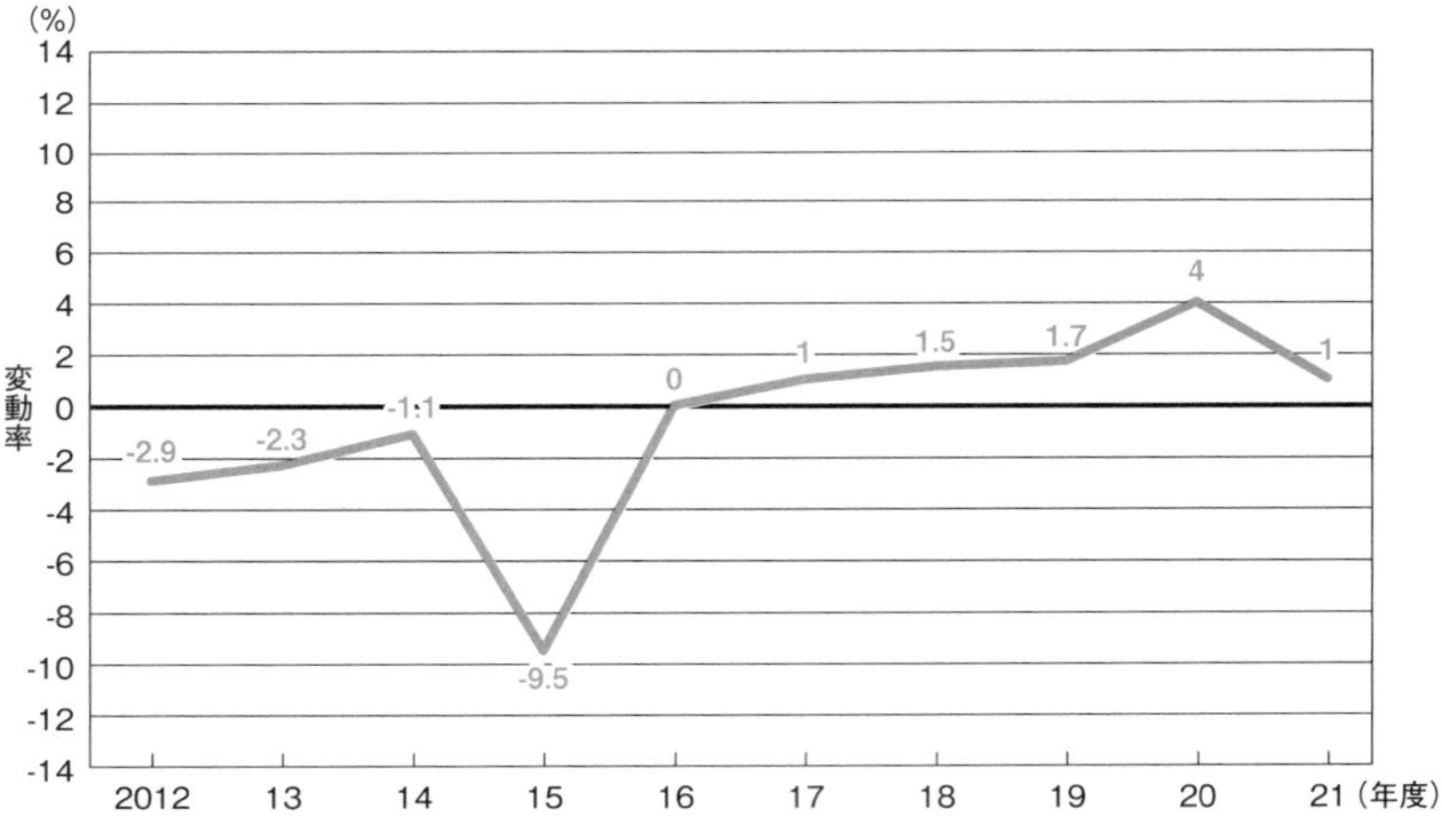

2014年に土砂災害で被害を受けた広島市安佐南区緑井8丁目の標準値「安佐南ー12」の公示地価
（資料:国土交通省の不動産取引価格情報の資料を基に日経コンストラクションが作成）

年からは増加に転じている。ちなみに、21年には1平方メートル当たり6万3500円で、土石流が起こる前の地価とほぼ変わらない水準に戻っている。なお、広島市安佐南区で土砂災害の被害がなかった場所では、7年前と比較して公示地価は20パーセント以上上昇している。そのため、他の場所と比較すれば被災した範囲の地価の水準は低いと分かるのだが、時間がたつと災害のインパクトは薄れてしまうため、被災地で新たな開発が進む可能性も否定できない。

水害リスクはマンション価格に反映されず

ここまで地価について見てきたが、自然災害のリスクは新築分譲マンションの価格にどのように反映されているのだろうか。

消費者の関心が高い「地震リスク」と「洪水リスク」について分析した興味深いリポートがある。ニッセイ基礎研究所金融研究部の吉田資主任研究員が作成したこのリポートによると、地震リスクについては価格に対して明らかな影響がみられたものの、洪水リスクについては影響がみられなかったという。

分析の対象としたのは、東京都区部で19年1月～12月に販売された分譲マンション。800件ほどについて、売り出し価格などのデータを収集した。「エリアの偏りはほとんどなく、全体の7

◆ 地震リスクは分譲マンション価格に明確に影響

ケース	価格への影響
建物倒壊危険度が1ランク上昇	2.3%下落
最寄り駅までの所要時間が1分増加	1.8%下落
専有面積が1m²増加	0.7%上昇
最寄駅から都心までの徒歩時間が1分増加	0.9%下落
タワーマンションの場合	10.6%上昇

洪水リスクは価格に明確な影響を及ぼしていなかった
（資料:ニッセイ基礎研究所）

～8割はカバーできているのではないか」（吉田主任研究員）

地震リスクについては、東京都が地域ごとに5段階で公表している「建物倒壊危険度」（地震の揺れで建物が壊れたり傾いたりする危険性を評価したもの）を、洪水リスクについては洪水浸水想定区域に立地しているかどうかを指標に採用。不動産市場分析で一般的なヘドニック・アプローチと呼ぶ考え方に基づいて推定式をつくり、地震リスクと洪水リスクが分譲マンション価格に及ぼす影響を推定した。

すると、地震リスクについては「建物倒壊危険度」が1ランク高い場合、価格が約2・3パーセント低いという結果が出た。最もリスクが高い「危険度5」の地域にあるマンションの価格は、「危険度1」のマンションより約9・2パーセントも低くなる。同じスペックでも立地によって価格が1割弱変わるということだ。

一方で、洪水リスクについては、災害リスクに敏感だと考えられるファミリー層向けの物件に限って分析しても、統計的に有意な影響を及ぼしていなかった。

吉田主任研究員は、分析結果について「首都直下地震の被害想定などが報道される機会が多く、学校で教育もされるため、地震リスクについては気にする人が多い」とみる。

一方、洪水リスクについては、地震に比べて洪水に対する具体的なイメージを持つ人が少なかったことが負の影響を及ぼさなかったとみられる。都内で100棟以上が浸水する被害を出したケースは15～19年で3回にとどまる。臨海部やリバーサイドでは日当たりや眺望などがポジティブに評価され、人気が高い物件があることも、地震リスクとの違いのようだ。

ただし、今後は洪水リスクについても価格への影響が増していく可能性がある。吉田主任研究員は「短時間強雨の発生頻度は高まっているし、宅建業法の改正で重要事項説明の項目に水害リスクが加わった。消費者もこれからは、水害のリスクについて認識を強めていくのではないか」と指摘する。

国内初、リスクに応じた水災補償

経済合理性の観点から安全なエリアへの居住誘導を図るには、不動産価格に災害リスクを反映する方法以外にもやり方はある。火災保険の水災補償だ。しかし、現在一般に出回っている商品では、居住誘導の効果は見込めていない。内閣府が16年に1800人に世論調査したところ、

◆ 水災補償未加入の計約60%が「水害やその被害はない」と回答

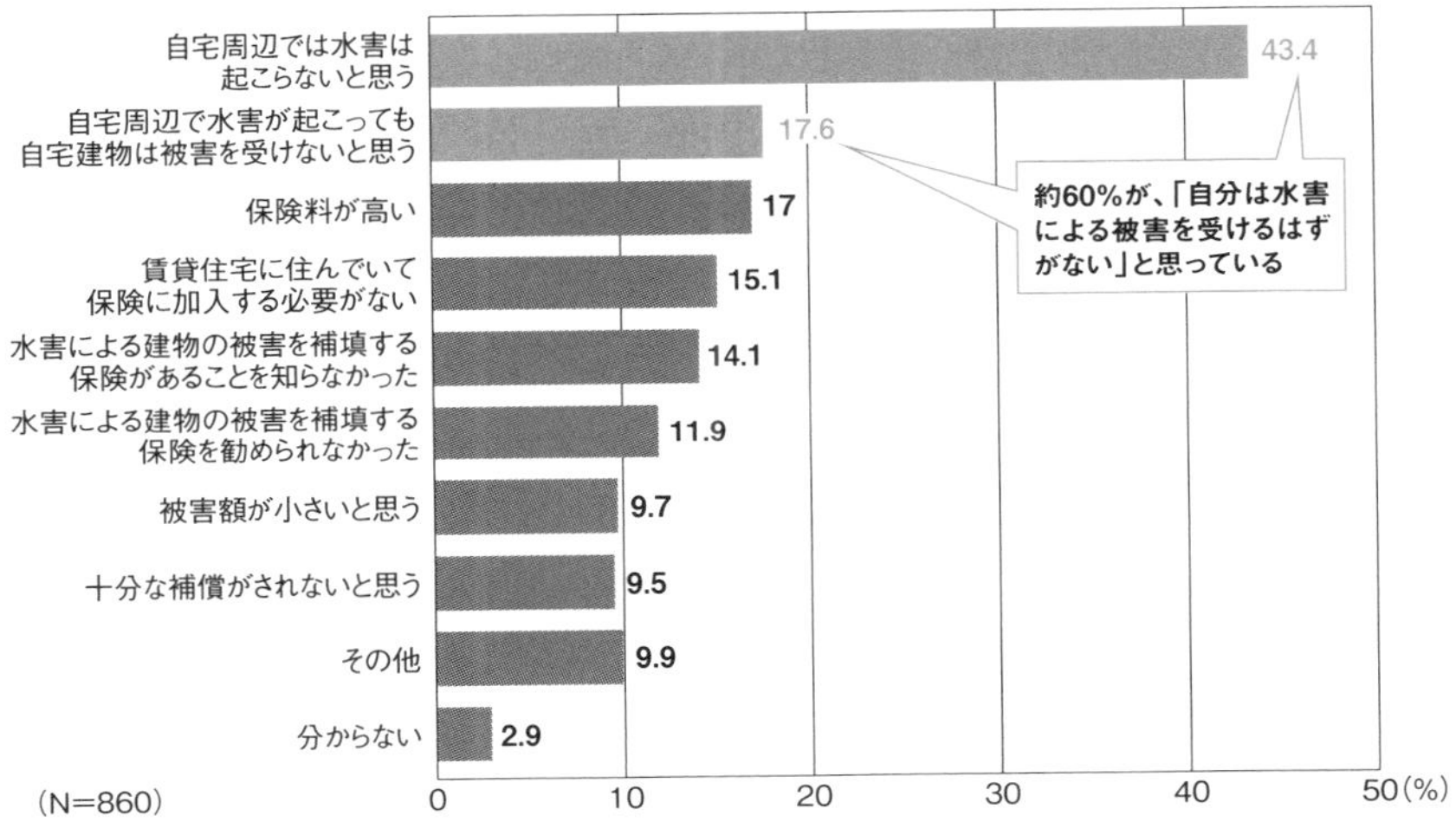

2016年2月に内閣府政府広報室が公表した「水害に対する備えに関する世論調査」の結果。「自宅家財だけを対象とした水害による損害を補償する火災保険や共済に加入」や「水害による損害を補償する保険に未加入」の860人が回答。複数回答可（資料:「水害に対する備えに関する世論調査」を基に日経コンストラクションが作成）

水害による建物損害を補償する保険に加入していない割合が、約50％に上った。さらに未加入の理由では、計約6割が「自宅周辺で水害は起こらない」「起こっても被害は受けない」と回答した。

このような結果が出てしまうのは、建物の所在地の水害リスクにかかわらず保険料率が全国一律であることと無関係ではないだろう。氾濫の危険性が高い川の横に住んでいても安全な高台に住んでいても、保険料率は変わらない。

しかしそんな状況に待ったをかける商品が出てきた。建物の所在地の水災リスクに応じて保険料に差をつける、楽天損害保険の火災保険「ホームアシスト」だ。20年4月に提供を始めた。建物の所在地とハザードマップの情報を基に、所在地の水災リスクに応じて4区分の料率を設定する仕組みだ。

ホームアシストでは、建物の所在地における「外水リスク」と「内水リスク」をそれぞれ5段階で示して契約者に知らせる。水害リスクを分かりやすく示し、洪水への備えや災害時の早期避難などに役立ててもらうのが狙いだという。

日本初の商品ということで話題を集め、ホームアシストの21年1月～6月の新規販売件数（インターネット契約）は前年比で2・1倍に

◆ **建物所在地の水災リスクを保険料に反映する**

	火災リスク	風災リスク	水災リスク	その他盗難リスク等
建物の所在地による保険料区分	都道府県別	都道府県別	（改定前）全国一律 ↓ （改定後）建物の所在地別	全国一律

（資料:楽天損害保険）

膨れ上がった。

「水災リスク別の料率の導入については、リスクの低い地域の住民の保険料が割安になるということだけでなく、保険の見積もりをした人が自分の住んでいる地域の水災リスク区分などを認識する『気づきの機会』にもなっていると考える」。楽天損害保険の担当者はこう話す。

海外に目を向けると、すでにこのような水災補償は浸透している。例えば、米国。100年確率の降雨で洪水被害が起こる地域で住宅を建てようとすれば、保険に強制加入する必要がある。保険は、被害が生じたときの救済措置の意味を持つだけではない。地盤を高くした住宅については、料率を大幅に下げている。つ

◆ 米国の洪水保険は強制加入

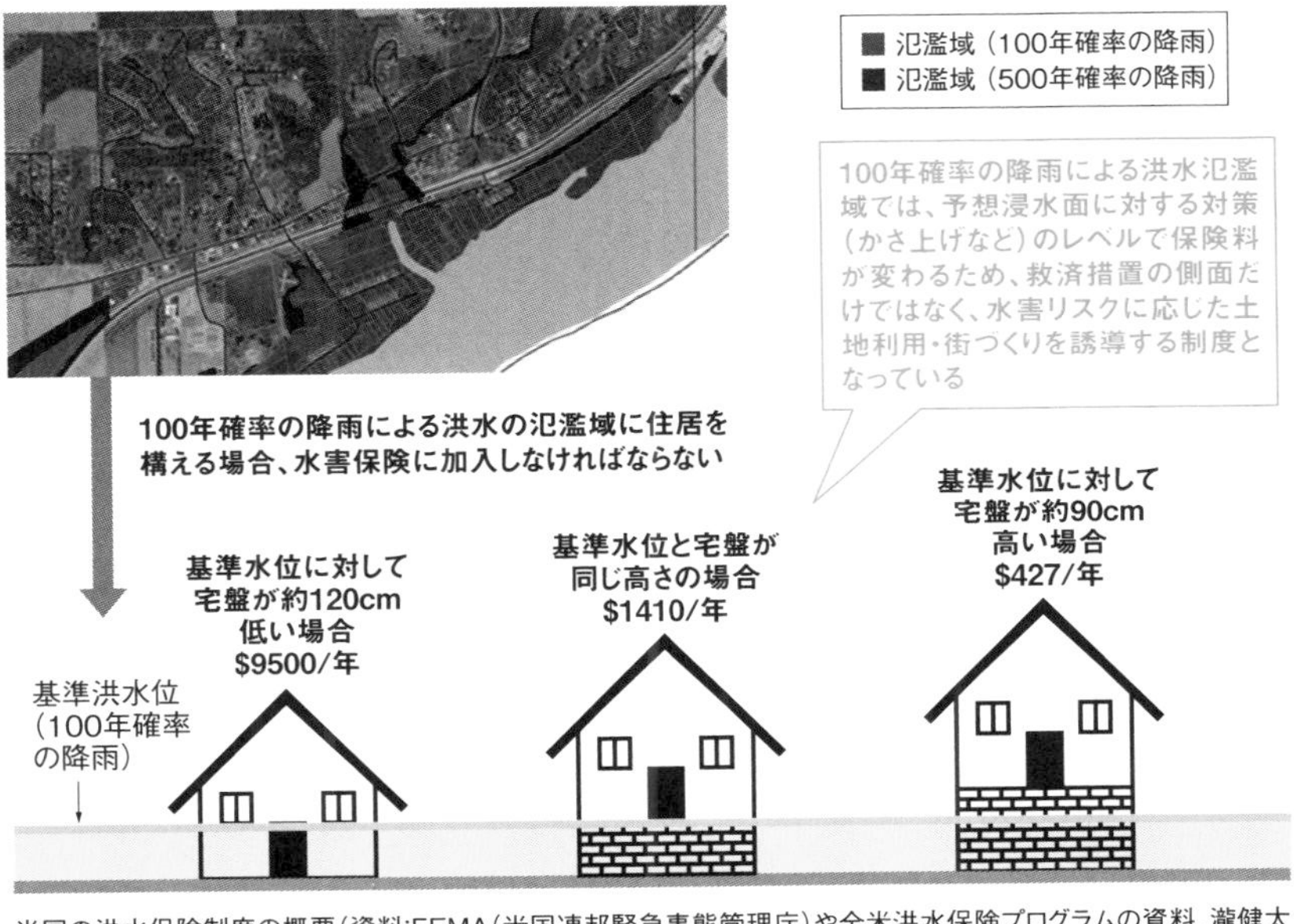
氾濫域（100年確率の降雨）
氾濫域（500年確率の降雨）
100年確率の降雨による洪水氾濫域では、予想浸水面に対する対策（かさ上げなど）のレベルで保険料が変わるため、救済措置の側面だけではなく、水害リスクに応じた土地利用・街づくりを誘導する制度となっている
100年確率の降雨による洪水の氾濫域に住居を構える場合、水害保険に加入しなければならない
基準水位に対して宅盤が約120cm低い場合 $9500/年
基準水位と宅盤が同じ高さの場合 $1410/年
基準水位に対して宅盤が約90cm高い場合 $427/年
基準洪水位（100年確率の降雨）

米国の洪水保険制度の概要（資料:FEMA（米国連邦緊急事態管理庁）や全米洪水保険プログラムの資料、瀧健太郎・滋賀県立大学准教授などへの取材を基に日経コンストラクションが作成）

まり経済的インセンティブで、安全な住まい方へと誘導しているのだ。

今後、日本でも浸水対策を講じた建物ほど保険料を安く設定できるようになってくれば、土地のかさ上げや止水板の設置などが進むかもしれない。

一方で、米国ではカトリーナやサンディなどのハリケーンによる甚大な被害が続いて支払収支が赤字になるなど、洪水保険制度が必ずしもうまくいっているわけではない。制度を安定して運営するには保険料を引き上げなければならないが、上げ過ぎると加入率が高まらないという問題が出てくる。

自然災害の増加に伴って保険金の支払い額が増え、保険の運用に問題が生じているのは、米国だけではない。日本でも損保会社が風水害で支払った保険金がここ数年で大幅に増加している。損保各社で構成する損害保険料率算出機構が21年6月、火災保険の保険料の目安について、過去最大となる10・9パーセントの引き上げを決めた。同機構は18年の西日本豪雨を受けて、19年10月に平均で4・9パーセントを引き上げたばかり。今後も災害の頻発化は避けられないため、被害が増え続けるとさらなる引き上げも否定できない。

不動産取引時の水害リスク明示

経済合理性の観点から安全な土地へ住まいを誘導する方法として、もう1つ重要な視点が、不動産取引時における災害危険度の明示だ。

以前は、宅地建物取引業法や民法で規定している災害危険情報は、宅地造成等規制法の造成宅地防災区域や土砂災害警戒区域、津波災害警戒区域などだけだった。水害リスクについては、一部の熱心な不動産会社や不動産仲介会社が土地取得者に伝えているだけで、ほとんどの場合は周知が徹底されているとは言えない状況だった。

それが、20年7月の宅地建物取引業法施行規則の改正によって、不動産取引時の重要事項説明の対象項目に、「水害リスク」が追加された。18年の西日本豪雨や19年の東日本台風など水災害の頻発が、改正の契機となった。水災害リスクに関する情報は不動産契約の意思決定を行ううえで欠かせない要素になったことを意味している。

宅地建物取引業者は同年8月28日以降、水害ハザードマップを提示し、対象物件の所在地を示さなければならなくなった。水害ハザードマップとは水防法15条3項の規定に基づいて自治体が作成する、洪水（外水）、雨水出水（内水）、高潮の3つのハザードマップを指す。売買前に必ず提示されることになったため、少なくとも買い主がリスクを知らずに購入するケースはなくなる。

ただ気を付けたいのは、重要事項説明は通常、契約を交わす直前に行われる点だ。周辺環境や交通の利便性、宅地の価格など様々な条件を踏まえて契約を交わそうとしている段階で、「水害リスクがあります」と聞かされても、それだけで白紙に戻すという決断はしづらい。特にそれが数十センチメートル水に漬かる恐れのある内水リスクの場合であれば、なおさらだ。人気のある宅地などは他の買い手も狙っているため、契約は時間との勝負でもあることから、重要事項説明の内容をそしゃくする余裕はないだろう。

そのため不動産の購入を検討している人は、事前に自治体のウェブサイトなどで検索して、ハザードマップを確認しておくことが望ましい。ただし内水のハザードマップを作成していない自治体もあるので注意が必要だ。また作成済みでもホームページ内の見つけにくい場所に提示しているケースがある。国交省が作成している「ハザードマップポータルサイト」では、各市町村のハザードマップを閲覧できる（https://disaportal.gsi.go.jp/）ので参考になる。

加えて水防法以外の規定に基づくハザードマップは説明の義務がないので気を付けたい。例えば、「ため池ハザードマップ」だ。近くにため池がある場合は、自分で調べておくことが望ましい。

最近では、毎年のように洪水被害が報道されており、水害リスクに対して一般の人の関心が高まっているため、不動産の購入を検討している初期の段階で、リスクを伝える不動産会社なども増えてきた。該当する地域の過去の浸水履歴を調べて伝えるケースも出てきている。

COLUMN

床上浸水の場合は手厚い公的支援

建物が浸水してしまった場合、その所有者にはいくつかの公的支援がある。国の災害救助法と被災者生活再建支援法に基づく支援金のほか、自治体の加算金、義援金などが支給される。それぞれの金額は、浸水深や損傷率などに基づく被害認定で大きく変わる。床上1・8メートル以上の浸水は最も重い「全壊」に該当し、修繕して住み続ける場合の国からの支援金は計259万5000円、床上1メートル未満は「半壊」で59万5000円といった具合だ。

床下浸水については、2019年10月の災害救助法改正で損傷率が10パーセント以上20パーセント未満に該当する場合は「準半壊」と認定され、応急修理制度で30万円が支給される。準半壊は外観からの1次調査では判定できないので、室内の2次調査を要する。

ただし、損傷率が10パーセント未満の床下浸水は国からの支援が一切ない。一方で自治体からの義援金や災害見舞金は、床下浸水にも配分される場合がある。金額は自治体によって異なり、数回に分けて支給される。

応急修理制度では工事を行う事業者に直接支援金が支払われる。制度で適用項目を決めているが、自治体で取り扱いに違いが生じていたので内閣府が19年11月にQ＆A集を作成した。制度に詳しい長岡技術科学大学の木村悟隆准教授は、「応急修理制度を適用できる工事とできない工事をよく確認して、修繕の見積もりをうまく分けることが重要」と話す。

火災保険に水災補償を付けていると、これらに加えて保険金が支払われる。ただし、一般的には「床上浸水」「地盤面より45センチメートルを超える浸水」「損害割合が30パーセント以上」のいずれかの条件を満たした場合に支払われる。つまり、床下浸水では基本的に保険金が支払われないことを知っておきたい。

しかし、例外もある。床下浸水でも、屋外に設置した給湯器や室外機などが壊れた場合に保険金が支払われる水災補償の特約が、19年10月に登場した。東京海上日動火災保険が「トータルアシスト住まいの保険」に加えた「特定設備水災補

◆ 浸水住宅への主な公的支援制度

区分		全壊	大規模半壊	半壊	一部損壊(準半壊)	一部損壊(準半壊以外)
主な認定条件		住家流失、床上1.8m以上の浸水	床上1m以上1.8m未満の浸水	床上1m未満の浸水	床下浸水で損害割合が10%以上20%未満	床下浸水で損害割合が10%未満
国からの支援金	災害救助法の住宅の応急修理制度	59万5000円	59万5000円	59万5000円	30万円	なし
	被災者生活再建支援法の基礎支援金	100万円	50万円	なし	なし	なし
	被災者生活再建支援法の加算支援金(住宅再建方法)	100万円	100万円	なし	なし	なし
自治体からの支援金(表中の金額は長野市の例)	加算支援金の県単独	なし	なし	50万円	なし	なし
	義援金と災害見舞金	93万5000円	70万6500円	47万7000円	9万1000円	9万1000円
合計		353万円	280万1500円	157万2000円	39万1000円	9万1000円

浸水した住宅を修繕して住み続ける場合に得られる主な公的支援制度。自治体からの支援金は長野市の制度を例示した(2020年2月上旬時点)。全壊、大規模半壊、半壊で新たに住宅を建設・購入する場合は、災害救助法の住宅の応急修理制度は使えない(資料:日経ホームビルダー)

償特約」だ。蓄電池などの高額な設備を地盤面から45センチメートル未満の高さに設置する場合には有効だ。

火災保険の水災補償には通常、「オール補償型」と「縮小型」の2タイプがある。前者が標準タイプで、特約を付けると後者を選択できる。オール補償型は保険料が高い。その代わりに、「損害額から免責額を差し引いた残り全ての金額」が保険金として支払われる。浸水した住宅の再建資金のほとんどを保険金で賄いたい場合には有効な選択肢となる。

縮小型は保険料が安くなる分、保険金の額も少なくなる。前出の「トータルアシスト住まいの保険」で保険料を比べると、20年2月時点では縮小型はオール補償型より年間3230円安くなる（計算条件は非耐火構造、2階建て・延べ面積100平方メートル、保険金はオール補償型が1380万円、縮小型はその70パーセント）。

◆ 水災補償適用の3条件

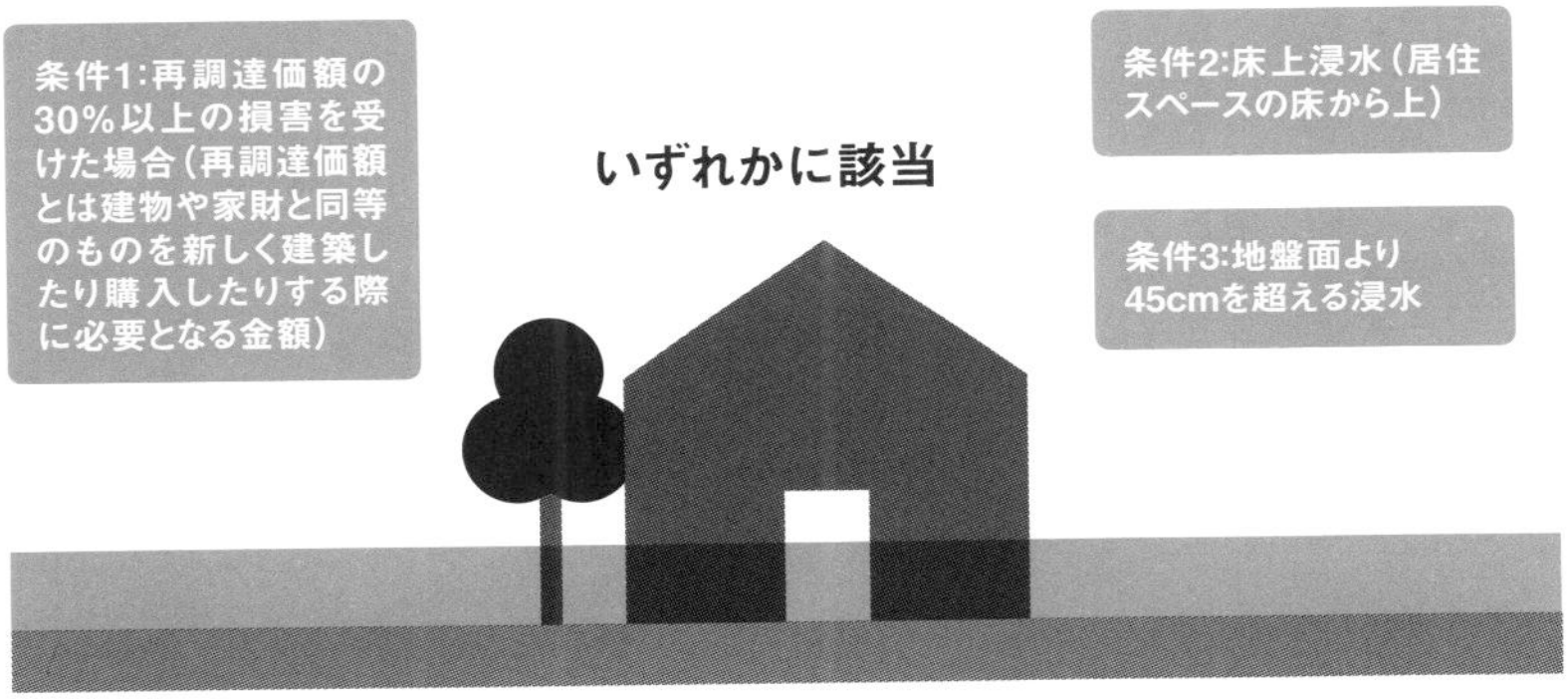
条件1:再調達価額の30%以上の損害を受けた場合（再調達価額とは建物や家財と同等のものを新しく建築したり購入したりする際に必要となる金額）
条件2:床上浸水（居住スペースの床から上）
いずれかに該当
条件3:地盤面より45cmを超える浸水

火災保険の水災補償で保険金が支払われるためには、上記の3つのうちいずれかの条件を満たす必要がある
（資料:日経ホームビルダー）

4 計画誘導でコンパクトシティーへ緩やかに移行

防災面から住まい方を論じる自治体が続々

人口減を背景に市街地のコンパクト化を目指す自治体。居住区域から災害危険地を除外するなど、未来に向けた街づくりはすでに始まっている。防災部局と都市部局の連携を密に取り、災害リスクを正しく理解し、危険地を避けた将来の住まい方を模索する自治体が少しずつ出てきた。

２０１４年8月の改正都市再生特別措置法の施行に基づいて、全国で作成が進む立地適正化計画が鍵となる。今後、人口減少や高齢化が加速すると、拡散した市街地では行政サービスや商業機能を充実させるのは難しい。一定の居住範囲で人口密度を維持する必要がある。そこで生まれたのが、都市活動の「誘導」を重視した立地適正化計画だった。

都市計画区域を立地適正化計画の区域と定め、市街化区域と市街化調整区域を線引きしている場合は、市街化区域内に生活サービスやコミュニティーが持続的に確保されるよう、居住を誘導すべき区域として「居住誘導区域」を設定。さらに居住誘導区域内には「都市機能誘導区域」を設け、福祉・医療・商業といった都市機能の立地を、税制上の支援や容積緩和などのインセンティブを付けて促進する。そのほか、14年11月施行の改正地域公共交通活性化再生法に基づいて、拠点間に公共交通ネットワークを形成する。国土交通省はこれらの取り組みを「コンパクト・プラス・ネットワーク」、または「多極ネットワーク型コンパクトシティー」と称して、全国で重点施策として打ち出している。

国交省はこの居住誘導区域に、災害レッドゾーンを原則として含まないよう、運用指針を示している。

災害レッドゾーンとは、災害危険区域、土砂災害特別警戒区域、地すべり防止区域、急傾斜地崩壊危険区域など、国交省や自治体が指定した災害リスクの高いエリアを指す。そもそも、現状でも一定の開発や建築の行

◆ 居住を誘導する区域を設定

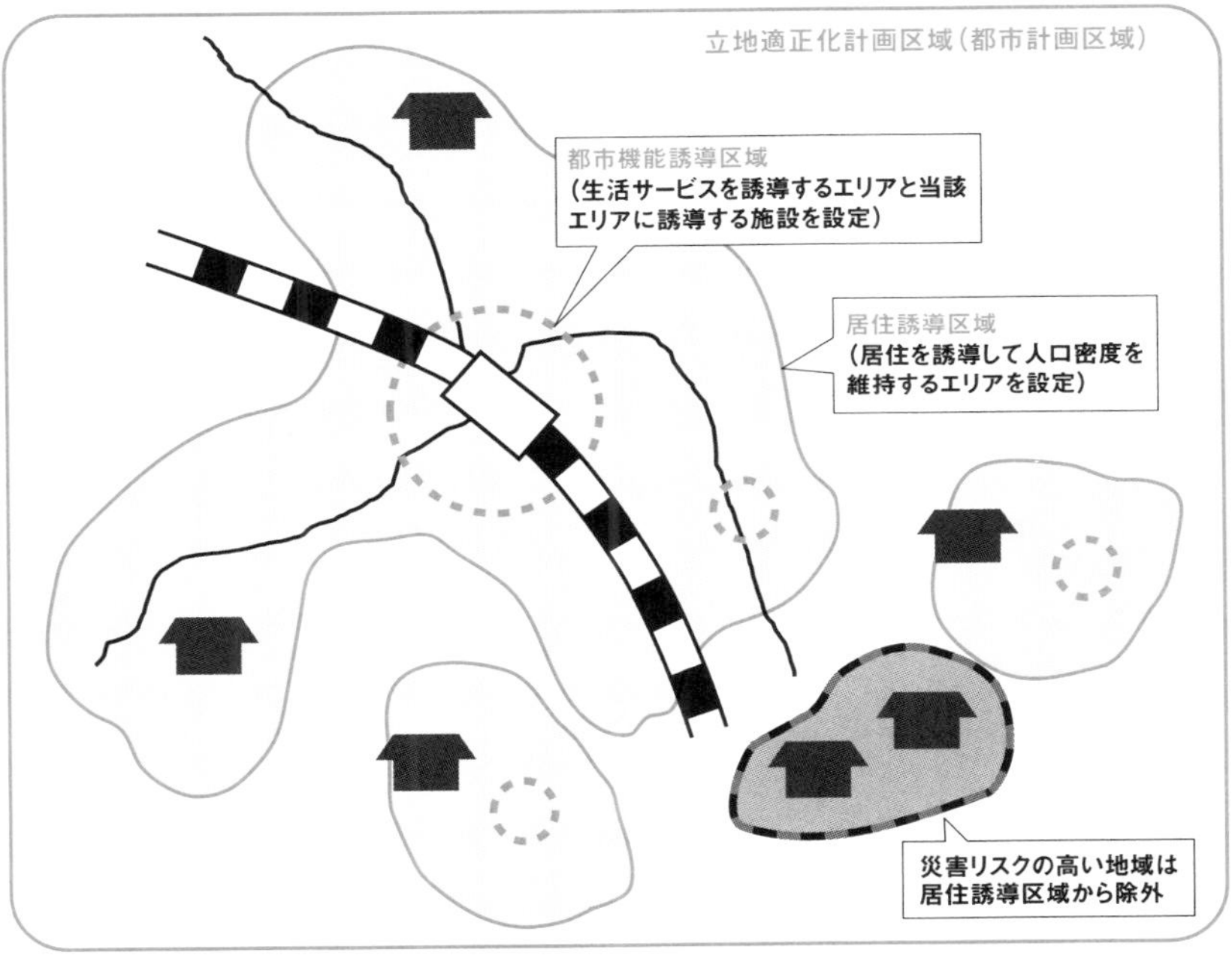

居住誘導区域のイメージ（資料:国土交通省の資料を基に日経コンストラクションが作成）

為制限が課されている場所だ。

他方、土砂災害警戒区域や津波災害警戒区域、浸水想定区域などについては、「総合的に勘案し、居住誘導が適当でないと判断される場合、原則として含まないこととすべきだ」としている。

「色々な体制を整えて、自治体が住めると判断するならば居住誘導区域に含めるのもやむを得ない」。国交省都市局都市計画課の山田大輔課長補佐は、その意味をこう説明する。

居住誘導区域外で一定の開発・建築行為を実施するには、必ず届け出が必要になる。事前に届け出なければ罰則規定がある。ただ届け出に問題がないと市町村が判断すれば、開発・建築は可能だ。強制的な私権制限があるわけではない。

居住誘導区域の設定は、制約を課すという後ろ向きなイメージよりもむしろ、インセンティブを与えて誘導を図る前向きな特徴を持つ。

「住んでいるエリアを誘導するという発想自体が

◆ 居住誘導区域における災害危険地の扱い

位置付け	災害危険地
原則として含まない	土砂災害特別警戒区域
	津波災害特別警戒区域
	災害危険区域
	地すべり防止区域
	急傾斜地崩壊危険区域
総合的に勘案し、居住誘導が適当でないと判断される場合、原則として含まない	土砂災害警戒区域
	津波災害警戒区域
	浸水想定区域
	都市洪水想定区域・都市浸水想定区域
	土砂災害防止法に規定する調査区域など災害の発生の恐れのある区域

（資料:国土交通省）

新しい。居住誘導区域内でインセンティブを与えて、区域内での自発的な開発を促すことを趣旨にしている」と、山田課長補佐は話す。例えば、インセンティブにはエリア内の交通の利便性を上げたり、住宅購入費の補助率をアップしたりする方法などが考えられる。区域設定は誘導施策を打つための予算上の根拠となるわけだ。

国交省によると21年4月時点で、５８１都市が立地適正化計画の作成に関わっている。そのうち３８３都市が作成済み。都市計画区域のある自治体は１３００強なので、まだ多くの都市がこれから作成に手を付ける状況だ。

浸水エリアを居住誘導区域に含む傾向

居住誘導区域の設定条項には法的拘束力がなく、自治体の裁量に任される。現実には災害リスクの高いエリアを居住誘導区域に含めた立地適正化計画が作成されている。

立地適正化計画を作成した都市は災害リスクを居住誘導区域のなかでどのように位置付けているのかを国交省が調査したところ、災害の種類によって傾向が異なることが明らかになった。

土砂災害警戒区域は居住誘導区域に含まない自治体が多い一方で、浸水想定区域を含まない自治体は少なかった。そもそも人口の約50％が洪水氾濫区域に居住している日本では、居住誘導区域から全ての浸水想定区域を除外すると、人が住める土地がなくなってしまうといった理由が考えられる。国交省が20年5月に実施した自治体への聞き取り調査では、「浸水想定区域内に既成市街地が存在し、都市機能・居住誘導区域から除外すると街が成立しなくなる」といった意見が多く上がった。浸水想定区域内に住む人口は年々増加している。

ただし居住誘導区域に設定した範囲内での浸水被害が相次いでおり、対策を講じなければいけないのは確かだ。20年の令和2年7月豪雨で被害を受けた福岡県大牟田市はその1つだ。

同市では、20年7月7日午前6時40分までの24時間降水量が観測史上最大の446・5ミリを記録。市街地の広範囲が浸水して2人が亡くなった。浸水したエリアの多くは洪水ハザードマップで浸水が想定されていたにもかかわらず、同市が18年3月に作成した立地適正化計画で、居住誘導区域に設定した地域だった。19年10月の東日本台風でも、福島県須賀川市の居住誘導区域内で浸水して2人が死亡した。

東日本大震災などを経て災害への危機意識が高くなった影響もあり、防災面からコンパクトシティーの導入を検討する自治体は以前に比べて増えた。街づくりにハザードマップを反映させることは考えられなかった一昔前に比べると、都市部局と防災部局の垣根を越えた連携もみられるようになってきた。

「居住誘導区域という新しいツールを使うことで、今まで言いにくかった災害のリスクを住民に伝えやすくなった」と、山田課長補佐は明かす。

一方、立地適正化計画の作成状況について研究している日本大学理工学部土木工学科の大沢昌玄教授は、次のように指摘する。

「居住誘導区域に危険地を含めるか否かを判断したうえで決めている自治体はまだ、まともだ。

◆ 9割が浸水想定区域を居住誘導区域に含む

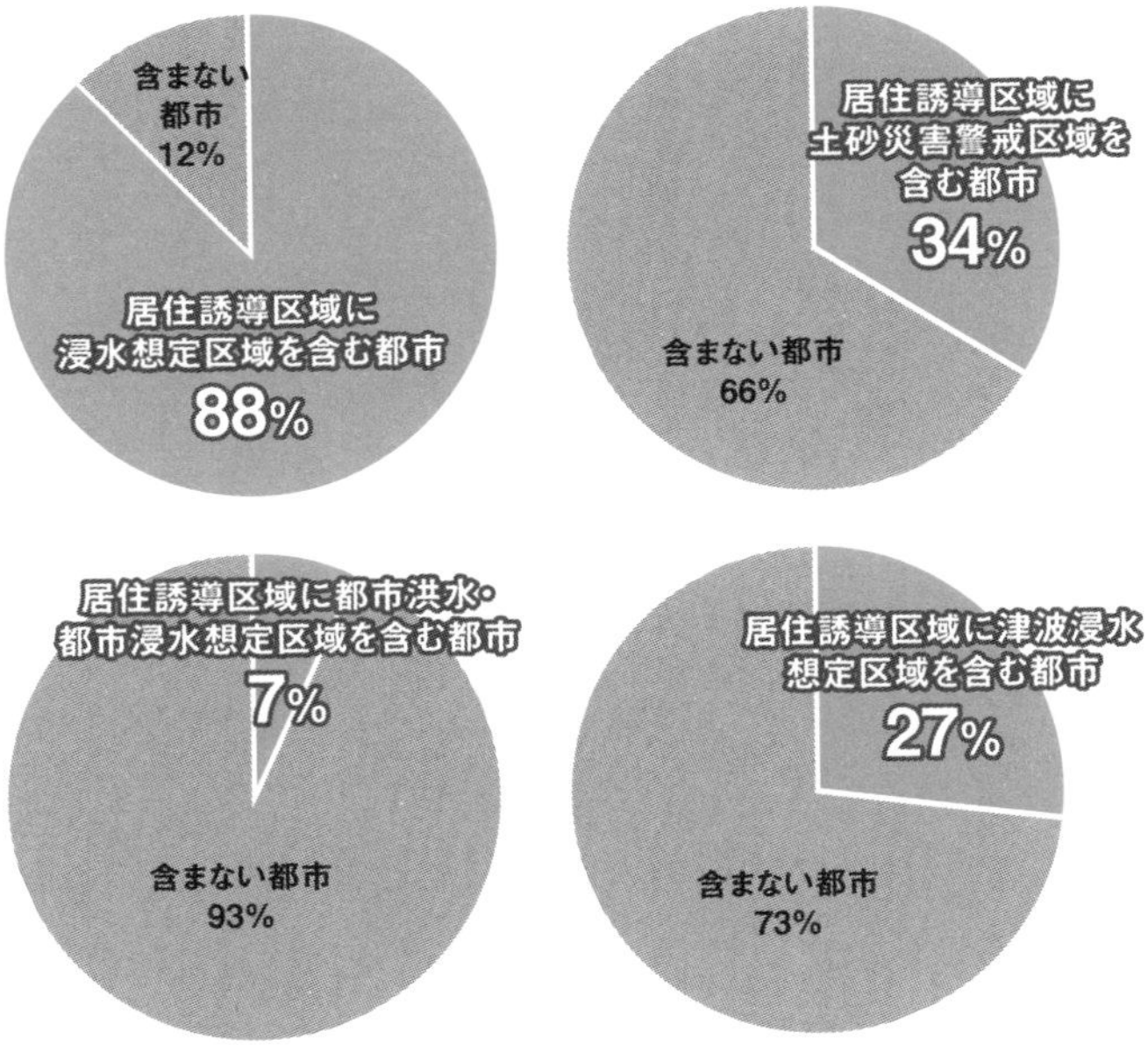

居住誘導区域に浸水想定区域や土砂災害警戒区域などを含む都市の割合。調査対象は2019年12月時点で立地適正化計画（居住誘導区域を含む）を公表していた275都市
（資料:国土交通省の資料を基に日経アーキテクチュアが作成）

◆ 日本の人口は減っても浸水想定区域内では増加傾向

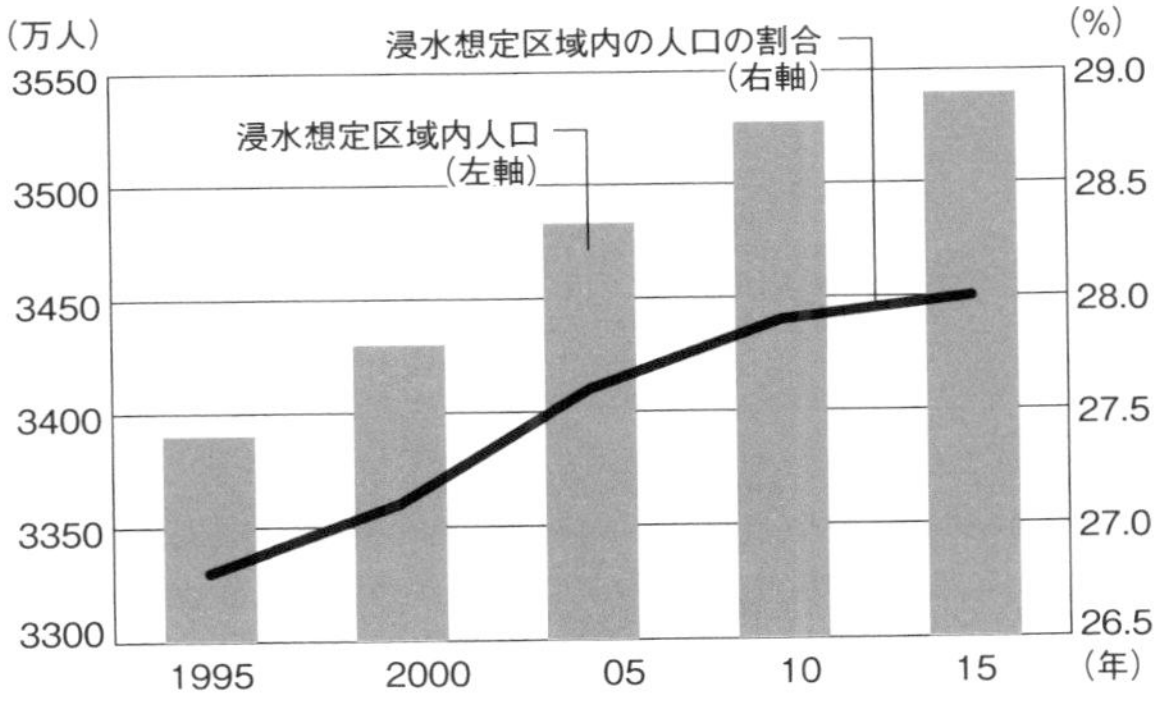

全国の浸水想定区域内の人口推移。秦康範・山梨大学大学院総合研究部准教授による調査結果。日本の人口は2008年をピークに減少しているにもかかわらず、浸水想定区域内の人口は年々増加していると指摘した
（資料:秦康範・山梨大学大学院総合研究部准教授）

問題は『記載なし』の自治体。リスクがあるかもしれないのに考慮していない恐れがあるからだ」

危険エリアの新規開発にノー

このような背景もあって、災害危険地を避けた街づくりは、より強力に進められることになった。20年9月施行の改正都市再生特別措置法によって、国が立地適正化計画の防災面の強化に乗り出したのだ。浸水想定区域などの災害イエローゾーンを含む開発について原則除外とまではしないものの、防災対策や安全確保策を盛り込んだ「防災指針」を市町村が新たに定めることで対応を図る。国交省は、立地適正化計画の記載事項に防災指針を追加した。

防災指針の記載内容は、居住誘導区域内の

東日本台風の大雨で浸水した福島県須賀川市。居住誘導区域（写真中央の丸で囲った辺り）が浸水被害を受けた。市は2019年6月に立地適正化計画を公表したばかりだった。こうした事態を踏まえて、国土交通省は都市計画法や都市再生特別措置法などを改正し、激甚化する自然災害に対応した街づくりを促している（写真:国土地理院）

防災対策と、居住誘導区域外などの安全確保策に分ける。前者については、避難施設などの整備、河川の氾濫防止のための水災害対策、建物のかさ上げなどの工夫、といった内容を記載する。

後者については、災害レッドゾーンにおける開発行為への勧告・公表の基準などを定めるほか、防災移転計画などの設定エリアや支援措置について記載することになる。国交省は、防災指針の作成の参考になる手引きも整備した。21年3月までに防災指針を作成・公表した「防災コンパクト先行モデル都市」は、17都市に上る。21年度はそれらを模範として、他の市町村に作成を促すことになる。

イエローゾーンやレッドゾーンなどの災害ハザードエリアから安全なエリアへの移転促進にも力を入れる。防災移転計画制度の創設がそれだ。具体的には、市町村が移転者など

◆ 災害ハザードエリアから居住誘導区域への移転に支援

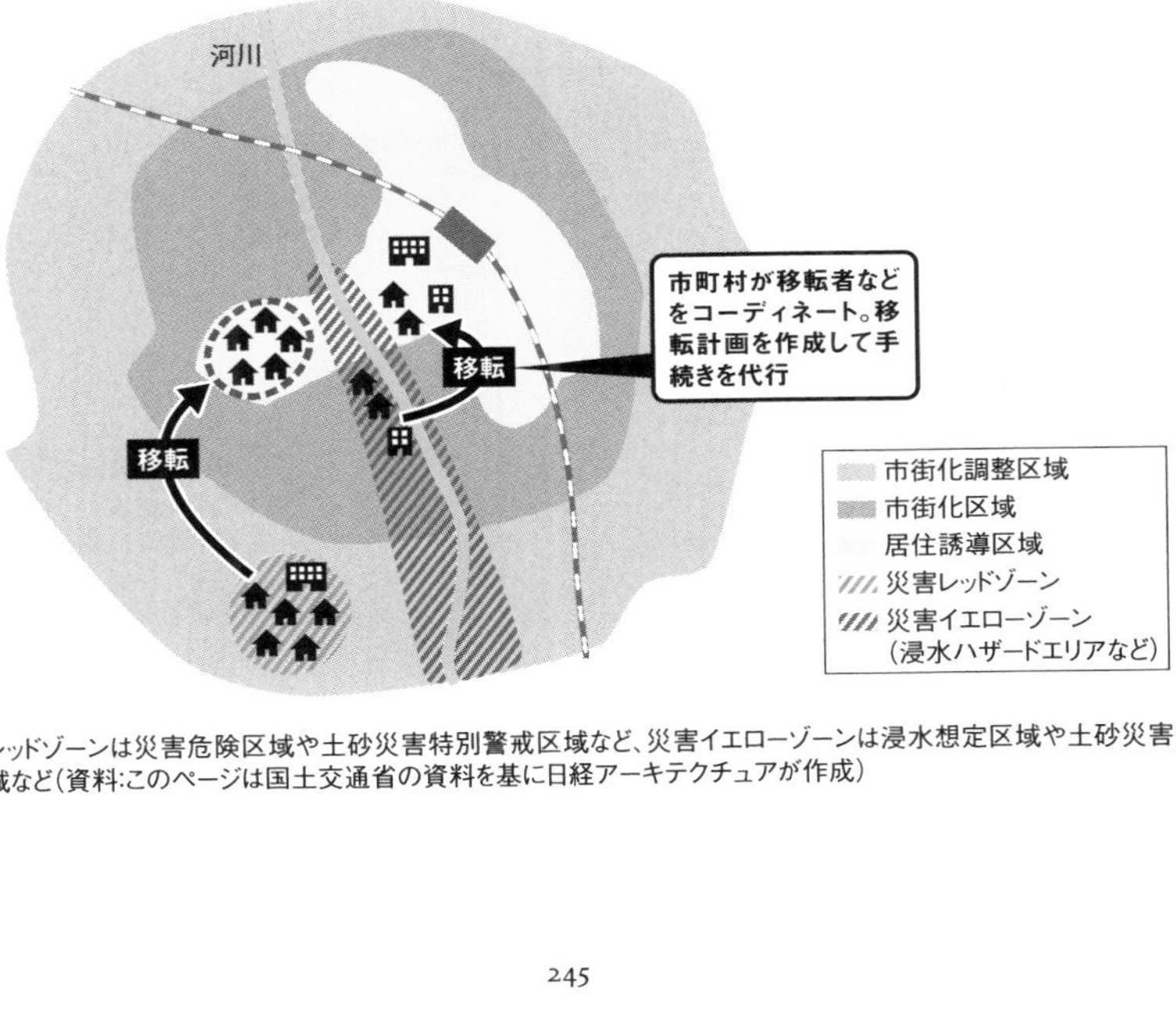

災害レッドゾーンは災害危険区域や土砂災害特別警戒区域など、災害イエローゾーンは浸水想定区域や土砂災害警戒区域など（資料:このページは国土交通省の資料を基に日経アーキテクチュアが作成）

をコーディネートして移転に関する具体的な計画を作成し、手続きなどを代行できるようにしている。

対象は、災害ハザードエリアから立地適正化計画の居住誘導区域に住宅や施設を移転する場合。市町村が移転者の氏名や移転先、移転時期、権利などについて記載した計画を作成・公告し、所有権や賃借権などを移転させる。市町村が権利設定を一括で登記できるように、不動産登記法の特例も設けた。

予算面での対策も充実させている。国交省の20年度予算では、災害ハザードエリアからの移転に関する財政支援を拡充。住居の移転を促す防災集団移転促進事業（防集）を見直し、「10戸以上」としている住宅団地の整備要件を、河川堤防が未整備の場合などについては「5戸以上」に緩和した。（防集については256ページを参照）。病院・福祉施設

◆ 災害レッドゾーンでの自社オフィス開発などを原則禁止に

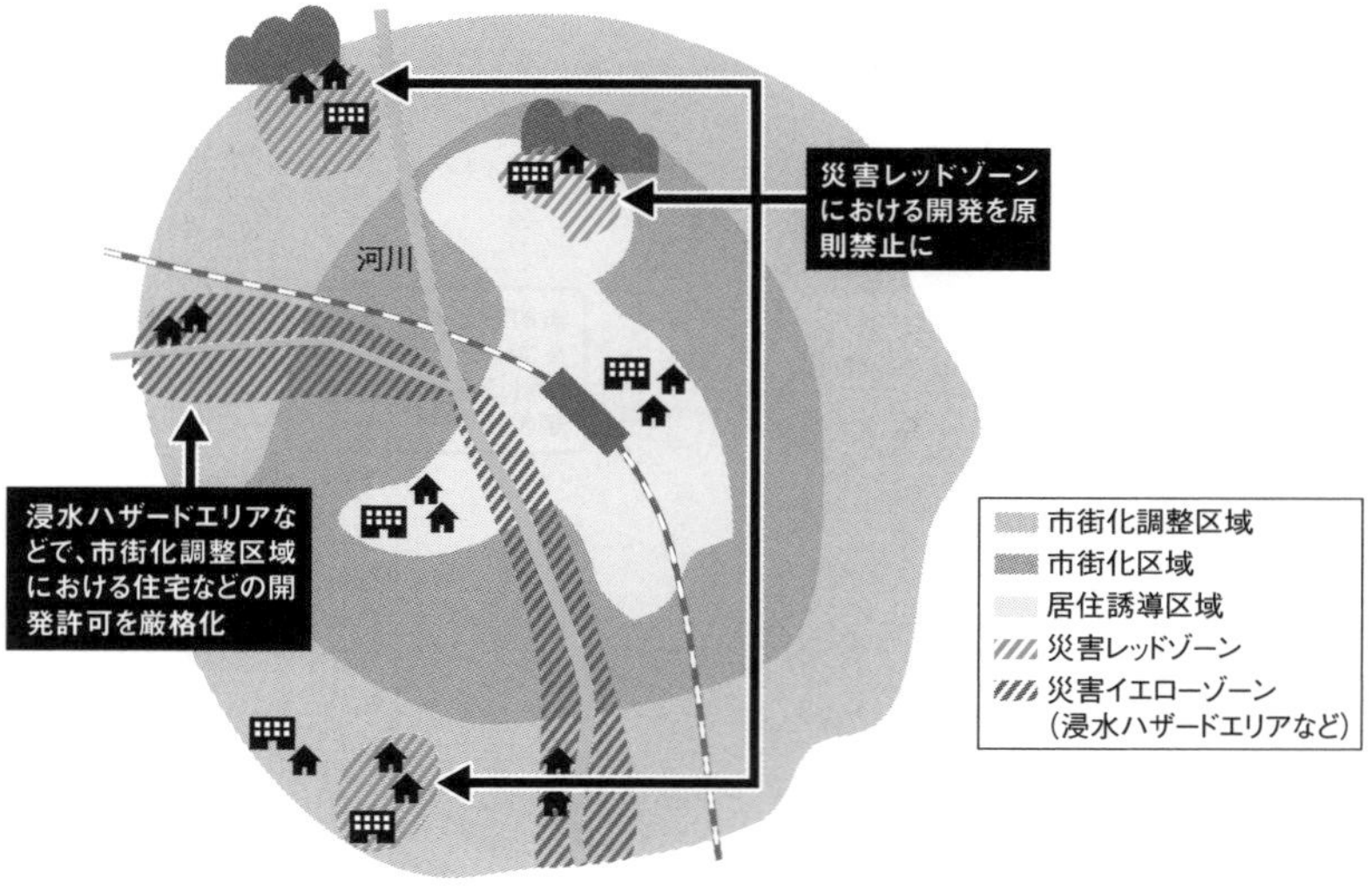

などの移転については、補助対象事業費の5分の2を支援する。これまでは3分の1だった。21年10月以降は、将来の居住エリアとして見込む居住誘導区域に、災害レッドゾーンを原則として含まないよう政令に明記することになる。

そして22年4月には「災害レッドゾーンにおける新規開発の抑制」などを定めた改正都市計画法が施行される。都市計画区域全域を対象に、災害レッドゾーンでは自社のオフィスや店舗、病院、社会福祉施設、旅館・ホテル、工場、倉庫など「自己の業務用施設」の開発を原則禁止とする。改正前から、分譲住宅や賃貸住宅、賃貸オフィス、貸店舗などの開発は規制されていたが、規制対象を広げる。

国交省が16年4月～18年9月を対象に590自治体に調査したところ、災害レッドゾーンにおける自己業務用施設の開発行為は計47件。土砂災害特別警戒区域内に小・中学校が含まれるケースもあった。

市街化調整区域でも開発許可を厳格化

市街化を抑制する市街化調整区域においても、災害レッドゾーン・イエローゾーン内での住宅などの開発を22年4月から厳格化する。

現行の都市計画法では、市街化調整区域内でも自治体が条例で区域を指定すれば、市街化区域と同様に開発できる。指定に当たっては原則として「溢水、湛水、津波、高潮などによる災害の発生の恐れのある土地の区域」などを除外するのが条件だ。

しかし現実には、指定した区域に災害レッドゾーンが含まれているケースがあった。浸水想定区域に至っては、除外する区域としてほとんど考慮されていないのが実情だ。19年10月の東日本台風でこうした区域を含む市街化調整区域で浸水被害が発生したことを受けて、国交省は開発許可の厳格化に踏み切ることにした。

具体的には、自治体が都市計画法34条11号、同12号に基づいて条例で指定する区域から、災害レッドゾーン・イエローゾーンを除外する。イエローゾーンについては水防法に基づき指定する浸水想定区域のうち、災害時に人命に危険を及ぼす可能性が高いエリアと土砂災害警戒区域が対象だ。

さらに市街化調整区域内の災害ハザードエリアで開発する場合は、開発許可権者が個別に審査し、開発審査会の議論を経て安全性を確認したものに

◆ 災害レッドゾーンでは勧告に従わなければ事業者名を公表

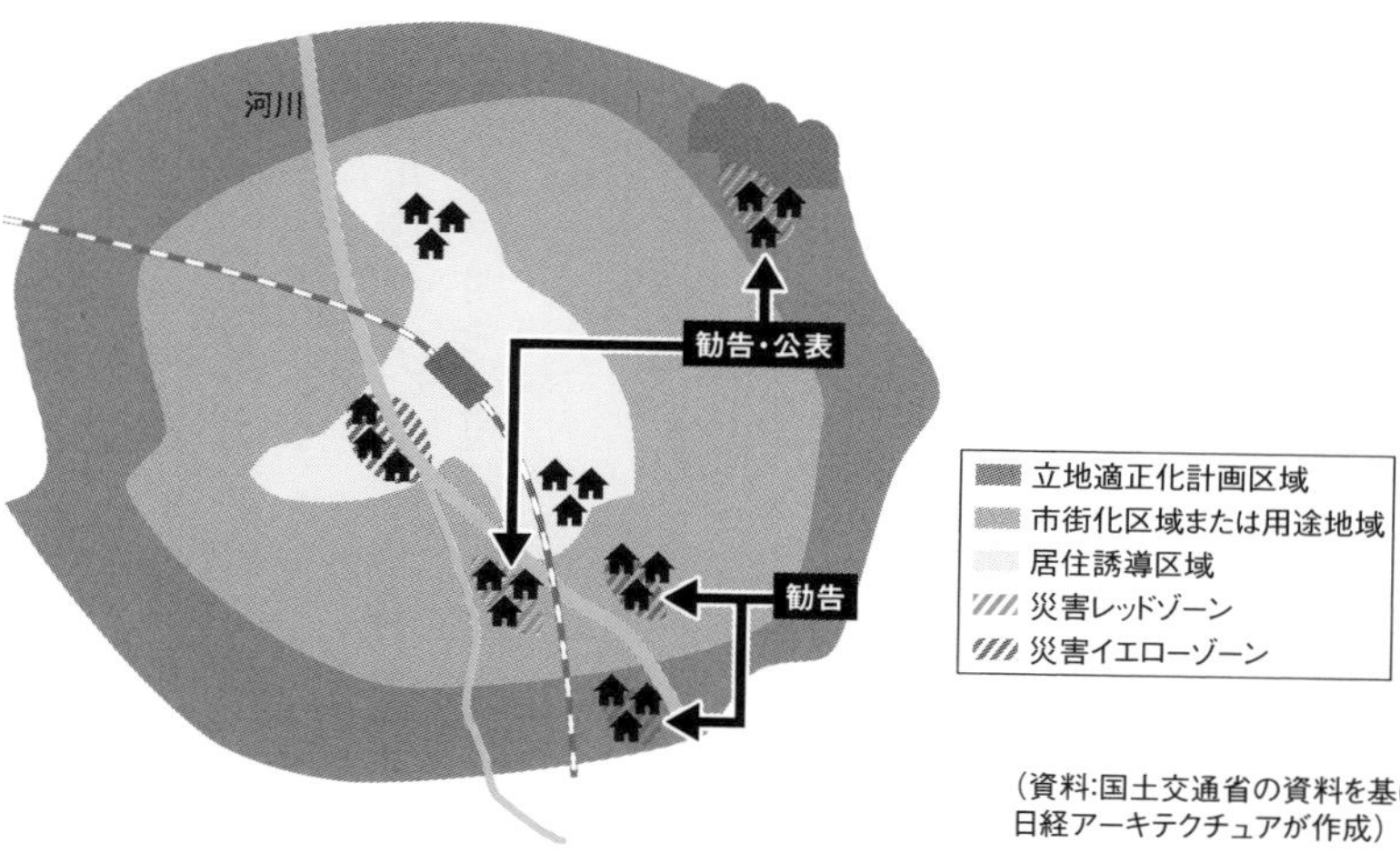

（資料:国土交通省の資料を基に
日経アーキテクチュアが作成）

限って許可する。

都市計画区域内の「非線引き区域」（市街化区域と市街化調整区域とに区分していない区域）を念頭に、災害レッドゾーンでの開発行為に対する勧告・公表制度も設ける。既存の勧告制度を見直す。

現行の制度では、立地適正化計画で設定した区域のうち居住誘導区域外で3戸以上の住宅、または1、2戸で規模が1000平方メートル以上の住宅などを開発する場合、市町村長への届出を要する。市町村長は、住宅などの立地の誘導を図るうえで支障があれば、勧告ができる仕組みだ。

この制度を見直し、災害レッドゾーンでの開発に支障があり勧告しても従わない場合は、事業者名などを公表できるようにした。

非線引き区域では開発許可の対象面積が3000平方メートル以上であるため、より規模の小さな開発については規制できなかった。国交省都市局都市計画課は、「開発許可制度と勧告・公表制度の見直しを組み合わせて、災害ハザードエリアにおける新規開発を効果的に抑制したい」とする。

5 災害危険地からの脱出

着工目前でも移転に変更

災害リスクの高い土地では、事前に安全な場所へ移転できればそれに越したことはない。ただし何の被害も受けていない場合は、その決断に相当な覚悟が必要となる。それでも、自然災害の増加に伴って、次第に事前移転を目指す事例が増えている。２０１９年10月の東日本台風による大雨で町内が広範囲にわたって浸水した茨城県大子町は、20年２月に着工予定だった新庁舎建設計画の再検討を決断した。

従来の計画では、現庁舎の西側の町有地に建設する予定だった。しかし、東日本台風の影響で現庁舎の付近が２メートルほど浸水。建設予定地をかさ上げすれば、同規模の水害が発生しても新庁舎が被災することはない。しかし、町は庁舎が孤立して災害時の活動が困難になる恐れがあると判断した。

県の洪水ハザードマップでは、現庁舎西側の町有地は浸水想定区域にある。3～5メートル浸水する想定だ。大子町は、町有地を建設予定地に選ぶ際、水害リスクについても検討したものの、「水害時における対応について課題はあるが、中心市街地に近く利便性が高い」と結論付けた経

2019年の東日本台風による大雨で浸水した茨城県大子町。写真は現庁舎の屋上から北西側を見た様子。19年10月13日撮影(写真:大子町)

◆ 新庁舎建設地の候補は3カ所

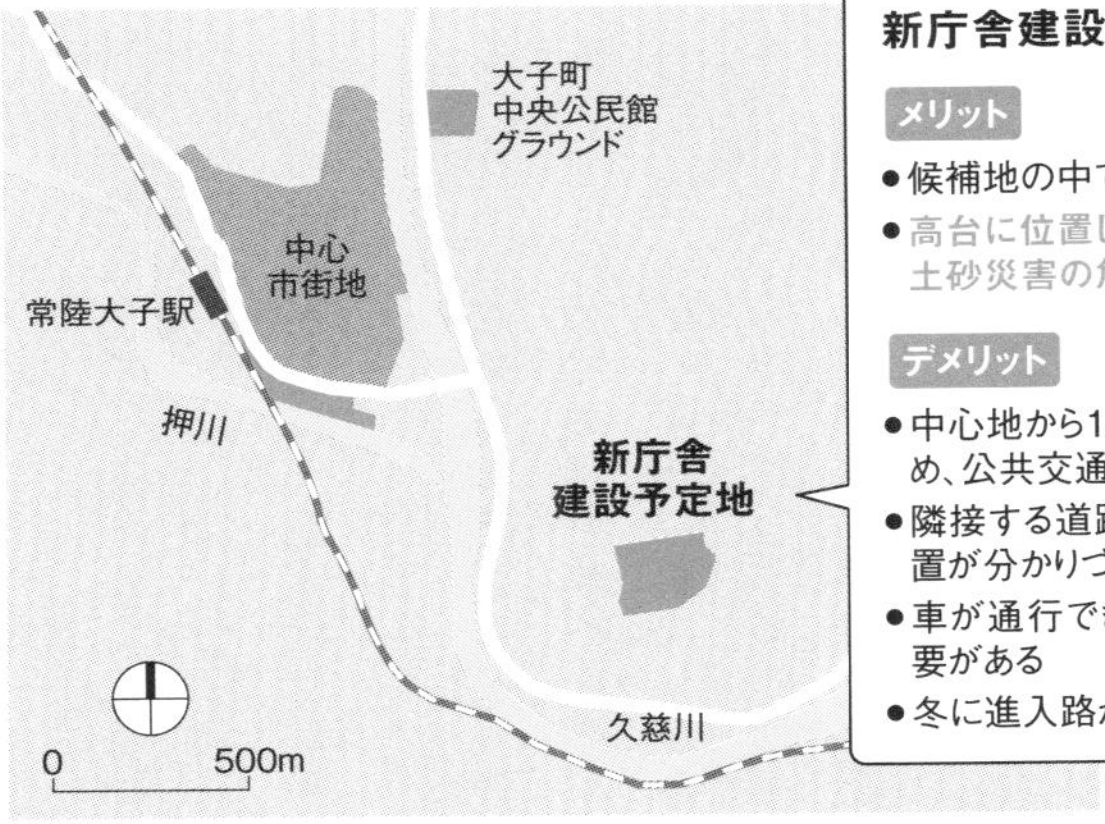

新庁舎建設予定地の特徴

メリット

- 候補地の中で敷地面積が最も広い
- 高台に位置しており浸水被害および土砂災害の危険性が低い

デメリット

- 中心地から1.5km離れた高台に位置するため、公共交通でアクセスしづらい
- 隣接する道路から建物が見えないため、位置が分かりづらい
- 車が通行できる幅の進入路を確保する必要がある
- 冬に進入路が凍結する恐れがある

茨城県大子町は、他の候補地と比べてアクセスしづらく、進入路の整備が必要になるなどのデメリットを飲み込んだうえで、浸水リスクが低い高台を新庁舎の建設予定地に選定した(資料:大子町の資料を基に日経アーキテクチュアが作成)

緯がある。

東日本台風で被災してから3カ月にわたる建設計画の再検討を踏まえて、20年1月に町が出した答えは、庁舎の安全を何よりも優先するため、敷地を選び直すことだった。新たな候補地には、かつての建設予定地だった町有地を含め、3カ所が挙がった。町は最終的に、高台に位置し、浸水被害などの危険性が低い場所を新たな敷地に選んだ。

確かに安全性は確保できるが、新たな敷地は中心市街地から1・5キロメートルも離れた高台に位置するため、当初、町が重視していた利便性は高くない。中心市街地の活性化への効果についてもあまり期待できそうもない。大子町庁舎建設準備室は、「安全性の問題は解決したが、徒歩や公共交通機関ではアクセスしづらい。これから検討しなければならないことが多くある」とする。町は21年3月に着工し、22年4月の完成を目指して工事を進めている。

急傾斜地崩壊対策よりも安い個別移転

大子町の例は建設予定地の浸水が、安全な土地への移転を決断するきっかけとなった。一方、熊本市では被災していなくても、災害リスクを重視して移転を決意する市民が出てきた。

「子ども3人のほかに両親や祖母もいて家族が多いため、何か起こったときに避難するのは大変だった。移転の決断は勇気がいることだったが、新居では安心して暮らせる」

こう話すのは、熊本市北区に住む村上孝宏氏だ。熊本県が15年に独自に創設した「土砂災害危険住宅移転促進事業」を使って、安全な土地に建てた新居に18年8月、引っ越した。村上氏はそれまで、急傾斜地の土砂災害特別警戒区域（レッドゾーン）に住居を構えていた。

「旧宅は裏山ががけ地で、いつ土砂崩れがあるか分からなかった。大雨のときは親に連れられて昔からよく避難していた」。村上氏はこう振り返る。旧宅は傾きが30度以上ある「急傾斜地崩壊危険区域」にあった。危険区域の裏には、平成に入ってから擁壁を建設。ただし、その対策だけでは崩壊に伴う土砂を捕捉できないとして、その後、レッドゾーンに指定された。

そんな危険な場所から村上氏が移転を決意したのは、16年4月の熊本地震がきっかけだった。地震で一部損壊した住宅を同じ場所で建て替えようとも考えたが、益城町

村上孝宏氏の旧宅があった場所はレッドゾーンに指定されている。2018年11月中旬時点ですでに建物は取り壊されていた。奥には平成に入ってから建設された擁壁が見える（写真:日経コンストラクション）

で全壊した古い家などを見て、「ほかの場所で新築するほうが安心だと思った」と村上氏は明かす。

そこで利用したのが、先述の土砂災害危険住宅移転促進事業だ。解体や移転などにかかる費用として、県から最高300万円の補助金がもらえる。レッドゾーンに一部でも家がかかっていれば対象となる。特徴は1棟でも利用できる点だ。県によると、集団移転などの条件を付けずに1棟からの移転でも補助の対象としたのは全国でも初だ。

熊本県では03年の水俣土石流災害や12年の九州北部豪雨などで大きな土砂災害がたびたび起こっていた。レッドゾーンなどで土砂を防ぐハード整備を進めているものの、どうしても守るべき戸数が多い区間が優先され、1戸や2戸しかないような場所は対策が後回しになっていた。

「ハード整備は費用も時間もかかる。これまで対策が実施できていない所が山ほどあり、新しい視点でのソフト対策を創設する必要があった」。熊本県土木部河川港湾局砂防課防災管理班の岩本晃明参事は、こう話す。

移転促進事業では税金投入が個人の資産形成につながらな

◆ 最大300万円の補助

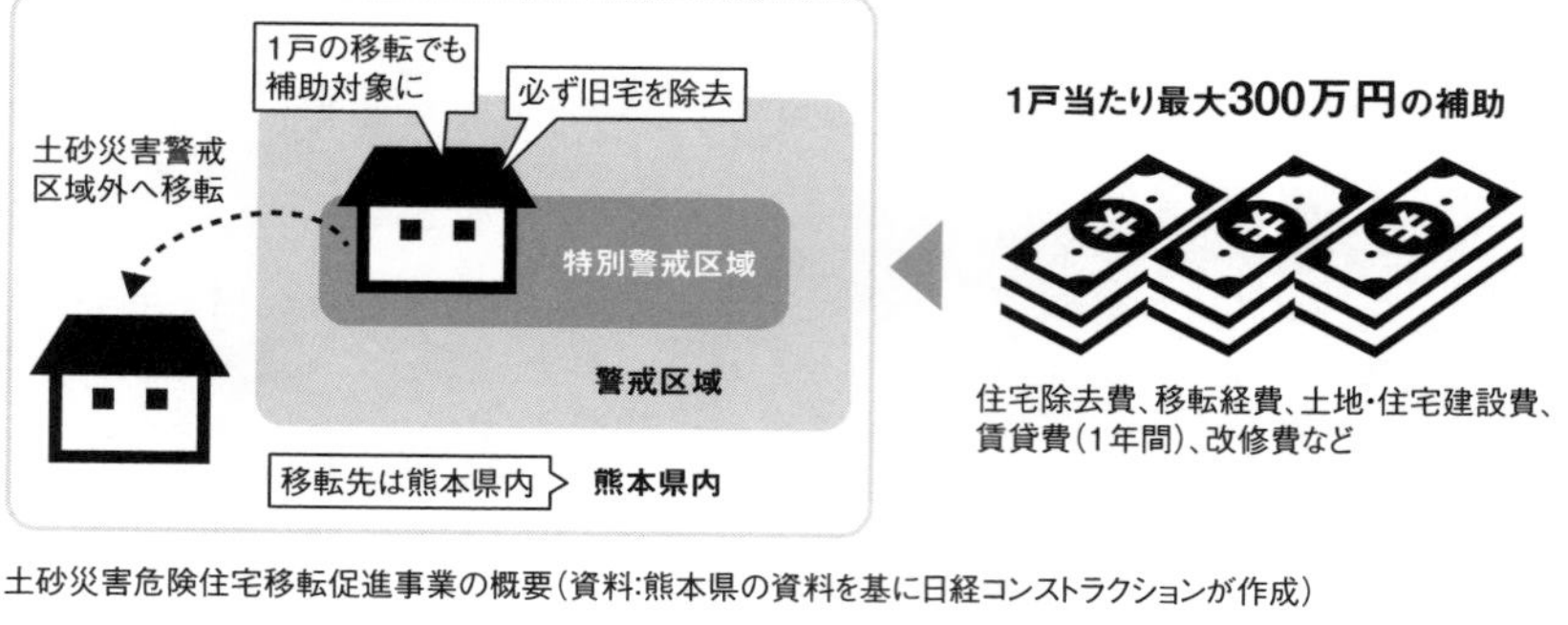

土砂災害危険住宅移転促進事業の概要(資料:熊本県の資料を基に日経コンストラクションが作成)

いように、社会的コンセンサスが得られている被災者生活再建支援制度の上限額などを考慮し、補助額を最高300万円に設定した。

「移転した宅地の区間については、新たに擁壁などを建設する必要がなくなるので、ハード整備費を削減できる」（岩本参事）。擁壁や排水施設などを整備する急傾斜地崩壊対策事業の採択基準は、10戸以上で事業費7000万円以上である。1戸当たりに換算すると移転の方が安くつく。同事業による移転件数は着々と伸びており、18年11月時点で50件に上る（熊本地震の被災者に対しても使用できる制度になり、その件数も含む）。

一方で、補助金の上乗せを希望する声も多い。村上氏が移転に要した費用は3000万円程度。「移転先の土地の改良にもお金がかかった。改良費なども補助があるとよかった」と話す。

同じく移転促進事業を15年度に適用した市西区の西村賢治氏の場合は、新築ではなくすでにレッドゾーン外にあった住宅をリニューアルすることで、移転費を抑えることができた。それでもかかった総額は2000万円程度。補助金をもらっても大幅に足は出てしまう。

「実費で300万円を使えるのは非常にありがたかった。解体費だけでなくリフォームにも一部を回すことができた。ただ300万円以上の補助があれば、もっと利用する人が増えるのではないか」（西村氏）

実は、急傾斜地崩壊危険区域からの移転に交付される補助金はほかにもある。住宅の除去費に80万円、新しい住宅や土地などを建設・購入するための利子に相当する額の経費として400万円強を、国と自治体が補助する「がけ地近接等危険住宅移転事業」だ。

ただし、この事業は自治体が制定する通称「がけ条例」で指定した住宅が対象のため、それ以後に建てた住居の移転には使えない。事業対象となる住宅が少ないという。

個人の資産に税金をどこまで投入するかについてはまだまだ議論の余地はある。それでも、自治体の財政が厳しさを増すなか、ハード整備一辺倒で土砂災害を防ぐのではなく、少しの事業費で最大限の効果を発揮する移転促進にシフトする自治体はこれから増えるはずだ。

熊本県は少しでも危険な場所を減らすために、これからも移転促進事業を継続するという。

皆で移転すれば怖くない？

災害危険地から集団で移転する場合、用地取得や移転元地の土地・建物の買い取りといった事業費の一部を補助する制度がある。１９７２年に創設された防災集団移転促進事業（防集）だ。93年の北海道南西沖地震で津波災害を受けた奥尻島では高台移転に、２００４年の新潟中越地震で被災した新潟県山古志村では山間地からの移転に、それぞれ使われた。11年の東日本大震災では、多くの被災地で同事業が導入された。災害の発生後に、安全な土地へ移転するのが目的だが、実は災害が発生する前の移転にも使える。

20年には防集を初めて抜本的に改正。人口減少に伴って集落の小規模化が進んだことを反映して、より小規模な移転も扱えるように、防集の要件を10戸以上から5戸以上に緩和した。

21年4月に成立した「流域治水関連法」では、防集の支援対象に浸水被害防止区域（202ページ）からの移転を追加しており、事前移転に対する制度の充実が進んでいる。

事前移転に防集を利用した事例はまだない。災害が発生するかどうかも分からない、ましてや災害が起こったとしても被害を受けないかもしれないのに、事前に集団で移転するという決断へのコンセンサスはなかなか得られないようだ。

それでも東日本大震災の津波被害のインパクトが大きかったことから、震災以降、「事前の集団移転」を検討する自治体が増え始めた。

いち早く動き出したのが、伊豆半島の西側の付け根に位置する静岡県沼津市南部の内浦重須（うちうらおもす）地区だ。内浦湾を抱くようにミカン畑の丘が広がるのどかな風景だが、防災上は危険をはらむ。平地がほとんどなく、住宅の大半は沿岸部に

静岡県沼津市内浦重須地区の現況（写真:日経コンストラクション）

固まっている。県が作成した第4次地震被害想定に基づく津波ハザードマップでは、最大で高さ8・6メートルの津波に襲われると想定している。

市はハード・ソフトの両面で津波対策を講じる考えだが、県が設置した津波対策地区協議会が方針を協議中のため、内浦重須地区を含む市管理の海岸で本格的な対策をまだ実施していない。現況では津波に襲われた場合、津波避難タワーやミカン畑などに逃げるしか手がなさそうだ。

それならば、住民主導で

◆ 最大で高さ8.6mの津波が想定される内浦重須地区

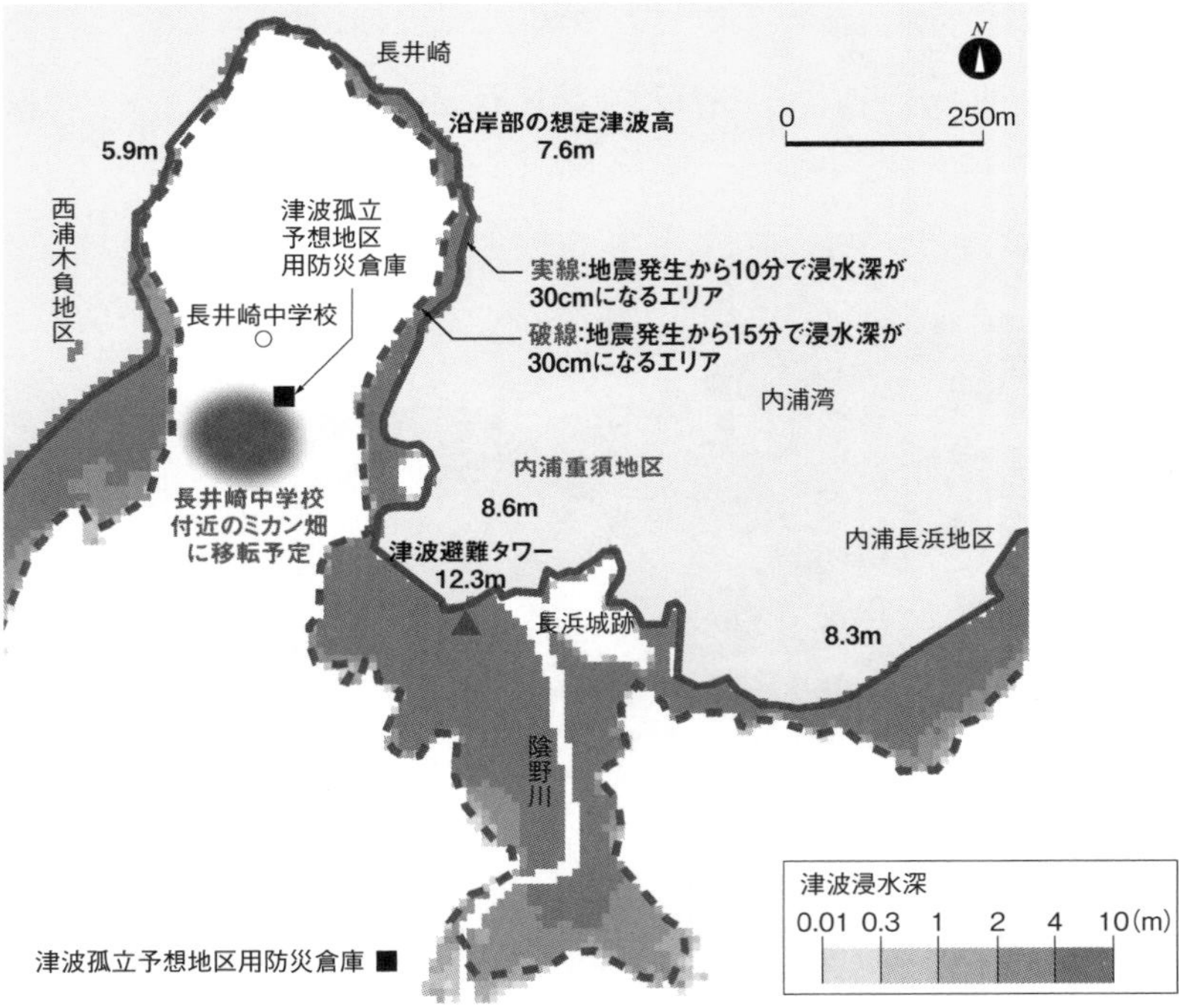

静岡県沼津市内浦重須地区付近の想定津波浸水域と高台移転予定地
（資料:静岡県や沼津市の資料を基に日経コンストラクションが作成）

津波に襲われるのを回避しよう――。そのように考えた一部住民による高台移転の事業が、12年度から始まった。もともと防集で集団移転を進めようとしていたが、参加する世帯数の激減で防集には適合しなくなってしまった。それでも住民と地元自治体が諦めず、別の事業の言わば隙間を利用するようなかたちで息を吹き返した。以降でそのいきさつを詳しく紹介しよう。

内浦重須地区の自治会長に12年度に就任した原敏氏は当初、防集による地区全体、約110世帯の高台移転を目指した。この時点で事業を担い、移転先の宅地造成などを検討した自治体が沼津市だ。

防集では宅地購入や新居建設への補助が借入金の利子相当にとどまるため、住民の負担額は大きい。移転前の旧宅地は、建築行為を禁じる災害危険区域への指定を前提にした価格で自治体が買い取るので、住民の負担軽減の効果は限定的と言える。

原氏は東日本大震災の津波の被災地を視察したり

◆ 当初は110世帯で集団移転を目指す

年度	事項	関係・参加世帯数
2012	沼津市が防災集団移転促進事業（防集）による内浦重須地区住民の高台への集団移転を検討	約110
	同地区の自治会がこの件で総会を開催。家族を含めて移転に賛成の世帯数は38	38
13	原敏自治会長（当時）ら住民の有志は防集での移転を断念し、別事業での移転の検討を始める	
14	主要な関係自治体が沼津市から静岡県に交代。県は同地区で検討していた高台での農地の区画整理事業で、少ない世帯数なら高台移転が可能であることを確認	
15	県が農地の区画整理事業を利用した高台移転を原氏ら住民に説明	26
	資金などの問題で参加世帯がさらに減少	14
17	参加世帯数が現在の数になる	7

静岡県沼津市内浦重須地区の高台移転の流れ（資料：取材を基に日経コンストラクションが作成）

勉強会をたびたび開いたりして、他の住民たちに事前の高台移転への賛成を呼び掛けた。しかし、費用負担などに難色を示す住民が多く、結局、防集を使った地区全体での移転は断念せざるを得なかった。

それでも原氏は、「この重須に将来も長く住み続けるにはどのような方法でもいいから、有志だけでも高台へ移転したい」と考えた。

そして、同氏の防災に対する強い信念が自治体側を動かし、沼津市が静岡県への異例の〝バトンタッチ〟に踏み切ることになる。市と県の連携で農地の区画整理事業に宅地の移転を加え、原氏を含む7世帯が限定的ながら高台移転を実現させる見通しとなった。

内浦重須地区の住宅が集中する地域の西側に、長井崎という小さな半島がある。全

長井崎中学校付近のミカン畑の農道。静岡県が区画整理の一環として拡幅している（写真:日経コンストラクション）

域が丘陵で浸水の恐れがないこの半島にある2ヘクタール強のミカン畑などが、区画整理と高台移転の舞台だ。

農地の区画整理は事業施行面積の3割以内を農業以外の用地に転換できる。非農用地の主な用途として想定されているのは農産物を生かした工場や店舗、公共施設用地などだが、宅地にして農家以外の住民の居住用途にすることも法的に可能だ。

県農地局農地整備課は、区画整理に参加する地権者たちに、非農用地を宅地として使うということで同意を得た。そのうち1世帯がほかならぬ原氏だったことがポイントだった。県と市の各担当者は、「防集と農地の区画整理が結び付いたのはたまたま。モデルケースにはならないだろう」とこの件を冷静に受け止めている。

県は18年度から農道の拡幅や水利施設の整備に一部着手し、区画整理の詳細設計を進めている。現場は都市計画法上、本来なら住宅を建てられない市街化調整区域だが、防災を目的とする移転なので市は宅地としての開発許可を出し、拡幅した農道を建築基準法上の道路と同等と見なす方針だ。移転は21年度以降となる見込み。

ただし住民の負担は防集以上に重くなる見通しだ。宅地購入や新居の建設費用は完全に住民の自己負担となり、市が旧宅地を買い取る予定もない。

6 氾濫域管理の切り札となるグリーンインフラ

国が音頭を取るグリーンインフラ

氾濫域などの危険な土地から撤退した場所をどのように利用していくか——。自治体の担当者が頭を悩ませる問題だ。自然の驚異に常にさらされる場所ではないものの、災害リスクの高い土地のため、開発行為は制限され、企業の誘致活動もままならなくなる。

このような自然と居住区のはざまにおける整備の在り方としてヒントになるのが、最近注目を集めている「グリーンインフラ」だ。インフラや土地利用計画に、自然環境や動植物といった生態系と、それらが人間社会に提供する様々な自然の

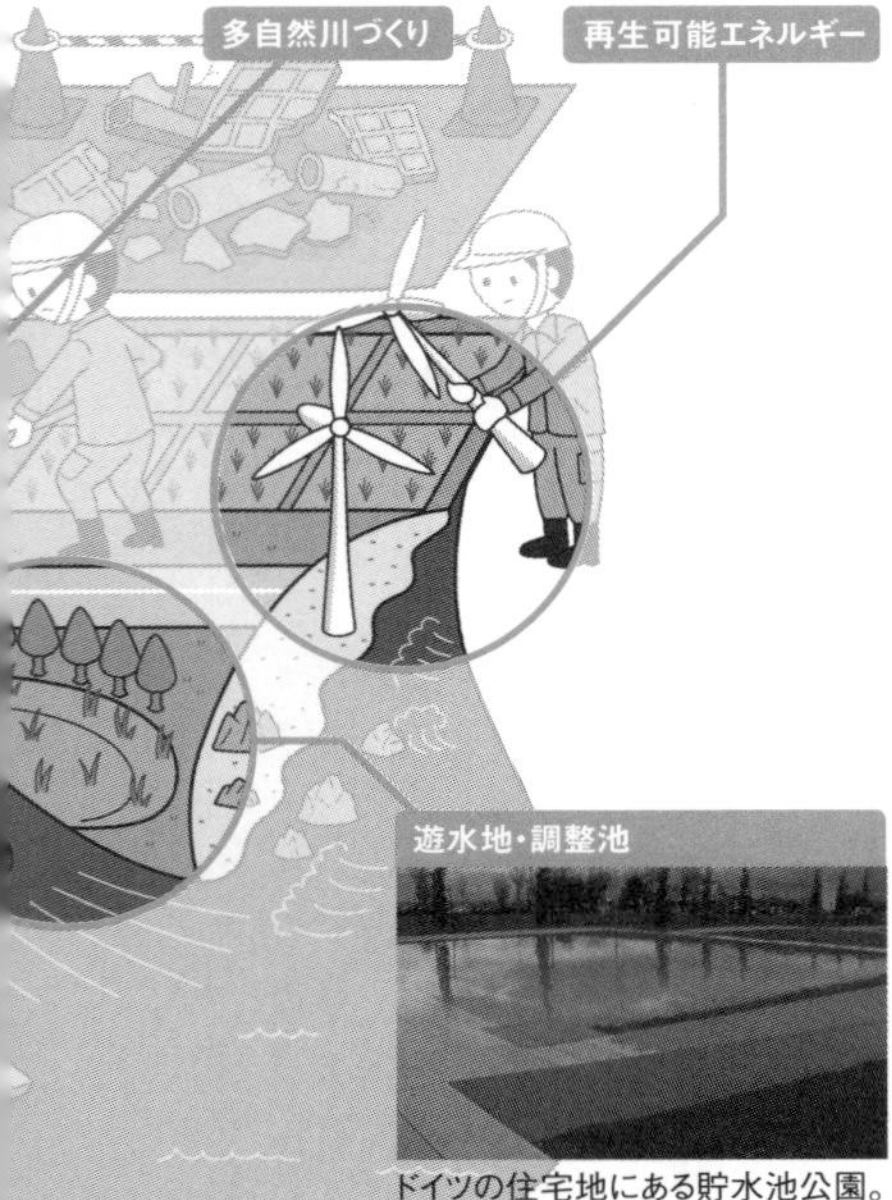

ドイツの住宅地にある貯水池公園。通常時はレクリエーションの場として活用される

グリーンインフラの構成要素
（イラスト:山田 タクヒロ／写真:福岡 孝則）

恵み（生態系サービス）とを活用して、持続可能で魅力的な国土づくりや地域づくりを進める考え方を指す。防災・減災や良好な景観形成、生物の生息・生育の場の提供、健康の増進、地球温暖化の緩和といった自然の持つ多機能性を生かすことがポイントとなる。

国土交通省はグリーンインフラを、省を挙げて推進している。多自然川づくりや遊水地、屋上緑化、浄化能力のある湿地など、グリーンインフラを構成する要素は多岐にわたる。

例えば、防災・減災機能

◆ 街のあちこちで展開されるグリーンインフラ

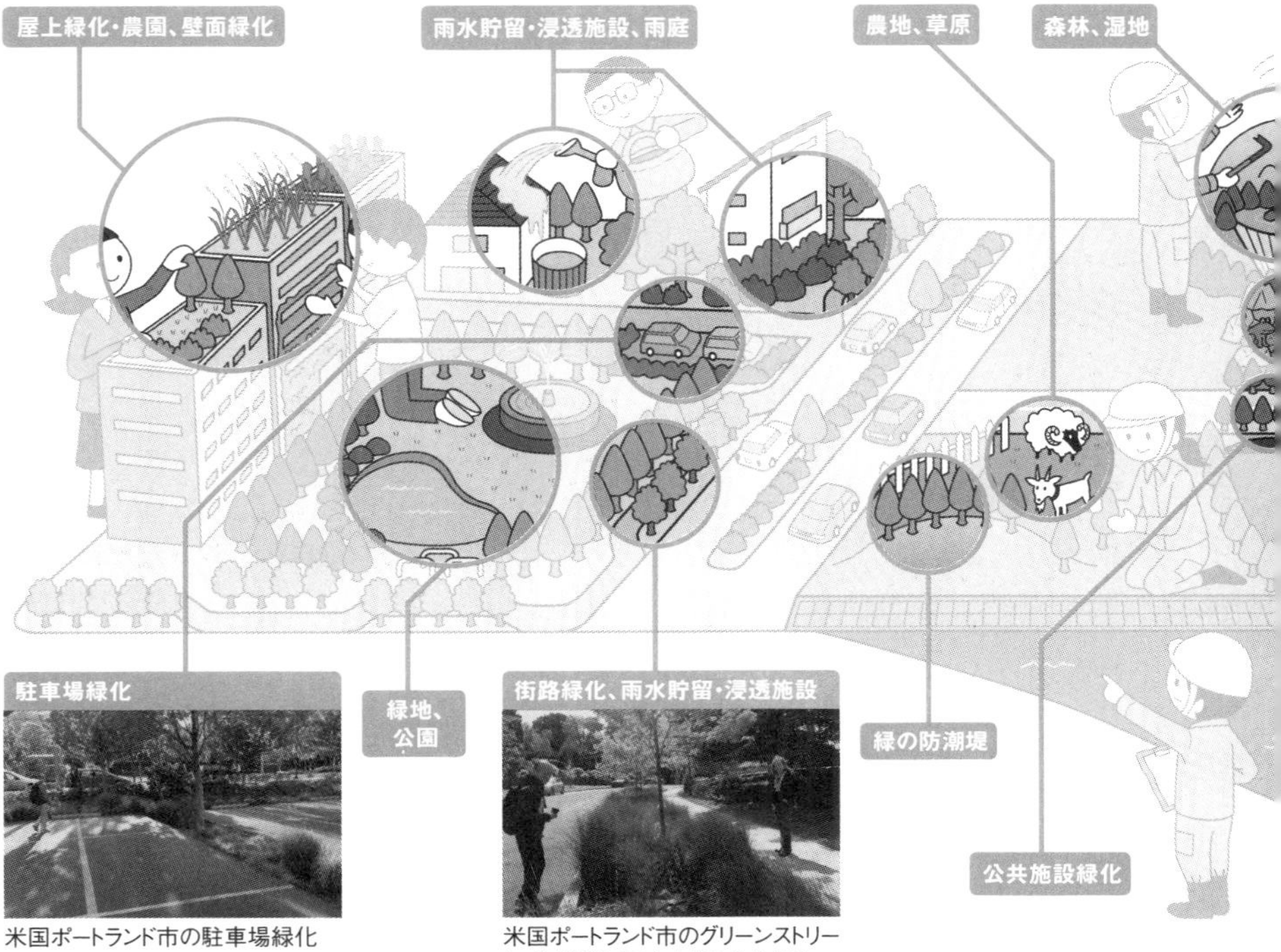

米国ポートランド市の駐車場緑化

米国ポートランド市のグリーンストリート。植栽帯に雨水を集める仕組みに関しては、生態系や生態系サービスを維持することで、危険な自然現象に対する緩衝帯としての効果が期待される。田んぼなどに水をためて浸水被害を軽減する「田んぼダム」やマングローブ林の保護・再生による沿岸災害の抑制、海岸防災林の造成による津波被害防止などが代表的な例だ。このような概念は「生態系を活用した防災・減災（Ｅｃｏ－ＤＲＲ）」とも呼ばれる。

グリーンインフラは、事業を進めるための根拠となる政府文書へ次々に盛り込まれている。２０１５年８月には、10年間にわたる長期的な国土づくりの指針となる国土形成計画に、グリーンインフラの用語が登場。それを皮切りに、15年９月の第４次社会資本整備重点計画（社会資本整備の道しるべとなる計画）、16年５月の「質の高いインフラ投資の推進のためのＧ７伊勢志摩原則」などに盛り込まれた。その後、国交省は19年、国として精力的に活動を進めるために「グリーンインフラ推進戦略」を公表した。

21年に入ってからはその動きがさらに加速している。第５次社会資本整備重点計画にも反映。加えて、21年７月には国交省が「国土交通グリーンチャレンジ」を発表した。脱炭素や気候変動適応、自然共生、循環型の４つの社会実現に向けて、今後10年間で重点的に取り組むプロジェクトの１つに「グリーンインフラを活用した自然共生地域づくり」を掲げている。

見直される伝統的工法「霞堤」

国が注力している流域治水を引き合いに、グリーンインフラの具体的な例を紹介したい。21年

4月に可決、成立した「流域治水関連法」では、以下の内容が付帯決議の1つに盛り込まれた。

「流域治水の取り組みにおいては、自然環境が有する多様な機能を生かすグリーンインフラの考えを推進し、災害リスクの低減に寄与する生態系の機能を積極的に保全または再生することにより、生態系ネットワークの形成に貢献すること」

付帯決議は法的な拘束力を持たないものの、運用時には留意しなければならないので、流域治水の取り組みに与える影響力は大きいとみられる。流域治水の推進を機に、存在価値が見直されているのが、日本の伝統的な治水工法の1つである「霞（かすみ）堤」だ。連続堤防が氾濫域（宅

◆ 霞堤は氾濫流を河道に戻したり洪水を一時貯留したりする

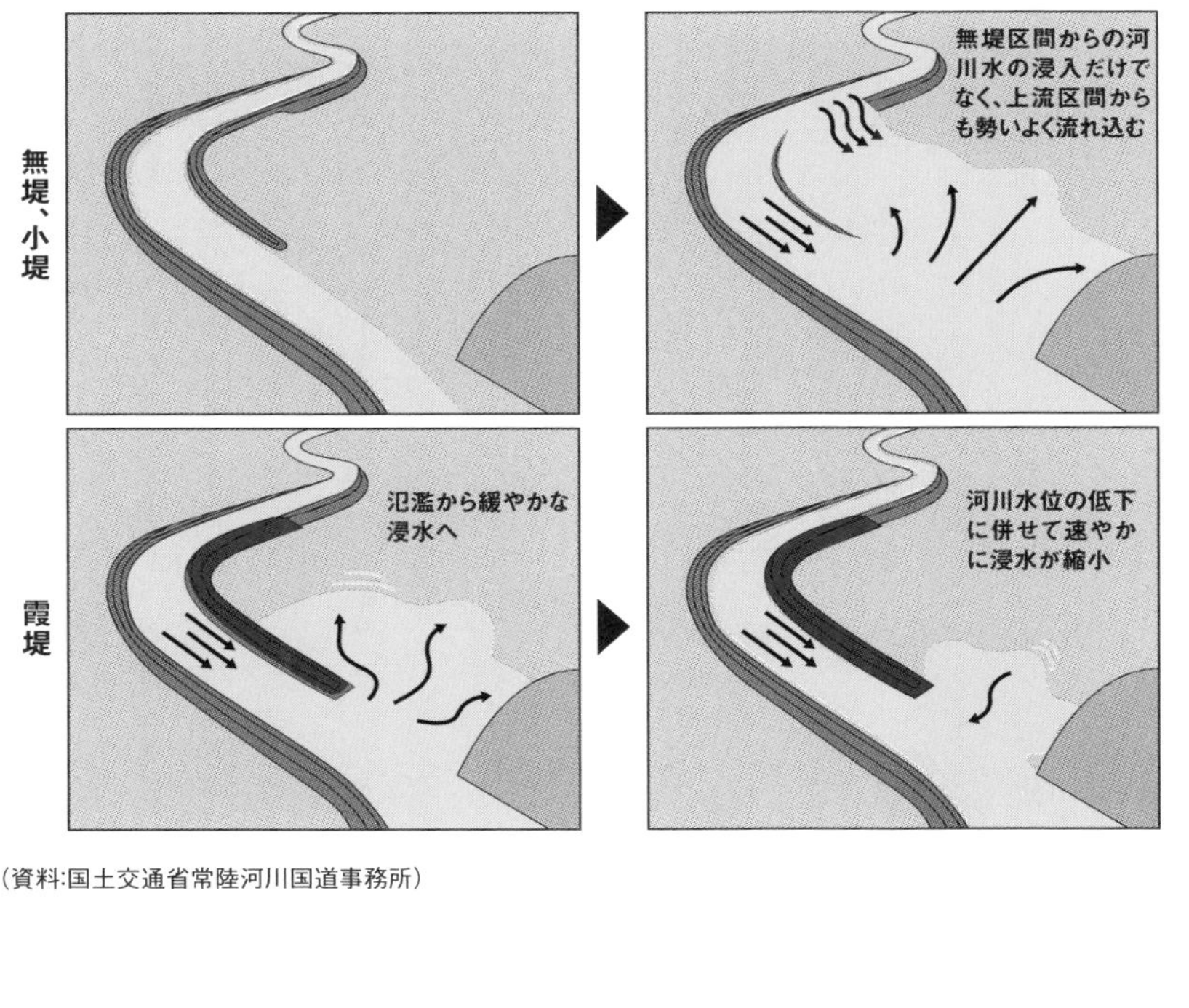

（資料:国土交通省常陸河川国道事務所）

地側）を一律に防御するのに対して、霞堤方式では2重・3重の堤防で氾濫流を制御する。戦国武将の武田信玄が考案したといわれるグリーンインフラの一種だ。

霞堤には開口部から背後地にある水田などへ洪水をあふれさせる遊水効果と、上流で氾濫した水を川に戻す還元効果（内水氾濫排除）を持つ。一般に急勾配の区間では前者、緩勾配区間では後者の機能をそれぞれ発揮する。

霞堤から水をあふれさせている間は、堤外地と堤内地との水位差が減る。そのため、堤防の浸透破壊の原因となるパイピング（浸透流が土中にパイプ状の水みちを形成し土を押し流す現象）を防いだり、越水時に堤防から流れ落ちる水のエネルギーを弱めて、堤防法尻（地盤と盛り土の接合部付近）の洗掘を防いだりする効果もある。

加えて、洪水時に水がたまる流れの緩やかな部分に、多くの生物が避難できる。さらに背後地の水田に肥沃な土砂を含んだ氾濫水が流れ込むことで、養分が供給される効果も期待される。霞堤がグリーンインフラといわれる理由は、治水以外にもこういった複数の機能を持つ点だ。

さらに霞堤の開口部や堤内外に水害防備林を設けることで、洪水の勢いを弱めて、土砂や流木を捕捉する効果がある。これもグリーンインフラの持つ減災効果の1つとなる。

一方で、洪水後は霞堤背後地の田畑や農道などが泥や流木にまみれてしまうため、その管理には市民などの協力が欠かせない。例えば、霞堤は県が管理していても、背後地は市など基礎自治体の管理になる。行政を越えた協力体制、それから、そこに住む人たちの理解があってはじめて、霞堤は持続的に機能していく。

現在、全国の1級河川109水系のうち54水系で霞堤が確認されている。国管理の区間だけでなく、都道府県管理の中小河川を加えると、現存する霞堤は無数にあるといわれる。一方で、新たに霞堤をつくる動きも出てきた。19年の東日本台風で被災した那珂川と久慈川だ。現状では堤防がない、または小さな堤防しかない区間に、連続堤防と霞堤をつくる。

災害時だけでなく平時における「自然の機能の活用」も重要な視点だ。霞堤背後地は、洪水時に河川から水を流入させて一時的に貯留し、流量を調節する土地だが、平時は氾濫域となるため土地利用に一定の制限はかかる。そのため、多様な動植物が生息する自然環境を生かして、バードウオッチングや散歩を目的に訪れるといった活用方法などが考えられる。

宮崎県延岡市の家田地区にある霞堤の背後地の浸水状況。写真手前を左から右に北川が流れる。右下が霞堤の開口部。2016年9月21日撮影(写真:宮崎県)

雨水貯留でグリーンインフラの実装展開

グリーンインフラは、都市域でも推進できる。下水道施設が完備されている都市域では、降った雨を速やかに下水道へ集めて、河川や海に放出する。ただし近年、気候変動の影響か、下水道の許容量を超えてしまう大雨が降って、内水氾濫が多発している。汚水と雨水を同じ管で流す合流式下水道では、河川などに汚水が流れ込み、公共水域を悪化させることも問題視されている。

人口減少が進むなか、下水道管の規模を大きくするのは、現実的ではない。そこで、解決策として期待されているのがグリーンインフラだ。雨水などを貯留したり地下へ浸透させたりする取り組みで、下水道へのピーク流量をカットして、内水氾濫などを減らす。地下水と湧水の涵養につながるほか、ヒートアイランドの抑制効果も期待できる。豊かな生物を育む場にもなる。

このような「雨水管理」で先進的な自治体が東京都世田谷区だ。18年度からの事業年度を対象とした「世田谷区豪雨対策行動計画」の改定に合わせ、新たに章立てをして「グリーンインフラの促進」を盛り込んだ。行動計画では、緑などの自然の持つ雨水の貯留や浸透、流出抑制といった機能に着目している。

世田谷区では、一定規模の公園や道路、民間施設を整備する場合、雨水流出抑制施設を設置するよう指導要綱を定めている。ただし、これまで緑地や芝地、植栽などは、流出抑制対策として認めていなかった。18年度からの行動計画では、緑地にも一定の流出抑制効果があるとみなし、流出抑制の単位面積当たりの対策量として積み上げることができるようにした。

「まずは公園や道路で水をためられるようなレインガーデンや緑溝（りょっこう）の整備を進めていく」。世田谷区道路・交通政策部の田中太樹道路管理課長は、こう説明する。すでに区内では上用賀公園や保健医療福祉総合プラザ内の広場などにレインガーデンが実装されている。そのほか、部署をまたいで、横断的に整備することによって、グリーンインフラの効果をより発揮させる取り組みも視野に入れる。

公共施設で流出抑制のために緑を増やせば、区が打ち出す他の施策にも貢献する。区は快適な都市の環境を保全するために、「みどり33」という施策を展開しており、緑被や水面などの割合を表す「みどり率」を、16年度の25パーセントから32年には33パーセントまで高める方針だ。「グリーンインフラによって流域対策と緑化が進むと

上用賀公園に整備したレインガーデン。たまった雨水がゆっくりと地下にしみ込んでいく（写真:日経コンストラクション）

いう相乗効果が見込める」（田中課長）というわけだ。

行動計画では雨水流出抑制施設の単位面積当たりの対策量も強化した。例えば、これまで敷地面積1000平方メートル以上の公園は、1ヘクタール当たり600立方メートルの単位対策量が必要だったが、それを同700立方メートルに上げた。

37年度の流域対策の目標では、民間施設による流出抑制効果を大幅に見込んでいる。民有地へのグリーンインフラの普及がカギを握るというわけだ。

宅地内に水を少しずつためれば小規模のダムに匹敵する量になるという「世田谷ダム」の発祥地である世田谷区。この言葉に象徴されるように、もともと区では民有地への雨水浸透施設や雨水タンクの設置が盛んだった。しかし、ここ最近は助成件数が

雨庭の一例。福岡市田島地区にある福岡大学工学部の渡辺亮一教授の自宅。家屋の基礎と前面の庭の下に、合わせて42t分の水を貯留・浸透できる施設を備える（写真:日経コンストラクション）

右肩下がりで、民有地への流域対策は伸び悩んでいる。

そのため、区民へグリーンインフラのアピールに努めている。例えば、自宅での「雨庭（あめにわ）」整備だ。雨庭とは、屋根などに降ってきた雨を集めて一時的にためるくぼ地を造り、地中にゆっくり浸透させる仕組みを持った緑地のこと。庭の景観を良くする効果もあり、宅地での流出抑制を促す手法として期待される。

さらにこれまであまり緑化を進めていなかった駐車場も、流出抑制で大きなポテンシャルを持つといわれる。

世田谷グリーンインフラ研究会で世話人を務める法政大学の神谷博兼任講師は、「世田谷区の街づくりや河川、緑、企画など様々な部署の職員が、これまで研究会に参加して、グリーンインフラを勉強してきた。彼らはすでに共通認識を持っている。これから各々の部署で流域治水のためにできることは何かを検討していくことになるだろう」と話す。

自然再生のコストを上乗せしても被害想定を下回る

危険地から近くの安全な空き家に移転すれば、どの程度、被害額を抑えられるか——。福井県にある三方五湖を対象に、こんな研究が進んでいる。

三方五湖周辺は海沿いにある5つの湖の影響で、排水機能が弱く洪水被害が頻繁に起こっている。生態系の機能を防災・減災に生かすEco-DRRの研究に取り組む慶應義塾大学環境情報学部の一ノ瀬友博教授は、「Eco-DRRにおいては、災害リスクが高い立地における継続的な土地利用を避けることも重要だ」と説く。

そこで一ノ瀬教授は、三方五湖周辺の浸水リスクのある場所から移転した場合の2040年の被害想定を、将来の人口推計などを用いて試算した。

シナリオ1が、対策を講じない現状維持のパターン。人口は自然減少して洪水ハザードマップの浸水想定区域内の居住者は567人から390人に。一方で空き家は残存する想定のため、被害額は変わらない。被害額は13年の水害統計調査における県の被害額を参考に、浸水状況に応じて算定した。

そしてシナリオ2が、浸水想定区域外の空き家へ個別移転し、残った住宅を撤去するパターンだ。

「隣接する場所ならばコミュニティーも変わらず移り住みやすくなる。そういったことも考慮した」（一ノ瀬教授）。40年に想定される被災者390人のうち、50％弱が浸水区域外でかつコミュニティー内へ、残りはコミュニティー外に移転。東日本大震災後に支払われた移転補助費などを参考に、コストを算出したところ、390人の移転費は想定被害額を大きく下回り、約20億円の削減効果を見込める。

「跡地を自然再生して遊水地の機能を付加すれば、さらなる減災効果を持たせられる」と一ノ瀬教授は説明する。

そこでシナリオ3だ。移転後の跡地を自然再生して、そのコストを上乗せした。それでも現状維持の想定被害額を下回る。ここでは生物多様性の保全効果や遊水地による減災効果などは考慮していないため、実際の便益はさらに増すはずだ。

◆ 三方五湖流域における将来の洪水被災者数と被害コストの想定

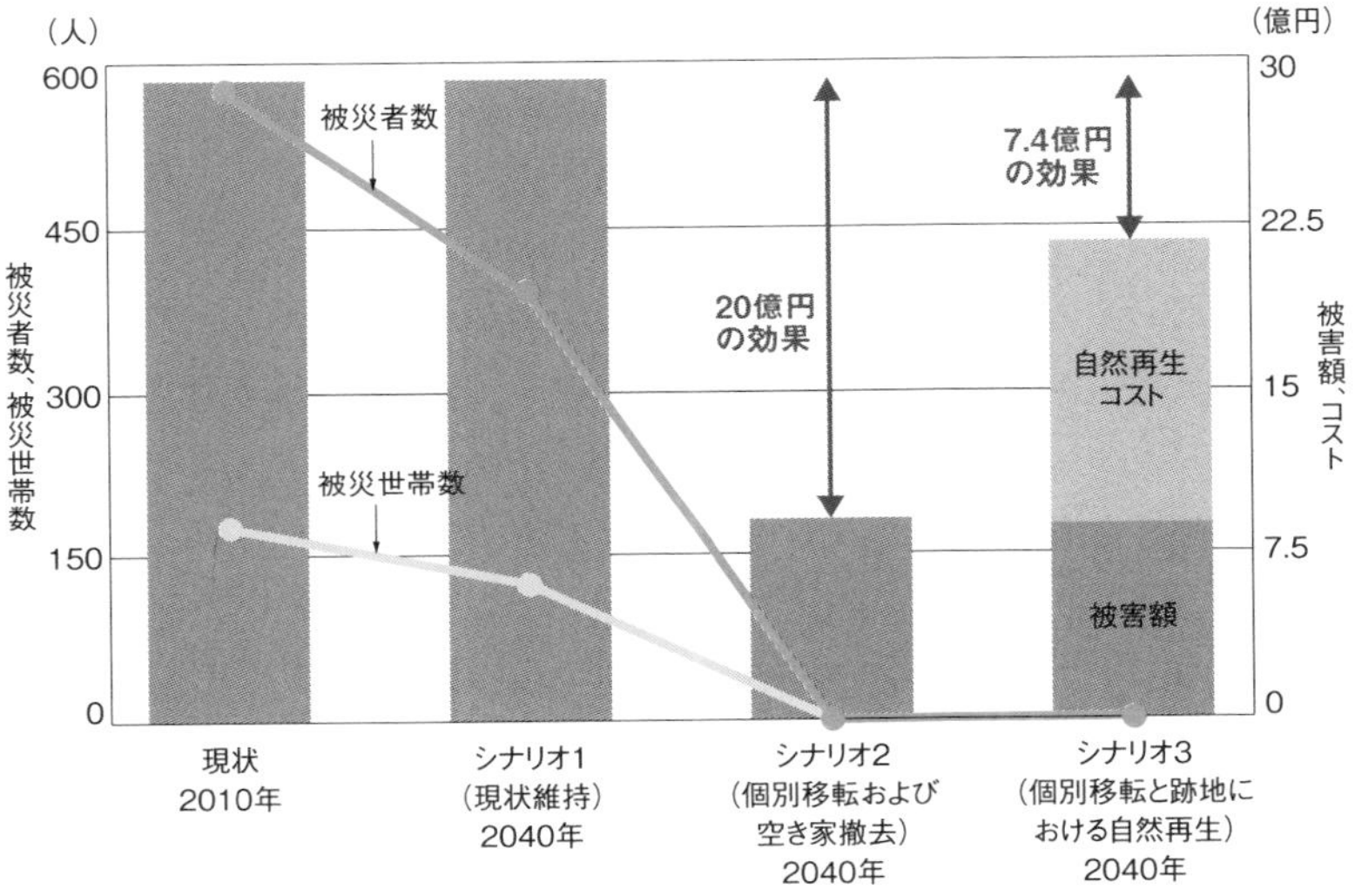

(資料:慶應義塾大学環境情報学部の一ノ瀬友博教授)

第5章

耐水都市への挑戦

災害のリスクが全くない土地を見つけるのは難しい。

そこで重要になるのが、既存の街を浸水に強い「耐水都市」へと変えていく発想だ。

これまで水害対策に未着手だった住宅・建築分野も、ようやく本腰を入れ始めた。

1 おざなりだった建築の耐水性能、産官学が動く

土木に治水を「丸投げ」してきた建築界

住まいを探すとき、あるいは企業が工場などを建てる際に、水害や土砂災害のリスクが小さいエリアを選ぶことの重要性と、危険な土地からの撤退を促す政策や仕組みについては、第4章で詳しく説明した。筆者は、台風や豪雨による災害が激甚化・広域化の兆しを見せるなか、是が非でも前に進めるべきテーマだと考えている。

ただし、どこでも簡単に実行に移せるテーマでないことも事実だ。特に水害については、浸水の恐れが全くない土地を見つけるのは、地域によってはかなり難しい。居住可能なエリアのほぼ全域が想定浸水区域となっている自治体もある。また、水害のリスクは低くても、地震による地盤の液状化や、火災のリスクが高い土地であることも多々ある。

国土交通省が設置した「『水害対策とまちづくりの連携のあり方』検討会」で座長を務める東京工業大学の中井検裕教授は、次のように指摘する。「国は都市計画法を改正し、土砂災害特別警戒区域などを居住誘導区域から除外した。しかし、既存市街地ではこのような規制が難しい面がある。浸水リスクが全くない地域は、日本には少ない。水に漬かる恐れがあっても、街づくり

を進めるうえでどうしても使い続けなくてはならない場合もあるのが現実だ」

では、どのように街づくりを進めればいいのか。中井教授は言う。「第一に、住民に対してリスク情報を的確に知らせなければならない。それも、単にハザードマップを示すだけでなく、危険な状態に至るまでの時間、浸水が解消するまでの時間といった情報を、住民と共有する必要がある。そのうえで、どの程度の水害リスクを許容できるか地域ごとに議論し、行政と住民が共通認識を持ったうえで街づくりを進めるべきだ」

問題は、許容したリスクに備える「武器」が、私たちの手元に十分にそろっているわけではない点だ。

実はつい最近まで、住宅や建築物の浸水対策は未着手に等しかった。というのも、

◆ 河川関係事業費（国費）の推移

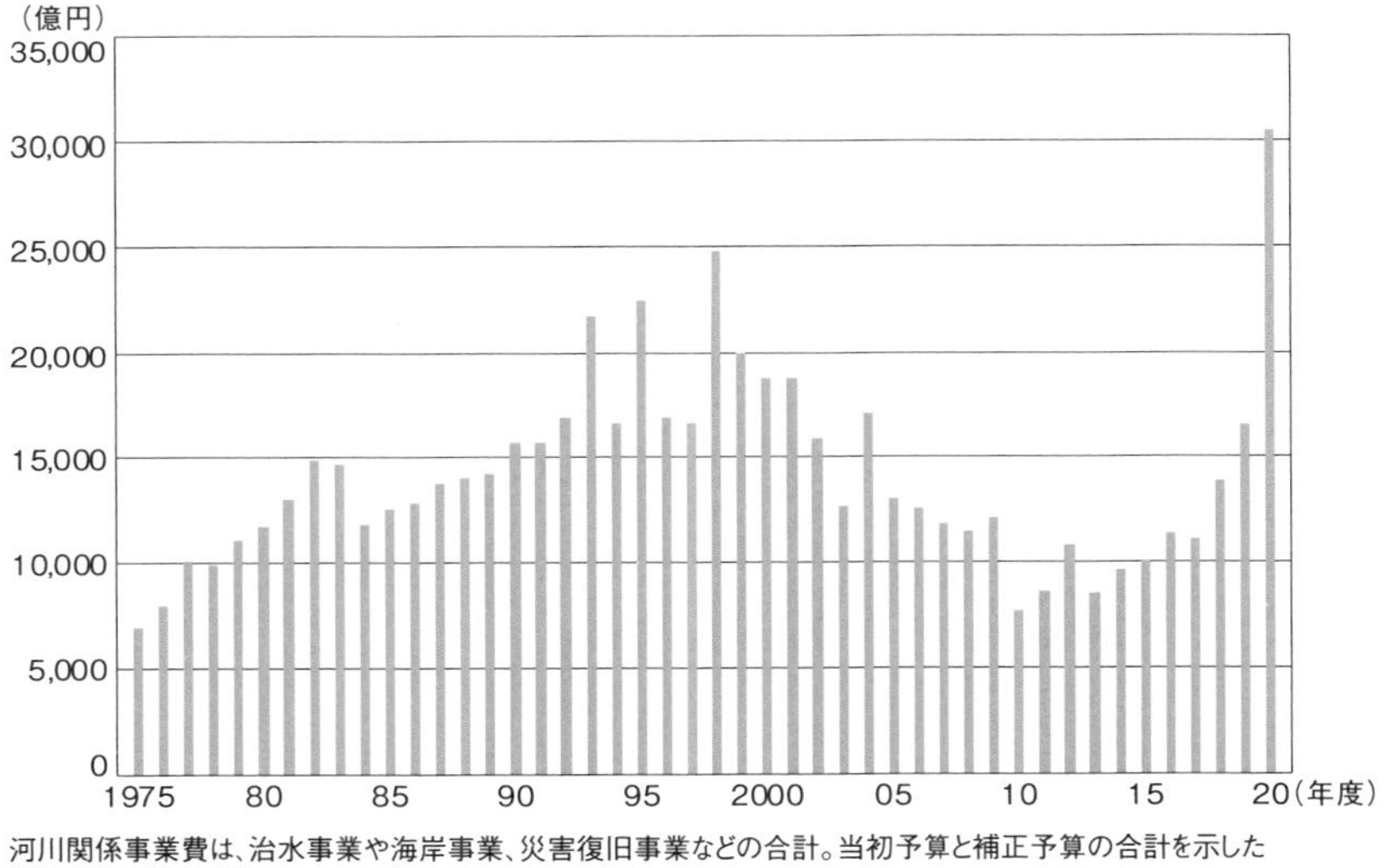

河川関係事業費は、治水事業や海岸事業、災害復旧事業などの合計。当初予算と補正予算の合計を示した
（資料:国土交通省）

これまで建物の設計や街づくりは、ダムや河川堤防、下水道などの土木インフラによって水害に対する安全性が確保されている前提の下で進められてきたからだ。

中井教授は「水害対策と土地利用や街づくり、建築設計は完全に切り離されてきた」と指摘する。建築分野は水害対策を国交省の旧河川局（現在の水管理・国土保全局）に丸投げし、旧河川局は治水を進める責任とともに、権限や予算を一手に握るという、すみ分けの構図が、長らく続いてきたのだ。

建物の性能に関する最低基準を定めている建築基準法も、地震や火災に対する安全性を確保することを念頭に置いており、水害に関する記述は少ない。こうした背景もあって、建築分野では水害や浸水対策の専門家が手薄な状況が続いている。

建築の構造や防災を専門とする工学院大学の久田嘉章教授は、「個別の技術はあっても、体系化されていない。例えば、浸水対策では盛り土によるかさ上げやピロティ形式の採用が有効だが、耐震性の観点からするとピロティは不利になる。このように相反する性能を総合的に評価する方法がないし、そのような人材もいないことが問題だ」と指摘する。

大規模な水害が発生すると、土木学会などが大学の研究者を中心とする調査団を派遣して被害状況を調べ上げるのが常だが、約3万5000人の会員を抱える日本建築学会が水害の調査団を派遣することは、ほとんどない。

これまでは、それでも大きな問題にはならなかった。地震と火災、あるいは風害への対応に集中していればよかったし、社会もそれを求めていたからだ。

ところが、2018年の西日本豪雨、19年の東日本台風のように、従来の常識を超えた大規模災害が頻発し、気候変動で水災害の激甚化が予想されるなか、国交省が流域治水（198ページ参照）を打ち出したことで状況は大きく変わった。

浸水リスクに応じた対策を個別の建物に施し、街なかには安全で避難しやすく、救助が来るまで持ちこたえられる災害時の拠点をいくつも整備し、既存の街を水災害に強い「耐水都市」へとつくり変えていく発想が求められるようになったのだ。

日本建築学会が重い腰を上げる

日本建築学会は20年6月29日、「激甚化する水害への建築分野の取り組むべき課題～戸建て住宅を中心として～」と題する提言を発表。豪雨の頻度や程度が増大していることから、建築や都市・地域計画分野の水害対策に果たす役割が大きくなっているとし、土木分野などと連携して対策を講じる必要があるとした。提言は、同学会が18年に設置した「気候災害特別調査委員会」（委員長：佐土原聡・横浜国立大学大学院教授）がまとめた。

建築物の耐水性能については、耐震性能や防火性能などと異なり「取り組みは未着手である」と明記。水流による荷重（建物に作用する力、外力）や、浸水した建物の耐久性、浸水による断熱性能の劣化や衛生環境の悪化の防止、浸水時の安全確保や機能維持といった様々な分野の知見を持ち寄らなければならないが、そのような取り組みは行われていないと総括した。

◆ 日本建築学会が水害対策に本腰

項目		概要
（1）実態把握とデータ蓄積		・水害による建物や設備の被害、人的被害の発生プロセス、復旧過程の衛生環境、機能回復などの状況、対策の効果などを調査し、データを蓄積する必要がある ・人的被害には直接的被害（浸水による溺死、漂流物によるけが、工場などからの化学物質汚染、低体温症など）と、間接的被害（浸水による衛生環境の悪化を原因とする感染症、呼吸器疾患、心理的問題など）がある。特に**湿潤な建物内の微生物繁殖による健康への影響**について、長期的な調査による実態把握が重要 ・1階が浸水した際に家具や畳が浮き上がり、2階への垂直避難ができず溺死したと考えられる例も報告されており、**住宅内での人的被害の原因**に関する詳細な調査が必要
（2）建築物単体	建築物の役割に対応した設計手法・対策技術の整理	・建物の種類や役割などに応じて求められる性能、設計手法・対策技術の整理が必要。なかでも**戸建て住宅について整理を急ぐべきだ**
	水害に耐える建築構造技術の開発	・被災後も継続使用するために、**氾濫流などで破壊・流出せず、基礎地盤が洗掘されない構造**にすることなどが必要。浸水深や氾濫流の流速に応じた構工法やディテールごとの被害パターンを整理したうえで、評価法と被害低減策を整備すべきだ
	水害からの復旧性能の高い建築物の開発	・一定レベルの浸水に対しては、室内に水や土砂を入れないようにする ・室内への浸水も想定し、**防水性・撥水性・速乾性を備えた部材**を用いる。室内に入った水や土砂の排出、室内外の清掃・殺菌・乾燥・消毒作業など、**復旧しやすい材料・工法・建築計画**を採用すべきだ
	事前・被災直後・復旧の各段階での対策技術の整備	・被災前から復旧過程にわたる時間スケールを対象に、各段階で関係者が取るべき行動と必要とされる設計手法・対策技術を整備し、体系化していく必要がある ・事前対策として、**洪水の発生頻度別（浸水レベル別）に対応の基準を設定**して、設計を進めることが重要
（3）都市・地域計画	ハザードに対応した都市・地域計画の策定	・**建築と土木が連携**し、建物の計画的な配置などにより、都市・地域全体としての耐水性の確保を目指す必要がある ・ハード面での対策の限界を知り、**近年の防災技術が確立する以前の土地利用も参考に**、建築行為を行う場所が相対的に安全となる計画づくりを進める必要がある
	浸水対応型市街地の形成	・広域避難に失敗しても命が失われないこと、取り残されても生き延びられること、被害が小さく容易に復旧できることを目標とした**浸水対応型市街地の整備**を進めることが必要

日本建築学会の提言の概要。「実態把握とデータ蓄積」「建築物単体」「都市・地域計画」の3つの視点で課題を示した。「建築物単体」については、建築における水害対策の技術基準が明確化されておらず、浸水後の室内環境を適切に保つ技術も開発されていないことを問題視した（資料:日本建築学会の資料を基に日経アーキテクチュアが作成）

提言では、浸水後の早期復旧につながる設計手法や対策技術の整備を進めるために「実態把握とデータ蓄積」「建築物単体」「都市・地域計画」の3つの視点で課題を示している。

「実態把握とデータ蓄積」については、水害による建築物や設備の被害、人的被害、復旧の過程や対策の効果などを調査して情報を蓄積することが、具体的な対策を講じるうえで重要だと指摘。特に住宅内での人的被害の原因に関する詳細な調査が必要だとした。

「建築物単体」については、（1）建築物の役割に対応した設計手法・対策技術の整理、（2）水害に耐える建築構造技術の開発、（3）復旧性能の高い建築物の開発、（4）事前・被災直後・復旧の各段階での対策技術の整備――の4項目に分けて課題を整理した。

なかでも、建築における水害対策の技術基準が明確化されておらず、浸水後の室内環境を適切に保つための技術も開発されていないことを問題視。建築物の機能や役割を考慮して、それぞれに適した耐水設計手法と対策技術の整理を急ぐべきだと訴えた。

「都市・地域計画」については、ハザードに対応した都市・地域の計画の策定と、浸水対応型市街地の形成の2つが必要だとしている。前者については、建築物の適切な配置などにより、都市・地域全体の耐水性の確保を目指す必要があると強調。ハードによる対策の限界を認識し、近年の防災対策技術が確立する以前の土地利用を参考にして、建物を建てる場所が相対的に安全となる計画づくりが必要だと指摘した。後者については、広域避難に失敗しても生命が失われないことや、被害を抑えて復旧を容易にすることなどを目標とした「浸水対応型市街地」の整備を、長期戦略で進める必要があるとしている。

タワマン浸水を受けて国交省がガイドライン

重い腰を上げたのは日本建築学会ばかりではない。19年10月の東日本台風でタワーマンションが被災（18ページ参照）したことなどを受けて国交省と経済産業省は同年11月、「建築物における電気設備の浸水対策のあり方に関する検討会」（座長：中埜良昭・東京大学生産技術研究所教授）を設置。浸水対策の在り方や事例を整理し、20年6月に「建築物における電気設備の浸水対策ガイドライン」を発表した。

国交省によるこの手の指針には、02年に作成した「地下空間における浸水対策ガイドライン」くらいしかなかった。建物の浸水対策に踏み込んだ点では、初めての試みといえる。

新たに作成したガイドラインでは、消費電力量が大きく、高圧受変電設備などの設置が必要となる建築物を想定し、洪水などの発生後も機能を継続できるよう、電気設備の浸水対策の在り方や具体例を示した。

対象は、建築主や建物の設計者、施工者、所有者、管理者、電気設備関係者など、建築物の電気設備に関わる者だ。ガイ

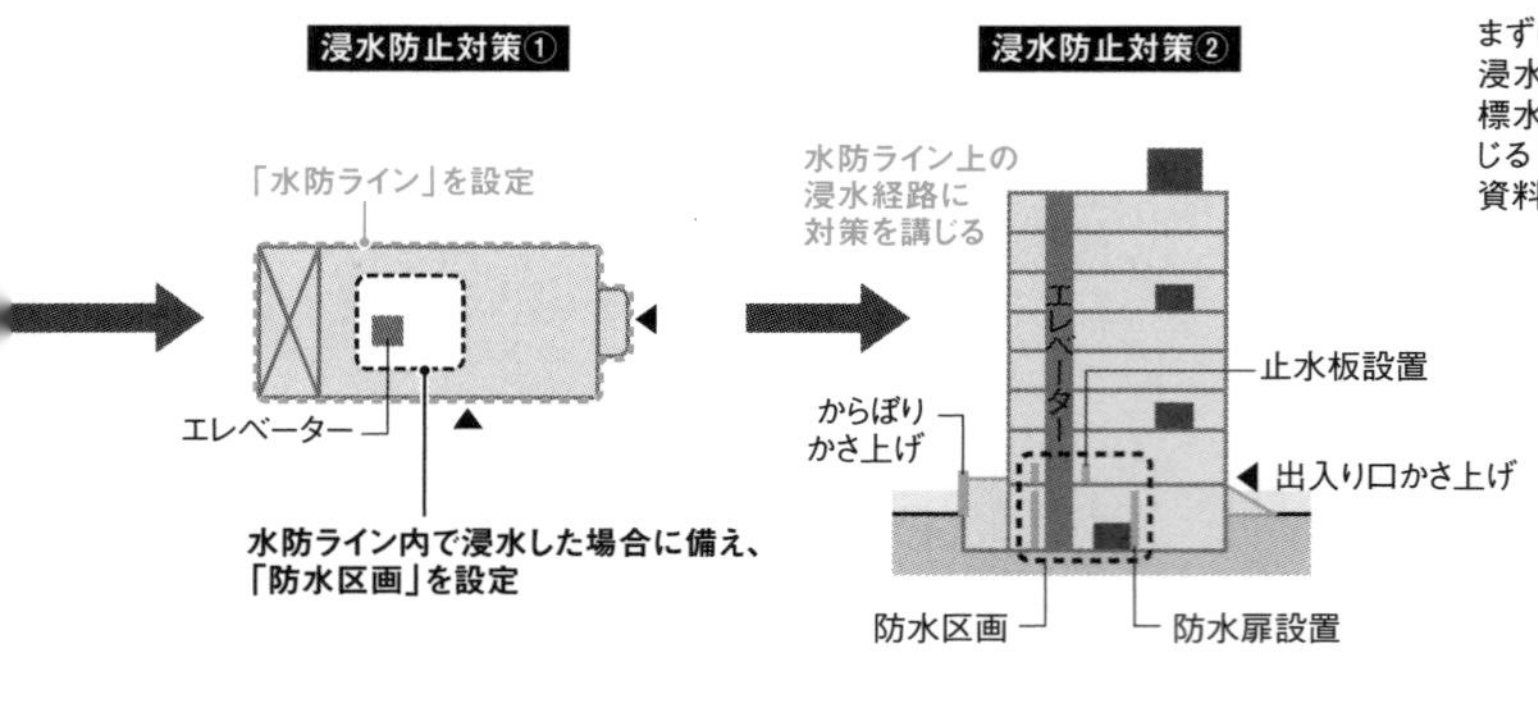

まずは浸水リスクを調査し、浸水規模や機能継続の目標水準を踏まえて対策を講じる（資料：国土交通省の資料を基に作成）

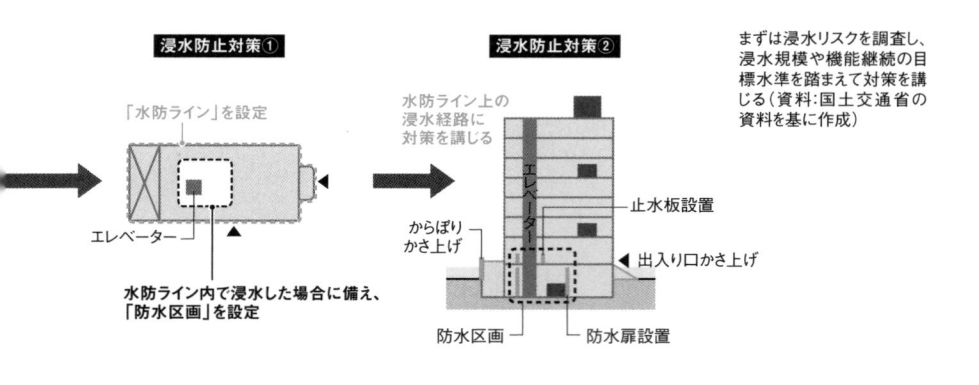

ドラインに法的な強制力はないが、浸水対策を検討している企業やマンションの管理組合などにとっては参考になる内容となっている。

ガイドラインではまず、浸水対策の検討プロセスについて解説した。建築主や設計者などは、敷地の浸水リスクを調査し、浸水深や浸水継続時間などを想定する。さらに、調査結果を踏まえて浸水を防止する箇所を選定するなどして、建物の機能継続の目標水準を設定する。

具体的には、浸水リスクの低い上階などに電気設備を設置することが望ましいとした。上階に設置することが難しい場合は、建物への浸水を防ぐために「水防ライン」を設定するよう促した。

水防ラインとは、建物などを囲むように領域を設定し、ライン上の全ての浸水経路に止水板などを設置することで、ラインより内側への浸水を防止。電気設備などの浸水リスクを低減する考え方だ。

水防ライン上に施す浸水対策の具体例については、浸水経路別に紹介している。出入り口への止水板の設置や、下水道

◆ 浸水対策は浸水深の想定から始まる

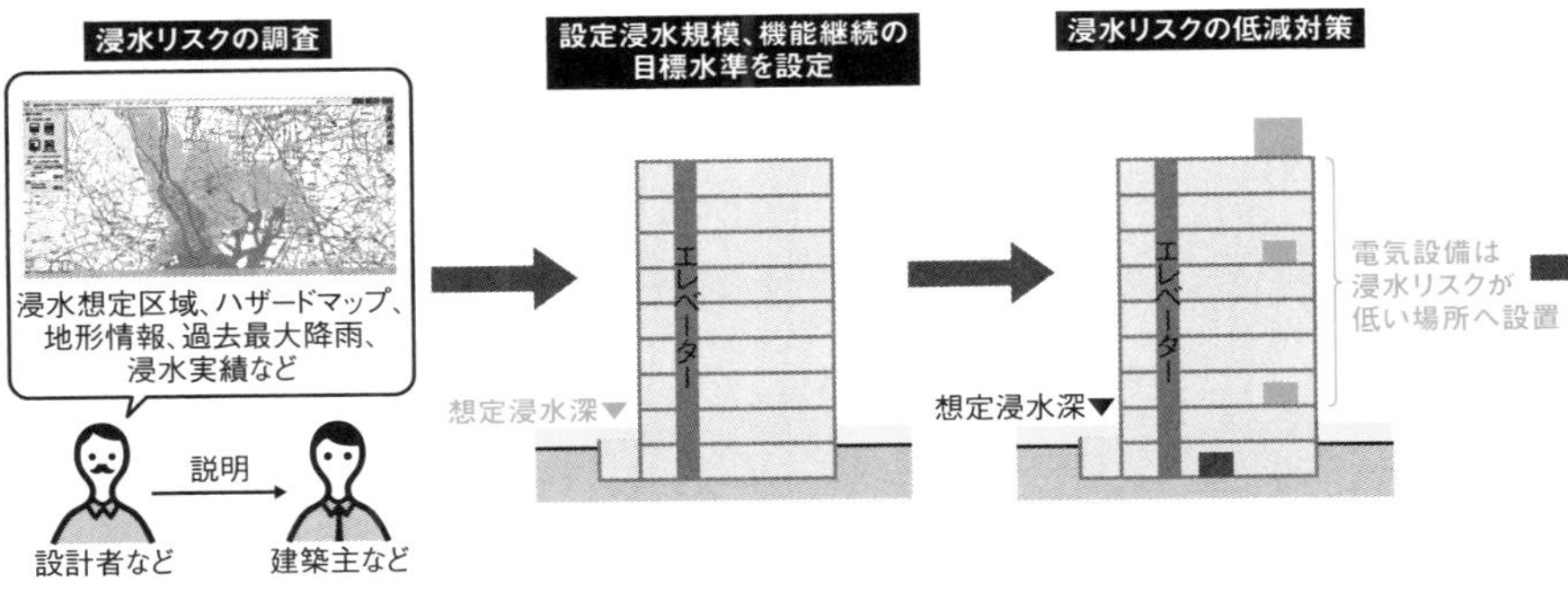

からの逆流を防止するバルブの設置などだ。

さらに、水防ライン内で浸水が発生した場合に備え、水密扉の設置などによる防水区画の形成や電気設備の設置場所のかさ上げなどの対策も示した。事例集ではこうした対策の参考事例を紹介し、止水設備の特徴についても解説している。

ガイドラインでは、建物の企画・設計の段階から平時、水害発生時などの各段階で誰が何をすべきかを整理した「タイムライン」も提示。関係者間で共有し、自身の役割を事前に確認しておくことを推奨している。

浸水開始以降 発災後	被害があった場合の対応
・関係者への連絡 管 ・被害状況の確認 電	・排水作業 管 ・清掃、点検 電 ・応急措置による復旧 電 ・送電 電
・稼働状況の確認 管 電	・設備の取り換え 管 電
・撤去 管	
・排水 管	
・被害状況の確認 技	・設備の取り換え 技
・安否確認 管 ・要支援者の避難支援 管 ・生活排水排出抑制装置 管	
・備蓄品配布 管	

◆ 建物の浸水に備えてタイムラインで役割を確認

	対策項目	企画・設計時	平時	大雨などの予報段階 発災直前	降雨～浸水開始 発災時
建築物・電気設備など	受変電設備	・(新築)浸水対策を考慮した設計 建 電 ・(既存)浸水対策のレベル設定 建	・連絡体制図の整備 管 電 ・関係図面の整備 管 電 ・代替キュービクルなどの手配先検討、設置場所の確保 管 電 ※発災直前の連絡体制の確認		・防水扉を閉じる 管
	自家発電設備など		・燃料の備蓄 管 ・メンテナンス 電		
	止水板 防水扉 土のうなど		・(脱着式)設置方法の確認、訓練実施 管 ・(常設式)メンテナンス 技	・設置方法または作動方法の確認 管	・設置または作動など確認 管
	排水設備 貯留槽		・メンテナンス 技 ※定期的な動作確認		・バルブ閉鎖など流入防止措置 管
	給水設備 エレベーター				・かごを中間階へ移動 管
その他	建築物被害の把握、在館者支援	・被災時の対応手順や役割分担を協議 管 ・マニュアル作成 管 ・要支援者の把握 管		・自宅待機の呼びかけ 管	・管理者などの常駐、待機 管
	備蓄		・水、食料、防災用品の備蓄 管		

取り組み主体：建 建築主、設計者、施工者　管 所有者、管理者
電 電気設備関係者　技 当該設備に関係する専門技術者

国土交通省のガイドラインで示した浸水対策タイムライン。企画・設計段階から発災前後まで、時系列で対策項目と役割を整理した。これを参考に、個別の建物の特徴や管理体制に合わせてタイムラインを作成することを推奨している
（資料：国土交通省）

過去の浸水事例の復旧工事費は？

民間からも、浸水対策を進めるためにマニュアル整備の動きが出てきた。

住宅関連の9団体で構成する住宅生産団体連合会（住団連）は21年7月26日、「住宅における浸水対策の設計の手引き」をウェブサイト上で公開した。主な対象は、地上1～3階建ての新築戸建て住宅。設計者が建築主に対して浸水リスクなどを説明し、要望を踏まえて設計目標を設定したり、対策を講じたりするための情報やノウハウをまとめた。

具体的には、浸水深に応じた被害状況と復旧方法の事例、復旧工事費の調査結果、建設地の浸水リスクの確認方法、設計目標の設定方法、浸水対策の検討の流れなどを盛り込んだ。浸水リスクを整理するためのチェックリストに加え、想定される被害や復旧費用を確認したり、浸水リスクに応じて対策を検討したりするための設計シートも用意した。

浸水対策は、「Ｄｒｙタイプ」と「Ｗｅｔタイプ」に分けて整理した。前者は住宅本体や屋外設備機器の浸水を防ぐ、後者は浸水を許容するが被害を軽減し、被災後の復旧も早くできるようにする、という考え方だ。30種類以上挙げた対策のなかには、敷地のかさ上げのような「定石」のほか、あまり知られていないものもある。「床や下地材を壁勝ち（壁が床を貫通している状態）にして床の復旧を容易にする」、「屋外倉庫のシャッターに止水板を付ける」、「付属部品が浸水するとまるごと交換になる設備を建て主に薦めない」などだ。

マニュアルで特に興味深いのが、実際にかかった復旧工事費を示した点にある。住団連の会員企業から集めた浸水事例120戸を集計した。集計結果からは、浸水が床下か床上かで復旧工事費に大差が生じることが分かる。家づくりを考えている人にも参考になる内容だ。

例えば、木質系（木材を使った住宅）の中央値を見ると、浸水深が地盤上0・5メートル以下の床下浸水（Lv1）の場合は20万円。これに対して、地盤上1・5メートル以下の床上浸水（Lv2）は740万円、地盤上1・5メートル超から1階天井まで（Lv3）は1580万円、2階床以上（Lv4）は1700万円と、一気に跳ね上がる。

産官学のそれぞれで動き始めた住宅・建築物の浸水対策。「耐水都市」への挑戦は、ようやく第一歩を踏み出した。

◆ 120戸の復旧工事費を集計

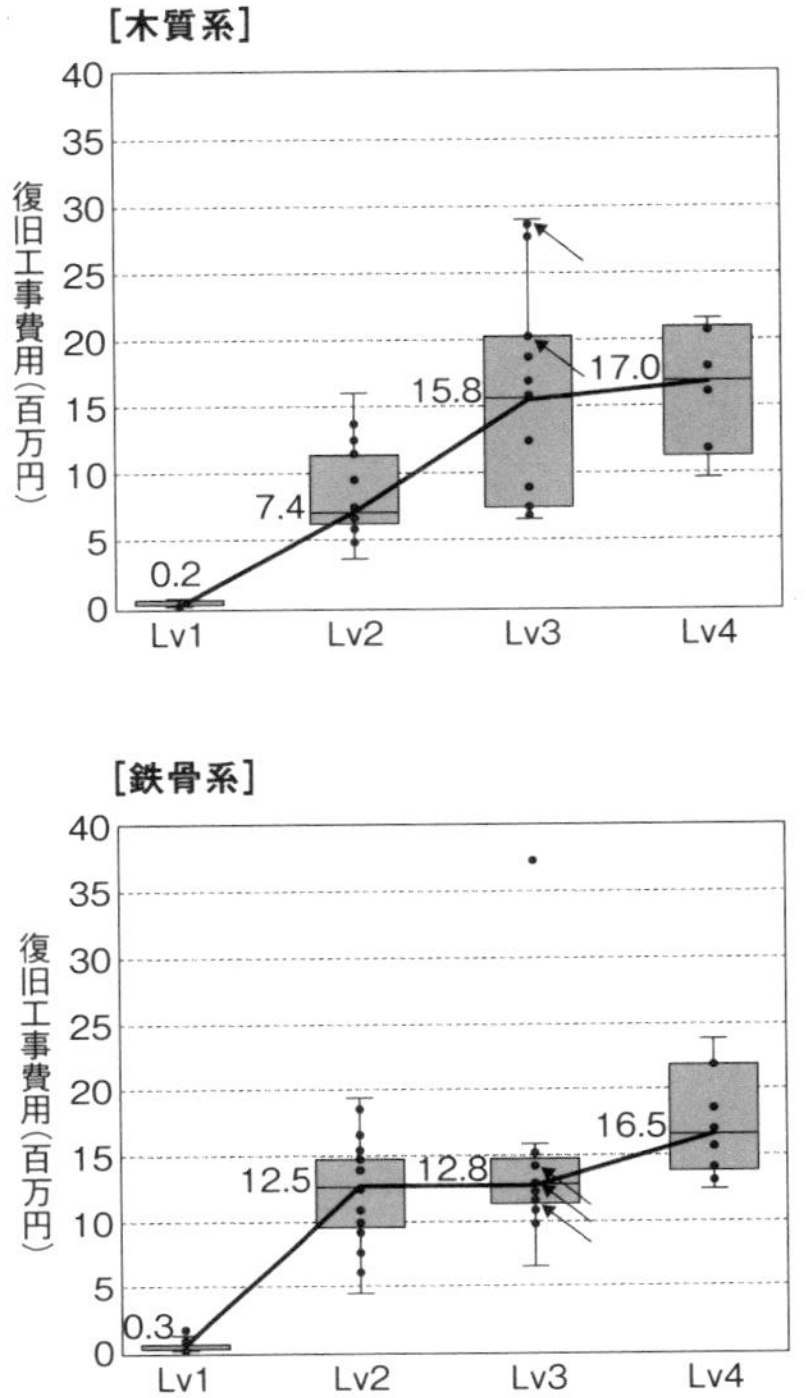

被災した戸建て住宅120戸の復旧工事費を集計して箱ひげ図で示した。図中の斜め矢印の値は天井まで浸水した住宅を示す（資料：住宅生産団体連合会）

「防災も」街づくりという意識を

（写真:日経アーキテクチュア）

東京大学生産技術研究所
教授

加藤孝明

1967年生まれ。90年東京大学都市工学科卒業。92年東京大学大学院工学系研究科修士課程修了。2019年から現職。専門は地域安全システム学。自然災害リスクの軽減に向けて、研究と街づくりの実践を進めている

INTERVIEW

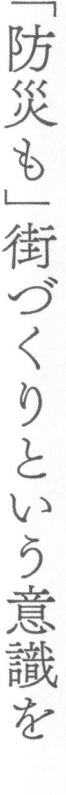

防災街づくりは、「防災だけ」の街づくりではいけない。「防災も」街づくりと捉えるべきだ。これまでの水害対策は河川管理者に任せきりで、街づくりを進める自治体や建築の専門家は水害対策を考えることを放棄していた。そのため、防災だけの視点だと、「地域コミュニティーを強くしましょう」といったソフト面のみの対策になってしまう。

私は一時期、こういった街づくりを「根性主義」と呼んでいた。危ない土地に、危ない環境のまま住んでおいて「危ないからみんなで助け合いましょう」という根性主義の対策には、限界がある。その限界を建物の工夫で補って、ソフトとハードを組み合わせた防災街づくりを目指すべきだ。

その際に、河川管理者と街づくり側とのインタラクション（相互作用）を期待したい。例えば、どうしても守らなければならない市街地があるとして、かさ上げなどの建築的な工夫を精一杯施しても、完璧な浸水対策を取れない場合がある。そんなときに、街づくり側から河川管理者に対して「ここに濁流が来ないようなあふれ方をさせてほしい」といった要望を出し、両者で議論をしていくようなイメージだ。

今は「どこで堤防が切れるか分かりません。だから全地域で対策をしてください」というロシアンルーレットのような状態だ。リソースが限られるなか、メリハリを付けるようにすれば、街づくり側も集中して対策を講じることができる。ある地域を守るためにリスクを引き受けた結果、災害時に被害を受けるリスクが高くなる地域に対しては、手厚い補償金を支払う制度を設けることも一案だ。結果的に、流域全体での安全性は高まるのではないか。（談）

建物の「穴」を把握し、徹底的に塞げ

（写真：本人提供）

東京大学大学院新領域
創成科学研究科　教授

清家 剛

1964年生まれ。91年東京大学大学院工学系研究科建築学専攻博士課程中退。99年に東京大学大学院新領域創成科学研究科助教授。2019年から現職。専門は建築構法や建築生産。国土交通省の「建築物における電気設備の浸水対策のあり方に関する検討会」で委員を務めた

INTERVIEW

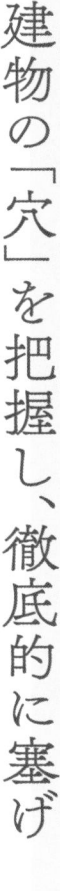

国土交通省と経済産業省が公表した「建築物における電気設備の浸水対策ガイドライン」では、「水防ライン」という用語を初めて定義した。浸水させないエリアを決め、建物などを囲むように設定する。水防ライン上の全浸水経路に止水板などを設置し、電気設備などを守る考え方だ。

耳慣れない言葉かもしれないが、設計で考える内容自体は目新しいことではない。適切に浸水深を設定し、水害時にどこで水を止めるかをきちんと考えることに尽きる。これが計画段階で考えきれていないと、後付けで対策を施すことになる。

排気口などの高さに注意

これまでの建築設計で考えてきた「止水」や「防水」というのは、雨水が建物内に浸入しないようにすることを目的としている。例えば屋根の防水や、外壁・開口部の止水処理などがそれに当たる。雨水は重力に任せて流していくのが原則だ。万が一、浸水しても排水は難しくない。

一方、水害時の浸水対策では、地上や地下から浸入してくる水をどこで止めるかを考えなければならない。そのため、浸水経路や水が逆流する箇所を特定する必要がある。

しかし、建物には排水や排気、換気のために多くの穴が開いており、建築設計者が穴の位置や高さを全て把握するのは難しい。施工者や設備会社などと協力して換気口などの高さを洗い出し、浸水時の対策を検討することが重要になる。

国交省のガイドラインで新たに用語を定義したことで、関係者間での議論がしやすくなるはずだ。（談）

2 浸水しても大丈夫「耐水住宅」が続々

一条工務店の「耐水害住宅」がヒット

洪水で水位がみるみる上昇するなか、ゆっくりと浮かび上がる2階建ての木造戸建て住宅。水が引いた後は元の位置に着地する――。

文部科学省所管の研究機関である防災科学技術研究所（防災科研）と大手住宅メーカーの一条工務店は2020年10月13日、同社が20年9月1日に発売した「耐水害住宅」が水深3メートルの洪水に耐えられるかどうかを確認する実験の様子を、報道陣に公開した。

防災科研との共同研究を踏まえて完成させた一条工務店の耐水害住宅は、船のように浮かんで洪水をやり過ごすという斬新な発想が特徴だ。本書の1章では、河川の氾濫で高気密住宅が浮き上がり、船のように流された被災例を紹介したが（62ページ参照）、この耐水害住宅は意図的に家を浮かせて水害を受け流す。

実験では、住宅が立つ大型水槽内に洪水をイメージして大量の水を注ぎこんだ。水位は1分間に約3センチメートル上昇。水深が約1・4メートルに達すると、重量約80トンの住宅が浮き始めた。その後、水深3メートルまで注水を継続。室内に浸水することなく、耐水害住宅の四隅は

防災科学技術研究所の施設内で「耐水害住宅」の実証実験をする様子（写真:日経アーキテクチュア）

◆ ベタ基礎ごと浮き上がる設計

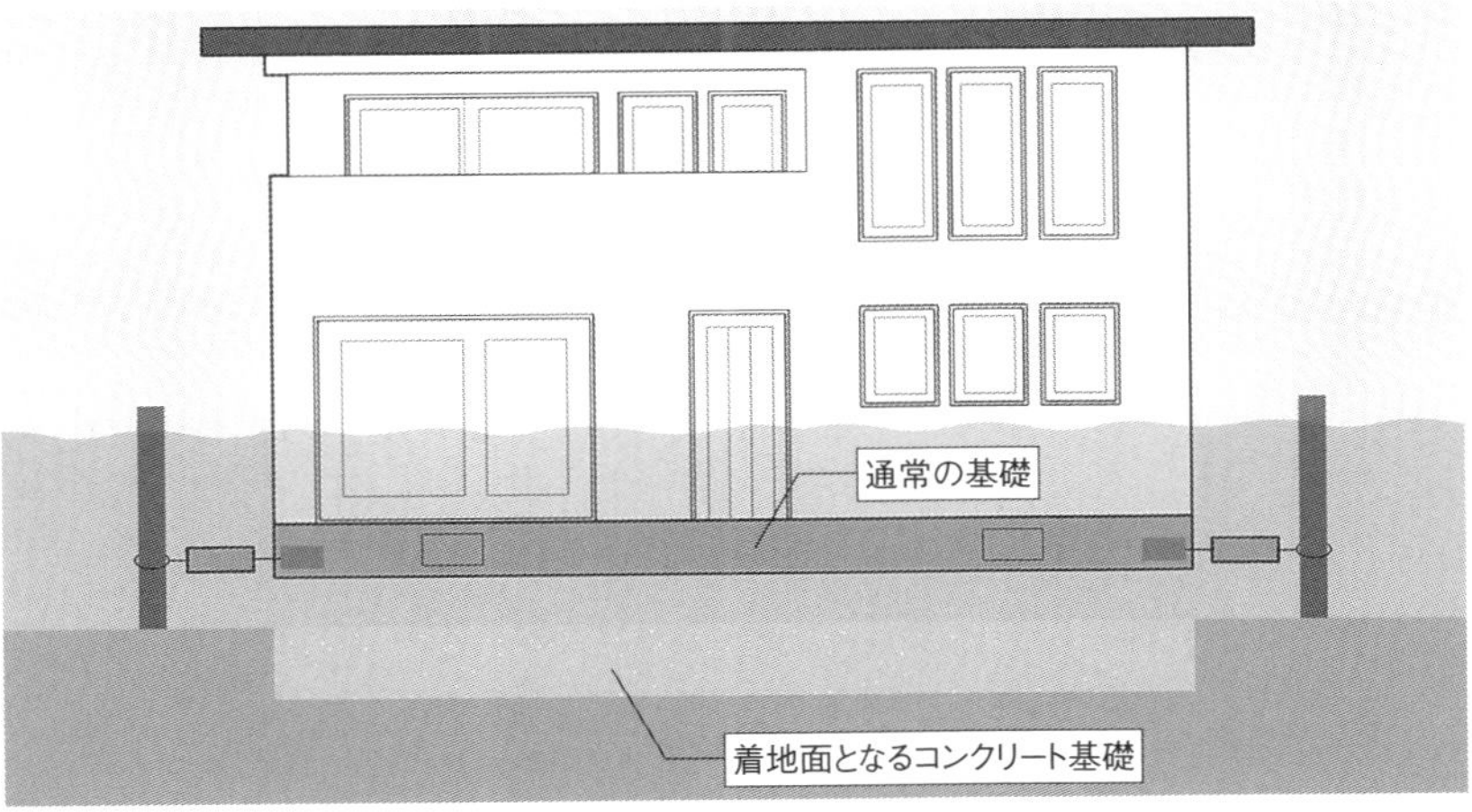

耐水害住宅の断面イメージ。1層目のコンクリート基礎と、2層目のベタ基礎の間に透湿防水シートを敷き、浮き上がりやすいようにした（資料:一条工務店）

地上から約1・4〜1・7メートルの高さに上昇した。浮上中にポンプで秒速約3メートルの水流を発生させたが、流されたり浸水したりすることは、最後までなかった。

耐水害住宅には発売後の約1カ月半で、全国から約130件もの注文があった。異色の商品であるにもかかわらず、その後も順調に受注を伸ばし、8カ月間で約800棟を受注したというから驚きだ。一条工務店では、水害時の状況を再現できる予約制の体験棟を全国8カ所に開設。水害対策の仕組みやノウハウの発信に余念がない。

両者は19年から共同で、戸建て住宅の水害被害を軽減するプロジェクトを開始。防災科研の施設内に、一般的な仕様の住宅と、気密性を高めるなどして水害対策を施した耐水害住宅を建設し、実際に浸水させて、検証を重ねてきた。防災科研の酒井直樹主任研究員は「住宅の水害リスクが定量的に分かってきた」と、これまでの実験の成果を語る。

浮いて洪水をやり過ごす耐水害住宅には、大きく4種類の対策を施してある。「浸水対策」「水没対策」「逆流対策」「浮力対策」だ。

浸水対策で最も特徴的なのが、基礎部分の対策だ。住宅の基礎に設けてある換気口の内側にボックスを取り付けておき、この中に「フロート弁」と呼ぶ板を配置。換気口を通じてボックス内に水が浸入すると、このフロート弁が浮いて自動的に蓋をし、基礎の内部を密閉するという、面白い仕組みを採用している。

このほか、玄関ドア用に気密性が高いパッキン（密閉用の材料）を開発したほか、1階には引き違い窓よりも気密性が高い開き窓を採用した。外壁から内部へ浸水しないようにするために、浮上時に水に漬かる約1・7メートルの高さまでは、外壁を包み込むように透湿防水シートを施工している。

室外機や蓄電池、電気給湯機などの電気設備は水没対策として、浸水しない高さで建物に固定した。また、汚水の逆流対策として、床下の排水管に逆流を防止する弁を設けている。

家を「係留」しておく

浮力対策では、建物がまっすぐ浮き上がるようにしておくことと、水が引いた後に浮いた建物が元の位置に着地することの2点が求められた。

前者については、ベタ基礎の下に透湿防水シートを設置し、建物が浮き上がりやすいようにした。まず、コンクリートで着地面となる基礎をつくる。その上に透湿防水シートを敷いて、通常のベタ基礎を施工する。こうすることで2層の基礎がスムーズに離れて建物が浮上するという。バランス良く浮くよう、設計時に構造計算で重心の偏りをチェックしている。重い設備の配置や建物形状に注意を払った。

浮いた住宅が流出しないようにつなぎ留めるのが、四隅に設けた「係留装置」だ。ワイヤで建物とポールをつなぎ、その間に設置したダンパーで、浮上中も建物とポールの距離を一定に保つ。これによって、水が引くと建物はほぼ元の位置に着地できる。まさに船を係留するような感覚だ。

着地後に復旧しやすくするための工夫も盛り込んでいる。2層の基礎の間に漂流物が挟まった場合に、建物をジャッキアップして除去できるよう、基礎の外周部分にくぼみを設けたのだ。また、給排水管の接続部には動きに追従する部品を使い、住宅が浮上して上向きに力がかかると引き抜けるようにした。復旧時は簡単に接続できる。

耐水害住宅には、この日の公開実験で検証した「浮上タイプ」のほかに、浮力に抵抗する「スタンダードタイプ」もある。浸水対策などは共通しているが、浮力対策に違いがある。スタンダードタイプでは、住宅が浮き始める水深になると、ダクトを通じて床下に水を取り入れて重りとし、浮力に抵抗する仕組みだ。

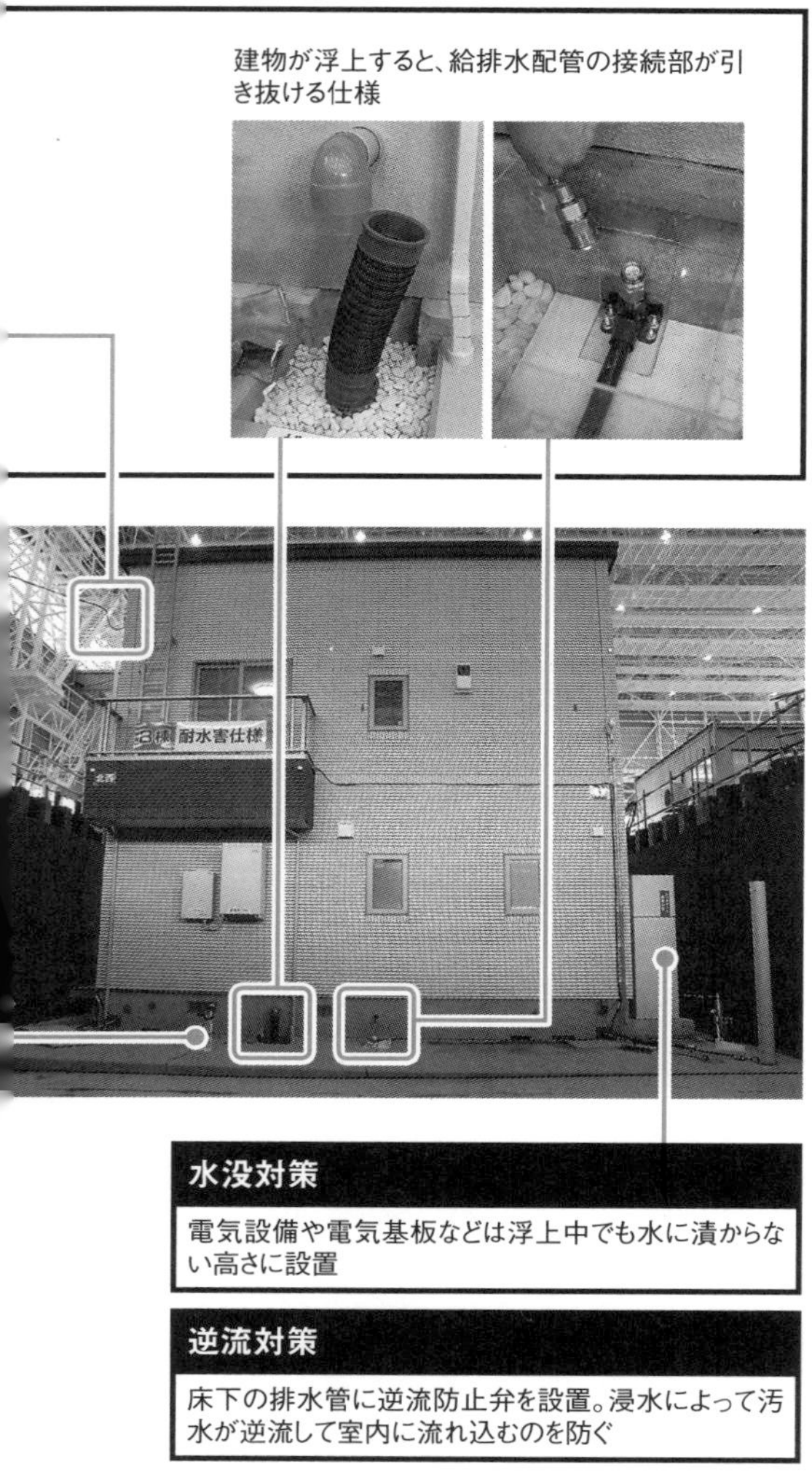
建物が浮上すると、給排水配管の接続部が引き抜ける仕様
3棟 耐水害仕様
水没対策
電気設備や電気基板などは浮上中でも水に漬からない高さに設置
逆流対策
床下の排水管に逆流防止弁を設置。浸水によって汚水が逆流して室内に流れ込むのを防ぐ

一条工務店の耐水害住宅の主な仕様。外壁はタイル張りで、漂流物の衝突で破損しても部分補修で済む。窓はトリプルガラスで、屋外側は強化ガラスを採用した
（資料:一条工務店の資料を基に日経アーキテクチュアが作成）

◆ 耐水害住宅には4つの対策を盛り込んだ

浮力対策

ダンパーで建物とポールの離隔を一定に保つ

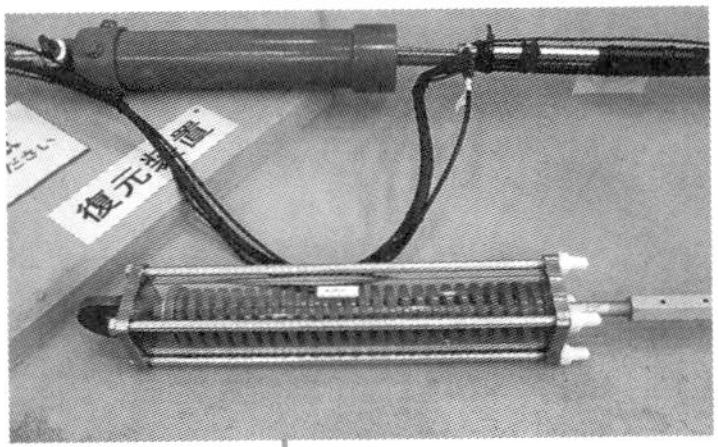

電気幹線は余長を持たせて設置

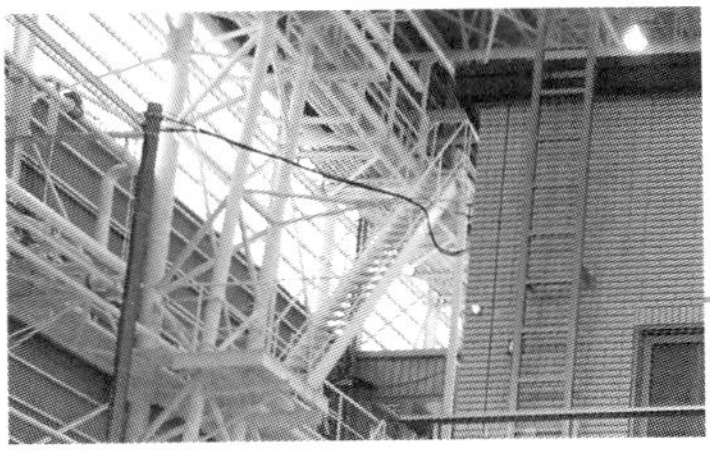

浸水対策

基礎と外壁に段差ができないように施工し、透湿防水シートをフラットに張ることで外壁の耐水性を高めている

基礎の換気口の内側に設けたボックスの中に置いたフロート弁が、基礎内部への浸水を防ぐ

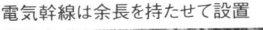

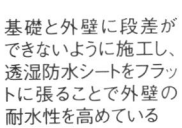

COLUMN

床下浸水も侮れない

統計開始以来、最大となる約2兆1800億円もの水災害被害を出した2019年の場合、被災した建物の棟数は約9万9000棟。全壊や半壊といった被害ももちろん少なくないが、全体の8割弱を占めたのが床上・床下浸水だった。

自宅が浸水するとどのような被害が出るのか、なかなか想像がつかない人が多いだろう。国交省は、戸建て住宅の浸水被害を床下浸水（0・5メートル未満）、床上浸水（0・5〜1メートル）、床上浸水（1メートル以上）の3段階に分けて、分かりやすく解説している。

床下浸水（0・5メートル未満）では、床下に汚泥が流入する恐れがある。水が引いた後は、清掃や消毒が必要になる。床下浸水だからといって甘く見ていると痛い目に遭う。

床上浸水（0・5〜1メートル）では、ぐっと被害が大きくなる。床が畳やじゅうたんであれば、雑菌が繁殖するため張り替えが必要になるし、床や壁の断熱材が水を吸うので取り替えることになる。テレビなどの家電も浸水するので、買い替えざるを得ない。庭に置いた自動車も浸水してしまう。フロアまで浸水したら、廃車になることも多い。

床上浸水（1メートル以上）になると、流し台や洗面台、便器などの交換も発生する。ガスが停止し、建具は変形。屋内の衛生環境は極めて悪くなるので、家全体の消毒が必要だ。このため、避難生活が長期化する恐れがある。いかがだろうか。住宅への浸水を防ぐことが、生命や財産を守ることはもちろん、復旧を素早く進めるうえで、どれだけ重要か分かるだろう。

被災後も自宅で生活できる

洪水や津波の際に「浮き上がって難を逃れる」ことを売りにした住宅は昔からある。ただし、小型のシェルターのようなものだったり、奇抜な形状をしていたりと、一般受けしにくいものが多く、広く普及することはついぞなかった。

一方、一条工務店の耐水害住宅の見た目は、一般的な住宅とほとんど変わらない。毎年のように大規模な水害が発生するなか、耐水害住宅は浸水に不安がある地域の家づくりにおける、デファクトスタンダードとなる可能性を秘めている。

技術力に定評のある一条工務店が耐水害住宅を発売したのを皮切りに、住宅メーカーや工務店などが住宅の水害対策を次々に打ち出し始めた。それぞれに独自の工夫が盛り込まれており、これから家を建てる読者や、建築・住宅の専門家にとっても役立つ内容だと思われるので、いくつか事例を紹介しよう。

すでに述べたように、水害の被災者にとって大きな負担となるのが、水が引いた後の掃除だ。土砂や下水を含んだ汚泥が、床下に入り込んでしまうと悪臭を放つうえ、不衛生。床を剥がして除去しなければならないのはもちろん、清掃、乾燥、消毒なども必要になる。床下浸水で済んだとしても、復旧にかかる費用や手間は、ばかにならない。

そうした床下浸水の被害を防ぐのが、注文住宅をフランチャイズチェーンで展開するユニバーサルホームの「地熱床システム」だ。地面と床下の間に砂利を敷き詰めて密閉することで、1年を通して安定した地熱を取り入れ、冷暖房の効果を高めることを本来の目的としている。

この仕様の場合、床下が砂利で埋められ、コンクリートで密閉しているため、家のまわりの水位が上がっても床下に浸水することはない。床下浸水が起こらないので、浮力の影響も受けにくく、家が流されるリスクも小さい。

さらに水位が上がって床上浸水が発生した場合も、室内の片づけだけで済むというメリットがある。02年に基本仕様に採用して以来、各地で水害に見舞われた建て主から、そのような体験談が寄せられているという。

ヤマダホールディングスグループの住宅部門を担うヤマダホームズ（群馬県高崎市）が20年9月に発表した水害対策仕様の住宅には、2つのポイントがある。「浸水を最小限にとどめて復旧しやすくする工夫」と「浸水被害を受けても最低限の生活を維持する設計上の配慮」だ。

開発のきっかけとなったのは、19年10月の東日本台風などによる被害だ。想定外の規模の災害に対して、「絶対に家を守る」と考えるのではなく、「被災しても復旧しやすくする」「救助を呼びやすくし、被災後も生活できるようにする」という方針に切り替えて開発したという。

浸水を最小限にとどめる工夫として、例えば建物周囲には想定される水位に応じた塀を、玄関や車庫などの前には止水板を、汚水升には逆流防止弁を設置する。想定以上の浸水になる前に避難行動を取る余裕を生み出すのが目的だ。

プランも工夫している。LDKや寝室のほか、浴室、トイレなどの水まわりは2階以上に配置し、1階が浸水しても生活を営めるようにする。

◆ 水害対策のアイデアが続々

[ユニバーサルホーム]

通常の木造住宅では、基礎の通気口や床下から浸水してしまう。ユニバーサルホームの基礎では、床下を土・砂利・コンクリートで密閉しているため、床下浸水が発生しない（資料:右もユニバーサルホーム）

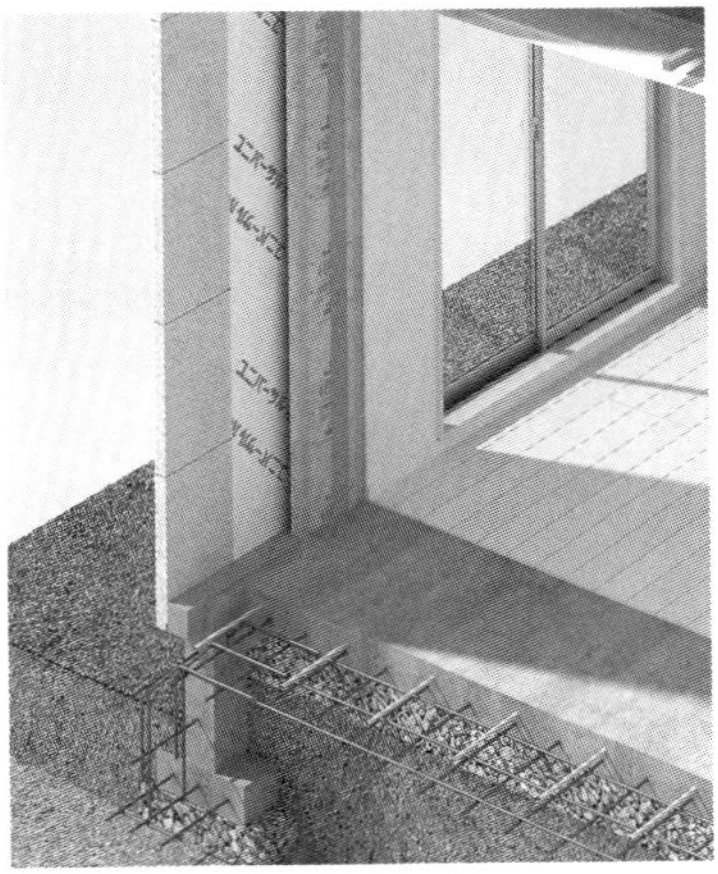

床下の砂利は地面と一体化し、外部からの水流や地震などの圧力、衝撃を吸収・分散する。災害時に地盤や基礎にかかる負担を大幅に軽減する働きを期待している

[ヤマダホームズ]

避難が間に合わなかったときは、小屋裏空間を利用して救助を待つことも想定。小屋裏には、救助時に脱出するための窓も用意（資料:ヤマダホームズ）

また、2階以上には避難経路としてバルコニーを必ず設ける。小屋裏（屋根裏）も、水位が上がったときに救助を待つ「待機スペース」と位置づけ、外に出られる窓を用意した。

これらの工夫はいずれも、平時は通風や採光、収納などに役に立つようにして、建て主に受け入れられやすいように配慮した。

サンヨーホームズの「マルチシェルター・ウィズ・レジリエンス」も、防災性と日常生活の利便性を両立させた住宅提案だ。同社が手掛ける軽量鉄骨造の住宅に、鋼製の地下室を組み合わせた。台風などの際には、強風による飛来物の危険などから身を守るため、地下室に避難することを想定。さらに、水害時の垂直避難先として屋上の設置も標準仕様とした。

床上浸水を防ぐため、1メートルの高基礎を採用。地下室のドライエリアにも壁を立ち上げ浸水リスクを低減している。屋外設備の土台も高くして水没を防ぎ、太陽光発電設備や蓄電池、36リットルの飲料水を貯蔵するシステムなど、エネルギー自給の仕組みも備えた。停電、断水などが起こっても、そのまま自宅で生活を続けられるようになっている。

同社では、都市部における狭小案件で、地下室の容積率緩和、屋上活用などのメリットとともに、自然災害への備えをセールスポイントとしてアピールし、普及を目指している。

浸水対策のネックは費用

住宅の耐水化を図るうえで、最大の問題は費用だ。一般の消費者にとって、住宅は人生最大の買い物。少しでも費用を抑えたい人が大半なだけに、あまりにお金がかかりすぎるようだと採用は難しいし、費用対効果が分からないと投資の判断ができない。

耐水住宅の費用対効果を把握するうえで参考になるのが、国交省所管の研究機関である建築研究所が20年3月にまとめた試算だ。

同研究所では、住宅・都市研究グループの木内望主席研究監らが「水害リスクを踏まえた建築・土地利用とその誘導のあり方に関する研究」に取り組んでいる。この一環として、対策を講じることによる建築費の上昇分と、浸水被害を受けた際の修復費の軽減分を比較しながら費用対効果を検証し、報告書をまとめた。

「浸水リスクの高い土地に家を建てる建て主や住宅会社に向けて、被害の軽減策とその効果を早急に示す必要がある。欧米では政府機関や研究所がそうしたガイドブックを作成しているが、日本にはないのでプロトタイプを示した」(木内主席研究監)

「新築時の建築費は一般的な水準だが、浸水時の修復費は高くなる住宅」と「建築費は多少上がるが、浸水時の修復費を抑えられる住宅」。果たして、消費者はどちらを選べばいいのだろうか。試算では、浸水対策をしていない従来型の木造2階建て住宅をA案(基準モデル)とした。A案は延べ面積が99・4平方メートルで、建築費は約2605万円。1階の床の高さは地盤面から60センチメートルで、床下空間の有効高さは約41センチメートルとした。

このA案をベースに、浸水被害の軽減策を盛り込んだB～Dの3つの「耐水化案」をつくり、それぞれの建築費を試算。同時に、それぞれのモデルについて「床下(45センチメートル程度まで）」「床上～腰窓（人の腰の高さに設けた窓）下端（1・5メートル程度まで）」「腰窓下端～腰窓上端（2・6メートル程度まで）」の3段階の浸水深に応じた修復費を求め、費用対効果を分析した。

被害の軽減策は、浸水した住宅の修復経験のある住宅会社と建て主へのヒアリングなどを参考に、木内主席研究監らが整理した。モデルの設計は、1級建築士事務所の現代計画研究所（東京・練馬）に依頼し、ヒアリングに協力した住宅会社が建築費と修復費を見積もった。

耐水化の「コスパ」を試算

1つ目の耐水化案であるB案（修復容易化）は、基準モデルのA案よりも基礎を20センチメートル高くして、1階の床面の高さを地盤面から80センチメートルとしたモデルだ。

A案に比べるとやや浸水しづらい。床下有効高さが60センチメートル以上あるほか、蓋付きの水抜きスリーブ（孔）と、水中ポンプを置いて排水するための釜場（くぼみ）を基礎に設けるので、床下浸水した際の排水作業が容易だ。

このほか、床上浸水した場合に壁を取り壊す範囲を少なくするため、床と壁の取り合い部分を「壁勝ち」（壁が床を貫通している状態）とし、腰窓下端の高さを境に断熱材を上下で区切った。また、空調設備の室外機やコンセントの設置位置を床上90センチメートルの高さまで上げる対策なども盛り込んだ。建築費は、A案に約49万円を追加した約2654万円で済む。

◆ 基準モデルは基礎高60cmの木造2階建て

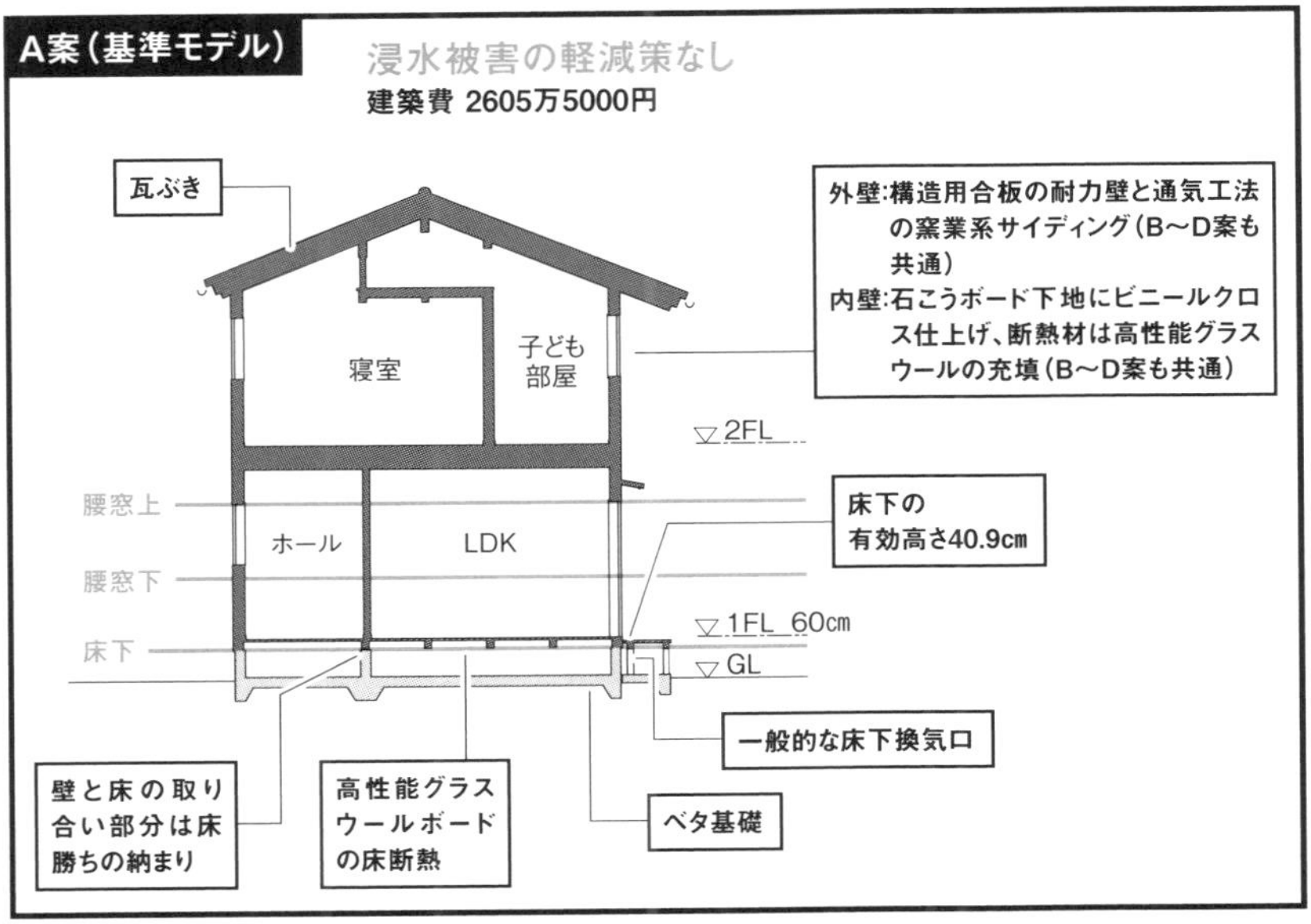

被害の軽減策を講じない基準モデルの主な仕様。基礎高は60cmで床断熱を採用。耐力壁の留め具は亜鉛メッキ処理したCNくぎと構造金物(資料:309ページまで建築研究所の資料を基に日経アーキテクチュアが作成)

[平面図]

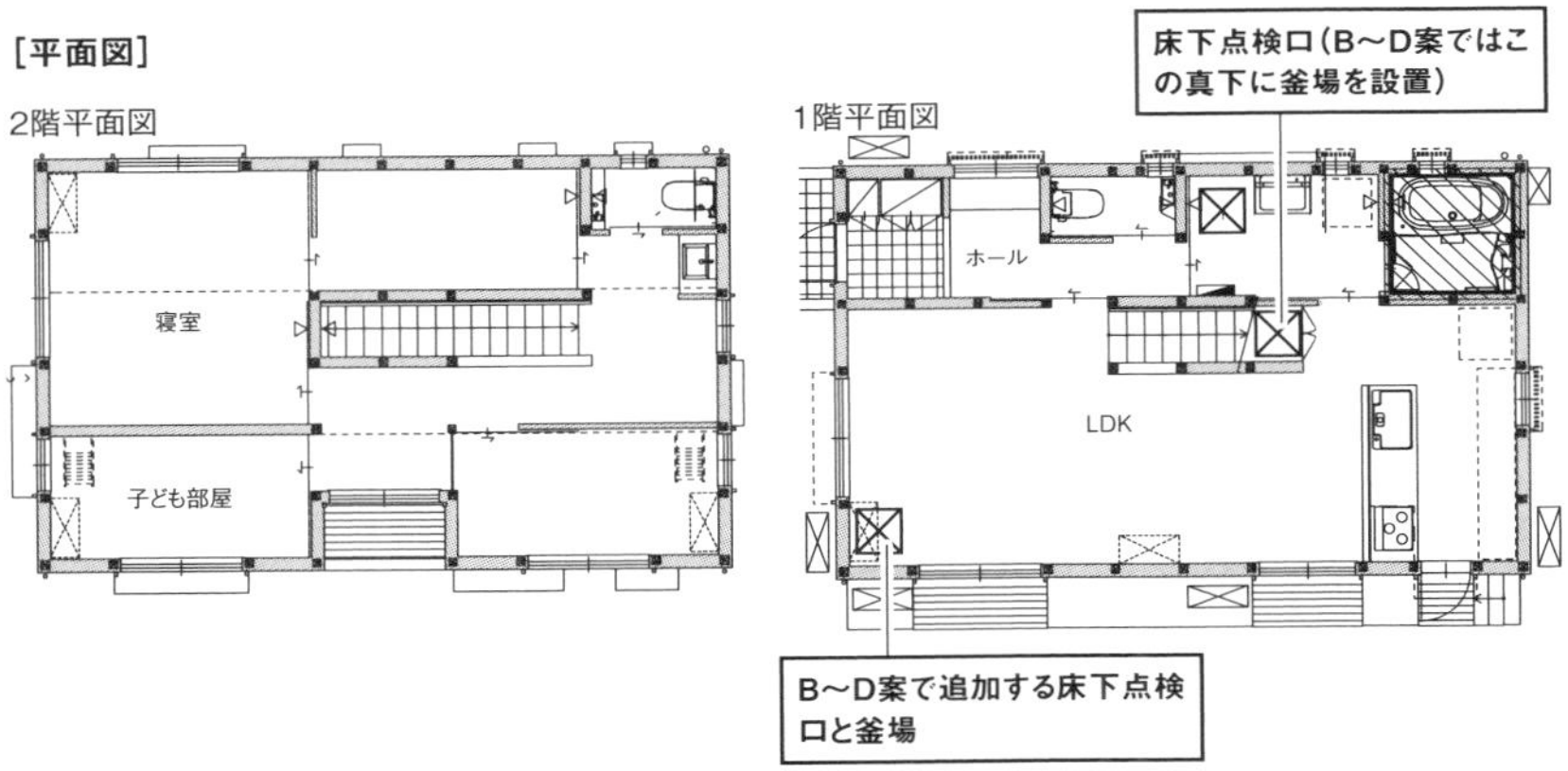

この平面図を基に、基準モデルと3つの耐水化案の仕様を盛り込んだ建築費、浸水後の修復費を比較した。建築面積は53.7m²、延べ面積は99.4m²。在来軸組み工法の2階建てだ

C案（建物防水化）は、地盤面から高さ1・5メートルまでの外壁を、耐水性が期待できる鉄筋コンクリート（RC）造にするなどして、腰窓下端レベルの水位でも建物内への浸水をきっちり防ぐモデルだ。浮力で浮き上がらないように、鉄筋コンクリート部分の壁厚は5センチメートル増やして20センチメートルとした。

浸水経路となる玄関や掃き出し窓には止水板を追加し、B案のように、基礎への釜場の設置なども取り入れて建築費を算出すると、A案よりも約610万円高い約3215万円となった。

最後がD案（高床化）だ。基礎をA案よりも90センチメートルも高い「高基礎」として、地盤面から1階の床までの高さを1・5メートルとし、腰窓下端の水位になっても室内への浸水を防ぐ（床下浸水は許容する）。建築費はA案よりも約228万円高い約2833万円だが、床断熱の採用や止水板の省略などで、C案よりは費用を抑えられる。

B～Dの3つの耐水化案の費用対効果を表すのが、308～309ページの図中の「浸水1回当たりの回収率」だ。A案の建築費からのコストアップ額に対する、修復費のコストダウン額の比率で示す。数値が大きいほど「コスパ」がいいといえる。

発生頻度が高い床下浸水に関して、最も費用対効果が大きかったのはB案だ。回収率は51パーセント。耐水化に要したコストを、2回の修復で回収できる計算だ。

木内主席研究監と現代計画研究所の今井信博代表は、「多少でも浸水リスクがある地域では最低限、B案の対策を講じるべきだ」と口をそろえる。

現代計画研究所では、B案で示したように基礎高を80センチメートルとするなどの対策を盛り

◆ 基礎の仕様が大きく異なる耐水化案

耐水化B案

建物内部は浸水するが修復はしやすい

建築費 2654万8000円
(49万3000円アップ)

耐水化B案に採用した主な仕様。基礎高を基準モデルより20cm高くして通気パッキンにするなど、約10項目の対策を盛り込む

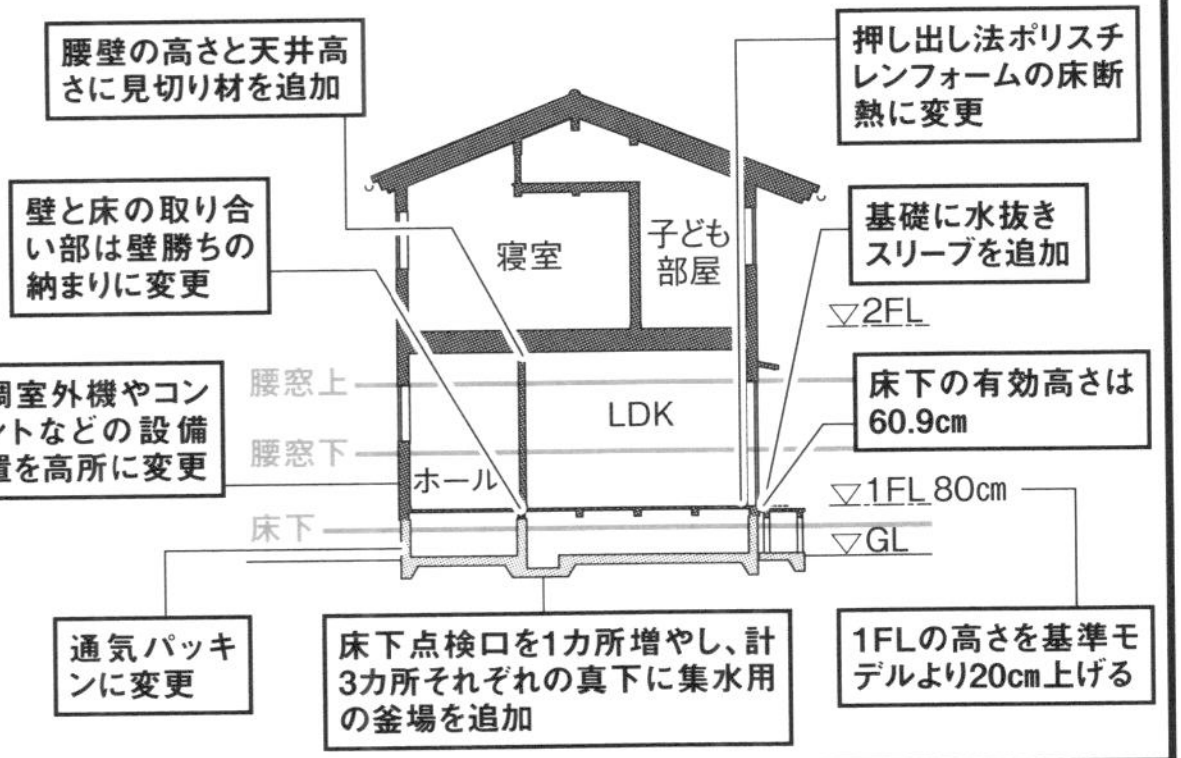

耐水化C案

建物内部への浸水を防ぐ

建築費 3215万9000円
(610万4000円アップ)

耐水化C案に採用した主な仕様。RC造の腰壁と止水板を追加する。基礎高は60cmにして基礎断熱を採用。B案と同じ釜場、壁勝ちの納まり、設備の高所設置なども盛り込む

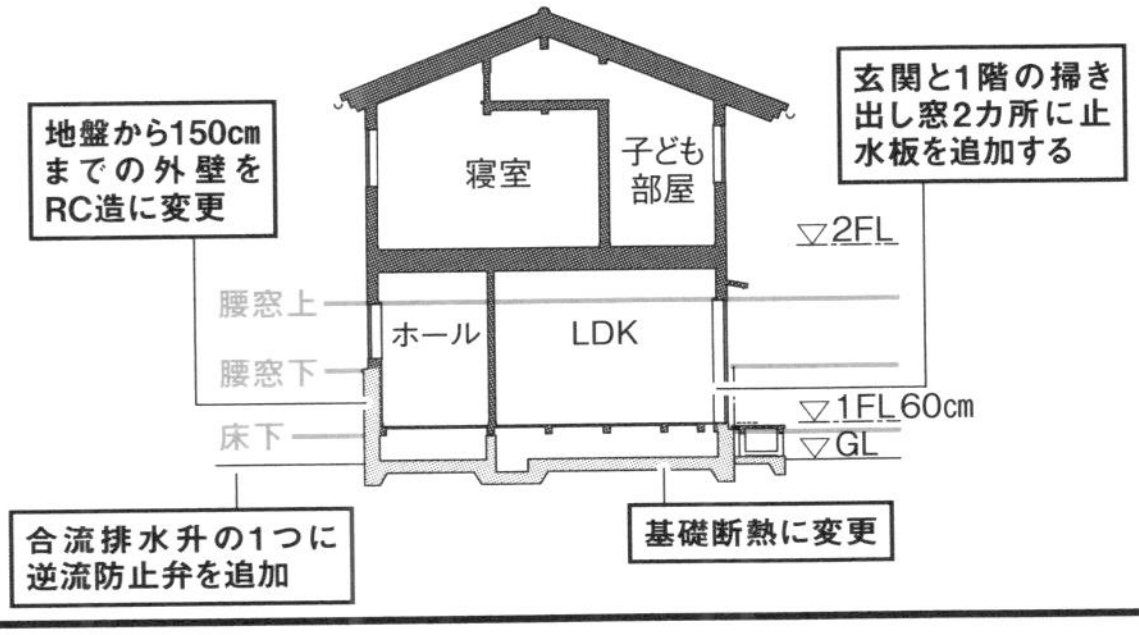

耐水化D案

高床にして室内への浸水を防ぐ

建築費 2833万8000円
(228万3000円アップ)

耐水化D案に採用した主な仕様。高さ150cmの高基礎にして床レベルを上げる。さらに、床断熱にして、床下換気口を地盤から60cmの高さに設ける

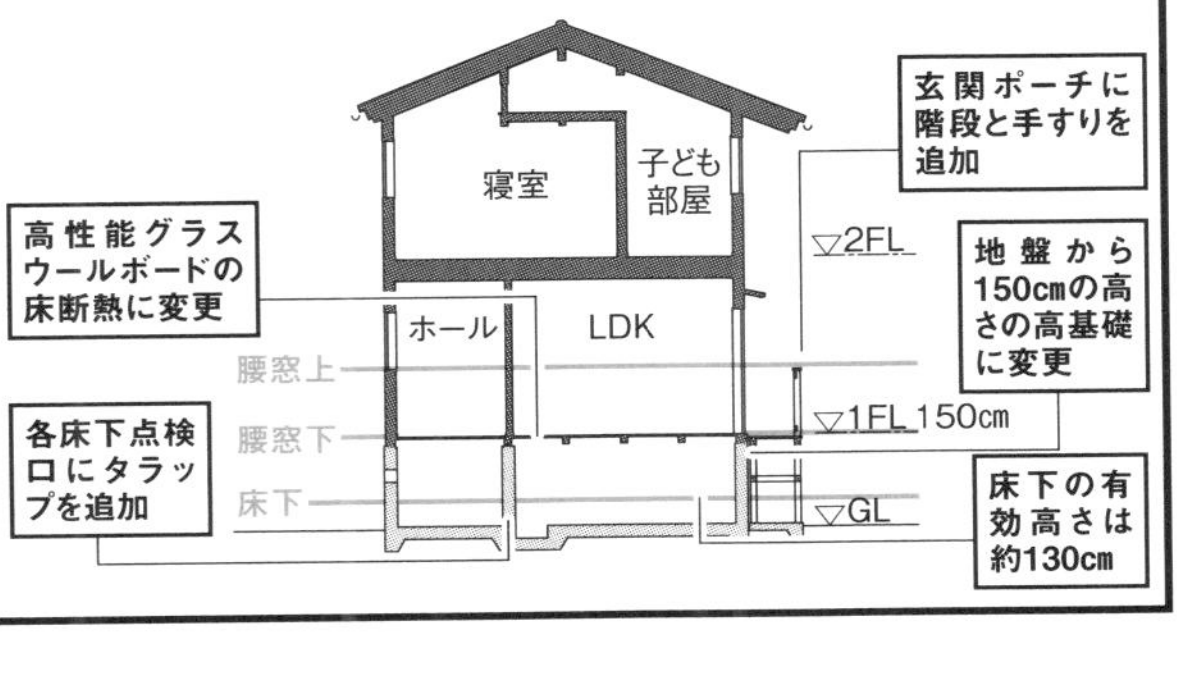

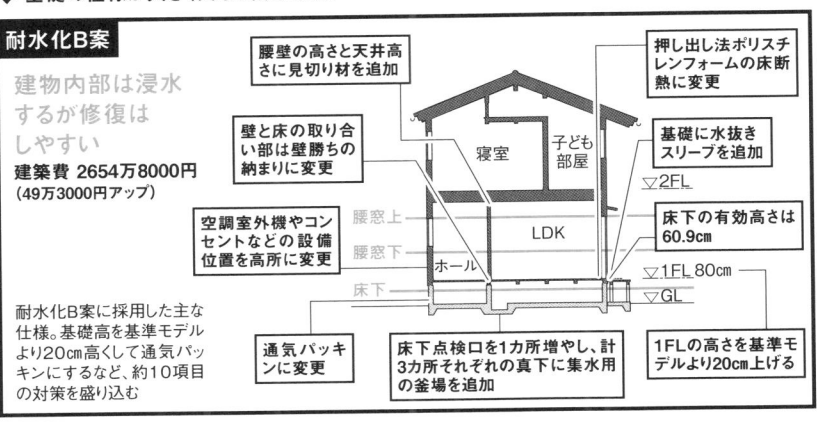

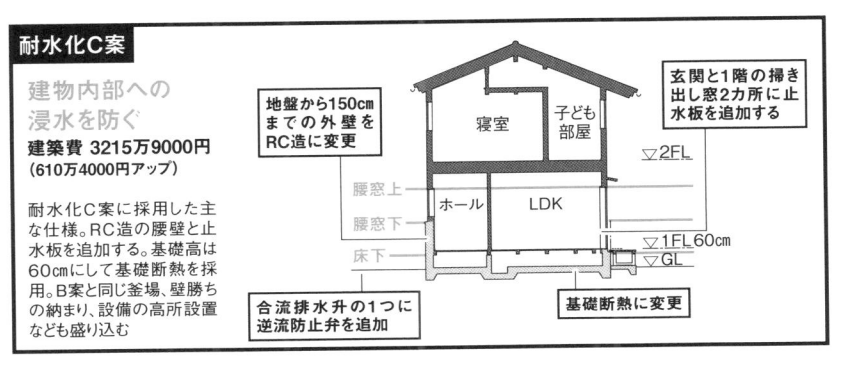

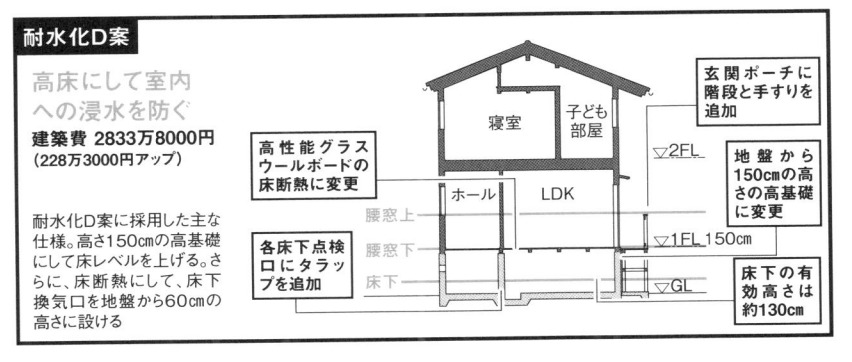

込んだ住宅を実際に設計。20年5月に実物が完成している。

腰窓下端レベル（水位1・5メートル程度まで）の浸水リスクに対しては、C案がお勧めだ。回収率が93パーセントと比較的大きく、修復費を約46万円と少なめに抑えられるからだ。

B案とD案は、回収率ではC案に勝るが、B案は修復費自体が約522万円と高くなり、D案は日常生活で外部階段を昇り降りする負担が生じるという問題を抱えているのがネックだ。

C案は建築費が高くつくが、価格を抑えた止水板や住宅用の止水サッシが開発されれば、費用対効果がさらに向上する余地もある。

	耐水化B案（建物内部は浸水するが修復はしやすい、基礎高が80cm）			耐水化C案（建物内部への浸水を防ぐ、1階の腰壁をRC造）			耐水化D案（室内への浸水を防ぐ、高さ150cmの高床）		
	2654.8			3215.9			2833.8		
	49.3アップ			610.4アップ			228.3アップ		
	床下	腰窓下	腰窓上	床下	腰窓下	腰窓上	床下	腰窓下	腰窓上
	▽	▽	▽	▽	—	▽	▽	▽	▽
	—	▽	—	—	▽	—	—	▽	▽
	▽	▽	▽	▽	▽	▽	▽	▽	▲
	—	▽	▽	—	▽	▽	▽	▽	▽
	—	—	—	—	▽	—	—	▽	▽
	—	▽	—	—	▽	—	—	▽	▽
	—	—	—	—	▽	—	—	▽	▽
	—	▽	▲	▽	▽	▲	▽	▽	▲
	24.2	522.4	668.8	2.6	45.6	661.3	2.6	22.5	596.4
	-25.3	-89.6	-11.9	-46.9	-566.4	-19.4	-46.9	-589.5	-84.3
	51%	182%	24%	8%	93%	3%	21%	258%	37%

表中の数字は新築時の建築費と浸水後の修復費を示す。新築時の建築費と修復費の合計は経費と税込み価格で、単位は万円。浸水深に記載した「床下」は地盤から高さ45cmまでの浸水、「腰窓下」は同45cm超～150cmまで、「腰窓上」は同150cm超～260cmまでとした。記号の▽は基準モデルから減額、▲は増額、—は同じを示す。空調設備の腰窓上が▲なのは、室外機が高所に置かれていて、交換に手間がかかるから

このように、回収率だけでなく修復費なども考慮すると、適切な判断をしやすい。

腰窓上端レベル（水位2・6メートル程度まで）の浸水リスクに対しては、D案の費用対効果が最も高いが、建築時には外階段の設置やスペースの確保などの課題がある。修復費も約596万円で安くはない。

木内主席研究監は「我々が示したプロトタイプをきっかけに、より良い提案や技術開発が進むことを期待している」と話す。

◆ 床下レベルの浸水深では耐水化B案の効果が高い

提案（主な特徴）		基準モデル（A案）（被害の軽減策なし、基礎高が60cm）			
新築時の建築費（万円）		2605.5			
基準モデルからの増額分（①）					
浸水深		床下	腰窓下	腰窓上	
修復費（万円）	基礎内にたまった汚水の排水と土砂の排除	20	20	20	
	乾燥・消毒	0	13.8	15	
	床と床下部材の撤去、洗浄、交換、取り付け	5	83.8	83.8	
	内外壁部材の同上	2	66.5	69	
	建具と家具の同上	0	93.9	96.4	
	電気設備の同上	0	8.7	39.9	
	衛生設備の同上	0	166.4	181.1	
	空調設備の同上	10.5	10.5	10.5	
	修復工事の合計	49.5	612	680.7	
	基準モデルとの差額（②）				
浸水1回当たりの回収率（②／①）					

3 重要設備を死守、浸水対策の先進メニュー

建築物の浸水対策は歩みを始めたばかりであり、「出入り口への止水板の設置」という最も初歩的な対策すら、まだまだ浸透していない。だが、なかには設計者や建築主が工夫を凝らした先進的な取り組みもある。ここでは、いくつかの事例を紹介したい。

「災害に強い病院」を徹底解剖

鳥取市内を南北に流れる1級河川の千代川。河口から約3キロメートル地点の川沿いに、鳥取県立中央病院はある。同病院は洪水浸水想定区域内に位置するが、利便性が高い敷地内での建て替えを選択し、2018年10月に新棟が竣工した。

この新棟は、鉄骨造と鉄骨鉄筋コンクリート造の地上11階建てで、免震構造を採用している。設計は日建設計・安本設計事務所JV（共同企業体）、施工は清水建設・やまこう建設・大和建設・藤原組JVが担当した。

鳥取県立中央病院は、災害拠点病院（災害時の救急医療を担う拠点）に指定されている。災害時に24時間体制で傷病者の受け入れや搬出に対応する必要があるため、いかなる時も病院機能を

鳥取県立中央病院新棟の西側を千代川越しに見る。中央が新棟で、屋上にヘリポートを設置した。この病院は、新型コロナウイルス感染症患者を受け入れる第2種感染症指定医療機関でもある（写真:佐藤 和成）

◆ 重要な機能を浸水レベルより上に集約

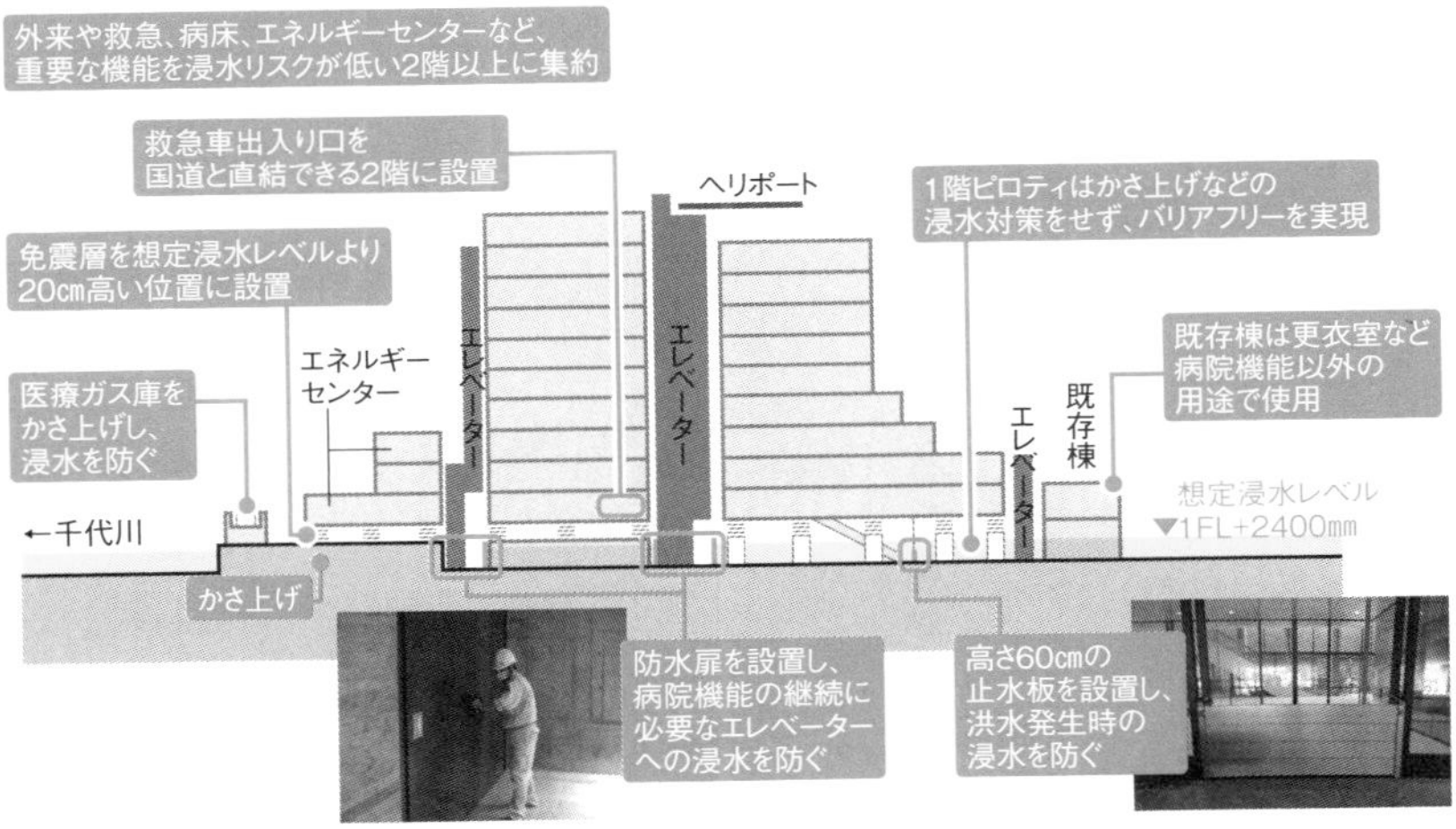
外来や救急、病床、エネルギーセンターなど、重要な機能を浸水リスクが低い2階以上に集約
救急車出入り口を国道と直結できる2階に設置
ヘリポート
1階ピロティはかさ上げなどの浸水対策をせず、バリアフリーを実現
免震層を想定浸水レベルより20cm高い位置に設置
既存棟は更衣室など病院機能以外の用途で使用
エネルギーセンター
エレベーター
エレベーター
エレベーター
既存棟
医療ガス庫をかさ上げし、浸水を防ぐ
想定浸水レベル
▼1FL+2400mm
←千代川
かさ上げ
防水扉を設置し、病院機能の継続に必要なエレベーターへの浸水を防ぐ
高さ60cmの止水板を設置し、洪水発生時の浸水を防ぐ

鳥取県立中央病院の東西断面イメージ。病院の主要機能を2階以上に集約した
（資料:取材を基に日経アーキテクチュアが作成、写真:鳥取県立中央病院）

止めるわけにはいかない。県は新棟計画の基本方針の1つに「災害に強い病院」を掲げ、建て替えに際しては地震対策だけでなく、徹底した浸水対策を求めた。

洪水と津波が同時発生した際の、鳥取県立中央病院の敷地における想定浸水深は、1階の床の高さから2・4メートルに達する。既存の建物を一部、継続して使用するため、敷地全体のかさ上げは難しい。

そこで、日建設計JVは柱頭免震構造（柱の上部に免震装置を設置する構造）を採用。免震層を1階の床の高さよりも2・6メートル高くし、浸水しないようにした。さらに病院の主要な機能やインフラ設備を、浸水リスクが低い2階以上に配置することにした。

1階はピロティとなっている。病院の1階をピロティ形式にするのは、実はかなり珍しい。というのも、一般的にはバリアフリーの観点から段差を設けず、1階に受付や外来といった人の出入りを多く伴う機能を配置することが多いからだ。

同病院では主要機能を2階以上に設けたため、来院者に分かりやすい動線計画が課題だった。そこで、エントランス部分は見通しがよい吹き抜けとし、エスカレーターで2階へ上がる計画とした。

日建設計設計部門の中村俊一ダイレクターは、「鳥取市は降雨量が多く、風が強い。また、降雪量も多い。浸水対策の結果としてできた巨大なピロティは、来院者を雨風や雪から守るのにも役立つ」と説明する。ピロティは災害時などに、患者の重症度に応じて治療の優先順位を決めるトリアージのスペースとして使うこともできる。

「水防ライン」を2重に設定

病院機能の維持で特に重要なのはエレベーター。患者を寝台に乗せて縦移動する機会が多いからだ。浸水対策としては、救急用や搬送用のエレベーターが停止しないように防御することがとりわけ重要になる。

日建設計JVは設計に当たって「水防ライン」（283ページ参照）を設定し、エレベーターの浸水対策を検討した。水防ライン上の全開口部に浸水を防ぐ設備を設置し、ラインより内側への浸水を防止する算段だ。

特徴的なのは、水防ラインを「洪水発生時」と「洪水と津波の同時発生時」の2段階に分けて設定した点だろう。発生頻度が比較的高い洪水時の想定浸水深を60センチメートルと設定し、その高さまでは、開口部（出入り口など）に設置する止水板で浸水を防ぐ。1階エントランスのガラス壁面も、浸水深60センチメートルまでの水圧に耐えるよう設計した。

そして、洪水と津波が同時発生する複合浸水時の浸水深を2・4メートルと想定し、センターコア（エレベーターなどの設備が集中するエリア）は、手前に設けた防水扉を閉じて防ぐ。

また、災害時の患者受け入れを止めないために、堤防の上を走る国道と2階を接続し、車寄せを設けた。浸水しても孤立せず、患者などの受け入れを可能とするための対策だ。電源や飲料水などは3日分確保し、災害発生から72時間は病院機能を維持できるようにした。

大規模な水害では、地域にとって重要な病院が浸水被害を受ける、あるいは周囲が浸水して孤

◆ 洪水と津波の「複合浸水」を想定

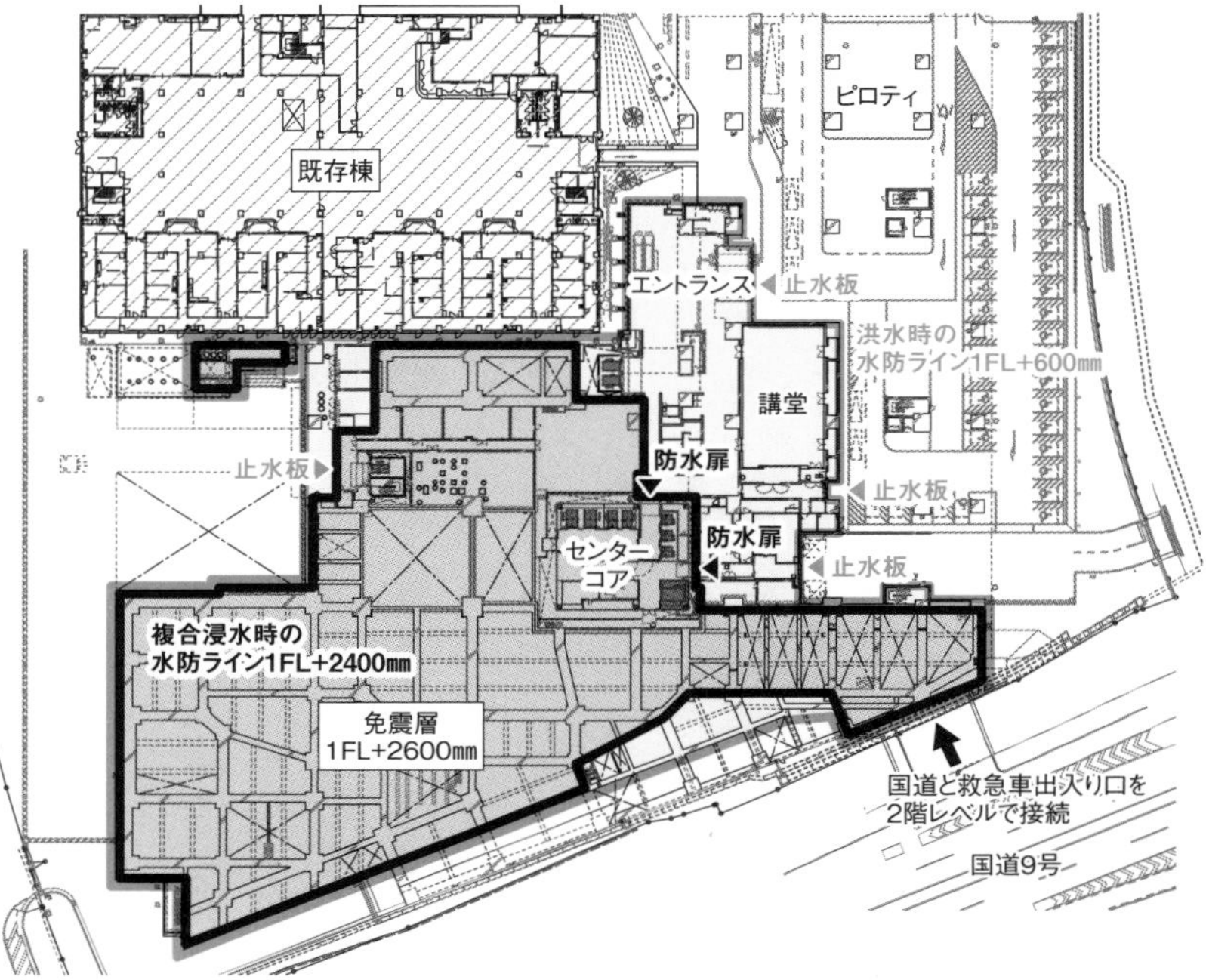

鳥取県立中央病院の1階平面図。発生頻度が比較的高い洪水時の想定浸水深を60cmとし、出入り口に止水板を設置したほか、西側をかさ上げした。洪水と津波が同時発生する複合浸水時の浸水深は2.4mと想定し、センターコアを防水扉で守る（資料：鳥取県立中央病院）

立し、機能を失う例が跡を絶たない。

例えば19年10月の東日本台風では、福島県本宮市にある谷病院が浸水被害に遭い、150人が一時孤立する事態に陥っている。建物内に取り残された患者は無事に救助されたものの、1階にあったMRIやX線撮影装置などの医療機器が水没した。「薬剤や医療機器を2階に運び上げようとしたが、間に合わなかった」（谷病院総務課）

1階の浸水対策や重要設備の守り方、孤立を防ぐための仕掛けをトータルに盛り込んだ鳥取県立中央病院の事例は、地域において災害対応の拠点となる重要施設を整備する際の参考になるはずだ。

地階を減らし、重要設備は2階以上に

東京都江東区の臨海部に位置する豊洲ベイサイドクロス。東京メトロ有楽町線豊洲駅に直結する約2・8万平方メートルの新街区だ。街の新たな顔として、20年4月に開業した。

街区内には、3棟のビルが立つ。メインとなるのは商業施設やオフィス、ホテルが入居する地下2階・地上36階建てのA棟。B棟は地上24階建てで、「SMBC豊洲ビル」として21年4月に少し遅れて開業した。2つのビルの間には、地下2階・地上9階建てのC棟があり、ここにはビルや周辺街区に電力を供給するエネルギーセンターを設けている。

豊洲エリアは全体的にかさ上げされており、東京都江東区の他の地域に比べると、洪水や津波

で浸水するリスクは低い。高潮のリスクはあるが、豊洲ベイサイドクロスの敷地の場合、最大規模の高潮によって、敷地の一部で浸水が想定されている程度だ。さらにこの街区は造船工場跡地で、海に直接放流できる排水設備をもともと備えている。

それでも事業者の三井不動産は万一の浸水に備え、水没のリスクがある地下施設自体を最小限に減らし、駐車場をタワーパーキングとするなど、水害対策を念入りに取り入れた。

江東区などと共に開発を進めてきた三井不動産ビルディング本部環境・エネルギー事業部事業グループの川東亨和統括は「近年は台風や豪雨の影響で内水氾濫などが多発している。こうした大規模開発において、水害リスクは無視できない」と話す。

地震対策として免震構造を採用したA棟

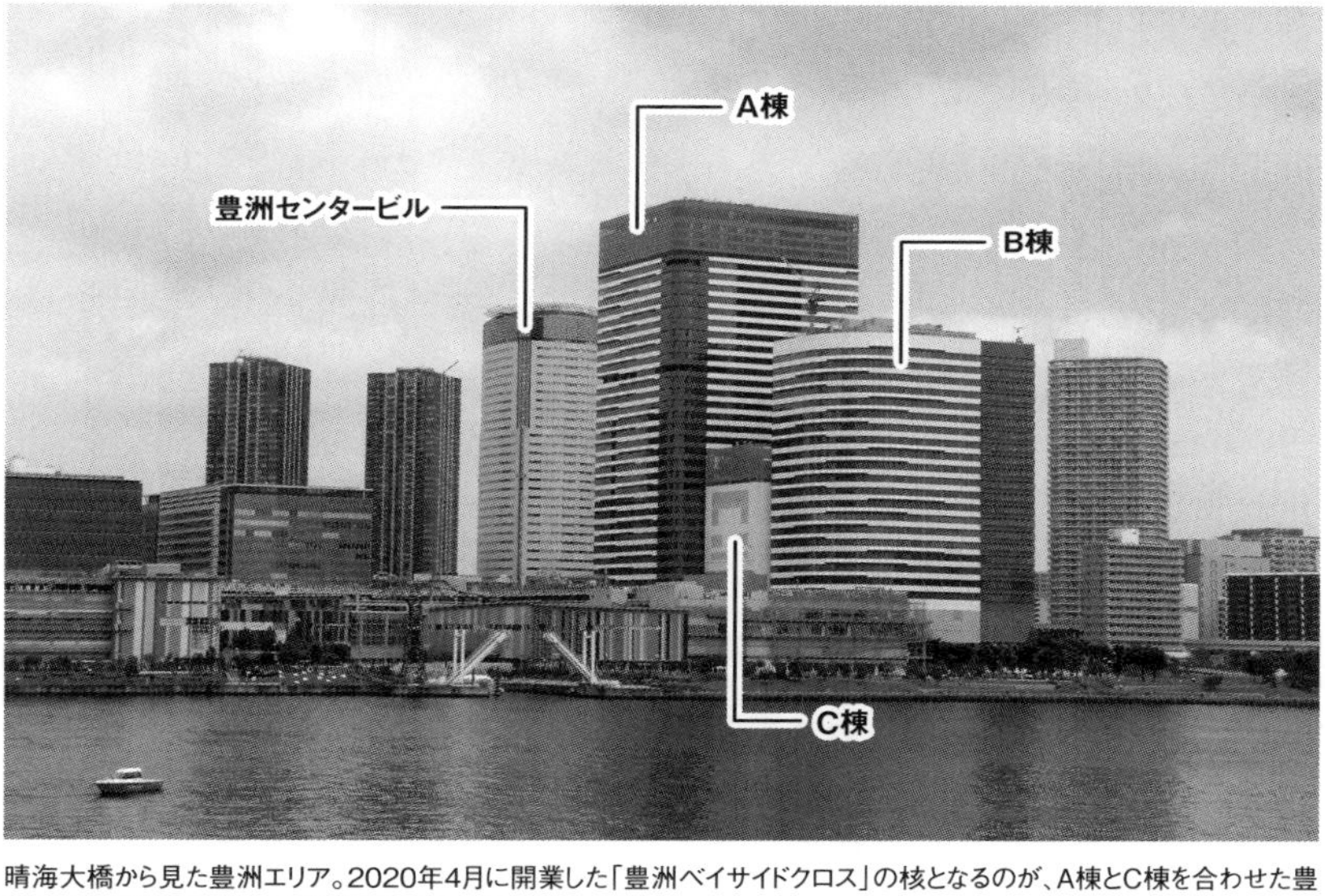

晴海大橋から見た豊洲エリア。2020年4月に開業した「豊洲ベイサイドクロス」の核となるのが、A棟とC棟を合わせた豊洲ベイサイドクロスタワーだ（写真：日経アーキテクチュア）

とB棟では、通常は地下などに設ける免震層を2階と3階の間に設けて浸水リスクを回避。さらに、免震層より上の3階以上に機械室や電気室を配置し、上水などの受水槽とポンプも3階に設置するなど、浸水対策を徹底している。

地震・水害対策の両立で「街の非常電源」を守る

豊洲ベイサイドクロスの電力供給の約半分は、C棟のエネルギーセンターに設けた「コージェネレーションシステム（CGS）」が担う。CGSは、中圧ガスを用いて発電し、その際に排出する熱を回収して暖房などに用いるシステムだ。非常時にも電力供給を継続できるよう、建物や周辺街区の「機能継続」の鍵を握るエネルギーセンターは、地上5階以上に設置した。

非常用発電機の燃料タンクは2重殻とし、地下のコンクリート製ピット内に設置している。浸水しても浮いたり漂流物が当たったりして破損しないようにするためだ。

こうした対策によって、中圧ガスが停止しない限り、消費エネルギーが最大となる夏場の電力需要の半分を停電時であっても供給可能だ。

豊洲ベイサイドクロスのエネルギーセンターは、晴海通りを挟んで立つ豊洲センタービルにも電力と熱を供給する。「街の非常電源」としても万全の対策を講じたというわけだ。

ただ、重要設備を地上階に設けるには、それなりの技術的な検討が必要になる。

CGSのように重たい設備を建物の上層階に設けると、重心の位置が高くなり、建物が揺れや

◆ エネルギーセンターを5階以上に集約

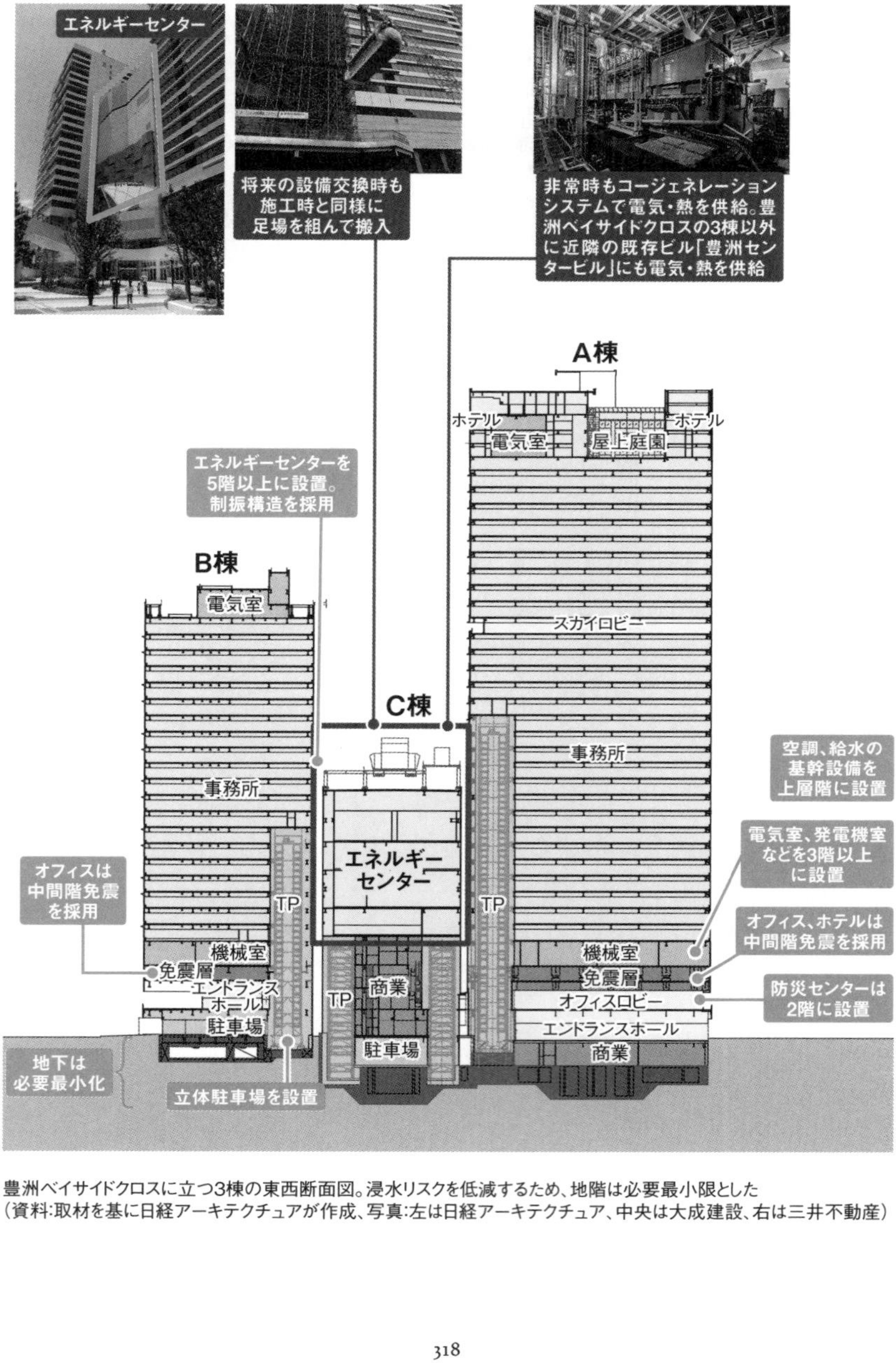

豊洲ベイサイドクロスに立つ3棟の東西断面図。浸水リスクを低減するため、地階は必要最小限とした
（資料:取材を基に日経アーキテクチュアが作成、写真:左は日経アーキテクチュア、中央は大成建設、右は三井不動産）

すくなって耐震性能上は不利になるからだ。そこで、エネルギーセンターが入るC棟には地震時の揺れを低減するダンパーを設置し、制振構造として対応した。

重く大型の設備を上層階に設ける場合、約30年に1度の頻度で必要となる機器交換にも注意が必要だ。設計・施工を担当した大成建設設計本部建築設計第1部の渡辺岳彦設計室長は「計画当初からエネルギーセンターを地上階に設けることが決まっていたので、交換時のルートも設計の段階で綿密に検討してある」と説明する。

実際にCGSなどの設備を交換する際は、C棟の前に足場を組み、壁面に設けた巨大ハッチから搬出入することになる。このため、足場を設置する3階屋根の強度も十分に確保している。

容積率の緩和をインセンティブに

建物のハード面に関する浸水対策については、ガイドラインやマニュアル、事例集といった、設計の参考にできる資料がわずかにあるのみで、必ず守らなければならない法律や技術基準は今のところない（土地利用などの規制はある）。

それでも、施設の水害リスクや重要度に応じて、浸水対策を講じていかなければ、結局は建物の所有者や利用者が損害を被ることになる。まずは先進的な事例を共有し、実践を積み重ねながら技術的な知見やノウハウをまとめていくことが、業界団体や学協会などには求められるだろう。

耐震や防耐火などのように、建築基準法に基づいて規制をかけることも視野に入れるべきだと筆者は考えるが、今のところ浸水対策を強制できない以上、建物の耐水性能を高めていくためには、住宅や建築物の大半を占める民間のプロジェクトに対して、何らかのインセンティブ（優遇措置）を設ける必要があるのではないか。実際、止水板の設置に対して助成制度を設ける自治体は、年々増えている。

国交省がまず手を付けたのが、都市開発プロジェクトに対する容積率の緩和だ。容積率は、敷地面積に対する延べ面積の割合を指し、通常はエリアに応じて決まっている。

条件を満たした場合にこれを緩和することで、政策の目標（ここでは水害対策）と民間企業などのニーズ（より大きな建物を建てて収益を上げる）を実現する手法はよく使われる。水害対策にも、まずはこの「定番メニュー」を適用しようというわけだ。同省は、具体的内容や制度運用に関する考え方をまとめ、19年9月に都道府県などに宛てて技術的助言を通知した。

プロジェクトを通じて、洪水や内水被害の軽減、住民などの避難支援につながる対策を講じた場合に、容積率緩和の評価対象とする。都市計画法の高度利用地区、都市再生特別地区などの制度を活用し、敷地内での取り組みだけでなく、周辺地区、敷地と同一流域内にある遠隔地の取り組みも評価対象とした。

具体的には、敷地内における雨水貯留施設の整備、建物中層階での避難スペースや備蓄倉庫の確保、周辺街区における避難タワーや高台公園、避難路の整備などが対象となる。敷地から離れた場所で、広域避難のための用地確保や高規格堤防の整備、緑地の保全・創出などを実施した場合も対象となるようだ。

さらに21年6月には、浸水想定区域などに建てる建物のうち、浸水リスクを考慮して電気室を地上階の一定の高さ以上に設ける場合に、容積率を緩和できるという内容の技術的助言を出している。

容積率の緩和によるインセンティブにはすでに様々なメニューがあるため、どの程度使われるかについてはやや疑問も残るものの、国が事業者に対し、水害対策を重視する姿勢を示すうえでは一定の効果があるだろう。

COLUMN

公立6374校で浸水対策が不十分

浸水想定区域にある全国の公立学校のうち、少なくとも6374校は建物内への浸水対策を適切に実施していない——。文部科学省が公立学校を対象に水害・土砂災害対策の実施状況を調査した結果、ハード面の対策が遅れている実態が浮き彫りになった。

調査対象は小中高校や幼稚園など全国3万7374校の公立学校。2020年10月1日時点で浸水想定区域や土砂災害警戒区域に立地し、市町村地域防災計画に防災上配慮を要する「要配慮者利用施設」と位置付けられた学校の数と対策状況を調査した。

調査の結果、浸水想定区域にある要配慮者利用施設の学校は7476校で、全体の約20パーセントを占めることが明らかになった。このうち想定浸水深を考慮して建物内への浸水対策を実施している学校は1102校、受変電設備の浸水対策を実施しているのは1125校。いずれも浸水対策が必要な学校の15パーセント程度にとどまった。

一方、土砂災害警戒区域にある要配慮者利用施設の学校は4192校で、全体の約11パーセント。浸水想定区域と土砂災害警戒区域のいずれにも立地するのは493校だった。

文科省大臣官房文教施設企画・防災部の野口健・施設防災担当参事官は「今回の調査で初めて実態を把握した。学校の耐震化はほぼ完了している。安全確保の観点では、今後、水害・土砂災害対策にも力を入れる必要がある」と語る。

調査ではソフト面の対策として、水防法や土砂災害防止法で義務付けている、避難確保計画の作成や避難訓練の実施についても調査した。浸水想定区域にある要配慮者利用施設の学校のうち、避難計画を作成している学校は6365校、訓練を実施しているのは5375校だった。

調査結果を受け、文科省は全国の教育委員会などに通知を出し、ハード、ソフトの両面で対策を強化するよう要請。対策の参考として「学校施設の水害・土砂災害対策事例集」を公開した。文科省は学校施設環境改善交付金などによって学校設置者の取り組みを促す方針だ。

事例集に掲載した公立学校の1つに、佐賀県嬉野市立塩田中学校がある。浸水想定区域に立地している学校だ。14年8月に完成した校舎は高床構造で、地盤面から1階床面までの高さが2・6メートルある。校舎の2階と高台側の道路を接続し、水害時には学校から高台側に出ることができるようにした。一方で、中庭や校庭の高さを周囲から低くし、貯水機能を持たせた。地盤をかさ上げすると周辺の宅地への流水が増す恐れがあったため、高床構造とし、避難経路を確保することにしたという。

◆ 浸水想定区域に位置する学校は7476校

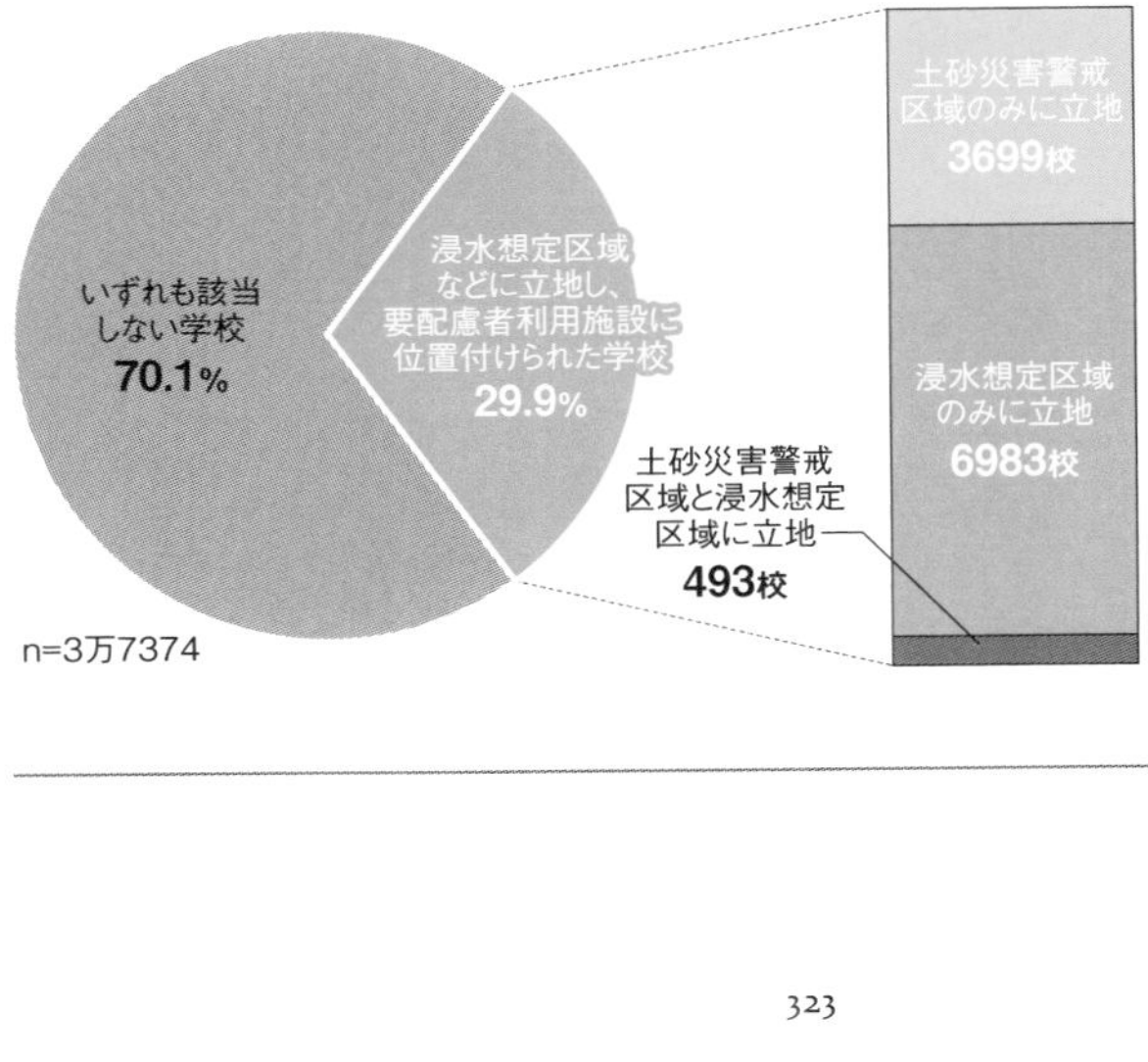

要配慮者利用施設の位置付けは市町村ごとに異なるため、調査対象の母数は変わらないが、浸水想定区域や土砂災害警戒区域に位置する学校は、調査結果以外にもある可能性がある
（資料:文部科学省の資料を基に日経アーキテクチュアが作成）

4 「首都水没」を乗り越える街づくり

目前に迫っていた首都水没

２０１９年10月12日に首都圏を襲った東日本台風（３８６ページ参照）では、多摩川が氾濫するなど、人口密集地域が水没の危機にさらされた。

国土交通省の荒川下流河川事務所は10月12日午後９時過ぎ、都心を流れる隅田川の氾濫を防ぐために、荒川と隅田川の分岐点に位置する岩淵水門（東京・北）を閉鎖している。１９７８年に完成した岩淵水門が閉鎖されたのは、このときを含めてわずか5回だ。

この操作によって隅田川の水位は下がったが、荒川ではその後も水位が上昇し続けた。翌13日午前９時50分には、ＡＰ（荒川工事基準面）＋７・17メートルという戦後３番目の水位を記録。計画高水位（ＡＰ＋８・57メートル）に達するにはまだ余裕はあったものの、避難指示の目安となる氾濫危険水位（ＡＰ＋７・７メートル）に迫る勢いだった。

このときの荒川の水位は、なんと隅田川の堤防の高さを17センチメートル上回っている。つまり、岩淵水門を閉鎖しなければ、隅田川の堤防を乗り越えた水が都市部に流れ込んでいた恐れもあったということだ。

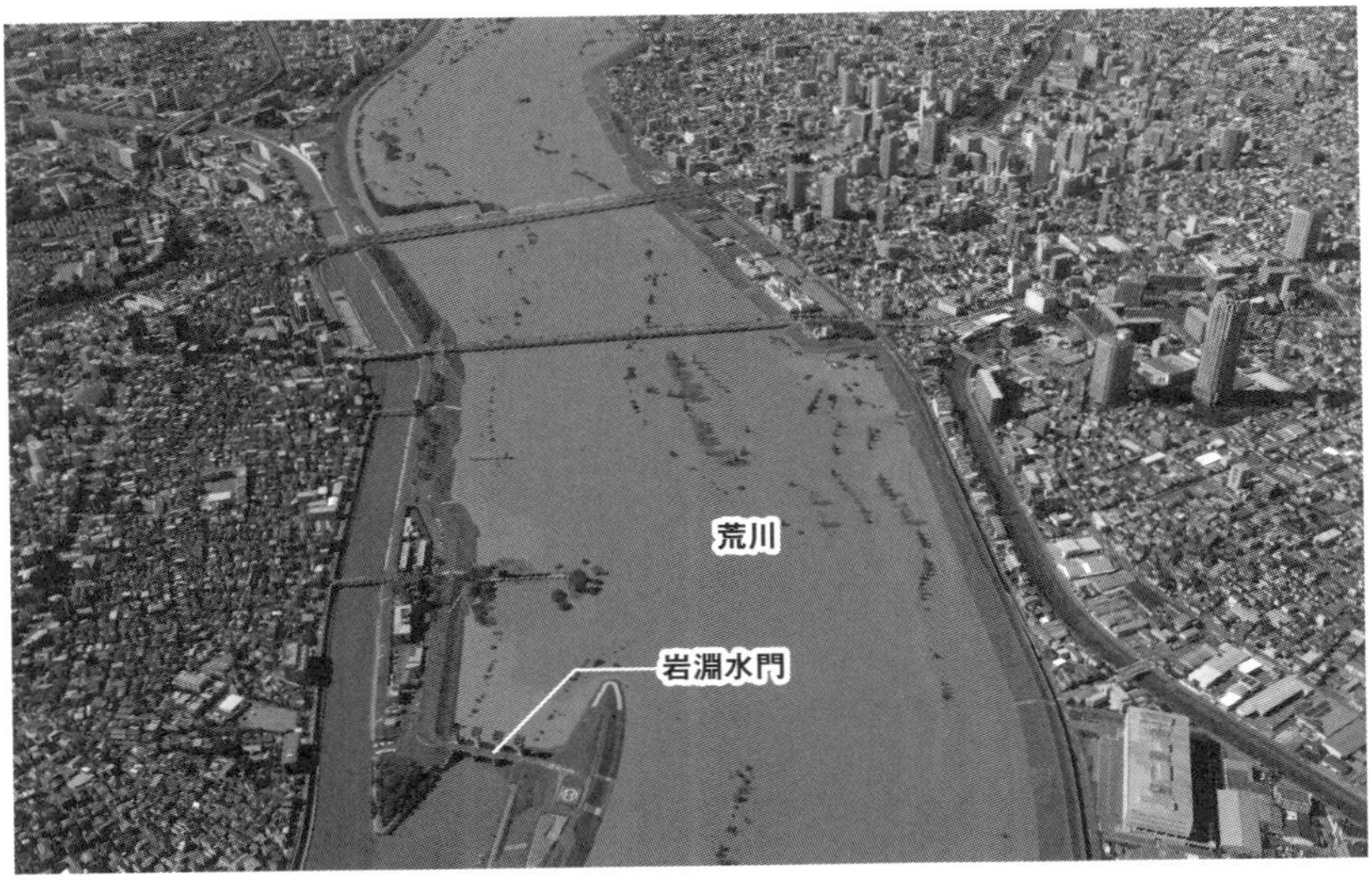

国交省は2019年の東日本台風で久々に岩淵水門を閉鎖した（写真:国土交通省）

荒川の水位は戦後3番目を記録した
（写真:日経アーキテクチュア）

まさに荒川の水位が最高に達するころ、筆者は偶然にも取材で岩淵水門を訪れていた。台風一過、大勢の人が濁流をたたえる荒川の様子や閉鎖された岩淵水門を眺めるなか、「首都水没」が目前に迫っていたことを目の当たりにし、夢中でシャッターを切ったのを鮮明に覚えている。

東京都東部には海抜ゼロメートル地帯が広がり、伊勢湾台風級の台風が襲来すると、荒川や江戸川の氾濫、高潮によって甚大な被害を受ける可能性がある。

特に被害が甚大になると想定されているのが、墨田、江東、足立、葛飾、江戸川の江東5区。域内の人口は約250万人にもなり、このうち約40万人は自宅が水没してしまう。海抜ゼロメートル地帯では、自然に排水されないため、排水施設が機能不全に陥った場合、広範囲で2週間以上も浸水が継続する恐れがある。このため、ほかの自治体への広域避難も念頭に置かなければならないが、受け入れ先の確保や移動手段の確保など、課題は山積しているのが実情だ。

本書の第4章で述べたように、水害リスクが高い土地から撤退するのは有力な手段だが、土地が高度に利用されている東京では、首都移転でもしない限りほぼ不可能な選択肢だ。ではどうするか。水害に強い都市につくり変えるしか、方法はない。

浸水しても受け流す都市

東京都葛飾区は19年6月、水害を「受け流す」ことを主眼に置いた新たな市街地構想を打ち出した。

葛飾区が発表した「浸水対応型市街地構想」は、堤防の強化や調整池の整備といった土木インフラによる治水対策と、他の自治体への広域避難対策に加えて、浸水しても生命の安全を確保し、生活の継続が可能で、復旧も容易な市街地の整備を段階的に目指す点で注目に値する。

同構想の概要は、次の通りだ。

第1段階（おおむね10年後）では、小中学校や役所などの公共施設、医療・福祉施設などの浸水対策を進め、広域避難ができなかった住民が緊急的に垂直避難（建物の高層階への避難）できる空間を確保することで、生命を確実に守れるようにする。

第2段階（おおむね20年後）では、広域避難ができなかった人々が救助を待つ1～3日間、最低限の避難生活を送れるだけの空間を確保する。

この段階では、避難所となる小中学校などの改築や改修が進み、半数程度は被災後2週間ほど生活が継続できる「浸水対応型拠点建築物」として活用できるようになっている。また、区の都市計画マスタープランで高台化による避難場所と位置付けている箇所では、高規格堤防事業やスーパー堤防事業（洪水や地震に強くするため、一般的な堤防と比較して幅の広い堤防を整備する事業）などと連係し、避難や物資輸送の拠点となる「浸水対応型拠点高台」の整備を進める。

第3段階（おおむね30年後）では、徒歩圏内に浸水対応型拠点建築物などを整備し、排水が完了するまでの間、最低限の生活が送れるようにする。小中学校などの改築や改修はほぼ完了し、集合住宅や商業施設でも避難空間の確保などが進められている状況を目指す。民間開発と連動して浸水対応型拠点建築物や浸水対応型拠点高台の整備も進める。

このように書くと、河川から隔絶した要塞のような都市を構築すると誤解する人がいるかもしれないが、むしろ逆だ。

船着き場などを整備し、普段から水辺の空間を活用することで、災害発生時に重要な役割を果たす地域のコミュニティーを育む場とする。

04年ごろから住民や葛飾区などと構想を練ってきた東京大学生産技術研究所の加藤孝明教授は、「従来の『守る、逃げる』という水害対策だけでは限界がある。これからは『受け流す』という発想が欠かせない」と指摘する。

そのために必要な施設を、建物の改修や更新に合わせるかたちで徐々に整備し、30年以上をかけて浸水に強い市街地を形成するというわけだ。絶えず開発が進み、都市の「新陳代謝」が活発な東京ならではの構

◆ 浸水しても生活を継続できる建築に

浸水対応型拠点建築物のイメージ。東京大学生産技術研究所の今井公太郎教授と加藤孝明教授の研究室が作成した。河川との親水空間を確保し、平時から防災意識を育む。船着き場などを備え、浸水時は避難生活や物資輸送の拠点とする（資料:葛飾区）

第3段階（約30年後）

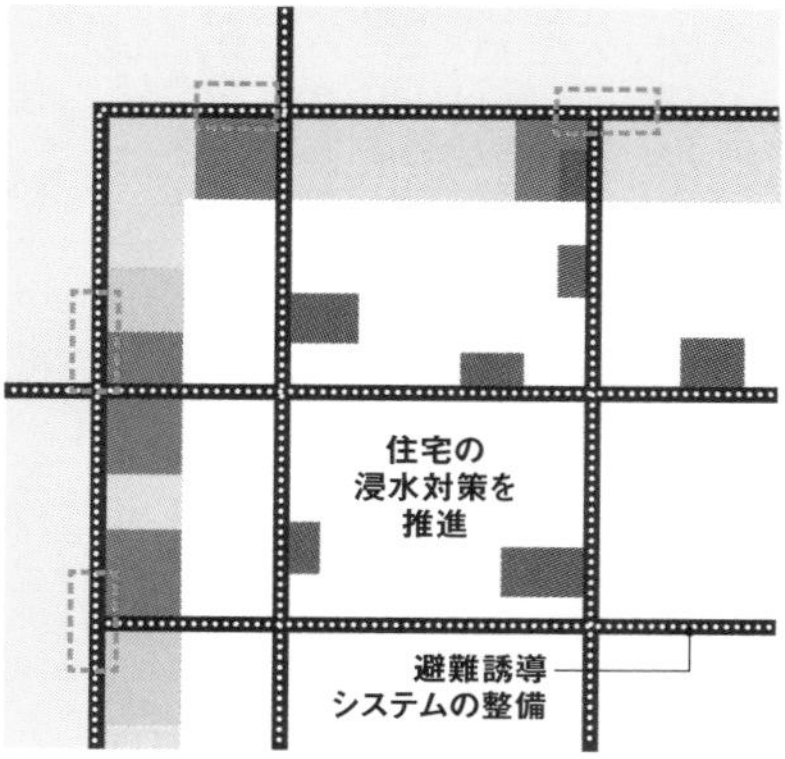

徒歩圏内に浸水対策を施した「浸水対応型拠点建築物」や安全待避空間を備えた施設が整い、排水が完了するまでの期間、最低限の避難生活の水準を確保できる状況を目標とする

想だといえる。

民間企業への補助制度も検討

葛飾区では構想の実現に向けて検討を進めているところだ。

区都市整備部都市計画課の目黒朋子都市計画課長は、「まずは、災害時に避難所となる小・中学校の『浸水対応型拠点建築物』化を進めたい」と説明する。

今後設計する建物については、体育館を浸水しない高さに設けたり、浸水時にボートで着岸して物資を搬送できるように屋外階段を設けたりして、避難所としての機能を強化する。大規模停電に備えた非常用電源として、太陽光発電設備、ガスヒートポンプ（GHP）、電気自動車、水素自動車の活用に向けた課題なども整理した。

◆ 30年以上かけて段階的に整備する「浸水対応型市街地」の構想

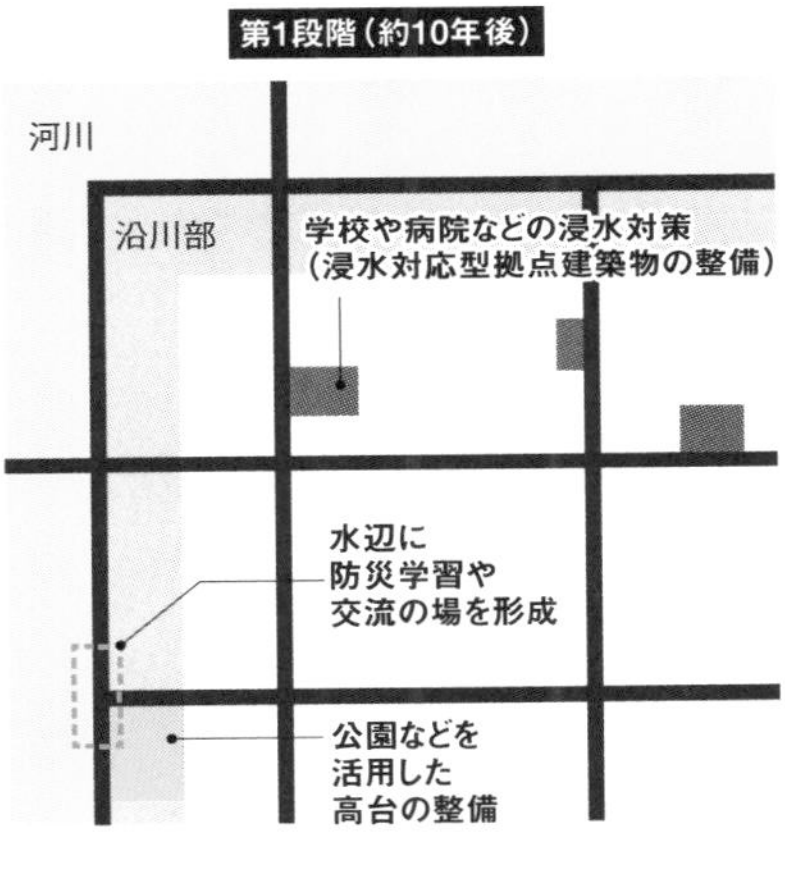

広域避難できなかった住民が、緊急的に垂直避難できる空間を確保。確実に命を守れる状況が目標（資料：葛飾区の資料を基に日経アーキテクチュアが作成）

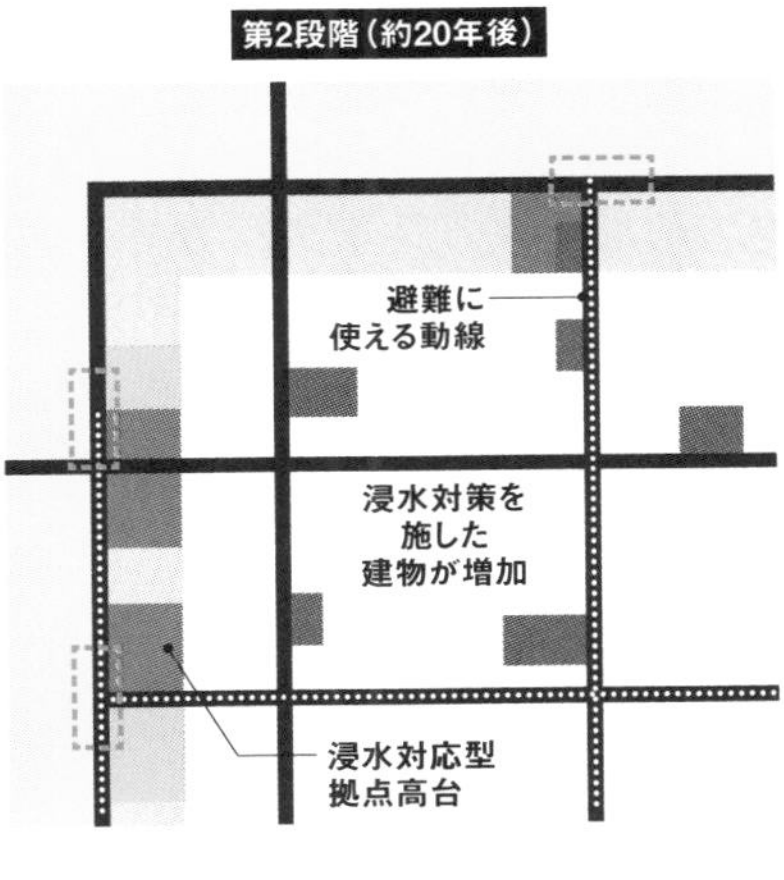

緊急的に避難できる空間に加え、地域内に当面避難できる空間を確保し、外部から救助されるまでの1～3日間、最低限の避難生活の水準を確保できる状況を目標とする

集合住宅や商業施設などの民間施設を浸水対応型拠点建築物として整備するための方法についても検討を進めている。

念頭に置いているのは、太陽光発電設備と蓄電池を併用したシステムなど、エネルギー設備の導入費や、避難空間・外階段などの工事費に対する補助制度だ。目黒都市計画課長は「21年度中にも民間施設の所有者などにアンケートやヒアリングを実施して課題などを洗い出し、22年から制度を運用したい」と意気込む。

民間をいかに巻き込むかがこの構想の肝になるだけに、企業などへのインセンティブ（優遇措置）の設計には工夫が要りそうだ。

実は葛飾区には、水害対策用の高台造成を巡って苦い経験がある。16年4月のことだ。国交省は葛飾区新小岩公園を高台化するために、事業費を全額負担して盛り土工事を実施してくれる共同事業者の募集を始めた。

甘くなかった「費用負担ゼロ」の高台造成

「脱ゼロメートルプロジェクト第1号事業が始動」と銘打って発表されたこのプロジェクトは、建設発生土（残土）の利用先を探している事業者と、費用負担を抑えながら高台を整備したい自治体を、国交省がマッチングするという斬新な企画だった。自治体は自らの費用負担ゼロで高台を整備できるという「虫のいい話」なのだが、国交省は勝算があると踏んだようだ。

東京都葛飾区の新小岩公園の現況。盛り土による高台の造成は、第1期に都道の蔵前橋通り側の区域、第2期にJR総武線側の区域の順で進める構想だった（写真:国土交通省）

東京都葛飾区の新小岩公園（写真:日経コンストラクション）

というのも、当時は東京五輪の開催やリニア中央新幹線の建設などに向けて、インフラ整備が各地で進んでおり、事業を進めている官公庁や高速道路会社、鉄道会社などは、トンネル工事などで大量に発生する残土の活用先に頭を痛めていたからだ。この話に乗ったのが、葛飾区だった。

すでに述べたように、葛飾区は東京都の東部低地帯に位置し、満潮時に海面以下の高さになる「ゼロメートル地帯」が広がる区の1つだ。そこでこの事業では、JR新小岩駅北口の新小岩公園を大規模な水害発生時の避難場所とするために、総面積の7割程度に当たる約3・7ヘクタールに、高さ約6メートルの盛り土をすることにした。

盛り土による高台の造成は、第1期に都道の蔵前橋通り側の区域、第2期にJR総武線側の区域の順で進める算段で、盛り土量は約16万立方メートル。事業期間は16年度から約10年と見込んでいた。しかし、国交省や葛飾区の思惑通りにはいかなかった。応募者がおらず、高速道路会社などに当たってみても色よい返事はもらえなかったようだ。

さらに、東京五輪関連の工事で発生する残土についてはスケジュールが合わず仕舞い。再公募を検討したものの課題が多いという結論に達し、全国初とぶち上げたプロジェクトは、あえなく頓挫した。葛飾区はその後、改めて整備の基本計画をつくり直し、都の事業との連係による高台造成を目指している。

民間の事業者を巻き込むのは、それほど簡単ではない。企業側に取り組むメリットはあるか、与えようとしているインセンティブは、真にニーズに見合ったものになっているか。過去の教訓をうまく生かしながら制度設計を進める必要がありそうだ。

COLUMN

国と都が進める「高台まちづくり」って何だ？

国と東京都の実務者による「災害に強い首都『東京』の形成に向けた連絡会議」では、葛飾区の構想と似たコンセプトで、東京の防災対策を進めようとしている。

建築物の上層階に避難スペースを確保し、公園のかさ上げや高規格堤防の整備で高台の拠点を確保。さらには、こうした高台の拠点を、浸水しない高さに設けた道路や通路で接続し、移動できるようにする――。

連絡会議ではこの構想を「高台まちづくり」と呼び、葛飾区など7区で実践に取り組む方針。葛飾区や江戸川区、板橋区などでモデル地区を設定した。例えば、再開発事業が進むJR小岩駅周辺では、6棟あるビルそれぞれをペデストリアンデッキでつなぐという。浸水してもこうした通路や建築物を介して安全を確保したり、浸水区域外に脱出したりできるようにするのは、大都市ならではの発想だ。

集合住宅などと堤防を通路（デッキ）で直結させた例は、実際にある。東日本大震災の津波で甚大な被害を受けた宮城県石巻市では、旧北上川河口に建設した災害公営住宅の2階から、堤防の天端にじかに出られるようにした。

旧北上川河口で河川堤防の整備と街づくりを一体的に進めた。写真左手の川沿いに立つ災害公営住宅の2階から堤防の天端にじかに出られる（写真:村上 昭浩）

広域避難は本当に可能なのか？

第5章では、浸水リスクのある場所で暮らすために必要な備え、特に水害対策のハード面について詳しく解説してきたが、「耐水都市」を目指すにはソフト面の対策も欠かせないことを、最後に述べておきたい。

東京の海抜ゼロメートル地帯で大規模な水害が発生した際のソフト対策の「切り札」が、被災していない自治体への広域避難だ。ただし、広域避難対策の検討がうまくいっているとはとうてい言いがたい状況だ。内閣府や東京都などが参加する「首都圏における大規模水害広域避難検討会」は21年6月17日、首都圏の大規模水害による広域避難の対象者を、従来から7割少ない約74万人に減らす方針を示した。

検討会はそれまで、東京都東部を流れる荒川や江戸川の氾濫で浸水被害を受ける恐れがある流域住民ら約255万人が、広域避難の対象になると想定。沿川の自治体などが遠方に用意する避難所に対象者を収容する方向で検討を進めてきた。

しかし19年10月に首都圏を襲った東日本台風では、荒川や江戸川から遠く離れた都西部の多摩地域のほか、千葉・埼玉両県も被災。とても他地域から避難者を受け入れる余裕はなかった。さらには、検討会の想定よりも早いタイミングで、都内の鉄道が計画運休を実施。避難に必要な移動手段や時間を十分に確保できない恐れがあると分かった。

そこでようやく検討会は、250万人超の住民が遠方へ避難するのは現実的ではないと結論づけた。それまでも、沿川の自治体からは「現実性に乏しい」という声が上がっていた。新たに算定した約74万人という規模でさえも、多過ぎるとみる向きはある。新型コロナウイルス感染症の広がりで、避難所の確保は以前よりも難しくなっている状況もある。

検討会も、広域避難の対象者をさらに減らす必要があると考えているようだ。住民が自ら親戚宅や知人宅、ホテルなど安全な避難先を確保するよう「強く推奨」する方針を示した。ただし、少し考えるだけでもこれには様々な課題がある。例えば、住民に移動の手段や経路を委ねると、河川の氾濫が差し迫った段階で大渋滞が起こる恐れもある。

避難先を巡っては、これまで沿川の自治体が施設の具体名を挙げるよう求めてきた。具体的な避難先が決まらないと、広域避難のシミュレーションなどができないからだ。しかし、検討会は具体的な避難先を示さなかった。「いきなり74万人を収容できる施設を確保できるわけではない。公表した施設が少ないと、避難者がそこに殺到する恐れがある」といった理由からだ。沿川の自治体には、関係者間で事前に協定を結ぶよう呼び掛けているが、実効性に乏しそうだ。

東京都葛飾区が提唱している「浸水対応型市街地構想」にしても、区民の25パーセント程度が広域避難することを前提として、緊急避難先を確保するとしている。建物の浸水対策のようなハード面の対策と、災害情報の提供や広域避難などのソフト対策、どちらかではなく両輪で進めなければ、十分な効果は得られないだろう。

いかにリアリティーを持った広域避難の計画をつくり、実行に移せるか。それができなければ、「耐水都市」の構想は画餅に帰しかねない。

「ここにいてはダメ」の真意

（写真：日経クロステック）

東京大学大学院情報学環
特任教授

片田敏孝

1960年生まれ。2005年群馬大学工学部建設工学科教授。17年から現職。防災教育に取り組んできた。東日本大震災で岩手県釜石市の多くの小中学生が津波から逃れた「釜石の奇跡」で知られる。東京都江戸川区の水害ハザードマップを監修した

INTERVIEW

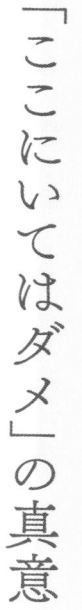

東京都江戸川区が2019年5月に公開したハザードマップでは、表紙の地図に「ここにいてはダメです」と記し、住民に域外への避難を促した。水害の危険性を直截的に訴えたこの表現は、インターネットなどで話題となる。ハザードマップを監修した東京大学大学院情報学環の片田敏孝特任教授は、「議論を巻き起こすことが目的だった」と明かす。

――住民に「ここにいてはダメです」と訴えたハザードマップが議論を呼んでいます。なぜ、これほど厳しい表現で危機を伝えたのでしょうか。

実は、「ここにいてはダメです」という言葉は当初、ハザードマップに書いていませんでした。この言葉を加えた理由は、水害リスクを包み隠さず公表しなければ、早期の広域避難が実現できないと考えたからです。

災害時に「役所が明確な避難指示を出さないから逃げない」という人は、目前に危機が迫った瞬間に役所のせいにして死ぬことに後悔はないのでしょうか。行政に依存する住民の意識を変えなければなりません。台風が来る数日前には一人ひとりが自主的な避難をしなければ助からない。近年の水害はそれほど広域化、激甚化しているのです。

江戸川区を含む江東5区では、洪水や高潮による水害（最大規模）でほとんどの地域が水没します。江東5区の人口の9割以上、250万人が浸水被害に遭うのです。浸水は長いところでは2週間以上続き、電気が使えない状況で数十万人が孤立する恐れがある。ですから、水害が発生する数日前から段階的に自主避難を促し、区域に残る人口をできる限り減らす。それが重要なのです。

「ここにいてはダメです」という言葉が議論を起こしたのだとしたら、ひとまずは成功でしょう。やっと一歩が踏み出せた。多くの住民がリスクを理解して、早期の自主避難を意識することが、マス・エバキュエーション（広域避難）のスタート地点となるのです。

——想定を超える災害に襲われる恐れがある場合、住民はどのように判断して自主避難をすればよいのでしょうか。

江東5区は16年に「広域避難推進協議会」を立ち上げ、大規模水害への対応策を検討してきました。18年には「江東5区大規模水害ハザードマップ」と「江東5区大規模水害広域避難計画」を発表しています。このなかで、大型台風や大雨の恐れがある場合に、江東5区共同で広域避難を呼びかける情報を発表する仕組みをつくりました。天気予報などで危険が迫っていると判断すれば、3日前には共同検討を開始します。2日前からは区外への避難を呼びかける。情報を包み隠さず公開することで、早期の自主的な避難を促すのです。

ハザードマップの作成に当たり、コンピューター上で広域避難のシミュレーションを行いました。危機が間近に迫ってから住民が一斉に避難しようとすると、橋などがボトルネックとなって大混雑が発生し、数十万人が区内から脱出できません。この状況で、高潮などで破堤して浸水が始まれば、数十万人は水に漬かった市街地に取り残される。ハザードマップ作成の過程で、「避難先も指定せず区から出て行けとは言えない」という意見もありました。だからといって、命を奪われるリスクがある地域に「とどまってもよい」ということにはなりません。

岩手県釜石市は津波の恐ろしさを学校で教育していたことで、東日本大震災の際に多くの命が救われました。同様に、教育と連携して学校教育に水害ハザードマップを導入すれば、自主避難を促す意識の醸成につながるでしょう。

——日本における広域避難の難しさは、どんな点にあるのでしょうか。

日本では災害が発生した際、住民が暮らす市町村内の学校や役場に逃げるというローカルな避難しか考えていません。災害時の対策が、自治体の首長の判断を基準としているからです。このため、自治体をまたいだ広域避難が難しい。こうした現状で、他の自治体から命からがら逃げてきた人を受け入れることはできるか。判断を自治体に任せる仕組みでは、広域避難の取り組みは十分に機能

◆ 東京都江戸川区の水害ハザードマップ

「ここにいてはダメです」と明記し、議論を呼んだ（資料:江戸川区の資料を基に日経クロステックが作成）

しません。

18年の西日本豪雨のように、水害は広域化しています。本来ならば国家的な危機管理をすべきで、私はずっとそれを訴えてきました。例えば、水害から逃げて高所に上る場合、緊急輸送道路となる高速道路は使用できるのか。その判断は自治体の首長の権限を超えています。誰がどのようにイニシアチブを取るかをはっきりさせなければなりません。

――広域避難の実行に際して、どのような課題があるのでしょうか。

自己責任の意識が高い米国では「シャドウ・エバキュエーション」という問題が発生しました。これは、避難地区外の住民が大移動することで渋滞が発生し、避難すべき住民が逃げ遅れる状況を指します。

◆ 自助・共助・公助で災害に立ち向かう

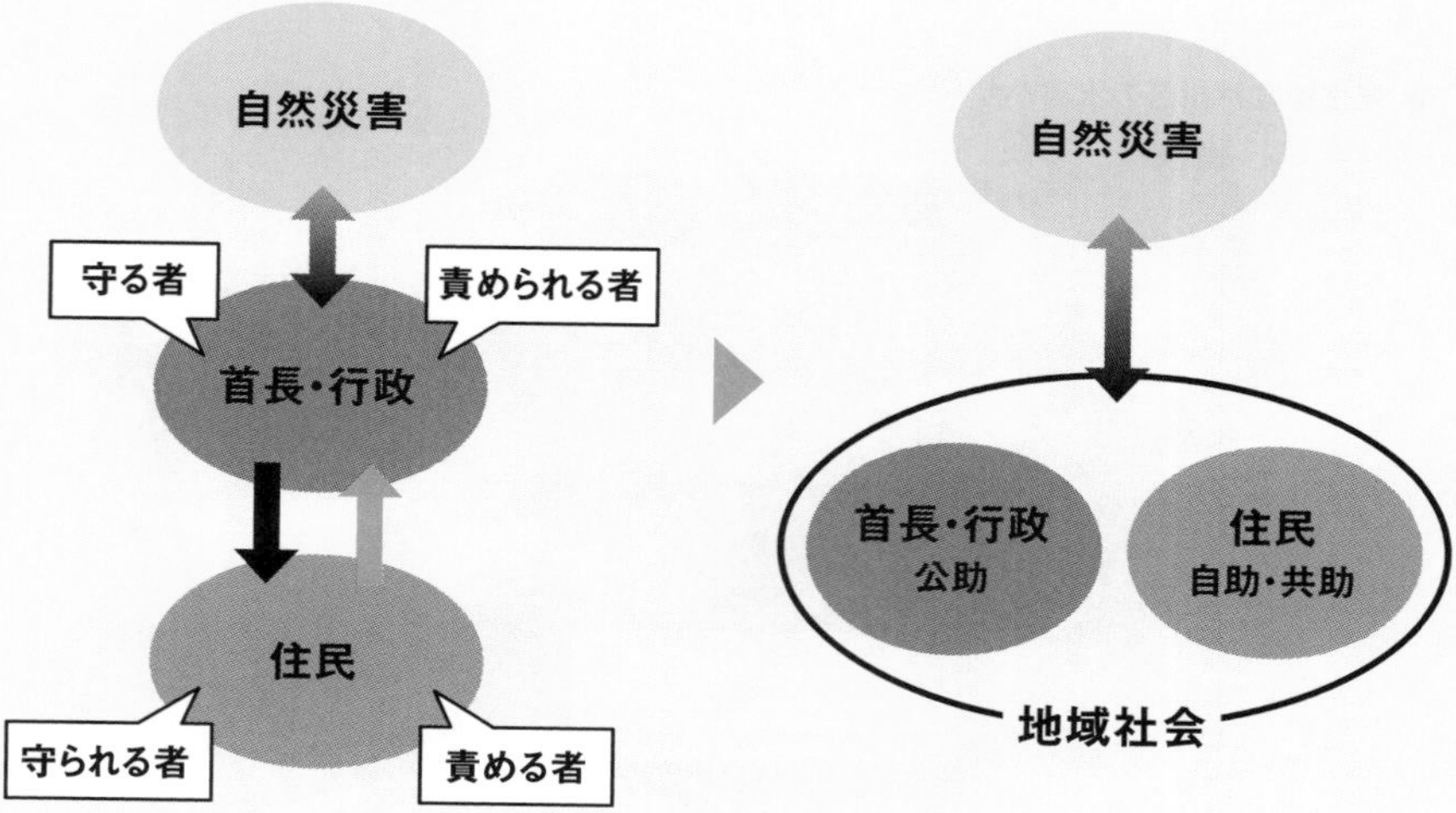

東京大学大学院の片田敏孝特任教授が考える「日本の防災の向かうべき方向性」。自助、共助、公助が一体となって自然災害に立ち向かう社会の構築が必要だと主張する（資料：片田敏孝）

17年8月に超大型ハリケーンがフロリダ州を襲った際、沿岸地域の住民に避難勧告が出されました。しかし、避難者数は避難勧告を受けた住民の2倍に膨らみ、多くが1000キロメートル先のアトランタを目指したそうです。その結果、ガソリンスタンドの備蓄が空になりました。シャドウ・エバキュエーションは日本ではまだ問題にならないでしょうが、考慮しておくべきかもしれません。

広域避難を最もスムーズに実行している事例は、キューバにあります。05年のハリケーン・カトリーナでは米国で1800人以上が亡くなりましたが、キューバでの死者はゼロでした。社会インフラが脆弱なキューバはどのように人的被害を抑えたのか。現地を調査した結果、官民の信頼関係が広域避難に欠かせないことが分かりました。

キューバは政府が災害リスクを国民に説明し、軍隊が出動して避難誘導しています。国営バスを使用して数百万人規模で避難するのです。避難には医師も加わり、ペットを飼う人のために獣医まで同行しました。ですから、国民も政府に協力して自主的な避難を進めます。キューバの政治体制が社会主義であるという側面が広域避難に影響しているともいえますが、これからの日本の災害対策にも、住民と行政の信頼関係は欠かせません。

第6章

防災テックに商機

様々な自然災害リスクにさらされる日本は、防災技術を磨くのに格好の舞台だ。

いかに被害を軽減し、被災者を救うことができるか。

防災テック（防災×テクノロジー）を活用した挑戦が始まっている。

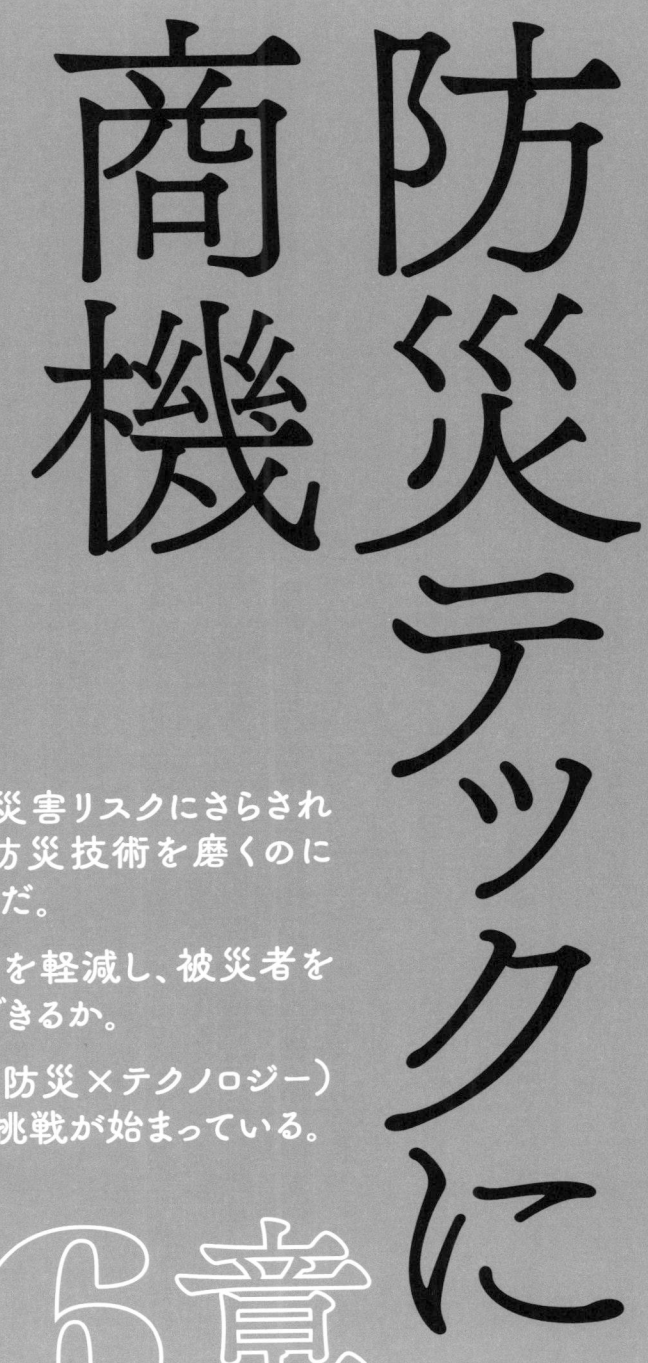

1 防災テックの萌芽、命と街はデータで守る

オープンデータで災害に迅速対応

２０２１年７月３日に静岡県熱海市伊豆山で発生した土石流（３９０ページ参照）。被災後の静岡県の素早い動きが、防災関係者のみならず、世間で話題となった。災害発生の翌日には、崩れた土砂が「盛り土」だったとする見解を発表したのだ。

迅速な対応を可能としたのは、県が以前から整備していた「オープンデータ」にある。現地の地形の３次元座標（点群データ）を利用して、崩落せずに残っている盛り土の量などを即座に推定。被害者の捜索や救助の際の２次災害の防止にも貢献した。

オープンデータとは、行政機関などが持っている大量の情報を、機械判読に適した形式で、誰もが２次利用できるようにして公開したデータのことだ。静岡県では、３次元空間に仮想の静岡県を構築するという「ＶＩＲＴＵＡＬ ＳＨＩＺＵＯＫＡ」構想の下、誰でも無償で扱える地形の点群データを以前から整備していた。

これらのデータは、ドローンや自動車などに搭載した３次元レーザースキャナーで、平時に取得しておいたもの。地形だけでなく、建物の位置や高さが分かる。コンピューター上で、好きな

方向・場所のデータを切り出したり、距離を計測したりもできる。熱海市を含む伊豆半島東海岸の点群データは、19年度に取得済みだった。盛り土の造成前のデータもあったため、その差分から土の量をすぐに推定できたのだ。

意外なことに、この作業を担ったのは静岡県や熱海市といった行政機関ではなかった。発災後に県の職員がSNS（交流サイト）を使って集めた専門家による即席の「静岡県点群サポートチーム」が主役となった。

このチームの発起人の1人である県交通基盤部建設政策課未来まちづくり室の杉本直也イノベーション推進班長は、「普段から交流のあった専門家たちに、声をかけていった」と明かす。最終的には、産官学から15人のメンバーが集まった。チームの解析によって分かった結果は、即座に一般公開していった。

また、災害後にドローンで撮影した高解像度の

◆ 被災後に一般公開されたバーチャル被災地

静岡県熱海市で2021年7月3日に発生した土石流の被災現場の3次元モデル。G空間情報センターで公開されている（資料:静岡県）

4K映像は、盛り土が崩れた跡を鮮明に観察できると好評だった。さらに、撮影した映像から3次元モデルを構築する「フォトグラメトリー」と呼ぶ技術によって、被災地をバーチャル空間上に再現。土石流の被災エリアを様々な角度から見たり、拡大・縮小したりできるようにして、被災状況の把握に役立てた。

「データをオープンにしているので、様々な人が、様々な解析をしてくれた。そういう面で時代が変わったと痛感している」。熱海土石流の対応で陣頭指揮に当たった難波喬司副知事は記者会見で、オープンデータの効用についてこう語っている。

防災テック、ドローンに続け

熱海土石流でのオープンデータ活用が象徴するように、災害の予報や予測、被害シミュレーションから、発災時の情報収集・発信、被害の確認、さらには復旧・復興の支援に至るまで、防災のあらゆる局面に、データや最新テクノロジーを活用しようという機運が高まっている。

本書の第4章、5章では、自然災害による被害をなるべく回避したり、あるいは災害に強い都市をつくったりするための制度や仕組みのほか、浸水対策の事例や避難の考え方といったハード・ソフト対策について紹介した。防災テック（防災×テクノロジー）は、こうした取り組みを強力に後押ししてくれる可能性がある。

数ある防災テックのうち、この数年で一気に存在感を増したのが、熱海土石流でも使われたドローンだろう。筆者の調べでは大規模災害でドローンが大々的に活躍した最初の事例が、15年9月の関東・東北豪雨だった（376ページ参照）。

鬼怒川の決壊によって茨城県常総市の市街地が浸水した関東・東北豪雨では、当時、普及が始まったばかりのドローンを国土地理院が現場に投入。決壊した堤防から堤内（市街地）に向かって濁流が流れ込む様子を、近距離から克明に映し出すことに成功した。まだ水の引いていない常総市を取材に訪れた筆者は、上空を飛び交うドローンを見て、アナログだった災害対応が、新たなフェーズに突入したのを実感したものだ。

今では災害の現場になくてはならない存在になったドローンに続けと、AI（人工知能）やIoT（モノのインターネット）、人工衛星などを活用した防災テックが日々、生まれている。

市場調査を手掛けるシード・プランニング（東京・文京）は、19年に約718億円だった防災情報システム・サービス市場が、25年には約1162億円まで成長すると予測する。防災ビジネス全体の市場規模は国内で数兆円とされ、今後も成長が見込めるホットな分野となっている。民間企業のノウハウや活力を防災分野に呼び込み、社会全体で活用していくことは、自然災害の激甚化が予想される気候変動の世紀にあって、より重要性を増していくに違いない。

ただし、民間企業同士のビジネスや、一般消費者向けのビジネスとは異なり、画期的な技術やサービスだからといってすぐに普及するとは限らないのが、国や自治体などが顧客となる防災テックの難しいところだ。行政側には人材や予算の不足といった課題があるし、企業側も公共分野に求められる高い透明性や信頼性などの条件を理解して、取り組む必要がある。

防災テックを社会に実装していくうえで、災害対応の当事者である行政と、革新的なテクノロジーを持つ企業の間をうまく取り持つような仕掛けが重要だと考えられる。

例えば内閣府では、20年2月に「防災×テクノロジー」タスクフォースを設置。防災テックを活用するための施策を検討し、人工衛星による被災状況の把握や、罹災証明のような被災者支援制度手続きのデジタル化、といったテクノロジー活用の将来像を提示した。

さらに、それらに対応して7つの具体的な施策を示している。このうちの1つが、21年度に設立した「防災×テクノロジー官民連携プラットフォーム」。企業と自治体のマッチング支援や、モデル自治体での実証実験を後押しする。こうした枠組みを活用して、官民が立場を超えてニーズとシーズを持ち寄り、さらにはそれを別の自治体などと共有することで、先進的なテクノロジーをいち早く社会に行き渡らせようというわけだ。

数千万カ所に「ワンコイン浸水センサ」

一般にはほとんど知られていないものの、官民の協働によって急ピッチで開発・量産が進められ、順調に普及が進んだ防災テックの好例が、国土交通省の旗振りで実現した「危機管理型水位計」だろう。従来の水位計との最大の違いは、洪水時の水位の計測に特化し、コストを大幅に抑えた点にある。

従来型の水位計は、1台の設置に数千万円かかる場合もあったため、都道府県が管理するよう

◆ 内閣府が省庁横断で技術活用策をまとめる

災害対応におけるテクノロジー活用の将来像		施策
災害リスク・避難情報の提供	AIを活用した防災チャットボットにより、スマートフォンを通じて、一人ひとりの状況を考慮して適切な避難行動を促す情報を提供するほか、住民などから現地の災害情報を収集	「防災×テクノロジー官民連携プラットフォーム」を設置し、自治体などのニーズと先進技術(AIを活用した防災チャットボットなど)とのマッチング支援や活用事例、オープンデータ化(災害リスク情報など)にも配慮した推奨データ形式などの横展開
被害状況の把握	衛星により広域的な被災画像を迅速に収集・共有	SIP(戦略的イノベーション創造プログラム)第2期で技術開発・実証実験、導入ガイドライン作成、SIP4D(府省庁連携防災情報共有システム)との連携推進
被災者支援制度のデジタル化	各種の被災者支援制度を簡易に検索できるデータベースの構築	各行政機関が提供する被災者生活再建支援制度(個人向け)データベースの構築
被災者支援制度のデジタル化	各種被災者支援制度(罹災証明書、被災者台帳など)の手続きのデジタル化	「防災×テクノロジー官民連携プラットフォーム」でモデル自治体を選定し、各種被災者支援制度の手続きをデジタル化(共同利用可能なクラウドの活用によるシステム化など)した効果・課題を実証。効果的な活用事例を創出し、望ましいシステムの在り方を検討
共助による避難施設の確保など	シェアリングエコノミー活用による被災者への避難場所や食料など災害支援サービスの提供	モデル防災協定の検討と周知
通信の冗長化	準天頂衛星の通信機能を活用した安否確認や緊急情報の発信	準天頂衛星の効果的な活用事例や利用方法などの周知
通信の冗長化	基地局を搭載して高高度を飛ぶ無人航空機(HAPS)による通信ネットワークの提供	実現に向けた安定的な通信などの技術開発

内閣府が「防災×テクノロジー」タスクフォースで取りまとめた施策。2021年度に「防災×テクノロジー官民連携プラットフォーム」を立ち上げ、自治体の新技術導入を後押しする(資料:内閣府の資料を基に日経コンストラクションが作成)

な中小河川では設置が進んでいなかった。

しかし、17年の九州北部豪雨（380ページ参照）などで中小河川の氾濫による浸水被害が相次いだことから、同省は機能を絞った小型の水位計の開発に着手。1台の価格が100万円以下で、給電せずに5年以上稼働するといった条件を示し、多くの民間企業の参画を得て一気に開発と普及を進めている（設置箇所は全国で約7000カ所、21年4月時点）。危機管理型水位計が普及すれば、きめ細かな水位情報を住民に提供し、避難などに活用できるようになる。

国交省は21年9月、新たに興味深い試みを始めた。河川内だけでなく、周辺地域の浸水状況をリアルタイムに把握できる「ワンコイン浸水センサ」の開発がそれだ。その名の通り、形状も価格もワンコイン（500円硬貨）ほどのセンサーを指す。

小型で10年程度の長寿命、しかも低コストなセンサーを無数に設置しておき、店舗や工場などの浸水被害を素早く察知したり、住宅や車両などの被害状況を把握して保険金の支払いを迅速にしたりと、様々な活用方法が見込める。河川の流域全体で治水に取り組む「流域治水」を進めるための、新たな防災テックといえるだろう。同省はセンサーの設置を希望する企業や自治体と、センサーを供給するメーカーなどを募集。仕様を決めて22年から実証実験を進め、最終的には数千万カ所にセンサーを設置していく考えだ。

危機管理型水位計やワンコイン浸水センサは、社会を舞台とした壮大なIoT事業だ。こうしたスケールの大きさは、他に類を見ない。防災テックで社会課題を解決し、ビジネスチャンスをものにしようと考える野心的な企業にとっては、極めて魅力的であるに違いない。

COLUMN

予測技術も進化中、東京23区の浸水被害をリアルタイムに

早稲田大学と東京大学、リモート・センシング技術センターが共同で開発したのは、豪雨による東京23区内の浸水被害をほぼリアルタイムに予測するシステム「S-uiPS（スイプス）」だ。20分後までの浸水範囲や深さを地図上に色分けして示し、時系列で見られるようにする。浸水深を誤差5センチメートルで予測する精度の高さも売りだ。

都市部では、豪雨で駅前の地下空間などが水没するリスクがある。被害を最小限にするには、施設管理者が適切なタイミングで入り口に止水板を設置するなどの対策を講じなくてはならない。しかし、災害時に状況を正確に把握するのは容易ではなかった。

スイプスの核となるのが、早稲田大学理工学術院の関根正人教授が開発した予測手法だ。コンピューター上に東京23区内における雨水の流れを忠実に再現し、力学原理に基づいて浸水を正確に予測するというもの。従来は、厳密性を犠牲にした簡便な予測手法しかなかった。

システムに組み込んだのは、土地利用状況や建物に関するデータ（建ぺい率、容積率）、道路、下水道、地下空間、都市河川といった雨水の流れに関係する施設の詳細な情報だ。降雨データを入力すると、道路に設置してある雨水升や、ポンプ場など下水関連施設の処理能力を基に、道路や下水管を流れる雨水の量を計算する。こうした構造物の情報は国や都から入手した。スイプスは、都市インフラの情報をまとめた詳細なデータベースさえ構築できれば、東京23区以外の都市にも適用できる。

2 宇宙の目「人工衛星」で被害を把握

夜間でも浸水域を推定

大規模な災害が発生すると、自治体や鉄道会社、高速道路会社などは、なるべく早く被害の全体像をつかみ、復旧に向けた行動を起こさなければならない。

しかし、2018年の西日本豪雨や19年の東日本台風のように、近年増えている大規模な広域災害では、被害状況の把握は容易ではない。また、夜間や雲の多い悪天候時などは人手による調査に限界があるため、被災した箇所の様子をすぐに確認できないことも多い。

こうした課題に対応し、浸水エリアや土砂災害の発生箇所を被災後すぐに把握できる技術として注目を集めているのが、人工衛星だ。人工衛星で大まかに被害の全体像を把握して調査箇所を絞り込んだり、調査ルートを検討したりして、詳細な調査はドローンなどで、といった使い方も考えられる。ここでは、防災テックの1つとして近年注目を集める人工衛星について、その特長や最新の取り組みを探ってみよう。

そもそも人工衛星は、赤道上空で地球の自転と同じ速さで周回する「静止軌道」を飛行するものと、地球を南北に周回する「地球周回軌道」を飛行するものに大別できる。宇宙航空研究開発機構（ＪＡＸＡ）によると、防災で主に利用されるのは地球周回軌道を飛行する地球観測衛星だ。

大規模な土砂災害が相次いだ11年9月の紀伊半島大水害では、未確認の河道閉塞（天然ダム）を人工衛星で早期発見することに成功。住民の避難などにつながったことで、その有効性が認知された。その後、国土交通省とＪＡＸＡが18年3月に作成した「災害時の人工衛星活用ガイドブック」では、人工衛星で撮影した画像から、水害や土砂災害の被害規模などを把握する際のポイントや、災害後の初動での活用方法をまとめて紹介している。

「水害版」と「土砂災害版」の2種類から成るこのガイドブックでは、地球観測衛星に搭載している光学センサーと合成開口レーダー（ＳＡＲ）のうち、ＳＡＲで観測したデータの判読方法などを詳しく記した。

光学センサーは自然の放射光や反射光を観測するので、得られる画像にはデジタルカメラで撮影した写真のように地形や河川、海の様子などがくっきりと映り、誰でも直感的に判読できる。半面、雲があるとその下は撮影できないし、夜間は観測が不可能というデメリットがある。一方、電波（マイクロ波）を地表に照射して反射波を観測するＳＡＲには、昼夜・天候を問わず広範囲の被害状況を把握できるメリットがある。このため、被災後の調査に向いている。

ＳＡＲ画像からは、50メートル四方以上の大きさの浸水域を推定できる。推定の手法には、被災後に観測した反射波の強度を白黒で画像化し、黒い部分を浸水域と見なす「一時期単偏波観測」のほか、被災前の画像に赤色、被災後の画像に青・緑色を割り当てて画像を合成し、合成画像のうち赤色の箇所を浸水域と見なす「二時期カラー合成」などがある。

いずれも大まかな浸水域を素早く把握するのに適しているが、田植え時期の水田を浸水域と誤って判定する恐れがあるなど、留意点もある。

土砂災害でも同様に、二時期カラー合成解析で大規模な崩壊箇所や天然ダムの発生箇所などを把握し、防災ヘリで詳細調査するルートを絞り込む、といった活用方法が考えられる。推定精度は、土砂の移動面積が大きいほど高くなる。ガイドブックでは、面積1万平方メートル以上かつ幅40メートル以上、または長さ100メートル以上の土砂崩壊地の抽出を想定しており、面積1000平方メートル未満の場合は抽出が困難だと説明している。

国交省は17年5月にJAXAと協定を結び、ワーキンググループを設置して衛星観測データの活用方法などを検討してきた。ガイドブックは、活動の成果の1つ。同省はガイドブックを用いて、防災担当職員による衛星画像の活用を促している。

自治体向け衛星サービスを商用化

人工衛星の防災利用については、すでに商用化をした民間企業グループもある。

衛星通信事業者のスカパーJSAT（東京・港）と地図大手のゼンリン、大手建設コンサルタント会社の日本工営は21年4月、人工衛星を活用した「衛星防災情報サービス」を始めた。

このサービスは、人工衛星で取得したデータを使って、水害や土砂災害などの発生時に被害状況を迅速に把握し、救難や復旧に役立ててもらうというもの。浸水や土砂災害の範囲、規模など

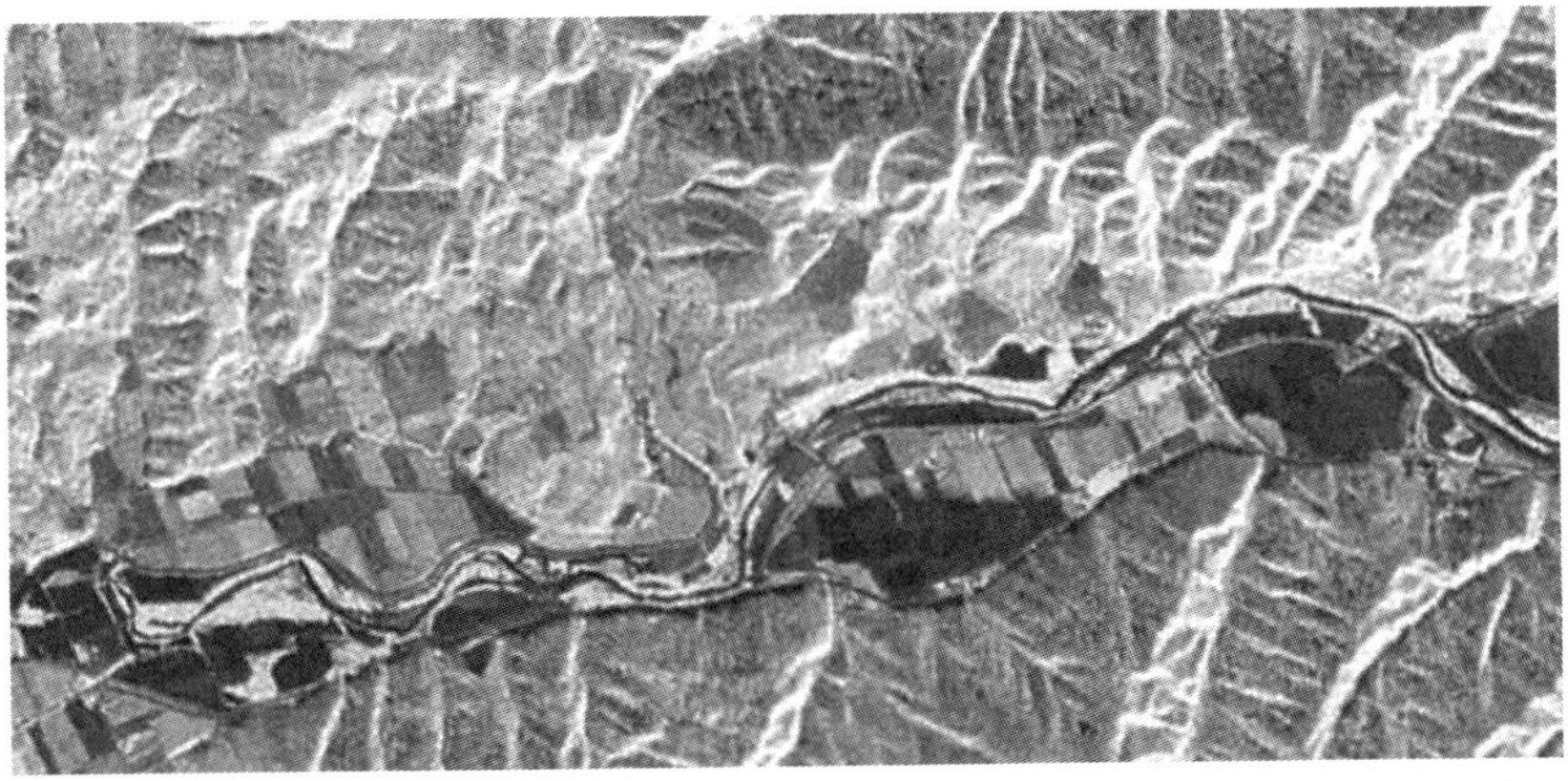

SAR画像を用いて2016年の北海道豪雨災害（378ページ参照）における浸水域を推定した結果（黒っぽい箇所）。おおむね適切に判読できた（資料:国土交通省）

地球観測衛星「だいち2号」のCGイメージ。合成開口レーダーを搭載し、夜間や悪天候時でも地上を観測できる能力を持つ（資料: 宇宙航空研究開発機構）

を自動で算出し、自治体の職員などが自ら結果をブラウザー上で閲覧できるようにした。

個別建物レベルで状況の把握ができる点で、国内初のサービスだという。スカパーJSATの衛星データ、ゼンリンの地図データ、日本工営のインフラに関する知見を組み合わせた。

光学センサーとSARによる画像を用いて、広域かつ同時に多発する土砂災害や浸水被害を迅速に把握する。タイミングやエリアによっては適切なSAR画像を得られないので、光学センサーの画像で補う。

平時には、地表面をモニタリングする。日本工営が地滑りや土砂崩れなどのリスクを判定し、災害の予兆を可視化。地震や工事などで変動した地盤も把握できる。危険が生じた場合はアラートで知らせる。

今後も観測精度の向上を目指し、それぞれの観測方法の欠点を補う技術開発を続ける。一例が、光学センサーの画像に国土地理院のDEM（数値標高モデル）データを組み合わせ、ある地点の浸水状況から雲に隠れた別の地点の様

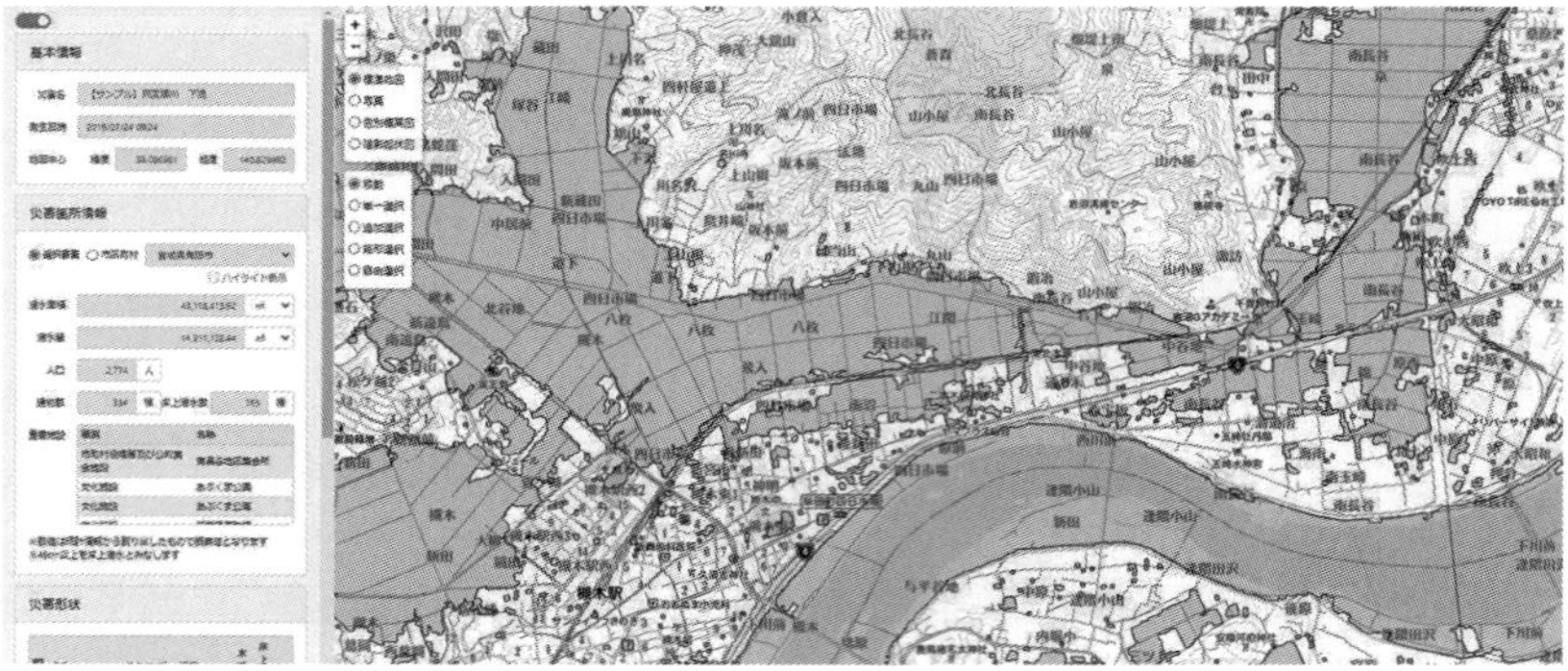

「衛星防災情報サービス」の画面イメージ。サービス利用者自らがブラウザー上で浸水などの被害状況を確認できる
（資料：スカパーJSAT、ゼンリン、日本工営）

子を推定する技術。観測できる空間や時間の密度を高めることは、さらなる精度向上に不可欠だ。

この種の新技術・サービスが自治体に広く採用されるようになるには時間がかかる。「当初は試用期間を設けて、まずは自治体にサービスの効果を実感してもらうことを検討している」と日本工営河川水資源事業部の陰山建太郎副事業部長は話す。

さらに同社やスカパーＪＳＡＴは、三菱電機のほか、航空測量大手のパスコやアジア航測、衛星による観測データの解析などを担うリモート・センシング技術センター（東京・港）と共同で、衛星観測からデータ解析、被災情報の提供までをワンストップで提供する新会社「衛星データサービス企画」を21年6月に設立した。

日本工営コンサルティング事業統括本部営業戦略室の大橋伸之室長代理は、「衛星データ活用の市場拡大が新会社の一番のミッションだ」と意気込む。

土砂災害の予兆を捉える

自治体が自ら、衛星の活用に取り組むケースもある。神奈川県逗子市で女子高生が亡くなった土砂災害（１４４ページ参照）を受け、同市ではがけ地などの危険を予測する取り組みを21年度に始めた。民間企業などと実証実験や研究開発を進めて、本格運用などを検討する。

もともと市道沿いの斜面は定期的に点検、管理していた逗子市だが、災害が起こるまで民地については対象外だった。現在は1年に1度、土砂災害警戒区域と市道が重なる部分については、民地でも目視点検を実施している。

ただし、市道に面する民地のがけは膨大にある。また目視では取りこぼしもあるかもしれない。そこで、人工衛星のＳＡＲ画像を用いた地盤変動解析サービスを展開しているエダフォス（Edafos、東京・豊島）と共同で、研究開発を進めている。

ＳＡＲ画像はもともと、砂漠の不審な建造物を発見したり、海上で違法船を監視したりするのに使われていた技術だ。それを地上の変動予測に使う。直近に撮影した画像と、それ以前に撮影した画像の位相の差分を取ることで、変動を確認する仕組みだ。

エダフォスは、「費用を抑えたい」という市の要望を汲んで、無償で使える欧州宇宙機関の人工衛星が取得したデータで解析を進めた。欧州の人工衛星は12日周期でデータを押さえられる。ただし、欧州の衛星に搭載しているＳＡＲセンサーの観測周波数はＣバンドといって、「木の枝や葉っぱなどが支障となり、地面に届かない恐れがある」（同社の大木裕子代表取締役）。そこで解析方法などを工夫し、樹木がある場所でも問題なくデータを取れるようにした。

興味深い情報も得られている。過去に土砂災害があった場所について、データを振り返ったときのこと。土砂災害の発生前から、地盤が変動していたことが分かったのだ。「1年間で平均して最大2センチメートル弱、変動していた」（大木代表取締役）

土砂災害は一般的に豪雨や地震など、何らかの直接的な引き金（誘因）をきっかけに起こるものだ。しかし、そもそも不安定で、目に見えない速度でじわじわと変動している場所も少なくないといわれる。ＳＡＲ画像を使えば、時系列で変動の傾向が読み取れるので、少しでも予兆がある地盤があれば、付近の道路を事前に通行止めにすることなども可能になる。

「現在はSARの黎明（れいめい）期。使用者が少ないため、解析などにコストがかかる。しかし、遠くない将来、SARが当たり前に使えるようになる。そうなれば、自治体でも手が出せる値段になるのではないか」。大木代表取締役はこう期待を寄せる。

保険金支払いを高速化

人工衛星の可能性に目を向けるのは、行政ばかりではない。東京海上日動火災保険は20年12月、SAR衛星を保有・運用しているフィンランドのスタートアップ企業アイサイ（ICEYE）や三菱電機などと協業し、保険金支払いの高速化を目指している。

具体的にはどのようなことに取り組んでいるのか。災害が発生すると、損害保険会社は被害規模を把握し、規模に合わせた適切な人員を現地に派遣しなければならない。物件の被災状況を調べる「立ち会い調査」の人員が不足していると、顧客に待ち時間が発生してしまうからだ。

問題は、発災直後の被害規模の把握だった。天候が悪く航空機を飛ばせないことも多く、ドローンでは全容をつかみづらい。そこで東京海上日動火災保険が目をつけたのがSAR画像。夜間や雲が多い天候でも浸水範囲などを推定できるのは、すでに説明した通りだ。同社は18年から人工衛星を活用した保険金支払いの高度化に取り組んできたが、西日本豪雨のような広域災害に対応するため、複数社と協業して体制を整えた。

協業先のアイサイは14基もの衛星を運用している。日本上空だと、1日当たり最大4回も同じ箇所を撮影できる。同社の渡部浩平ストラテジック・アカウント・マネジャーは「ソフトウエアの更新で、打ち上げた衛星の撮影能力を高めることもできる」と説明する。

さらに25年までには36基体制にする予定だ。撮影の頻度を高められるほか、精度の向上も期待できる。東京海上日動火災保険損害サービス業務部の石原政樹担当課長は、「被災前後で撮影条件を同じにして各画像の差分を取れば、推定の精度が高まる」と期待する。

実際の水害でも、すでに衛星の有用性は確認できている。アイサイが推定した浸水エリアと、東京海上日動火災保険が持っている契約者の位置情報を突き合わせ、保険の対象となる建物の件数を、撮影から24時間以内にはじき出せる。

福岡県や佐賀県などに浸水被害をもたらした21年8月の大雨では、発災翌日の正午に解析結果が得られている。解析対象としたのは、佐賀県武雄市から福岡県久留米市にかけての480平方キロメートル。このエリアには、保険の対象となっている建物が約3万件あった。アイサイの渡部マネジャーは「解析の自動化によって、さらなる高速化の余地がある」と話す。

SAR画像を活用すれば、浸水範囲に加えて、浸水深も数センチメートル単位で把握できる。この特長を生かして東京海上日動火災保険が取り組んでいるのが、立ち会い調査の省略だ。

水害の場合、浸水深が地盤面から45センチメートル超であれば、保険会社に支払い義務が発生する。事業者向けの保険では、立ち会い調査でこのことを確認したうえで、顧客に修理見積もりを取ってもらい、実損払いという流れになることが多い。

問題は、立ち会い調査の実施までに通常だと1週間、長ければ2週間以上の期間を要する点だ。支払い義務の有無を判断するのにSAR画像を使えば、この期間を数日間に短縮できる。

浸水深の推定精度がより高まれば、一般住宅向けの保険でも支払いを高速化できる可能性がある。

住宅の場合、浸水深を算定基準に当てはめて保険金を支払う仕組みを採用している。東京海上日動火災保険の石原担当課長は、「将来的にSAR画像による推定結果に基づいて即座に保険金を支払うことができないか、研究を続けている。このようにテクノロジーを進化させるとともに、我々の運用体制も含めて変えていかなければならない」と意気込む。

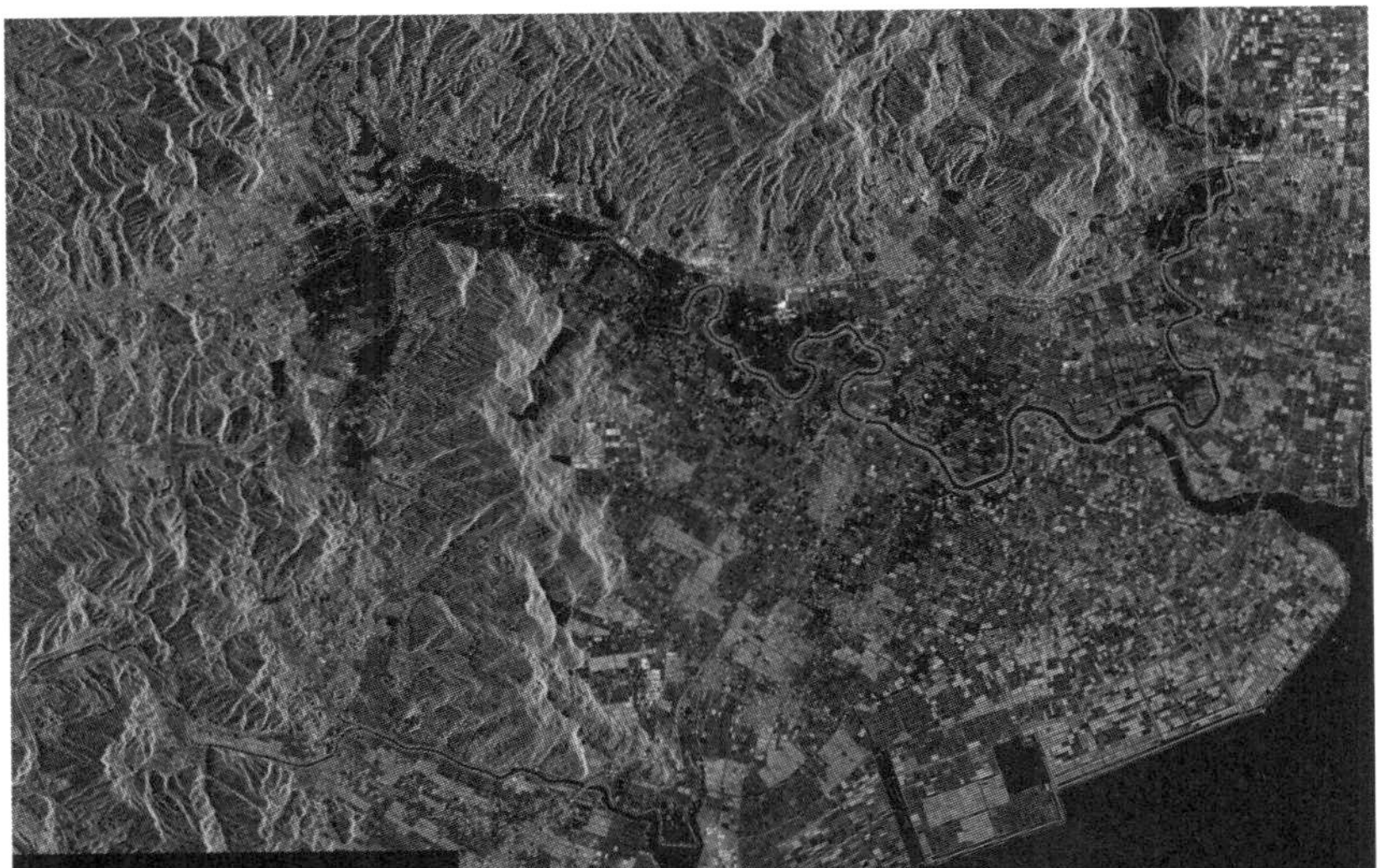

2021年8月の大雨で浸水した佐賀県武雄市やその周辺のSAR画像。黒い部分が水。被災当日の8月14日夜に撮影（資料:ICEYE）

3 台頭するスタートアップ企業、日本は格好の舞台

ＡＩなどのテクノロジーを武器に、新たな市場の開拓に挑むスタートアップ企業。防災に目を向けるケースも増えてきた。第６章の最後に、従来にない発想や技術で災害対策をスマート化する防災テック系スタートアップ企業３社の挑戦を追った。

災害大国ニッポンでソリューションを磨く ▼ワン・コンサーン

２０２０年1月、防災関連のＳａａＳ（Software as a Service の略、クラウドでソフトウエアを提供するサービス形態）を展開する米シリコンバレー発のスタートアップ企業、ワン・コンサーン（One Concern）が、日本法人を設立して事業を開始した。

ワン・コンサーンは、スタンフォード大学で地震工学を学んでいたアマッド・ワニＣＥＯ（最高経営責任者）が、２人の共同創業者と15年に設立した注目のスタートアップ企業。自然災害によって人や企業が被る損害の最小化をミッションに掲げる。これまでに、ベンチャーキャピタルなどから１２０億円以上の資金を調達した。

同氏が出身地のインド・カシミール地方で14年に発生した大洪水に巻き込まれ、自宅に1週間

も閉じ込められる経験をしたのが起業のきっかけ。AIを活用して自然災害の被害を予測する研究がビジネスになるのでは、と考えた。自然災害の多い日本を最重要市場の1つと位置付け、設立間もない企業ながら本格進出を決めた経緯がある。

ワン・コンサーンが注力しているのが、主に自治体の災害対応を支援するために、洪水の被害を発災直前に予測したり、地震による被害を直後に推定したりするシステムの開発だ。19年以降、損害保険ジャパンやウェザーニューズと共同で、熊本市を舞台に実証を進めてきた。

例えば洪水の被害予測システムは、3日先までの予測ができるようにしている。信頼性の高い予測データが手に入れば、事前に土のうを積むなどの対策を講じる、あるいは住民の避難などに活用できる可能性もある。

予測の流れはこうだ。まず、ウェザーニューズから、どの地域にどのくらいの降雨があるかといった72時間先までの気象予報データを受け取る。これをシステムに入力すると、河川の氾濫や内水氾濫、高潮による氾濫が、時系列でどのように広がっていくか、越水がいつどこで発生するかといった内容を予測する。

ワン・コンサーンで洪水・地震エンジニアリンググリードを務める堺淳一氏は「物理現象を数式でモデリングした物理モデルを基本とし、(AIの一種である)機械学習で足りない部分を補うようなイメージだ」と説明する。

地形や土地の利用状況、堤防の高さなど、予測に必要な現実世界の情報をできるだけ詳細にモデルに取り込み、データが存在しない、あるいは入手できないような箇所については機械学習でデータを補間するのだという。「地域を限定すれば詳細なモデルをつくり込みやすいが、それを全国規模で展開するのはかなり難しい。そこで、我々のユニークな技術が役立つ」（堺氏）

熊本市では20年7月にシステムが稼働を始めているが、幸いにもこれまでに市内で洪水が発生するような雨は降っていない。今後、実際に浸水被害が出るような事態が発生した際に、システムの精度が試されることになる。

もう1つ、同社が「レジリエンスプランニング」と呼んで開発に力を入れているのが、リスクの事前評価サービス。対象エリアにどんなリスクが存在し、どのような被害が発生し得るかを可視化し、企業に提供。建物に浸水対策を講じるか、あるいは保険でリスクを移転するか、ビジネスへの影響を最小化するための対策の検討に使ってもらう。こちらは米国で22年初にもリリースする予定だ。

ワン・コンサーン日本法人の秋元比斗志代表取締役社長は、「建物だけでなく、電力や道路、港湾といった周辺のビジネスインフラも含めてリスクを評価できるのがレジリエンスプランニングの特長だ」と説明する。

民間企業に対して、自社が抱える気候変動リスクの開示を求める動きは、日本を含む先進国で加速している。企業にとって気候変動の物理的リスクの影響、例えば洪水や高潮などによる工場の操業停止、サプライチェーンの寸断などが経営にもたらす影響は、これまで以上に重視すべき項目となっている。秋元社長は「我々はビジネスを通じて、企業の取り組みを支援していきたい」と意気込む。

中央が米ワン・コンサーンのアマッド・ワニCEO（写真:日経クロステック）

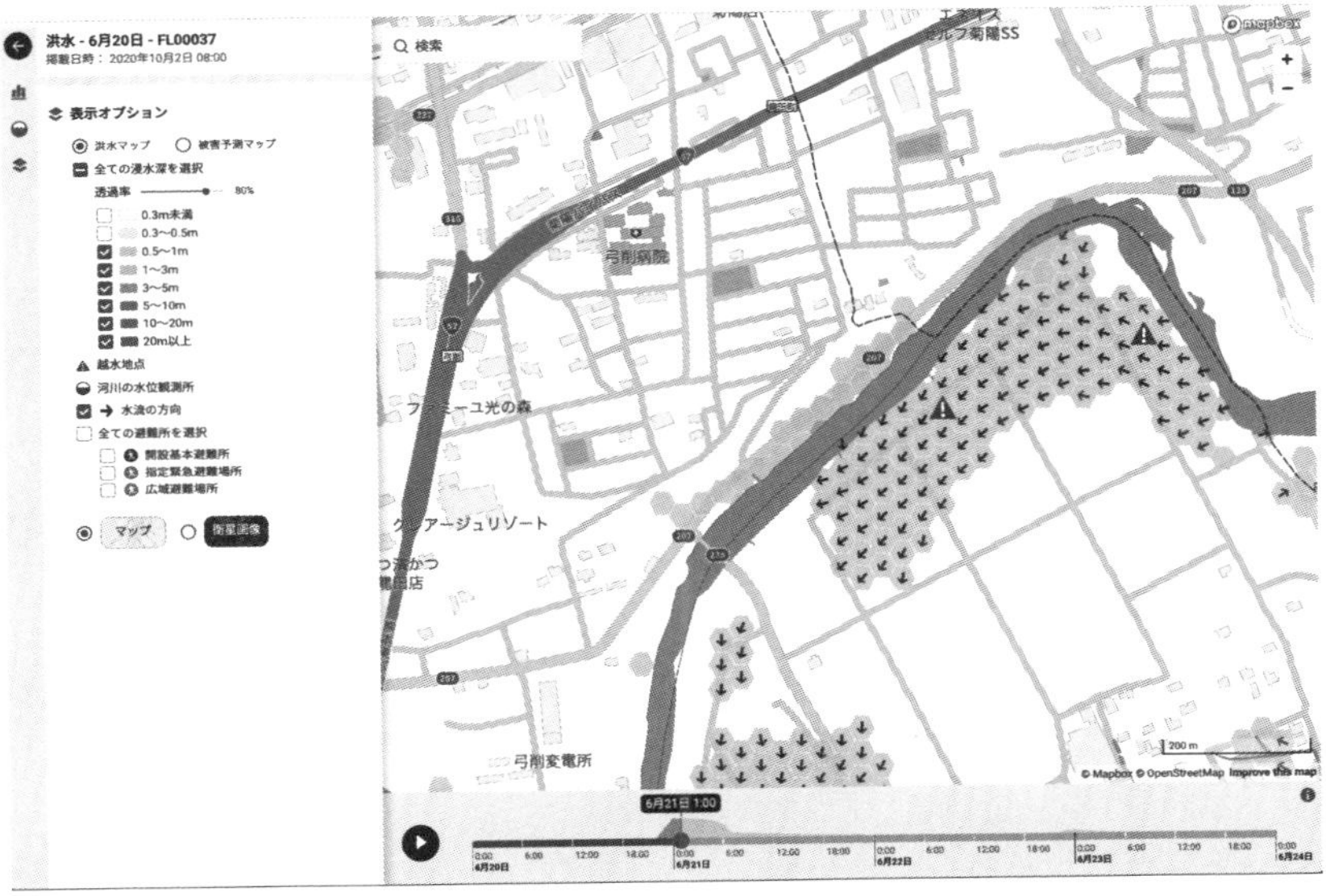

熊本市の協力を得て開発している洪水予測システム。画像はイメージで、実際の予測データを示したものではない（資料:ワン・コンサーン）

ＳＮＳへの投稿から浸水被害をすぐ再現▼スペクティ

防災テックを手掛けるのは国外発の企業ばかりではない。日本のスタートアップ企業も、高い技術力と独自の発想で様々なソリューションを世に送り出している。

ツイッターやフェイスブックのようなＳＮＳ（交流サイト）に投稿された情報をＡＩで分析し、災害の発生を検知するサービスを展開しているスペクティ（Spectee、東京・千代田）も、そんな気鋭の防災テック企業だ。同社は21年5月17日、水害発生時の浸水範囲や浸水深を３次元地図上でリアルタイムに再現する技術を開発したと発表した。被害状況を即座に、分かりやすく可視化することで、自治体の災害対応を支援する。

スペクティのＡＩは、ＳＮＳに投稿された画像1枚からでも、浸水範囲や浸水深を正確に可視化できるのが特徴だ。1枚目の画像が投稿されてから被害推定図を出力するまでにかかる時間は10分程度で、撮影地点から約10キロメートル四方の被害状況を推定できる。

同社の村上建治郎ＣＥＯは、「これまでは被害が落ち着いて現地調査などをしてから浸水推定図を作製するなど、被害状況の把握に時間がかかっていた。当社が開発した技術は浸水範囲や浸水深をリアルタイムに把握できるので、どこに避難すればいいかがすぐに分かり、被害を抑えるのに役立つ」と自信を見せる。

スペクティが開発したＡＩは2つ。1つ目は、ＳＮＳに投稿されたテキストや画像から位置を特定するものだ。まず、投稿された文字データやキーワードなどを解析し、大まかに位置の目星をつける。その後、投稿された画像に写っている建物や看板、道路標識といった情報を抽出して、詳細な場所を特定する。

2つ目のAIは、1つ目のAIが特定した場所について、浸水範囲や浸水深を推定するもの。気象庁の降雨量や国土地理院の地形データ、過去の被害状況から「浸水範囲」を、画像に写る建物情報から「浸水深」を推定して、被害状況を反映した3次元地図を生成する。

同社AI研究所の所長を務める岩井清彦CDO（最高デジタル責任者）は、「1枚の画像でも被害状況が分かる3次元地図を作成し、その後、画像が追加投稿されれば、その画像情報を基に地図を自動で更新する」と説明する。

同社は20年7月の熊本豪雨（令和2年7月豪雨、388ページ参照）で氾濫した球磨川の周辺をモデルケースに、推定の精度を検証した。その結果、1枚の画像を基にAIが出力した3次元地図は、国土

令和2年7月豪雨の際の球磨川周辺のリアルタイム浸水推定図（資料：スペクティ）

地理院が作製した同地域の浸水推定図と大きな誤差がないことを確認できた。

同社は今後、静止画だけでなく動画を基に被害状況を推定し、可視化する技術の開発に取り組む。「自治体などと協力して、河川の水量を監視するカメラや街なかに設置されている定点カメラの動画から被害状況を推定できるようにしたい。さらに、溢水や越水、堤防の決壊などの動画を基に、数分後の被害状況を予測できる技術を目指す」と岩井CDOは意気込む。

1センチ単位の浸水予測を数時間で▼アリスマー

AI技術を活用することで、浸水被害の予測が従来よりも格段に速くなることを、スペクティのソリューションは示している。人命を守るのに役立つのはもちろん、被災状況の把握に使えば、罹災証明の発行や保険金支払いの迅速化にもつながるなど、メリットは極めて大きい。

そんなAIとドローンを組み合わせ、集中豪雨や津波などによる浸水被害を短時間で予測する技術の導入を、東日本大震災の津波を経験した福島県広野町が進めている。住宅の浸水対策や避難経路の確保などに活用するのが狙いだ。

広野町の取り組みを技術面で支えるのが、東京大学発のスタートアップ企業で、AI技術に強みを持つアリスマー（東京・港）。同社が開発した「浸水予測AIシステム」では、ドローンで取得した測量データから3次元の地形図を作成。地形図を基に、雨量や河川堤防の決壊箇所といった膨大な条件の組み合わせから、地域の水の流れを計算し、浸水被害を予測する。

ＡＩの利点は、速さと精度の高さにある。アリスマーの大田佳宏社長は、「これまで膨大な手間がかかっていた浸水予測をわずか数時間で算出できる。予測する浸水深も１センチメートル単位と詳細だ」と話す。

広野町ではこうした特長を生かし、災害発生後に住宅の罹災証明などを迅速に発行し、早期復旧につなげる仕組みの構築を目指している。通常、被災した自治体では罹災証明を発行するために、多くの職員の手が取られる。ＡＩで罹災証明の発行を自動化・高速化できれば、復旧・復興が早まるだけでなく、自治体職員の負担も大幅に減る。

アリスマーのシステムは、すでに被災後に活用した実績がある。20年7月の熊本豪雨で球磨川の氾濫によって甚大な浸水被害を受けた熊本県人吉市で、三井住友海上火災保険とあいおいニッセイ同和損害保険が、被災住宅の「全壊」の判定に使ったのだ。

被災状況は次のような手順で把握した。まず、3次元の地形データを基に、流体シミュレーションで水の流れ方と浸水深のデータの組み合わせを大量に生成。次に、浸水深

アリスマーが開発した「浸水予測AIシステム」のイメージ。ドローンを使って作成した3次元の地形図を基に、AIが浸水被害を予測する（資料:アリスマー）

から水の流れ方を導き出せるよう、ＡＩに学習させる。そのＡＩに、実測データがある被災箇所の浸水深を入力し、実測データがない場所の浸水深を推測させる。

人吉市では、店舗の看板に残った泥の跡などから浸水深を数カ所実測し、被害状況を推定した。「極端に見積もっても誤差は10センチメートル程度。全壊レベルの判断ならば、十分に活用できた」とアリスマーの大田社長は自信をのぞかせる。

アリスマーでは、ＡＩを別の防災技術にも活用している。例えば、暴風や高潮で波が堤防を越える「越波」の発生をＡＩで自動検知する技術だ。日本気象協会と共同で開発し、道路管理者向けのサービスなどへの活用を見込む。

この技術では、海岸沿いに設けた監視カメラの映像から、ＡＩが道路や走行車両、波を判別。越波が生じたらリアルタイムで自動検知する。人が現場に出向いて確認する必要がないので、被災リスクを減らせる。カメラを監視する人員も不要だ。

ただ、万能に見えるＡＩ技術にも課題はある。中小河川では、その河川に応じた特有の決壊メカニズムなどがあり、一般的なデータだけでは予測精度の向上に限界があるからだ。「専門家の知識をうまく組み合わせることが、精度の向上には欠かせない」（大田社長）

資料編

近年の主要な水災害の記録

あの災害で

何が変わったのか？

DATA

伊豆大島土砂災害（平成25年台風第26号）

発生時期：２０１３年10月16日　死者：40人（うち東京都大島町が36人）　行方不明者：３人（いずれも東京都大島町）
水害被害額：約４３４億円　家屋被害：全壊86棟、半壊61棟、床上浸水１８８４棟、床下浸水４２５８棟（被害額と家屋被害は全体の値）

溶岩の上に堆積していた火山灰を主体とする表層土が崩れ、泥流となって人家を襲う――。温暖な気候に恵まれた伊豆大島を土砂災害が襲ったのは２０１３年10月16日のことだった。大型で強い勢力のまま伊豆諸島北部を通過した台風26号は、東京都大島町（伊豆大島）に、１時間に１２０ミリ以上の猛烈な雨をもたらし、24時間雨量は実に８２４ミリに達した。

この影響で、標高４５０メートル付近の急傾斜地で数回にわたって表層崩壊が発生。大量の泥流と流木が、ふもとの神達（かんだち）地区や元町地区を襲ったとみられる。

亡くなったのは36人。静岡大学防災総合センターの牛山素行教授によると、市町村単位でこれだけの犠牲者が出たのは、１９８２年の長崎市豪雨災害、93年の鹿児島市豪雨災害以来だった。犠牲者の７割が集中する神達地区は、比較的傾斜が緩く谷の少ない平滑な地形だ。

島しょ部の防災対策に一石

発災当時、小規模な島しょ部や単一市町村は大雨特別警報の対象外だった。その後、気象庁は島しょ部でも大雨特別警報を発表できるように、発表に用いる指標などを改善。２０１９年10月から運用を開始し、20年10月に初めて、伊豆諸島の三宅島などに大雨特別警報を発表した。

斜面中腹から神達地区を見下ろす。1時間当たり100mm級の豪雨が降り続いたことで、表層崩壊によって堆積した土砂が洗い流され、浸食跡が幾筋も入っていた（写真:日経コンストラクション）

人家が集まる元町地区や神達地区を土砂が襲った（写真:国土地理院）

広島土砂災害（平成26年8月豪雨）

DATA

発生時期：２０１４年８月20日　死者：77人　家屋被害：全壊１７９棟、半壊２１７棟、床上浸水１０８６棟、床下浸水３０９７棟
土砂災害：１６６件（いずれも広島市内の値）

山裾の住宅地に甚大な被害、土砂災害対策が加速

停滞した前線の影響で、広島県では２０１４年８月20日午前３時30分、１時間に約１２０ミリの猛烈な雨を観測した。広島市安佐南区・安佐北区で計１６６件もの土砂災害が発生したのは20日未明のこと。多くの住民が逃げ遅れ、安佐南区を中心に77人が犠牲となった。

被害が大きかった広島市安佐南区八木地区は、阿武山（あぶさん）の山裾に広がる住宅地。いくつもの渓流が山から宅地側に流れている。ＪＲ可部線の梅林駅に近く、市の中心部までのアクセスに優れた人気のエリアだった。

多数の犠牲者を出した広島土砂災害をきっかけに土砂災害防止法が改正され、15年１月に施行となった。土砂災害の危険性の高い警戒区域の指定を促すため、都道府県に基礎調査（警戒区域の指定のために実施する地形や土地利用状況の調査）の結果の公表を義務付けたのが柱だ。都道府県の基礎調査が適正に実施されていない場合は、国土交通大臣が是正を求めるなど、基礎調査を加速させる内容も盛り込んだ。法改正を機に基礎調査はスピードアップ。20年３月末までに約67万カ所の調査が完了した。

山裾に住宅が立ち並ぶ広島市安佐南区・安佐北区で土砂災害が多発した（写真:国土交通省）

広島市安佐南区八木3丁目の被災状況（写真:日経アーキテクチュア）

DATA

平成27年9月関東・東北豪雨

発生時期：2015年9月　死者：20人　水害被害額：約2941億円　家屋被害：全壊81棟、半壊7090棟、床上浸水2523棟、床下浸水1万3259棟　浸水面積：2万6826ヘクタール

鬼怒川で堤防決壊、災害対応にドローン本格活用

台風18号や前線の影響で、関東地方と東北地方で記録的な大雨となった。2015年9月7日～11日の総雨量は関東地方で600ミリ、東北地方で500ミリを超えた。この影響で、関東・東北地方を中心に19河川で堤防が決壊。67河川で氾濫などが発生した。

利根川水系の1級河川である鬼怒川でも堤防が決壊（破堤）した。関東地方の国管理河川で破堤するのは29年ぶりの出来事だった。茨城県常総市では、約200メートルにわたる堤防の決壊で、市の面積の約3分の1に当たる約4000ヘクタールが浸水。災害対策本部がある市役所も浸水被害に遭って孤立した。また、浸水エリアに取り残された約4000人がヘリコプターなどで救助される事態に陥った。浸水が解消したのは決壊から約10日後のことだった。こうした経験が、行政の防災体制や避難の在り方を再考するきっかけとなった。

決壊した堤防の周辺では家屋が流失したり、洗掘によって傾いたりと甚大な被害が発生した。当時、普及が始まったばかりのドローンが決壊箇所の調査に本格デビューするなど、災害対応にテクノロジーが活用された先駆的事例となった。

国土地理院がドローンを用いて2015年9月10日午後5時37分に撮影した決壊箇所の様子。右手が下流側。中央付近の白い建物はガソリンスタンド（資料:国土地理院）

鬼怒川の決壊箇所。緊急復旧工事に向けて測量作業が進んでいた。中央奥に見える住宅は、基礎が洗掘されて傾き、1階部分が大きく破損している（写真:日経コンストラクション）

平成28年台風第7号、9号、10号、11号

DATA

発生時期：２０１６年８月　死者：26人　行方不明者：３人　水害被害額：約２８２４億円　家屋被害：全壊５１８棟、半壊２２８１棟、床上浸水２７９棟、床下浸水１７５２棟　浸水面積：２０９７ヘクタール（いずれも台風10号のみの値）

4つの台風が上陸・接近、北海道の治水対策の転換点

気候変動の影響として懸念されているのが、台風の通過経路の北上だ。このことを予感させる出来事が、２０１６年８月に起こった。

台風7号、9号、11号がわずか1週間の間に北海道に上陸し、さらにはそのすぐ後に10号が接近。道内にある地域気象観測システム（アメダス）の２２５地点中、８月の月降水量が過去最大を更新したのは89地点に上った。

矢継ぎ早にやってきた台風による大雨は、空知川や十勝川など9河川で堤防が決壊するなど、大きな被害をもたらした。「津波に匹敵するほどの被害が、山間部の川でも生じていた」。被災状況を調査した北見工業大学社会環境工学科の川尻峻三助教はこう振り返る。

台風10号は岩手県で24人もの人的被害を出した。特に高齢者施設の入所者9人が亡くなった出来事が大きくクローズアップされたが、この年の北海道の水害被害額は１９８１年に次ぐ約１６５０億円と非常に大きいものだった。国土交通省北海道開発局ではこの出来事を教訓に、気候変動時代に対応した治水・防災対策に本腰を入れ始めた。

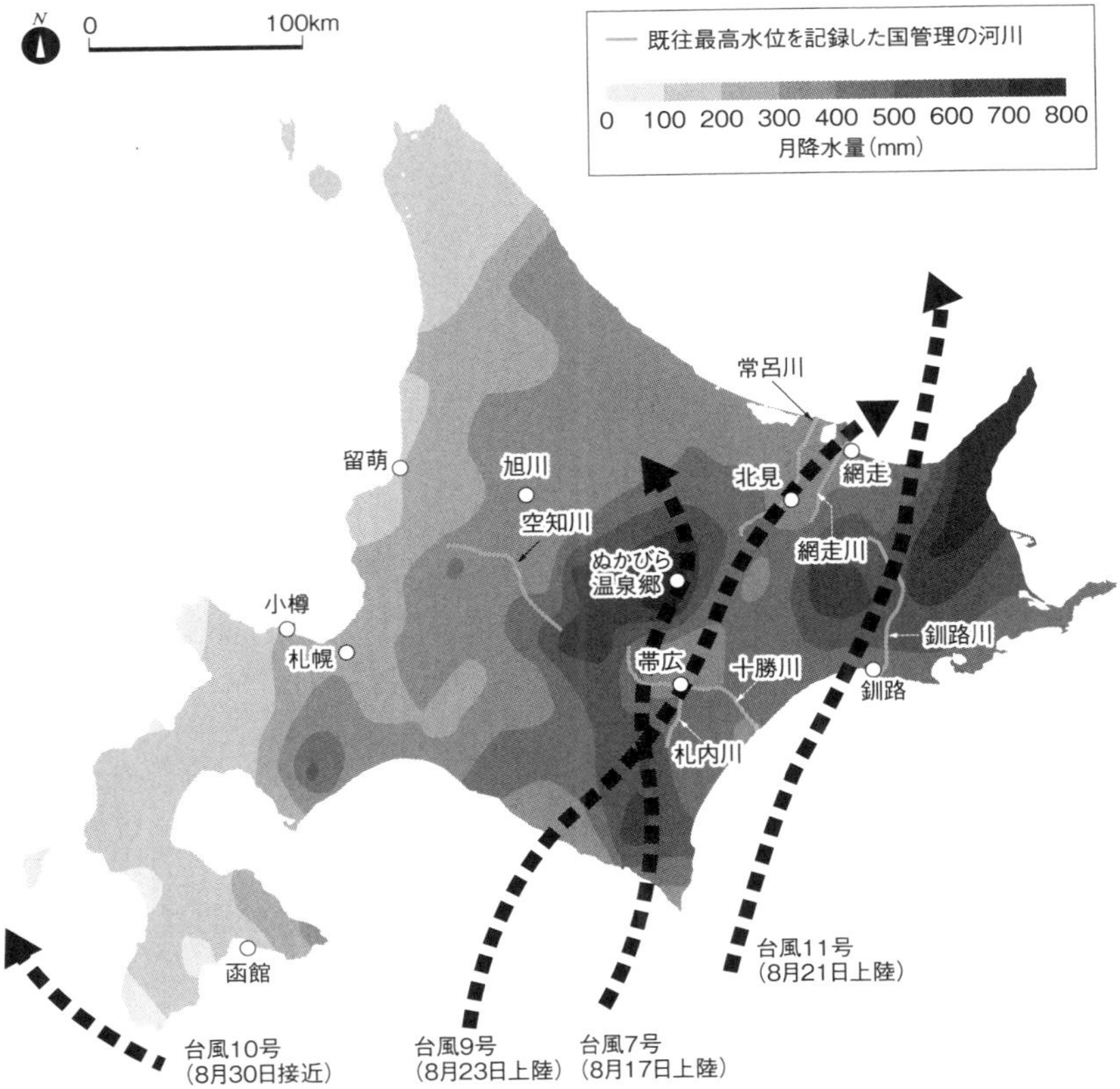

北海道に襲来した4つの台風の経路と月降水量（資料:気象庁、国土交通省北海道開発局）

平成29年7月九州北部豪雨

DATA

発生時期：2017年7月5日～6日　死者：42人（うち37人が福岡県）　行方不明者：2人　水害被害額：約1904億円
家屋被害：全壊338棟、半壊1101棟、床上浸水223棟、床下浸水2113棟　土砂災害：316件　浸水面積：2648ヘクタール

過去最大級「流木災害」、中小河川の治水も焦点に

梅雨前線や台風3号の影響で、福岡県朝倉市や大分県日田市などで記録的な大雨となった。大雨によって同時多発的に斜面崩壊が発生。洪水が大量の土砂や流木とともに流れたことで、甚大な人的被害、家屋被害などが発生した。

国土交通省の分析によると、九州北部豪雨は過去最大級の「流木災害」だった。流木の発生量は推定約21万立方メートル。伊豆大島土砂災害など過去の土砂災害における流木の発生量は1平方キロメートル当たりおおよそ1000立方メートル以下だが、九州北部豪雨では288渓流中134渓流でこの値を超え、最も多い赤谷川の渓流では約20倍に達するケースがあった。

同省はこの教訓を踏まえ、新たに砂防堰堤を設置する場合、平時は水を通しつつ、有事には流木を効率的に捕捉できる「透過型」の堰堤などを原則として設置するよう促した。九州北部豪雨も含め、大河川に比べると洪水対策が後手に回りがちな中小河川で浸水被害が繰り返し発生していることを踏まえ、低コスト水位計の開発・設置にも力を入れ始めた。

福岡県朝倉市須川の須川第1砂防堰堤が、斜面崩壊に伴って発生した土砂と大量の流木を捕捉。下流の家屋への被害をくい止めた（写真:国土交通省）

流路が変わった赤谷川に堆積する流木（写真:土木学会）

西日本豪雨（平成30年7月豪雨）

DATA

発生時期：2018年7月　死者：263人　行方不明者：8人　水害被害額：約1兆2150億円　家屋被害：全壊6783棟、半壊1万1346棟、床上浸水6982棟、床下浸水2万1637棟　土砂災害：2581件（1道2府29県）　浸水面積：1万8514ヘクタール

気候変動による自然災害の激甚化を予感させた巨大災害

停滞した前線や台風7号の影響で、西日本を中心に記録的な大雨をもたらした西日本豪雨。2018年6月28日から7月8日までの総降水量が四国地方で1800ミリを超えるなど、7月の降水量（平年値）の2～4倍に達したエリアがあった。

特に被害が大きかったのは広島県と岡山県だ。広島県では、広島市内や呉市、坂町などで大規模な土石流が発生。県内の死者は133人に上った。なかでも呉市天応地区や坂町小屋浦地区では、土石流などで流出した大量の土砂が長時間の降雨で下流の広い範囲に堆積する「土砂・洪水氾濫」が発生し、市街地が砂に埋もれる深刻な被害が出て注目を集めた。一方、73人が亡くなった岡山県では、高梁川と支流の小田川の合流地点でバックウオーター（背水）現象が発生し、小田川などの堤防が決壊。倉敷市真備町を中心に大規模な浸水被害が発生した。

土砂災害と水害で未曽有の被害を出した西日本豪雨は、市街地の近くに点在するため池の危険性が注目される契機にもなった。30カ所を超えるため池が決壊し、死者も出た教訓から、管理体制の強化に向けた動きが加速した。

西日本豪雨で土砂・洪水氾濫が発生し、市街地が砂に埋もれた広島県坂町小屋浦地区の様子
(写真:日経コンストラクション)

平成30年台風第21号

DATA

発生時期：２０１８年９月　死者：14人　水害被害額：約４１０億円　家屋被害：全壊68棟、半壊８３３棟、床上浸水２４４棟、床下浸水４６３棟　浸水面積：１００7ヘクタール

「関空水没」の衝撃、高波や高潮のリスクを再認識

２０１８年9月4日正午前、25年ぶりに「非常に強い勢力」で徳島県南部に上陸した台風21号は近畿地方を縦断し、兵庫県や大阪府などに猛烈な風雨をもたらした。大阪市では３・29メートル、神戸市では2・33メートルの高潮を観測し、過去最高を更新した。

とりわけ社会に大きな衝撃を与えたのが、西の空の玄関口、関西国際空港の機能停止だ。高波・高潮によって滑走路や旅客ターミナルが浸水。さらには、最大瞬間風速58・1メートルという観測史上第1位の強風の影響で走錨したタンカーが、大阪府泉佐野市のりんくうタウンと関空を結ぶ連絡橋に衝突。一時通行不能となり、３０００人が関空島に孤立する事態に陥った。

関空島以外では、神戸市のポートアイランドや六甲アイランド、兵庫県芦屋市の南芦屋浜といった人工島・埋立地も高波・高潮で多大な浸水被害を受けた。堤外地に建設された神戸ハーバーランドなどの商業施設が被災したことで、臨海部の開発の在り方に疑問を投げかけた。

被災したエリアには18年6月の大阪府北部地震で被害を受けていた地域も多く、「泣き面に蜂」の厳しい夏となった。

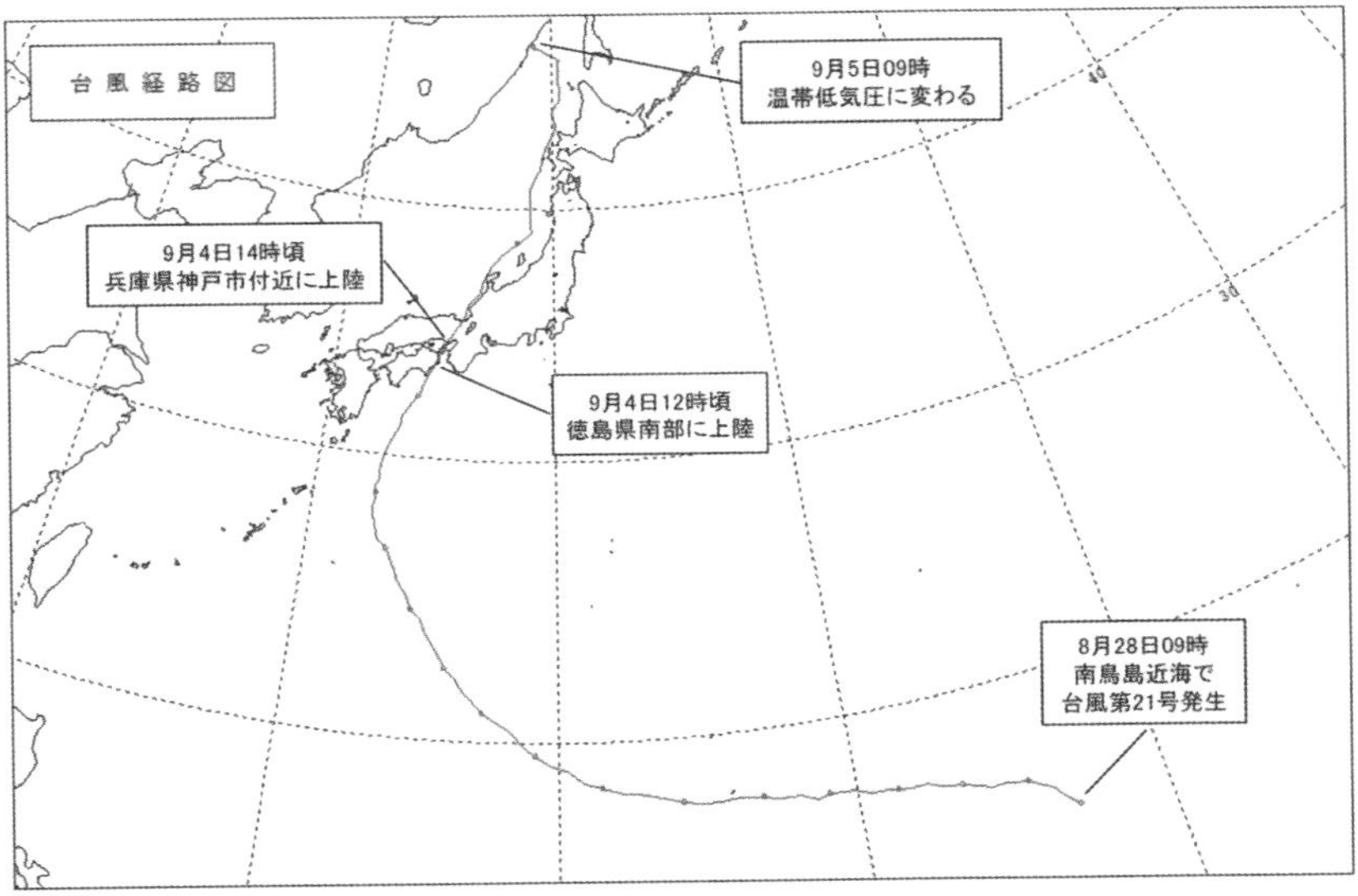

台風21号の進路（資料:気象庁）

関西国際空港連絡橋に衝突したタンカー（写真:国土交通省）

東日本台風（令和元年台風第19号）

DATA

発生時期：2019年10月　死者：97人　行方不明者：3人　水害被害額：約1兆8800億円　家屋被害：全壊3263棟、半壊3万0004棟、床上浸水7710棟、床下浸水2万2231棟　土砂災害：950件超（20都県）　浸水面積：6万4115ヘクタール

統計開始以来最大の被害額、流域治水に転換

大型で強い勢力を保ったまま2019年10月12日に伊豆半島に上陸し、関東・東北地方に極めて大きな被害を出した東日本台風。10日から13日までの総降水量は神奈川県箱根で1000ミリに達し、東日本を中心に17地点で500ミリを超えるなど、記録的な大雨をもたらした。その影響で、阿武隈川や千曲川など、名だたる1級河川が氾濫。関東・東北地方を中心に計142カ所で堤防が決壊した。水害による被害額は西日本豪雨を上回り、統計開始以来最大となる約1兆8800億円に上った。

東京都や神奈川県などの首都圏でも、多摩川流域を中心に内水氾濫が多発し、多くの建物が浸水。とりわけ川崎市の武蔵小杉でタワーマンションが浸水し、長期にわたる停電に見舞われたことは大きく報じられ、巨大都市の水害に対する脆弱さをさらけ出した。国土交通省はタワマンの浸水を契機に、建築物の電気設備の浸水対策に関するガイドラインを作成した。

西日本豪雨や東日本台風を経て、国は気候変動の影響を踏まえた治水計画に転換。流域全体で水災害対策を行う「流域治水」を打ち出すこととなった。

東京都世田谷区内の都道312号が内水氾濫で浸水した。消防車が集結し、救助活動などに当たった
（写真:日経コンストラクション）

長野県は千曲川の氾濫や堤防の決壊の影響で大規模な被害を受けた。写真は長野県上田市で崩落した上田電鉄別所線の鉄橋（写真:大村 拓也）

熊本豪雨（令和2年7月豪雨）

DATA

発生時期：2020年7月　死者：84人　行方不明者：2人　水害被害額：約5800億円　家屋被害：全壊1620棟、半壊4509棟、床上浸水1652棟、床下浸水5173棟　土砂災害：961件（37府県）　浸水面積：1万4702ヘクタール

3大急流「球磨川」が氾濫、高齢者施設の災害対策に教訓

2020年7月3日から31日にかけて、日本付近に停滞した前線が各地に大雨をもたらした。特に九州地方では4日から7日に記録的な大雨となり、鹿児島県鹿屋市では観測史上最大となる1時間に109・5ミリの雨を記録するなど、各地で記録を更新した。

大雨の影響で、球磨川や筑後川などの大河川が氾濫した。特に、日本3大急流の1つである球磨川の氾濫などで、熊本県内では65人が犠牲になった。浸水被害が大きかったのは、過去に何度も浸水してきた人吉市だ。球磨川と支流の山田川の合流部に形成された中心市街地が浸水し、国宝の青井阿蘇神社なども水没した。熊本大学くまもと水循環・減災研究教育センターによると、青井阿蘇神社付近の浸水深は4・3メートルに達した。同地域で戦後最大の浸水被害を出した1965年の「昭和40年7月洪水」の2・1メートルを大幅に上回る。

人吉市のお隣の球磨村では、渡地区にあった特別養護老人ホーム「千寿園」の入居者が逃げ遅れて14人が亡くなった。国土地理院によると、渡地区の浸水深は最大9メートルに達した。この出来事は、高齢者施設の水害対策を強化するきっかけとなった。

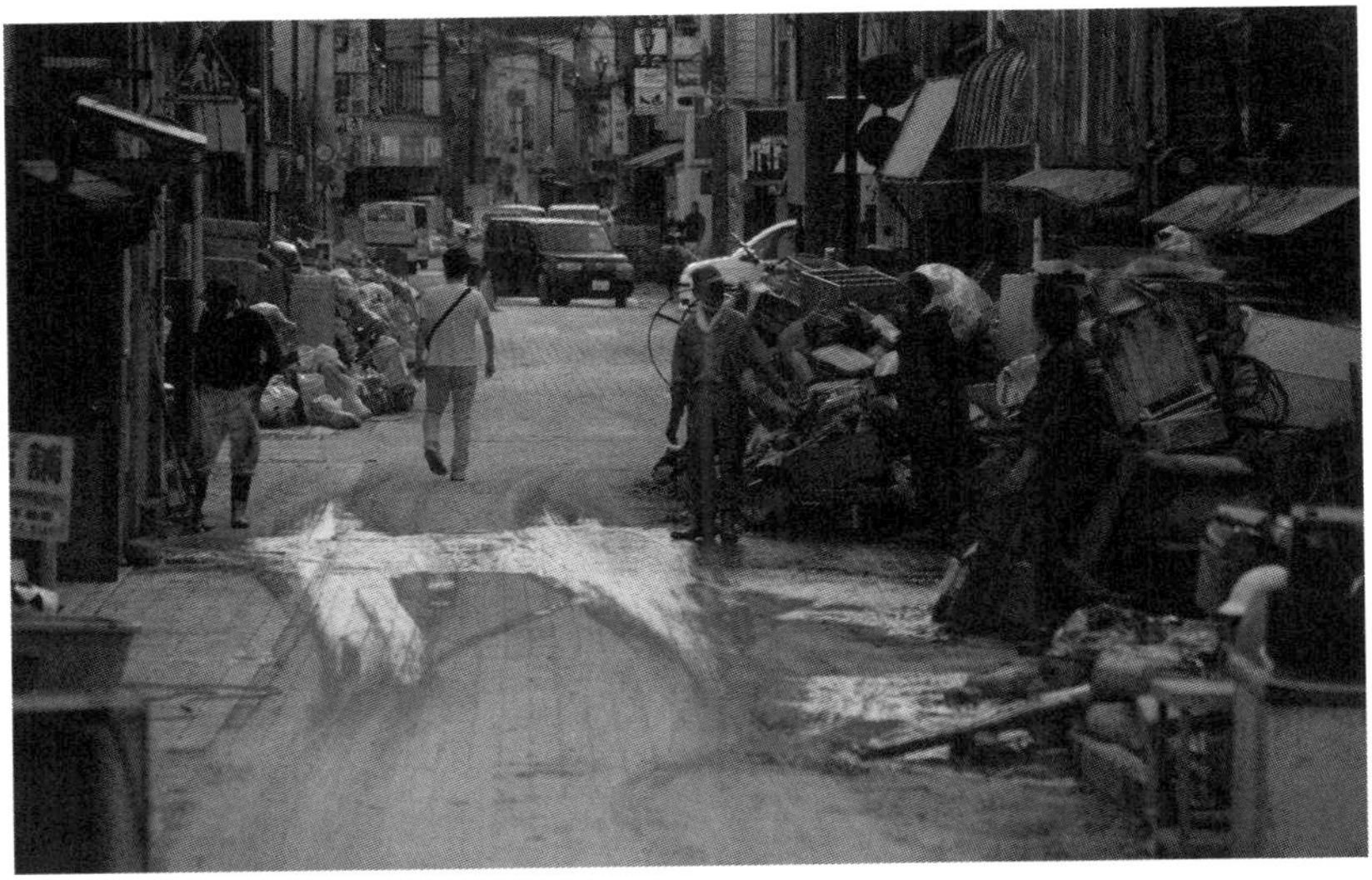

浸水被害に遭った熊本県人吉市で片付けに追われる住民（写真:日経アーキテクチュア）

推定浸水深(m)
浅
深
0
5
10
0　0.5　1　1.5　2 km
この地図は、国土地理院が7月4日15時までに収集したSNS画像、国土交通省災害用ヘリコプターが7月4日15時頃に撮影した画像及び標高データを用いて、浸水範囲における水深を算出して深さを濃淡で表現した地図です。時点情報のため、最大浸水範囲を示したものではありません。実際に浸水のあった範囲でも把握できていない部分、浸水していない範囲でも浸水範囲として表示されている部分があります。
2020年7月4日20時作成
人吉市

球磨川の浸水推定図。熊本県人吉市と球磨村の広いエリアが水に漬かった（資料:国土地理院）

DATA

熱海土石流

発生時期：2021年7月3日　死者：26人　行方不明者：1人　家屋被害：128棟

被害を拡大した違反「盛り土」に注目集まる

静岡県熱海市伊豆山地区で2021年7月3日午前10時半ごろ、大規模な土石流が発生した。河口から約2キロメートルにある逢初（あいぞめ）川の最上流部から土砂が流れ下り、市街地を直撃した。静岡地方気象台によると、県内では6月30日午後6時ごろから7月3日午前5時ごろまで断続的に雨が降り続き、降水量は複数箇所で400ミリを越えた。

全国有数の観光地に未曽有の被害をもたらした「主犯」は、逢初川の最上流部にあった推定7万立方メートル超の盛り土だと考えられている。このうち約5万4000立方メートルが大雨で崩壊し、市街地を襲った。盛り土由来の土砂の量は、土石流の97パーセントを占めた。

盛り土の量は、当時の土地所有者が届け出た量の約2倍に達していた。産業廃棄物が混入していた点や、県の技術基準の定めを大幅に超える高さまで施工されていた点、適切な排水設備が設けられていなかったとみられる点など、多くの違反が判明している。土地所有者に対する県や熱海市の指導が十分であったかにも注目が集まった。以前から問題となっていた、建設発生土の処分に関する規制強化の議論にも火をつけた。

土石流は複数回起こったとみられ、住宅や車などが押し流された。被災地には別荘が多く、安否不明者の確認作業も難航した（写真:総務省消防庁）

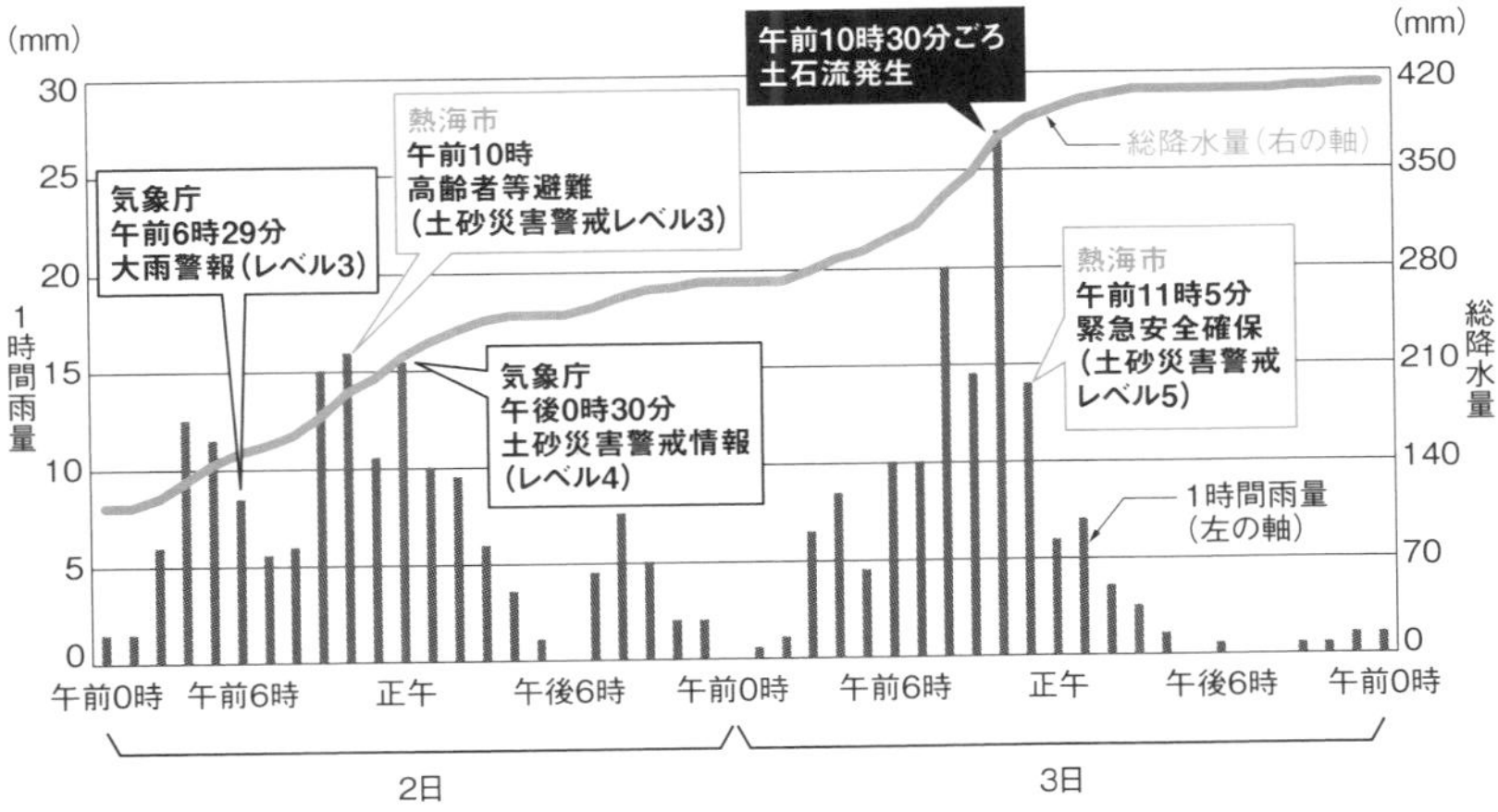

静岡県熱海市網代での1時間雨量と7月1日午前0時からの総降水量の推移
（資料:気象庁と熱海市の資料などを基に日経クロステックが作成）

本書に登場する主な専門用語・難読語（五十音順）

荒川工事基準面【あらかわこうじきじゅんめん】　荒川や多摩川などで用いられる水位の基準。AP（Arakawa Peil の略）と表記する

アンダーパス【あんだーぱす】　道路のうち、鉄道や道路などとの交差部で、周囲よりも低くなっている箇所。冠水しやすい

溢水【いっすい】　川などの水が堤防のない場所であふれ出ること

右岸【うがん】　河川を上流から下流に向かって見たときに、右側にある岸を右岸と呼ぶ。反対側は左岸

越水【えっすい】　川などの水が堤防を越えてあふれ出ること

越波【えっぱ】　高波が護岸や堤防を越えること

海岸保全施設【かいがんほぜんしせつ】　高潮や波浪などから人命や財産を守るための施設。防潮堤や水門、排水機場など

外水氾濫【がいすいはんらん】　河川堤防の決壊や越水（水があふれること）などで起こる氾濫のこと

海抜ゼロメートル地帯【かいばつぜろめーとるちたい】　標高が満潮時の平均海水面よりも低い場所

がけ崩れ【がけくずれ】　急傾斜のがけが、豪雨や地震、融雪などを引き金に崩れる現象

河道【かどう】　河川のうち水が流れる部分を指す

河道掘削【かどうくっさく】　洪水対策の1つで、河道を掘って水が流れる面積を広くすること

河道閉塞【かどうへいそく】　斜面崩壊などで発生した大量の土砂が、川の流れをせき止めること。

天然ダムなどとも呼ばれる

気候変動適応法【きこうへんどうてきおうほう】　気候変動の影響による被害の軽減や防止などに向けて、国や自治体、企業、国民の役割を明確化し、対策の枠組みを示した法律

基礎調査【きそちょうさ】　土砂災害警戒区域・特別警戒区域の指定のため、斜面や渓流、その下流など、土砂災害で被害を受ける恐れがある区域の地形、土地利用状況などを調査すること

基本高水【きほんこうすい、きほんたかみず】　流域に降った計画規模の降雨が河川に流れ出た場合の河川流量の時間変化を表したグラフ（ハイドログラフ）

居住誘導区域【きょじゅうゆうどうくいき】　人口減少下でも、人口密度を維持して生活サービスなどを持続的に確保できるよう、居住を誘導する区域。都市再生特別措置法に基づき自治体が作成する立地適正化計画のなかで設定する

区域区分【くいきくぶん】　市街化区域と市街化調整区域に分けること。「線引き」ともいう

計画規模【けいかくきぼ】　洪水を防ぐ計画を作成する際に、被害を発生させずに安全に流すことのできる洪水の大きさを計画規模という。１００年に1回程度の降雨を想定する

計画高水位【けいかくこうすいい】　河川整備の目標とする水位。この水位以下の水を安全に流すように堤防を設計する

高規格堤防【こうきかくていぼう】　一般的な堤防と比較して幅の広い堤防（堤防の高さの30倍程度）。越水による決壊や地震などに強いとされ、国が整備を進めている

高水敷【こうずいじき】　河川敷のうち、普段から水が流れる低水路よりも一段高い部分。増水時には冠水する場合がある

災害危険区域【さいがいきけんくいき】　津波、高潮、出水などによる危険の著しい区域。建築基準法39条に基づいて、自治体が条例で指定する

砂防堰堤【さぼうえんてい】 土砂災害防止のために渓流に設置する小規模なダム。上流から流れてくる土砂をためて少しずつ下流に流す

三大湾【さんだいわん】 東京湾、伊勢湾、大阪湾のこと

市街化区域【しがいかくいき】 都市計画法に基づき指定する区域の1つ。すでに市街地を形成している区域と、おおむね10年以内に市街化を図るべき区域

市街化調整区域【しがいかちょうせいくいき】 都市計画法に基づき指定する区域の1つ。市街化を抑制すべき区域で、開発に制限がある

地滑り【じすべり】 斜面の一部が地下水などの影響でゆっくりと下方に滑る現象

指定管理者制度【していかんりしゃせいど】 公共施設の管理・運営を、期間を定めて民間企業などに委託する制度

浸水継続時間【しんすいけいぞくじかん】 氾濫水の到達後、一定の浸水深に達してから、その浸水深を下回るまでの時間。水防法施行規則2条3号で規定

浸水深【しんすいしん】 外水氾濫や内水氾濫によって浸水した際の、地面（地盤面）から水面までの高さ

浸水被害防止区域【しんすいひがいぼうしくいき】 洪水などで建物に著しい被害が生じる恐れがあるとして都道府県知事が指定する区域。開発・建築行為に許可を要する場合がある

深層崩壊【しんそうほうかい】 斜面崩壊のうち、滑り面が深部で発生し、表土だけでなく地盤ごと崩れる規模の大きい斜面崩壊

水防法【すいぼうほう】 洪水や内水氾濫、高潮、津波などの水災害による被害を防止・軽減するための枠組みを定めた法律

スーパー堤防【すーぱーていぼう】 東京都が耐震化と親水性の向上を目的に整備を進める堤防で、

盛り土の幅は最大50メートル

スプロール化【すぷろーるか】　都市の中心部から郊外に向かって市街地が無秩序・無計画に広がっていくこと

設計高潮位【せっけいこうちょうい】　堤防などの設計に用いる潮位の上限値

想定最大規模【そうていさいだいきぼ】　1000年に1回程度の降雨を指す。1年間に発生する確率が1000分の1の降雨のこと

大規模盛り土造成地【だいきぼもりどぞうせいち】　盛り土の面積が3000平方メートル以上の谷埋め盛り土などのこと。宅地造成等規制法に基づく

高潮【たかしお】　気圧の低下による吸い上げ効果や、強風による吹き寄せ効果によって海面が異常に上昇する現象

高潮浸水想定区域【たかしおしんすいそうていくいき】　想定し得る最大規模の高潮で浸水が予想される区域。水防法に基づき都道府県知事が指定する

谷埋め盛り土【たにうめもりど】　もともと谷だった地形を土砂で埋め立てて整形した土地のこと

地下河川【ちかかせん】　地下空間を利用した洪水調節施設。首都圏外郭放水路は延長6・3キロメートル、直径約10メートルで、世界最大級の地下河川方式の放水路

潮位表基準面【ちょういひょうきじゅんめん】　気象庁が発行する「潮位表」の基準面のこと。大潮の平均的な干潮面の高さを基準としている

調整池【ちょうせいち】　雨水が河川に流れ込む前に一時的にためておき、洪水を防ぐための施設のこと

付け替え【つけかえ】　川の流れを人工的に変える工事のこと

堤内地【ていないち】　堤防などによって洪水などから守られているエリア。河川や海側は堤外地と

呼ぶ

天文潮位【てんもんちょうい】　月や太陽の起潮力による潮位の変化のこと

東京湾平均海面【とうきょうわんへいきんかいめん】　標高の基準となる海面の高さ。略称はＴＰ

土砂・洪水氾濫【どしゃこうずいはんらん】　土石流などで発生した大量の土砂が、長時間の降雨によって谷出口から流出。下流の河道が閉塞してあふれ出し、市街地の広い範囲に堆積する現象

土砂災害警戒区域【どしゃさいがいけいかいくいき】　土砂災害の恐れがある区域として、都道府県知事が指定する。通称はイエローゾーン

土砂災害特別警戒区域【どしゃさいがいとくべつけいかいくいき】　土砂災害によって建築物に損壊が生じ、住民の生命に著しい危害が生じる恐れがあるとして都道府県知事が指定する区域。通称はレッドゾーン

土砂災害防止法【どしゃさいがいぼうしほう】　土砂災害から国民の生命を守るため、土砂災害の恐れがある区域を指定し、危険の周知や開発行為の制限などを推進するための法律

土石流【どせきりゅう】　土砂災害の一種で、山や谷の土砂が大雨で水分を含み、一気に下流に押し流される現象

内水氾濫【ないすいはんらん】　大雨で支流や下水道の排水能力が限界に達し、堤防で守られた内側で水があふれること

内湾【ないわん】　陸に囲まれた湾。水深が比較的浅い。東京内湾の場合、水深は平均約15メートル。湾奥ほど高潮の影響が大きい

波高【はこう】　波の山と谷の高さの差のこと

バックウオーター【ばっくうおーたー】　河川の下流側の水位変化が上流に影響する現象。本流に支流がせき止められて水位が上昇するような現象を指す

破堤【はてい】　堤防が決壊して川の水が流れ出すこと

パリ協定【ぱりきょうてい】　２０１５年に取り決められた、20年以降の気候変動対策に関する国際的な枠組みのこと

氾濫域【はんらんいき】　洪水時に氾濫する範囲の平野のこと。氾濫原

氾濫危険水位【はんらんきけんすいい】　相当の家屋浸水被害などが発生する恐れがある河川の水位。自治体が避難指示を出す目安となる

氾濫流【はんらんりゅう】　河川の氾濫で生じる、家屋の倒壊・流失をもたらすような激しい流れ

樋管【ひかん】　堤防を横断する水路のこと。樋門

BCP【びーしーぴー】　Business Continuity Plan の略称で、事業継続計画のこと。自然災害や火災、テロなどが発生しても事業を継続できるようにするため、企業が事前に立てておく計画

分水嶺【ぶんすいれい】　異なる水系の境界線を指す。これを境に雨水が異なる方向に流れる

水災害【みずさいがい】　河川の氾濫や高潮などの水害、大雨による土砂災害などの総称

容積率【ようせきりつ】　敷地面積に対する延べ面積の割合

要配慮者利用施設【ようはいりょしゃりようしせつ】　社会福祉施設や学校など、防災上の配慮が必要な人が利用する施設

立地適正化計画【りっちてきせいかけいかく】　コンパクトシティーの実現に向けて、居住や医療、福祉、商業、公共交通といった都市機能の立地を誘導するために、自治体が都市全域を見渡して作成するマスタープラン

流域【りゅういき】　ある河川に雨水が流れ込む範囲を指す。集水域ともいう

流域治水【りゅういきちすい】　河川管理者による治水対策に加え、あらゆる関係者が協働し、流域全体で水害による被害を減らす治水対策の新たなアプローチ

ARTICLE

本書に収録した主な記事の一覧

本書は、建築専門誌「日経アーキテクチュア」、土木専門誌「日経コンストラクション」、住宅専門誌「日経ホームビルダー」、日経クロステック（https://xtech.nikkei.com/）に掲載した左記の記事などに、書き下ろしを加えて再構成した

▼日経アーキテクチュア

2018年8月9日号「西日本豪雨の教訓」（佐々木大輔、江村英哲）
2019年11月14日号「台風19号 首都水没への警告」（木村駿、森山敦子、坂本曜平、河合祐美、荒川尚美）
2020年2月27日号「危険エリアの新規開発にノー」（木村駿）
2020年5月14日号「タワマン停電、9000tの水の意外な浸入路」（江村英哲）
2020年8月13日号「耐水建築」（木村駿、森山敦子、坂本曜平）
2020年10月22日号「市民ミュージアム浸水被害で川崎市を提訴」（森山敦子）「高気密住宅が浸水で浮く」（荒川尚美）
2020年11月12日号「浮かせて守る耐水害住宅」（森山敦子）
2021年5月27日号「公共建築炎上」（木村駿、石戸拓朗、池谷和浩）
2021年6月10日号「逃げ込める家」（桑原豊、荒川尚美ほか）
2021年7月22日号「熱海土石流、主犯は盛り土か」（木村駿、奥山晃平）

▼日経ホームビルダー
2020年3月号「災害事例に学ぶ 浸水住宅の再生術11カ条」（荒川尚美）
2020年6月号「浸水対策の費用対効果は?」（荒川尚美）
2021年3月号「待ったなしの水害対策」（小谷宏志）

▼日経コンストラクション
2015年7月27日号「崩れる土砂、崩れる定石」（真鍋政彦）
2016年7月25日号「いざ!グリーンインフラ」（真鍋政彦）
2018年8月13日号「西日本豪雨の衝撃」（真鍋政彦、木村駿ほか）
2018年8月27日号「深い地下水で『無降雨崩壊』」（瀬川滋）
2018年10月22日号「関空水没」（瀬川滋、木村駿）
2018年12月10日号「さらば、災害リスク」（真鍋政彦、安藤剛）
2019年5月27日号「二度と出すまい『最悪の被害』」（真鍋政彦、三ケ尻智晴）
2020年5月25日号「治水新時代」（青野昌行、三ケ尻智晴）
2020年12月14日号「残土クライシス」（青野昌行、真鍋政彦、谷川博）
2020年11月23日号「それでも減らない土砂災害」（真鍋政彦）
2021年5月24日号「データが革新する災害対応」（森下慎一）
2021年8月9日号「徹底検証 熱海土石流」（真鍋政彦、奥山晃平）
2021年9月27日号「受注に欠かせない新教養 グリーンインフラ」（真鍋政彦）

▼日経クロステック
2019年6月7日「『ここにいてはダメ』と言い切った江戸川区の水害ハザードマップの真意」（江村英哲）
2020年7月31日「『保険』は水害対策の強力メニューになるか」（木村駿）
2021年5月14日「浸水深5mの被災地に建つ新しい住宅群に憂う」（真鍋政彦）

木村 駿 SHUN KIMURA

日経クロステック・日経アーキテクチュア副編集長。2007年京都大学大学院工学研究科建築学専攻修了。同年に日経BP入社。建設産業のDXや災害、原発事故などの取材を担当。著書に「すごい廃炉」（18年）、「建設DX」（20年）など

真鍋 政彦 MASAHIKO MANABE

日経クロステック・日経コンストラクション副編集長。2004年九州大学大学院工学府都市環境システム工学専攻修了、大阪市入庁。07年に日経BP入社。災害や土木分野の取材を担当。編書に「新設コンクリート革命」（17年）、「実践版!グリーンインフラ」（20年）など

荒川 尚美 NAOMI ARAKAWA

日経クロステック・日経アーキテクチュア記者。日本女子大学大学院住居学専攻修了。日経BPに入社し、住宅分野や自然災害の取材を担当。編著に「なぜ新耐震住宅は倒れたか」（2016年）、「100の失敗に学ぶ結露完全解決」（19年）など

私たちはいつまで
危険な場所に住み続けるのか
自然災害が突き付けるニッポンの超難問

2021年10月25日　初版第1刷発行

著者	木村 駿、真鍋 政彦、荒川 尚美
編者	日経アーキテクチュア
発行者	吉田 琢也
発行	日経BP
発売	日経BPマーケティング
	〒105-8308 東京都港区虎ノ門4-3-12
アートディレクション	奥村 靫正（TSTJ inc.）
デザイン	真崎 琴実（TSTJ inc.）
印刷・製本	中央精版印刷株式会社

ISBN：978-4-296-11085-8

本書籍に関するお問い合わせ、ご連絡は下記にて承ります。
https://nkbp.jp/booksQA